LA PHYSIQUE

DES ARBRES.

PREMIERE PARTIE.

LA PHYSIQUE DES ARBRES;

OÙ IL EST TRAITÉ

DE L'ANATOMIE DES PLANTES

ET

DE L'ÉCONOMIE VÉGÉTALE:

Pour servir d'Introduction au Traité complet des BOIS
& des FORESTS:

*AVEC UNE DISSERTATION SUR L'UTILITÉ
des Méthodes de Botanique ; & une Explication des termes
propres à cette Science, & qui sont en usage pour
l'exploitation des Bois & des Forêts.*

Par M. DUHAMEL DU MONCEAU, de l'Académie Royale des
Sciences; de la Société Royale de Londres ; des Académies de Palerme &
de Besançon; Honoraire de la Société d'Edimbourg & de l'Académie de
Marine ; Inspecteur Général de la Marine.

OUVRAGE ENRICHI DE FIGURES EN TAILLE-DOUCE.

PREMIERE PARTIE.

A PARIS;

Chez H. L. GUERIN & L. F. DELATOUR, rue
Saint Jacques, à Saint Thomas d'Aquin.

M. DCC. LVIII.

AVEC APPROBATION ET PRIVILEGE DU ROI.

Corrections , Changements ou Additions.

PREMIERE PARTIE.

P RÉFACE, *page xxij*, *ligne* 6. le corps ligneux se détruit ; *lisez* : le corps ligneux se durcit.

Page xxiij. ligne 6. le mamelon qui est à l'extrémité ; *ajoutez* : & dans l'intérieur des semences.

DISSERTATION, *page xxx*, *ligne* 13. des pétales ; *lisez* : des pistils.

Page xlix, *ligne* 23, mettez une virgule entre *Baccifera* & *monopyrenæ*. Cette faute se trouve en plusieurs autres endroits.

Page lx, *ligne* 22. ENNEANDRIA. Les fleurs contiennent huit étamines ; *lisez* : neuf étamines.

Page 5. *ligne* 9. Plusieurs arbustes ; *lisez* : plusieurs arbrisseaux & arbustes.

Ibid. lignes 13 & 14. perpendiculairement au terrein, de quelque forme qu'il soit ; *lisez* : perpendiculairement, de quelque forme que soit le terrein.

Page 13. *ligne* 1. à la transpiration ; *lisez* : à la trop grande transpiration.

18. *ligne* 1. longitudinaes ; *lisez* : longitudinales.

25. *ligne* 28. on découvre souvent des grains ; *lisez* : on supposeroit des grains.

33. *ligne* 7. arbres ; *lisez* : arbres ou arbustes.

34. *lignes* 30 & 31. sur laquelle ; *lisez* : sur la coupe de laquelle.

37. *ligne* 14. ou le tissu cellulaire ; *lisez* : & le tissu cellulaire.

38. *ligne* 8. & en marge, figure 19 ; *lisez* : figure 15.

55. *ligne* 16. & de 6 pouces de diametre ; *lisez* : & de 1 pouce de diametre.

63. *ligne* 3. & la lymphe cesse ; *lisez* : & la lymphe cesse de couler.

65. *ligne* 17. ou qui sont en retour ; *lisez* : ou qui sont sur le retour.

107. *ligne* 29. dans la même figure ; *lisez* : dans la figure 30.

144. *ligne* 27. où étant à couvert ; *lisez* : dans lequel elle étoit à couvert.

148. *à la note qui est au bas de la page* ; Messieurs de l'Académie ; *lisez* : Mémoires de l'Académie.

154. *ligne* 29. dans la figure 116. *ajoutez* : Planche XIII.

162. *en marge*, Pl. XII. *lisez* : Pl. XIII.

184, 185, 186, 187, 188, 189, 190. *en marge*, Pl. XII. *lisez* : Pl. XIII.

190, 191. *en marge*, Planche XIII. *lisez* : Pl. XIV.

191. *ligne* 33. Pl. XII. *lisez* : Pl. XIII.

192, 194, 195. *en marge*, Pl. XIII. *lisez* : Pl. XIV.

209. *ligne* 1. arbuste ; *lisez* : arbrisseau.

254. *ligne* 25. *effacez ces mots* : à commencer.

SECONDE PARTIE.

P Age 103. *ligne* 21. de quatre lignes de diametre, laquelle, à sa naissance, s'étendoit ; *lisez* : de quatre lignes de diametre, à sa naissance, laquelle s'étendoit.

Page 105. *ligne* 22. couche 15 ; *lisez* : couche 13.

Ibid. ligne 29. en 1, 3, 5 ; *lisez* : en 2, 4, 6.

143. *ligne* 4. le bout du tuyau ; *lisez* : le bout du gland.

147. *ligne* 5. *mettez en marge*, (Pl. XVI. figure 163.)

153. *ligne* 4. *mettez en marge*, Figure 165.

155. *ligne* 11. de fleches ; *lisez* : des fleches.

157. *ligne* 29. & en marge, Figure 178 ; *lisez* : Figure 176.

218. *ligne* 8. lichênes ; *lisez* : lichen.

ibid. ligne 16. lichênes ; *lisez* : lichen.

I. *Partie.*

Avis au Relieur pour placer les Figures de la I. Partie.

De la feconde Partie.

PRÉFACE.

PREFACE.

Nous avons averti dans la Préface du Traité des Arbres & des Arbuftes, qui a paru il y a deux ans, que cès deux Volumes devoient faire partie d'un Traité général des Forêts auquel nous travaillons fans relâche. Nous avons encore annoncé que le Traité de la Phyfique des Arbres, dont nous nous occupions alors, & que nous donnons préfentement au Public, devoit, dans l'ordre naturel, être placé à la tête de tout l'Ouvrage, comme une efpece de Rudiment qui contient les éléments d'une fcience, dont les Arbres & les Arbuftes ne font qu'une partie. Comme nous croyons qu'il ne faut pas fe borner à prendre des connoiffances détachées qui n'imprimeroient que des idées confufes, mais qu'il convient de faire, pour ainfi dire, un Cours complet des Bois & Forêts, j'ai jugé que, pour en fa-ciliter les moyens, il étoit à propos de préfenter dans cette

Partie I.   a

Préface, & avant d'entrer dans le détail de ce qui eſt contenu dans ces nouveaux Volumes, une idée des différentes
branches qui forment par leur aſſemblage la ſcience des
plantes, qu'on nomme la *Botanique*, ou ſi l'on veut, un
abrégé des différents objets que nous nous propoſons de
traiter dans tous les Volumes qui doivent former un corps
d'ouvrage ſur les Bois.

La connoiſſance des Plantes qui couvrent la terre,
ou qui s'élevent dans les eaux, eſt une ſcience trop
étendue, pour qu'on puiſſe entreprendre de s'y rendre
habile, ſans le ſecours de cette partie de la Botanique
qu'on nomme *la Nomenclature*. En vain feroit-on des
efforts pour prouver qu'elle eſt inutile, on ſera toujours
forcé de convenir que l'étude de la Nomenclature doit
précéder celle des autres branches de cette ſcience. En
effet, comment tirer des plantes tous les avantages poſſi-
bles, ſi on ne les connoît pas ? & comment les connoître
ſi on ne cherche pas à ſoulager ſa mémoire par des méthodes ?

La Nomenclature, il eſt vrai, eſt la ſcience des noms
des plantes ; mais elle ne conſiſte pas ſimplement à en ſavoir les noms, elle doit conduire à connoître les plantes en
elles-mêmes. On ne regarderoit aſſurément pas comme un
Nomenclateur celui qui ſe contenteroit de ſe charger la
mémoire de toutes les phraſes du *Pinax*,* ſans ſavoir les
appliquer avec diſcernement aux plantes qui ſe préſentent
à ſes yeux.

Un habitant de la campagne parvient à connoître les
plantes qu'il a continuellement ſous les yeux : il ſait

---

* Le *Pinax* de Gaſpard Bauhin, contient non-ſeulement tous les noms des plantes
connues de ſon temps, mais encore leurs ſynoniimes.

même, pour les diftinguer les unes d'avec les autres, leur affigner des noms : elles feront pour lui des *rougets*, des *bluets*, des *tourne-midi*, des *grelots*, &c. Voilà bien une efpece de Nomenclature, mais elle ne peut fervir qu'à celui qui fe l'eft faite ; & elle ne pourra encore s'étendre qu'à un très-petit nombre de plantes. Il n'en eft pas de même du vrai Botanifte : il fait appliquer les noms à toutes les plantes qu'on lui préfente, parce qu'il connoît la chofe à laquelle le nom convient. En effet, les méthodes qui le guident le mettent dans la néceffité de confidérer & de graver dans fa mémoire les différentes parties des plantes qu'il fe propofe de connoître. Si le hazard lui préfente quelques plantes inconnues aux Botaniftes, ces mêmes méthodes lui indiquent les noms qu'il convient de leur donner. Ce n'eft pas tout : ces méthodes le mettent en état de fe faire entendre des autres Botaniftes, & de leur parler en une langue univerfellement connue. Au refte, la Nomenclature n'eft pas le dernier terme où tendent les Botaniftes, mais elle eft un moyen important dont il n'eft pas poffible de fe paffer pour acquérir des connoiffances plus utiles : c'eft, pour ainfi parler, un veftibule qu'il faut néceffairement traverfer, avant d'arriver aux appartements qui font l'utilité immédiate d'une belle maifon. Nous en traiterons dans un article féparé.

Après avoir acquis la connoiffance des plantes qui peuvent nous être de quelque utilité, il faut fonger à les multiplier : les Kalis qui croiffent naturellement au bord de la mer, ne fourniroient pas la quantité de Soude que l'on confomme en France : les racines de Garance qu'on pourroit fouiller dans les bois & dans les vignes, où cette plante croît d'elle-même, ne fuffiroient pas à l'ufage que nous en faifons pour les teintures : nous ferions réduits à ne manger qu'une très-petite quantité de fruits de faveur fort médiocre, fi nous n'avions que ceux qui croiffent dans les bois : l'herbe des campagnes eft peu de chofe, en comparaifon de ce qu'en fourniffent les prés bien entretenus : les bois nous manqueroient, fi on ne prenoit pas le foin de les entretenir & de les renouveller.

Tout le monde fait combien il eft néceffaire de cultiver avec foin la vigne, qui nous fournit la meilleure de nos boiffons, & les grains qui font la partie principale de notre nourriture. Il n'en faut pas davantage pour faire fentir que les recherches des Botaniftes doivent s'étendre fur la culture des plantes, non pas feulement dans des jardins particuliers, qui ne peuvent en fournir qu'une très-petite quantité, mais en grand & dans de vaftes champs, pour s'en procurer d'abondantes récoltes. Les connoiffances du Botanifte ne doivent cependant pas fe borner aux plantes qui peuvent s'accommoder de notre climat, il doit encore favoir forcer la nature, pour parvenir à élever dans des ferres des plantes étrangeres, avec le fecours des couches chaudes & des étuves. Souvent il ne fe propofera pas d'en cultiver une affez grande quantité pour en faire ufage ; mais par la culture de quelques pieds, il parviendra au moins à connoître les plantes utiles qu'on nous envoie des pays étrangers, deffléchées ou préparées de différentes façons. N'eft-il pas avantageux de pouvoir connoître les plantes qui nous fourniffent l'écorce de la Canelle, celle du Quinquina, les femences du Caffé & celles du Cacao, l'extrait d'Aloës, la Scammonée, le Maftic, le Baume du Pérou, &c. Outre la fatisfaction qu'il y a de favoir d'où l'on tire les drogues qui font en uſage, l'analogie peut nous conduire à découvrir ; ſoit dans notre propre pays, ſoit dans nos colonies, des plantes qui auroient les mêmes propriétés : car ce goût particulier qui porte à l'analogie, & qui eſt ſi dangereux pour les eſprits trop ſyſtématiques, mais dont un homme ſage & ennemi de la précipitation n'abuſe preſque jamais, peut devenir d'une grande utilité à la ſociété ; & je ſuis perſuadé que ſi la Botanique étoit une ſcience plus familiere & plus répandue, on trouveroit dans les bois de Cayenne le Quinquina, & peut-être même des arbres équivalents à ceux qui produiſent le vernis de la Chine.

Il y a plus : ſi on cultivoit dans un autre point de vue que celui d'un pur amuſement, les plantes étrangeres, on pourroit peupler nos colonies d'arbres agréables ou utiles qu'on auroit élevés dans nos ſerres. C'eſt ainſi que le Caffé a été établi dans toutes nos colonies : & combien d'autres plantes pourroient fournir, comme le Caffé, de nouvelles branches de commerce.

Ceux qui ne s'occupent que de la culture d'une ſeule eſpéce de plante, peuvent, ſans beaucoup de talents & preſque ſans ſagacité, la cultiver aſſez bien, en ſuivant ſeulement la routine que leurs ancêtres leur ont tranſmiſe : c'eſt ainſi que le vigneron cultive la vigne ; le laboureur, le froment ; l'habitant du Gâtinois, le ſafran ; celui de la Zélande, la garance, &c. Mais comme les vues d'un Botaniſte doivent s'étendre ſur des plantes de nature fort différentes, il doit agir en Phyſicien, & ſe former des principes généraux qui le guident dans tous ſes procédés, non pas en s'abandonnant à des ſyſtêmes de pure imagination qui ne manqueroient pas de l'égarer, mais en réglant toutes ſes marches ſur l'expérience & ſur l'obſervation : la ſagacité de ſon génie lui fera imaginer de nouvelles expériences, & la juſteſſe de ſon jugement lui en fera tirer des conféquences exactes.

Si nos connoiſſances ſur l'économie végétale étoient plus étendues, nous raiſonnerions bien plus conféquemment ſur les moyens d'entretenir les plantes dans un état de vigueur. Les Médecins parviennent à exercer leur art avec d'autant plus de ſuccès, qu'ils ſont plus inſtruits de l'économie animale. Quoiqu'on n'ait pas acquis juſqu'à préſent toutes les connoiſſances qu'on pouvoit deſirer ſur l'économie végétale; il faut cependant convenir que celui qui les ignore eſt bien moins en état de conduire convenablement la culture des végétaux que celui qui en eſt inſtruit. Evitons donc deux écueils dans leſquels on tombe aſſez fréquemment : les uns s'abandonnant à la vivacité de leur imagination, & ſe perſuadant tout ſavoir, s'égarent par orgueil : d'autres ſachant en général que les connoiſſances humaines ſont bornées ſur une infinité de points, ſe croyent diſpenſés de rien apprendre, & reſtent aſſoupis dans leur pareſſe, eſſayant de juſtifier leur ignorance par un étalage affecté de la multitude des difficultés qui ont été juſqu'à préſent inſurmontables aux gens les plus laborieux. Raſſemblons le plus grand nombre de connoiſſances qu'il nous ſera poſſible ; mais ſoyons toujours ſinceres, & gardons-nous de nous donner pour plus habiles que nous ne le ſommes. Gardons-nous ſur-tout d'imiter ces Botaniſtes oiſifs & purement ſpéculatifs, qui attendent froidement dans leur cabinet que les Bauhin, les Cluſius, les Daléchamp, les Ray, les Tournefort, les Linnæus leur aient raſſemblé des obſervations & des expériences dont ils croyent pouvoir diſpoſer au gré de leur imagination. Pour peu que cette imagination ſoit vive , elle leur fait ordinairement prendre des apparences pour des réalités, des choſes à peine probables pour des vérités démontrées : ſemblables à ces feux légers qui après s'être allumés dans l'air , brillent , éblouiſſent , tombent & s'éteignent dans l'inſtant ; ces Auteurs s'égarent avec éclat ; mais bientôt l'illuſion diſparoît ; & au lieu de Philoſophes eſtimés profonds, on ne voit plus que des hommes livrés au feu d'un entouſiaſme qui leur fait tenir des raiſonnements peu exacts ſur des objets qu'ils n'ont qu'à peine entrevus. Ce n'eſt pas qu'on ne doive faire beaucoup de cas d'une imagination vive , de cette faculté de l'eſprit qu'on nomme ſagacité ; mais cette précieuſe faculté doit être toujours réglée par l'obſervation. Il eſt très-avantageux & même néceſſaire de s'inſtruire dans les oúvrages des Auteurs qui nous ont précédés ; mais il faut y joindre une étude conſtante de la nature , pour être en état de profiter de ce que ces Auteurs ont recueilli, & pour décider du degré de confiance qu'on peut leur accorder.

Si , à l'aide de la Nomenclature , nous eſſayons de bien connoître les plantes ; ſi nous étudions leur culture pour les multiplier , c'eſt dans la vue d'en retirer de l'avantage , ou de l'agrément. Inutilement connoîtroit-on tou‑ tes les plantes qui couvrent la terre ; inutilement parviendroit-on à les multiplier par la culture , ſi l'on ignoroit leurs uſages. On eſt conduit à penſer qu'il n'eſt rien ſorti d'inutile des mains du Créateur ; d'où l'on conclud qu'il n'y a aucune plante qui ne ſoit douée de quelque propriété particuliere. Mais outre qu'il ne nous eſt point donné de limiter les vues de l'Auteur de la natu‑

re , & de décider fi tout ce qu'il a créé a un rapport
immédiatement appliquable aux befoins de l'homme ,
nous avons des preuves évidentes que plufieurs plantes
qui ne font point directement à notre ufage , nous deviennent cependant très-avantageufes à certains égards :
par exemple , abftraction faite de l'ufage qu'on fait du
fruit du Mûrier , comme aliment , & en médecine comme remede contre les maux de gorge ; abftraction faite
encore de l'ufage qu'on peut faire des filaments de l'écorce
de cet arbre , pour en fabriquer des cordages , & de fon
bois pour divers autres ouvrages ; fes feuilles nourriffent
un infecte qui nous fournit la matiere de nos plus beaux
vêtements. Suppofons que l'ufage de la foie nous fût inconnu , nous nous croirions autorifés à regarder le ver
qui la fournit comme un infecte malfaifant , & nous
ignorerions la plus grande utilité de la feuille du Mûrier. Cet exemple fuffit pour prouver qu'il y auroit de
la témérité à traiter avec mépris les plus petites productions de la nature , dont les ufages ne nous font pas encore connus : au lieu de méprifer ces êtres qui ne femblent faits que pour nous nuire , le véritable Philofophe
les obferve avec le plus grand foin ; il les étudie avec la
plus grande attention ; & des recherches qui d'abord ne
fembloient mériter que le titre de fimple curiofité , conduifent fouvent à des découvertes très-précieufes.

Les feuls Philofophes obfervateurs ont été , pendant
un grand nombre d'années , frappés d'admiration de voir
des paillettes de fer s'attacher à une forte de pierre
qu'on leur préfentoit : ils ont été les feuls à examiner attentivement toutes les circonftances qui accompagnoient
ce fingulier phénomene ; enfin la direction de l'aiman
s'eft

s'eſt manifeſtée à eux : & voilà un moyen de diriger ſa route au milieu des mers. De même , il n'étoit réſervé qu'aux ſeuls Philoſophes de pouvoir prêter une attention réfléchie à la ſinguliere détonation qui réſulte du mêlange du ſalpêtre avec une matiere charbonneuſe. De cette étude qui pouvoit paroître frivole & ridicule à des eſprits trop vifs & incapables de ſe fixer long-temps ſur un même objet, eſt ſortie cette merveilleuſe compoſition qui porte la foudre à des diſtances conſidérables ; & qui , après s'être élevée au-deſſus des plus hauts remparts , & même des montagnes fort élevées , retombe comme du haut des nues au centre d'une Fortereſſe où elle porte le feu & la déſolation. Des découvertes auſſi brillantes ſont rares, je l'avoue ; mais enfin on ne les obtient que par l'étude , l'application & le travail ; & ces hazards auxquels on a coutume d'attribuer la plupart des découvertes, ne favoriſent point ceux qui mépriſent l'obſervation. D'ailleurs, quand on déſeſpéreroit d'atteindre à ces grandes découvertes, ne doit-on pas être bien ſatisfait , quand le travail nous conduit à quelque choſe d'utile ? Tout ce qui aboutit à ce point eſt eſtimable ; il n'y a rien de petit aux yeux d'un Philoſophe , quand il en peut réſulter un avantage pour la ſociété. On verra, par exemple , dans cet Ouvrage , que la mouſſe que nous foulons aux pieds, qui fait périr l'herbe des prés , qui eſt plus nuiſible qu'utile aux arbres auxquels elle s'attache, peut cependant tenir lieu d'une terre fertile , & que comme elle a la propriété de retenir l'humidité ſans fermenter, & qu'elle ne ſe pourrit que difficilement, elle peut être employée fort utilement pour conſerver les plantes qu'on veut tranſporter au loin. Ce n'eſt pas - là une découverte brillante que l'on puiſſe comparer à celle

Partie I.   b

de la bouſſole, ni de la poudre à canon ; c'eſt même l'extrême différence qui ſe trouve entre ces deux objets, qui
m'engage à choiſir cet exemple, pour faire ſentir qu'il
ſuffit qu'une découverte ſoit utile pour n'être point mépri-
ſable aux yeux d'un philoſophe citoyen.

On apperçoit déja que nous ne bornons pas l'utilité des
plantes aux uſages qu'on en peut faire, ſoit en médecine,
ſoit pour les aliments. Une foule d'Auteurs qui ont traité
des vergers & des potagers, ont laiſſé peu de choſe à deſirer ſur les avantages qu'on peut tirer des végétaux pour la
nourriture des hommes ; & comme la plupart des Botaniſtes ont été Médecins, ils ſe ſont amplement étendus
ſur les propriétés médicinales des plantes. Nous croyons
donc pouvoir nous diſpenſer de traiter expreſſément de
ces deux branches infiniment précieuſes de la Botanique ;
mais combien d'autres avantages ne peut-on pas retirer
des plantes, relativement aux différents arts ? Les huiles,
les baumes, les réſines, les gommes qu'on obtient des
végétaux fourniſſent des aromates, des vernis & des enduits
qui ſont d'une très-grande utilité. La plupart des teintures
ſont tirées du regne végétal : je me bornerai à donner pour
exemple la Gaude, le Paſtel, l'Indigo, la Garence, l'Or-
ſeille, le Tourneſol, les bois de teinture. Combien d'ouvriers, Bucherons, Scieurs de long, Fendeurs, Sabot-
tiers, Charpentiers, Charrons, Menuiſiers, Tourneurs,
Sculpteurs, Ebéniſtes, Tablettiers, Tonneliers, Boiſſe-
liers ſont occupés à travailler les différents bois ? Joignons
à cela les uſages d'agrément ; l'émail des jardins fleuriſtes,
la belle verdure des gazons, les bordures qui forment le
deſſein des parterres, les arbriſſeaux qui décorent les bou-
lingrins, les paliſſades hautes & baſſes qui forment les boſ-

quets, les berceaux qui conviennent si bien dans les petits jardins, les quinconces, les massifs de bois, les avenues qui font les principaux ornements des châteaux & des maisons de campagne.

Le peu que nous venons de dire fait appercevoir l'étendue & l'immensité des objets de l'étude d'un Botaniste, & l'utilité réelle qu'il se doit promettre de son travail. Une seule partie de cette science a souvent suffi pour occuper la vie entiere de très-grands génies. Les Cesalpin, les Morison, Ray, Hermann, Boherraave, Rivinus, Rupinus, Ludwig, Knautius, Tournefort, Magnol, Monsieur Linnæus ; tous ces grands hommes, sans cependant négliger les autres parties de la Botanique, se sont singuliérement appliqués à la Nomenclature. Et que n'aurions nous pas à espérer en ce genre de Monsieur Bernard de Jussieu, s'il se déterminoit à mettre au jour une théorie générale attendue depuis long-temps, & annoncée si avantageusement par ce qu'il en communique journellement à ses disciples ? Nous savons que la sévérité avec laquelle il juge ses productions l'empêche de publier un Ouvrage qu'il n'estime pas encore être assez parfait ; mais de légeres imperfections, qu'il est peut-être le seul à y appercevoir, seroient abondamment compensées par le grand nombre d'observations importantes & de remarques judicieuses qu'il peut donner, & sur-tout par ses principes d'analogie, si propres à étendre les connoissances & à perfectionner la science.

Les Clusius, les Lobel, les Bauhins, les Dalechamp ont fait de grands Ouvrages, dans lesquels on trouve de bonnes descriptions & des détails très-intéressants sur les usages, particuliérement en ce qui regarde

la médecine : Grew , Malpighi , Perrault , Mariotte ;
Dodard , Meſſieurs Hales, Bonnet & Guettard ont tourné
leurs vues du côté de la Phyſique des plantes : enfin beaucoup d'Auteurs ont parlé de leur culture. Je me borne dans
ce Traité à des vues bien plus reſſerrées : mon objet eſt
reſtraint aux Arbres & aux Arbuſtes qui peuvent s'élever
en pleine terre ; & j'ai expoſé dans la Préface des deux
volumes que j'ai déja publiés , les raiſons qui m'ont engagé
à compoſer cet Ouvrage : je l'ai entrepris pour mettre les
particuliers qui ſe propoſeront de planter leurs Parcs , d'é-
tendre leurs bois , de décorer leurs Terres de belles avenues ,
en état de connoître les arbres qui ſeroient les plus propres
à remplir ces différents objets. J'ai employé pour cela des
Deſcriptions génériques & des Tables méthodiques : j'ai indiqué la culture particuliere qui convient à chaque eſpece
d'arbre ; & pour engager ces particuliers à embraſſer un objet auſſi utile , je leur ai fait appercevoir l'avantage qu'ils
pourroient retirer de chaque arbre. Mais comme la plupart de ces objets n'ont été qu'effleurés dans les deux volumes que j'ai déja publiés , il nous reſtoit à entrer dans des
détails qui ne peuvent manquer d'être utiles à ceux qui
deſireront entretenir , multiplier & exploiter leurs bois
avec économie & avantage : c'eſt le but que nous nous
propoſons dans les Volumes que nous donnerons par la
ſuite : nous eſſayerons d'y ſatisfaire à tout ce qu'on peut attendre ſur cette partie de notre travail , qu'on peut regarder comme le terme véritablement utile où nous nous
empreſſons d'arriver. Mais notre intention étant d'appla-
nir , autant que nous le pourrons , toutes les difficultés ,
& de mettre les cultivateurs de bois & de forêts en état
de faire une étude ſuivie , méthodique & ſavante de la

partie de la Botanique qui les intéreſſe, nous avons jugé
que, pour faire mieux comprendre ce que nous dirons
dans la ſuite, il étoit à propos de conſidérer les arbres
comme des corps organiſés. C'eſt dans cette vue que
nous donnons dans ces nouveaux Volumes une expoſition
anatomique des différentes parties des Arbres, & que
nous y joignons des recherches ſur leur uſage, relativement à l'économie végétale. J'oſe eſperer que par le tableau
que nous allons tracer de ce qui fait le ſujet principal des
Volumes que je préſente au Public, on pourra juger qu'ils
ne ſeront pas indignes de l'attention de ceux mêmes qui ne
s'occupent pas directement de l'entretien & du rétabliſſe-
ment des forêts.

On ſe rappellera, qu'en tête du Traité des Arbres &
Arbuſtes, nous avons préſenté des Tables méthodiques,
deſtinées à mettre ceux qui ne ſont point Botaniſtes en
état de rapporter à leur vrai genre les Arbres & les Arbuſtes qu'ils ne connoîtroient pas. Mais ces ſecours leur
deviendroient inutiles, ſi nous négligions de leur donner
une idée préciſe de ce qu'on entend par *Méthode de Botanique* : nous ſatisfaiſons à cet objet dans une Diſſertation
particuliere que nous avons placée à la ſuite de cette Préface. Après y avoir traité en général des Méthodes de Botanique, nous en rapportons pluſieurs qui ont été publiées
par les plus célebres Botaniſtes de l'Europe ; & nous avons
ſoin d'inſiſter particuliérement ſur la partie de ces Méthodes qui concerne les Arbres & les Arbuſtes, afin que ces
différentes méthodes puiſſent concourir avec celles que
nous avons données dans nos deux premiers volumes, à
faciliter la parfaite connoiſſance des végétaux qui ſe rencontrent dans les Forêts, dans les Bois & dans les Parcs.

Il reſtoit encore à lever une autre difficulté qui auroit pu arrêter ceux qui ſe ſeroient propoſés de profiter de nos travaux. La Botanique, ainſi que les autres Sciences, a une langue qui lui eſt propre; elle emploie des termes qui ne ſont guere entendus que de ceux qui en ont fait une étude particuliere. Pour mettre notre Ouvrage à la portée des perſonnes qui n'ont aucune connoiſſance de Botanique, nous nous ſommes attachés à définir, dans le corps du Livre, tous les termes de cette ſcience; & nous avons fait outre cela un vocabulaire abrégé où l'on trouvera la définition des mots que nous n'avons pas eu occaſion d'expliquer expreſſément dans nos Volumes.

Il ſe pourra faire que certains détails dans leſquels nous ſommes entrés paroîtront ennuyeux à ceux qui ne ſe propoſent pas de connoître à fond les Arbres & les Arbuſtes, & qui ne deſireroient y trouver que ce qui regarde préciſément la phyſique des végétaux; mais c'eſt un inconvénient qu'il ne nous a pas été poſſible d'éviter : un livre eſt toujours ennuyeux & trop long pour ceux qui ſe bornent à la ſuperficie des Sciences; il ſemble au contraire trop court à ceux qui cherchent à les approfondir.

PLAN DE L'OUVRAGE.

LIVRE I.

ON NE PEUT former aucun raiſonnement ſur l'uſage des parties organiques des arbres, ſi l'on n'a auparavant pris une idée de ces organes conſidérés en eux-mêmes, & indépendamment de toute fonction; c'eſt pourquoi nous commençons par donner une expoſition anatomique du tronc, des branches & des racines des arbres.

En général , ces parties font formées de l'écorce , du corps ligneux & de la moëlle. A l'occafion de l'écorce , nous examinons l'épiderme , enfuite la fubftance qui fe trouve immédiatement placée fous l'épiderme , & à laquelle j'ai donné le nom d'*Enveloppe cellulaire* ; enfin les couches réticulaires de l'écorce, qui font formées de vaiffeaux lymphatiques , de vaiffeaux qui contiennent un fuc qui paroît différent dans chaque plante : car dans les unes il eft gommeux, dans d'autres réfineux, & dans d'autres laiteux ; ce qui l'a fait nommer *propre* ainfi que les vaiffeaux qui le contiennent. Outre ces vaiffeaux , on découvre encore un tiffu cellulaire, véficulaire ou parenchymateux.

Après avoir traité en détail des différentes parties qui forment cette enveloppe générale qu'on nomme l'*Ecorce* , nous paffons à l'examen du corps ligneux , dans lequel on apperçoit , ainfi que dans l'écorce , des vaiffeaux lymphatiques , des vaiffeaux propres , & le tiffu cellulaire : on y découvre outre cela des vaiffeaux roulés en fpirale , qu'on a nommés *Trachées.* L'examen du bois nous met dans la néceffité de parler de l'aubier ; & après avoir prouvé que c'eft un bois imparfait , nous examinons, dans les arbres de différents âges, fa converfion en bois , & la proportion qui fe trouve à peu près entre l'épaiffeur de l'aubier & celle du bois, de même qu'entre l'épaiffeur de l'écorce , & celle du corps ligneux. Nous ne traitons pas dans ce Livre de la formation du bois ; cependant nous prouvons que le bois eft formé de l'aggrégation d'un nombre de couches qui s'enveloppent les unes les autres , & comme ces couches ne font pas d'une égale épaiffeur dans toute la circonférence du corps des arbres , il nous a paru convenable d'expliquer d'où provient cette excentricité.

Quoique nous ayons parlé au commencement de ce Livre, des vaiſſeaux qui, par leur entrelacement, forment le tiſſu de l'écorce & celui du bois, de même que des différentes liqueurs qui ſont contenues dans ces vaiſſeaux, nous revenons à un examen particulier de ces différents objets ; ce qui donne lieu de traiter plus expreſſément de la lymphe, du ſuc propre, de l'air contenu dans les plantes, & des vaiſſeaux mêmes, pour examiner ſi ce ſont de vrais tubes creux, ou des filets qu'on pourroit comparer à ceux d'un écheveau. Je dois néanmoins avertir que ces différentes queſtions recevront encore un plus grand éclairciſſement de ce qui ſera dit dans la ſuite ; car tous les organes qui compoſent un même corps ſont tellement liés les uns aux autres, qu'il eſt impoſſible de les conſidérer indépendamment des rapports qu'ils ont entr'eux.

Les racines & les branches ſont organiſées en général comme le tronc des arbres ; cependant il convenoit d'en traiter en particulier, pour faire appercevoir quelques ſingularités qui accompagnent leur développement, quoique cette queſtion doive être encore traitée expreſſément dans un autre endroit de ce Volume. Ce Livre eſt terminé par l'examen de la proportion qu'il y a entre l'épaiſſeur du tronc d'un arbre & celle des branches qui en émanent.

L I V R E I I.

APRE's avoir examiné dans le premier Livre l'organiſation du tronc & des branches des Arbres, nous paſſons à la diſcuſſion des parties dont les branches ſont chargées : en conſéquence ce ſecond Livre traite des boutons à bois, des feuilles, des poils, des épines & des mains ou vrilles. Tout le monde connoît les boutons des arbres ; & on ſait en général qu'ils s'ouvrent au printemps pour produire de nouvelles branches, des feuilles & des fleurs; mais nous entrons dans des détails qui roulent fur leurs différentes pofitions à l'égard des branches qui les portent, & fur leur forme qui fe trouve fort différente dans les arbres de diverfes efpeces. Nous employons enfuite la voie de la diffection pour faire connoître en détail l'organifation des boutons à bois, au centre defquels on apperçoit les embryons de la branche, & des feuilles qui doivent fe développer au printemps. Auffi-tôt que les boutons font ouverts, on voit paroître les feuilles; & déja l'on peut remarquer qu'elles font pliées de différentes façons dans les boutons : les unes le font en deux, d'autres font pliées comme un éventail; d'autres comme le papier d'une lanterne; d'autres font roulées fur elles-mêmes. La pofition des boutons indique celle des branches, & celle-ci indique celle des feuilles; mais plufieurs feuilles font accompagnées, à leur pédicule, de deux ou trois petites feuilles qu'on nomme *Stipules*.

Quelques plantes femblent n'avoir point de feuilles; mais prefque toutes en font garnies. Nous indiquons quels font leurs différents états dans le temps de leur développement, & après qu'elles font parvenues à leur perfection : celles des différentes efpeces d'arbres ont des formes très-variées; c'eft ce qui nous a déterminé à les diftinguer en feuilles fimples, & en feuilles compofées : les unes & les autres font ou liffes, ou velues, & prefque toujours de couleur très-différentes. Les unes font petites & terminées par une pointe; d'autres font étroites & filamenteufes; d'autres font plus ou moins larges, relativement à leur longueur; il y en a dont les bords font unis, d'autres qui les ont ou crénelés, ou dentelés, ou échan-

crés, ou laciniés ; & quand ces découpures s'étendent
jufqu'à la nervure du milieu , elles font des feuilles compofées, qui font formées de plufieurs folioles ou petites
feuilles attachées à un filet commun. En entrant dans
des détails fur l'anatomie des feuilles, nous faifons appercevoir que la diftribution des vaiffeaux influe fur leur
différente forme : après avoir fait remarquer des fingu-
larités qui appartiennent aux pédicules des feuilles, & à
leur infertion fur les branches, nous examinons quelles
font les caufes qui peuvent occafionner la chûte des
feuilles, qu'on peut regarder comme une mue végétale
fort finguliere.

L'Auteur de la nature n'a pas formé avec tant de foin
un auffi grand nombre d'organes pour n'être d'aucun ufage : tous les Phyficiens leur en ont attribué de relatifs
à l'économie végétale ; mais les uns n'ont regardé les
feuilles que comme des enveloppes qui pouvoient former
un abri avantageux aux fleurs & aux fruits ; d'autres ont
penfé que la feve recevoit dans les feuilles des préparations qui la rendoient propre à nourrir les arbres & leurs
fruits quand elle refluoit dans leurs vaiffeaux. On a dit encore que les feuilles étoient capables de pomper l'humidité de
l'air , & de la porter dans les plantes ; elles ont enfin été
regardées comme les organes fécrétoires des végétaux.
En difcutant ces divers fentiments , nous nous fommes
trouvés engagés à traiter avec étendue de la tranfpiration
fenfible & infenfible des plantes, & d'examiner fi, dans
certains cas les feuilles agiffent de concert avec les racines
pour nourrir les plantes de l'humidité qu'elles afpirent ; &
à cette occafion , nous faifons remarquer que dans des
circonftances particulieres, il y a des feuilles qui font defti-

nées à fournir une partie de leur substance aux productions que font les plantes, à peu près de la même maniere que la graisse des animaux sert pendant quelque temps à les nourrir. Enfin nous examinons si les feuilles peuvent être regardées comme les poumons des plantes, ainsi que quelques Physiciens l'ont pensé ; & à cette occasion nous essayons de découvrir par quelle voie l'air peut s'introduire dans le corps des végétaux.

Les questions précédentes nous ont engagé à parler des glandes & des poils que quelques Auteurs ont regardé comme des vaisseaux excrétoires, & d'autres comme des vaisseaux absorbants. Les mains ou vrilles dont les plantes sarmenteuses se servent pour s'attacher aux corps solides qui sont à leur portée, étant, ainsi que les épines, portées par les branches, elles devoient faire une partie de l'objet de ce second Livre ; ainsi nous y rapportons les observations qui les concernent : & nous faisons remarquer que certaines épines peuvent, soit par leurs usages, soit par leur organisation, être comparées aux ongles des animaux.

L I V R E   I I I.

A MESURE que nous avançons dans notre Traité, il se présente des questions plus intéressantes. Il s'agit dans ce troisieme Livre, des organes de la fructification ; & pour prendre la chose du plus loin qu'il est possible, nous commençons par l'examen des boutons d'où sortent les fleurs. En les disséquant avec attention, on découvre dans les boutons, non-seulement les fleurs, mais même les parties dont elles sont composées ; pétales, étamines, pistils, à la base desquels on peut appercevoir, dans cer-

tains fruits, les noyaux & les pepins. Nous entrons enfuite
dans l'examen particulier des parties qui compofent les
fleurs completes, les calyces, les pétales, les étamines,
leurs fommets, les poufieres qu'ils contiennent, les
Nectarium. Nous parlons enfuite des fleurs incompletes,
dont les unes n'ont que des étamines, & les autres que
des piftils. En fuivant dans une récapitulation tous les
changements qui arrivent aux différentes parties des fleurs,
depuis le temps où on les peut appercevoir dans les boutons, jufqu'à leur entiere deftruction, on voit toutes les
parties que nous venons d'indiquer périr fucceffivement ;
il ne refte enfin que l'embryon ou le jeune fruit qui, en
groffiffant prend bien des formes différentes. Plufieurs
volumes fuffiroient à peine pour rapporter toutes les obfervations qu'on pourroit faire fur l'anatomie des fruits ;
c'eft cette multitude de faits qui nous a obligé de nous
borner à ne donner qu'une expofition anatomique exacte
& détaillée d'un fruit à pepin, d'un fruit à noyau, & à dire
quelque chofe des fruits capfulaires.

Après avoir fait connoître que les fleurs & les fruits font
formés d'un grand appareil d'organes qui fervent à la fructification, nous établiffons que les étamines & les piftils
font particuliérement néceffaires pour la formation des
femences. Mais quelle eft la deftination de ces organes ? Les fentiments ayant été partagés fur ce point,
nous avons cru devoir les examiner ; & cet examen
nous a conduit à traiter la grande queftion du fexe des
plantes. Nous inclinons à admettre l'exiftence des deux
fexes, & la néceffité de leur concours pour la production
des femences fécondes. Les étamines font les parties mâles, les piftils les parties femelles : ces différents organes

ſe trouvent raſſemblés dans les fleurs hermaphrodites,
& ils ſont ſéparés dans les fleurs qui ne ſont que mâles
ou que femelles. Il eſt vrai qu'il y a des plantes où ces
organes ne ſont pas encore bien connus, & nous en rapportons quelques exemples. Mais ſitôt qu'on aura admis
la différence des ſexes, il s'enſuivra tout naturellement
des mélanges, par les fécondations qui donneront naiſſance à des arbres, pour ainſi dire, *métifs.* Nous entrons à
ce ſujet dans quelques détails, & nous eſſayons de faire
appercevoir que les monſtruoſités des plantes dépendent
preſque toujours de cauſes très-différentes de celles qui
produiſent les nouvelles eſpeces ou variétés de fruits.

LIVRE IV.

ON APPERÇOIT ſenſiblement que l'uſage de tous les
organes de la fructification eſt de former des ſemences
capables de multiplier les eſpeces. Les ſemences peuvent
donc être comparées aux œufs des animaux, mais à des
œufs déja couvés, dans leſquels le petit animal eſt tout
formé : outre les rudiments de la tige & de la racine qu'on
trouve dans les ſemences, on y apperçoit encore des organes qu'on appelle *lobes,* & qu'on peut regarder comme
des mamelles, dont l'office eſt de nourrir la jeune plante
juſqu'à ce qu'elle ait jetté en terre une ſuffiſante quantité
de racines pour en tirer ſa nourriture. Quand on met en
terre une ſemence, les lobes dont je viens de parler ſe
rempliſſent d'humidité; ils ſe gonflent, ils ouvrent leurs
enveloppes, & l'on voit paroître d'abord la jeune racine
ou la *radicule* qui produit des racines latérales capables de
pomper de la tere la ſeve qu'elle contient, & de la tranſmettre à la jeune tige qu'on nomme la *plume.* Voilà la

jeune plante en état de végéter fans le fecours des lobes, qui fouvent recevant eux-mêmes leur nourriture des racines, s'étendent & forment ces efpeces de feuilles qu'on nomme *feuilles féminales.* Cette plante qui eft alors, pour ainfi dire, dans fon enfance, eft très-tendre & herbacée : peu à peu le corps ligneux fe détruit dans l'intérieur ; & à la fin de l'automne elle forme un petit arbre, recouvert extérieurement d'une écorce bien formée : fous cette écorce eft un petit cône ligneux qui eft creux, & dans lequel eft contenue la moëlle ; ce petit arbre eft enfin terminé par un ou par plufieurs boutons.

Nous prouvons très-clairement qu'auffi-tôt que le filet ligneux qui eft fous l'écorce de ce jeune arbre eft converti en bois, il ne s'étend plus ni en groffeur ni en hauteur. Tant qu'il étoit herbacé il s'eft étendu dans toutes fes dimenfions ; à mefure que l'endurciffement a fait des progrès, l'extenfion a diminué ; quand l'endurciffement a été parfait, il n'y a plus eû d'extenfion. Comment donc peut fe faire l'accroiffement des arbres ? Ils augmentent en groffeur par l'addition d'un nombre de couches ligneufes & corticales qui fe forment entre le bois & l'écorce. Nous nous fommes engagés dans une longue difcuffion fur la formation de ces couches ligneufes ; & après avoir rapporté quantité d'expériences qui tendent à éclaircir cette queftion, nous concluons : 1°; que l'écorce peut produire de nouvelles couches corticales, & qu'elle peut, indépendamment du bois, faire des productions ligneufes : 2°; que les couches corticales qui ne font point partie du liber, reftent toujours corticales : 3°; que le bois peut produire une écorce nouvelle, fous laquelle il fe forme des couches ligneufes : enfin de quelque façon que cela fe faffe , il eft certain que le corps ligneux n'augmente en groffeur que par la fuper-addition de couches ligneufes. A l'égard de l'accroiffement des arbres en hauteur , il fera aifé de le concevoir , quand on fera prévenu que les boutons contiennent les rudiments d'une nouvelle branche , ainfi que le mamelon qui eft à l'extrêmité des femences renferme les rudiments d'une jeune tige , & que de ces boutons fortent les jeunes branches , de la même maniere que les tiges fortent des femences ; ces branches naiffantes s'étendent par la fuite de la même maniere que les jeunes tiges.

Après avoir traité de l'accroiffement des arbres , nous parlons de la réunion de leurs plaies , ce qui nous conduit à l'examen de l'union des greffes avec leurs fujets , & nous parcourons chacune des façons de greffer & d'écuffonner , ainfi que les différentes queftions qui concernent ce même objet : favoir , par exemple , fi tous les genres d'arbres peuvent être greffés les uns fur les autres avec fuccès ; fi la greffe en change les efpeces ; &c.

Quoique nous ayons déja dit quelque chofe dans le premier Livre fur l'accroiffement des racines, nous y revenons cependant dans celui-ci ; ce qui nous donne occafion de parler des boutures & des marcottes : nous indiquons les moyens de faire réuffir ces utiles pratiques d'agriculture. Les obfervations que nous avons eu occafion de faire fur le développement des branches & des racines, nous a engagé d'examiner avec une attention particuliere la finguliere propriété que les tiges des plantes ont à fortir du terrein où elles font femées, & à s'élever perpendiculairement en l'air, ainfi que l'affectation que les racines ont à s'enfoncer dans la terre : fi l'on ne trouve pas cette grande queftion réfolue, on

la verra du moins traitée avec affez de détail. A cette occafion nous parlons de la nutation des plantes qui s'inclinent vers le Soleil, de celles que l'on tient renfermées
dans une chambre, & qui fe portent vers les croifées,
ainfi que de la direction droite ou oblique des tiges & des
racines, & de la propriété que les feuilles ont de préfenter
au ciel ou à l'air leurs faces fupérieures. Ces différentes
difcuffions nous conduifent infenfiblement à parler des
plantes *étiolées ;* de celles qui étant privées de la lumiere
croiffent d'une façon monftrueufe, & qui ne peuvent
prendre les couleurs qui leur font naturelles.

Plus on examine les végétaux avec attention, plus on
trouve que ces corps vivants ont quelque forte d'analogie
avec ceux du regne animal : il eft cependant très-probable
que les plantes font privées des fens, & qu'elles n'éprouvent
aucun fentiment de douleur quand on retranche quelques-unes de leurs branches ; néanmoins en démontrant
que les plantes ont des mouvements qui reffemblent en
quelque façon aux mouvements fpontanés des animaux,
on reconnoîtra dans quelques-unes des apparences, confufes à la vérité, de fenfation : une légere irritation, &
même la feule impreffion d'une odeur forte, les fait fe
contracter avec fecouffe ; l'action du foleil & des pluies fur
les feuilles, leur occafionnent des mouvements particuliers ; les fleurs s'épanouiffent & fe referment à certaines
heures marquées ; on apperçoit même dans quelques fruits
des mouvements qui ont un certain rapport avec ceux des
mufcles des animaux. Les obfervations qu'on a faites fur
ces différents points, nous ont paru mériter l'attention
des Lecteurs. Nous terminons ce Livre par dire quelque
chofe des différentes couleurs que prennent les fleurs, les

feuilles

feuilles & les fruits, & par des réflexions fur la prodigieufe fécondité des végétaux.

LIVRE V.

PEU A PEU l'examen des différentes parties des végétaux nous a conduits à difcuter plufieurs queftions très-curieufes ; car à mefure que les détails purement anatomiques s'épuifent, les queftions qui appartiennent à l'économie végétale fe préfentent ; & quelque embarraffantes qu'elles foient, nous ne pouvons nous difpenfer de les traiter, ne fût-ce que pour préfenter aux amateurs l'état où elles font au vrai, dans la vue de les exciter à franchir la barriere qui nous arrête. Je m'attends bien que plufieurs Lecteurs blâmeront mes indécifions ; mais je me flatte que d'autres les approuveront : les moyens de faire paffer des apparences pour des réalités font trop ufités, pour croire qu'ils puiffent manquer à celui qui voudroit en faire ufage. Mais loin de nous tout ce qui peut faire illufion : gardons-nous de croire qu'un nouveau mot puiffe tenir lieu d'une explication phyfique : foyons toujours vrais & finceres : quand de bonnes obfervations nous découvrent une vérité, difons, *on fait cela* ; mais ne manquons pas auffi d'ajouter, *on ne fait que cela*, pour exciter les Phyficiens à faire de nouveaux efforts qui feront rarement infructueux. C'eft avec cette réferve & cette bonne foi, que nous examinons la premiere préparation de la feve, les fubftances qui peuvent fervir à fa formation ; fi l'on peut trouver dans les plantes des indices certains que quelque portion de la terre ou des engrais paffe dans le corps des plantes ; fi toutes les plantes de différentes efpeces fe nourriffent d'un même fuc qu'elles tirent de la terre ; enfin comment les

Partie I. d

plantes parafites. & les greffes peuvent s'accommoder d'une feve qui a été préparée dans un tronc qui leur eft étranger.

La feve doit certainement fe mouvoir dans l'intérieur des plantes : voilà une fource de queftions plus intéreffantes les unes que les autres. Quelle eft la caufe qui détermine la feve à monter dans les plantes ? On prouve bien que les racines pompent la feve avec beaucoup de force ; un nombre d'expériences démontrent que les branches détachées de leur tronc confervent une grande force de fuccion ; il eft certain que cette force eft proportionnelle à la tranfpiration ; cependant il eft également prouvé que la feve eft quelquefois dans de grands mouvements lorfque la tranfpiration eft prefque nulle ; par exemple, dans la circonftance des pleurs. Mais comme toutes ces chofes laiffent beaucoup d'incertitude fur la caufe immédiate du mouvement de la feve, nous effayons d'acquérir quelques lumieres fur ce point, en examinant quel eft le mouvement de la feve dans les différentes faifons de l'année, & quelles font les différentes caufes phyfiques qui peuvent influer fur la végétation. Dans un cas auffi embarraffant, il faut tenter tous les moyens qui peuvent nous procurer quelque inftruction : ainfi nous examinons celles qu'on peut efpérer des injections ; nous portons nos vues fur la communication latérale de la feve ; nous examinons fi cette liqueur nourriciere s'éleve au travers du bois, ou au travers de l'écorce, ou entre le bois & l'écorce ; enfin, fi dans les arbres une partie de la feve s'éleve vers les branches, pendant qu'une autre partie defcend aux racines. Toutes ces recherches paroîtroient devoir nous conduire à la folution d'une grande queftion qui a partagé les Phyficiens : *La feve circule-t-elle ou non dans le corps des plantes ?*

Nous la difcutons dans un article féparé ; mais elle refte
encore indécife. Au refte , que la circulation exifte ou
non, il eft certain que les plantes tirent de la terre beaucoup d'humidité ; c'eft ce qui nous engage à examiner
comment la terre peut fuffire à une pareille confomma-
tion.

Après ce qui a été dit dans ce cinquieme Livre fur l'é-
conomie végétale, on ne pourra pas, ce me femble, difcon-
venir que les plantes ne foient des êtres vivants : elles ont
d'abord toute la délicateffe propre à l'enfance ; elles tirent
par le moyen de leurs racines , comme par des veines lactées, le chyle qui les doit nourrir : cette liqueur éprouve
dans les vifceres des plantes des fécrétions & plufieurs préparations qui la rendent propre à être nourriciere ; peut-
être encore que des fucs afpirés par les feuilles fe mêlent
avec ceux que les racines ont attirés. Quelques favants
Phyficiens ont reconnu par des obfervations faites avec
une grande fagacité, qu'il y avoit dans les végétaux une
tranfpiration fenfible & infenfible , ce qui doit beaucoup
influer fur la préparation du fuc nourricier ; peu à peu la
plante devient adulte ; alors pourvue des organes des deux
fexes, elle produit des femences fécondes , qu'on peut
regarder comme de vrais œufs, dans lefquels les rudiments
des plantes qui en doivent fortir fe forment par degrés.
Après que les végétaux ont fourni une innombrable poftérité, ils tombent dans la dégradation de la vieilleffe , &
périffent les uns plutôt, les autres plus tard. Dans le temps
même de leur plus grande vigueur ils font expofés à des
maladies dont les principales procedent , foit d'un excès
de féchereffe ou d'humidité , foit d'une qualité dépravée
du terrein ; les gelées , les infectes leur occafionnent auffi

des maladies ; c'eſt par-là que nous avons cru devoir terminer notre Ouvrage.

Nous ne prétendons pas avoir épuiſé tout ce qui appartient à la phyſique des végétaux ; mais comme ce Traité n'eſt déja que trop étendu, nous ſuppléerons à nos omiſſions dans les volumes ſuivants ; & nous exhortons ceux qui voudront connoître à fond cette partie de la Phyſique, de conſulter particuliérement les Ouvrages de MM. Malpighi, Grew, Hales, Bonnet, & quantité de Diſſertations qui ſe trouvent répandues dans les Mémoires de l'Académie Royale des Sciences, dans les Tranſactions philoſophiques, les Ephémérides d'Allemagne, les Mémoires particuliers de M. Linnæus, & autres.

DISSERTATION
SUR LES MÉTHODES
DE BOTANIQUE.

La Nomenclature eſt, comme nous l'avons dit dans la Préface, la véritable clef de la Botanique; & ce n'eſt que par ſon moyen, que ceux qui ſe livrent à l'étude de cette ſcience, peuvent s'entendre & ſe communiquer les obſervations qu'ils ont faites ſur les plantes. Or comment la Nomenclature pourroit-elle s'apprendre autrement que par une méthode qui, en établiſſant des diviſions générales & des ſubdiviſions particulieres, mette les commençants en état de ranger les eſpeces qu'ils rencontrent, & qui leur ſont inconnues, dans telle ou telle Section; afin que venant à les comparer enſuite avec les deſcriptions des plantes contenues dans la Section à laquelle elles appartiennent, ils puiſſent reconnoître celles qu'ils ont ſous les yeux, & leur appliquer les noms qui leur conviennent? C'eſt ainſi qu'on peut parvenir à contracter avec les plantes cette habitude qui forme le vrai Botaniſte.

Quand on examine avec attention toutes les plantes, on en apperçoit qui ſe rangent comme d'elles-mêmes par familles; c'eſt-à-dire, qu'il y a des collections d'eſpeces qui ſe tiennent par un ſi grand nombre de caracteres ſemblables, & qui ſont tellement ſéparées des autres eſpeces, qu'il eſt impoſſible de ne les en pas diſtinguer; de ſorte que ſi dans une plante on apperçoit quelques-uns de ces caracteres, on eſt preſque aſſuré qu'on y découvrira les autres. Je pourrois préſenter pour exemple les plantes labiées, les graminées, les cruciferes, les liliacées, les malvacées, les légumineuſes, les cucurbitacées, &c; mais je me borne à citer les coniferes & les ombelliferes. Si je rencontre un fruit écailleux, dur & ligneux, dont les ſemences ſoient placées ſous des écailles; en un mot de ces fruits qu'on nomme des *Cônes*, je ſuis certain que l'arbre qui a produit ce fruit a ſes fleurs mâles ſéparées des fleurs femelles, & grouppées ſur un filet commun, en forme de chaton.

De même, quand on a obſervé la façon dont les feuilles des ombelliferes embraſſent les tiges, on peut, en examinant avec attention une plante de cette famille, qui n'a point encore produit de fleurs, aſſurer que cette jeune plante produira une ombelle qui ſupportera des fleurs à cinq petales, avec cinq étamines, un ſtyle fourchu & un embryon

I. Partie.   *

double, qui fe changera en deux femences nues. Je ne prétends pas qu'on ne puiffe trouver quelques exceptions à cette regle, le *Buplevrum* en eft une; mais fi-tôt que ces exceptions font bornées à un petit nombre, on peut dire que la regle eft générale; & les exemples que je viens de rapporter fuffifent pour faire comprendre ce qu'on entend par Méthode naturelle.

Une preuve bien forte que certaines familles portent des caracteres finguliérement diftinctifs de toutes les autres, c'eft que prefque tous les Méthodiftes ont réuni ces fortes de plantes, quoique, pour former leurs méthodes, les uns fe foient attachés à la pofition de la fleur, relativement au fruit; d'autres, à la forme des fruits; d'autres, au nombre ou à la forme des pétales; d'autres, à celle des calyces; d'autres enfin, au nombre des étamines & des pétales.

Tous ceux qui étudieront avec attention les familles qui font jointes enfemble par des caracteres tellement analogues, qu'aucun Méthodifte n'a pu les féparer, conviendront de l'exiftence des familles naturelles. Oferoit-on après cela décider que tout le regne végétal eft ainfi divifé par la nature en un certain nombre de familles, & qu'il ne nous manque que des obfervations pour former une méthode générale, dont les claffes & les fections feroient toutes des familles naturelles? Je crois qu'il feroit téméraire de l'affurer, quoiqu'il y ait quelque apparence que ces claffes exiftent, ou du moins qu'il ne foit pas démontré qu'elles n'exiftent pas. Mais que cet ordre naturel général puiffe être établi ou non; que cette méthode, telle qu'on vient de l'expofer, exifte ou n'exifte pas dans la nature, les recherches qu'on fera pour augmenter les fragments qu'on a de cette Méthode naturelle, tourneront toujours à l'avantage de la Botanique, puifqu'elles fourniront des connoiffances qui mettront en état de perfectionner les Méthodes artificielles, qui font réputées d'autant plus parfaites, qu'elles s'écartent moins de l'idée qu'on a de la Méthode naturelle; & c'eft dans ce point de vue que nous ofons avancer que toutes les tentatives qu'on a faites pour établir des Méthodes, fur la forme des calyces, fur celle des feuilles, des racines, des poils, &c. font très-avantageufes, puifqu'elles fourniffent des matériaux pour étendre le petit nombre de connoiffances que nous avons fur les familles naturelles.

Les plantes qui compofent ces fortes de familles fe reffemblent, nonfeulement par leur forme extérieure, elles font de plus liées les unes aux autres par des qualités intérieures: nous en trouvons une preuve dans les greffes qui réuffiffent prefque toujours fur les plantes d'une même famille naturelle, & qui fe refufent à toute efpece d'union avec les arbres d'une famille étrangere. De plus, on fait que tous les Tithymales donnent un lait cauftique & violemment purgatif; tous les Pavots font plus ou moins narcotiques; prefque tous les *Solanum* occafionnent une efpece d'yvreffe & de manie ; prefque toutes les Rubiacées donnent plus ou moins de teinture rouge : ainfi l'on peut dire que l'analogie qui eft fi utile pour la Nomenclature , fert auffi beaucoup dans l'étude des propriétés des plantes , non pas , à la vérité , pour découvrir une propriété , mais pour étendre la propriété découverte d'une plan-te à une autre plante qui lui eft analogue. Le Botanifte prudent fera encore plus réfervé : il fe gardera de décider affirmativement que telle plante eft narcotique , parce qu'elle a beaucoup de rapports exté-rieurs avec la famille des Pavots ; mais lorfqu'il fe croira autorifé à foupçonner qu'elle a cette vertu, il fera engagé à faire des expériences qui puiffent conftater fi cette plante fuit l'analogie affez générale de cette claffe, ou fi elle doit faire une exception : je dis *une exception* ; car ce ne font point les fyftêmes, les raifonnements métaphyfiques fur les loix générales de la nature, qui nous conduifent à prendre confiance à ces analogies ; ce font les faits, les obfervations, les expériences répétées un grand nombre de fois.

Je conclus des réflexions précédentes que les recherches qui tendent à augmenter les familles naturelles, bien loin d'être futiles & purement idéales , font très-importantes ; & que l'attachement à cette Méthode, qui ne fera peut-être jamais parfaite , eft la voie la plus fûre pour per-fectionner les Méthodes artificielles, qui font indifpenfablemnnt né-ceffaires pour faire des progrès dans l'étude de la nature : je vais le prouver.

Un coup d'œil jetté vaguement fur toutes les plantes d'une prairie , éblouit & n'inftruit point : le nombre & la variété étonne ; au premier abord tout paroît confus, parce qu'on apperçoit à la fois trop d'objets différents, on n'en diftingue aucun : mais quand on fait un examen mé-thodique & détaillé de toutes ces plantes , le cahos fe débrouille peu à peu, & l'objet devient moins compliqué.

Un Géographe qui fe porteroit fur un lieu fort élevé , pour décrire en détail une Province, les Villes, les Bourgs, les Villages, les Châ-teaux, les différentes productions de la terre, Bois, Vignes, Prés, terres labourables, ne prendroit de fon *Obfervatoire* qu'une idée bien impar-faite du tout enfemble ; c'eft l'état où fe trouveroit le Botanifte qui voudroit entreprendre l'étude de fa Science fans méthodes. Mais le Géographe peu fatisfait de ce qu'une infpection générale lui auroit offert, prendroit chacun de ces objets en détail ; il parcourroit la Province ; il l'examineroit partie par partie ; il feroit autant d'articles particuliers des objets de différente nature qui s'offriroient à fa vue ; il fixeroit leur fituation , leur étendue,, leur valeur ; & plus il mettroit d'ordre & de méthode dans fes Mémoires, mieux il feroit inftruit de fon objet , & plus il feroit en état de communiquer fes connoiffances aux autres. Voilà le bon effet que produifent les Méthodes en tout genre d'études , &

principalement dans celles qui, comme l'Histoire naturelle ; embrassent un grand nombre d'objets.

Revenons aux Botanistes : il est certain que comme ils travaillent sur des objets formés par la nature, rien ne leur seroit plus avantageux que de suivre un ordre naturel, tel qu'on le conçoit d'après ce que nous avons dit plus haut ; mais comme les observations leur manquent, ils ont très-bien fait de se former des méthodes artificielles, & d'avoir eu singuliérement attention de ne point diviser les familles qui ont été reconnues pour être naturelles. De-là ce grand nombre de Méthodes artificielles dans lesquelles les plantes se trouvent distribuées par classes, par ordres ou sections, par genres & par especes. Il est aisé de comprendre que toutes ces Méthodes sont des especes de Dictionnaires dans lesquels on est guidé par certains caracteres, de la même maniere qu'on l'est dans les autres Dictionnaires, d'abord par la premiere lettre du mot qu'on cherche, puis par la seconde, ensuite par la troisieme, &c. Faisons sentir par un exemple l'exactitude de cette comparaison.

Il se présente à moi une plante dont j'ignore le nom, la culture & les usages : j'examine si cette plante conserve ses tiges d'une année à l'autre, ou si ses tiges périssent chaque année : lorsque j'ai reconnu qu'elle est dans le premier cas, j'en conclus que c'est un arbre, un arbrisseau, ou un arbuste, & qu'elle fait partie de notre Traité. J'observe que les fleurs à étamines, ou fleurs mâles, sont séparées des fleurs à pistil, ou fleurs femelles; cela suffit pour me faire connoître que l'arbre ou l'arbuste que j'examine, doit être rangé dans la premiere classe de la petite Méthode que j'ai mise au commencement de mon Traité des Arbres & Arbustes. J'observe de plus que ces fleurs mâles & ces fleurs femelles qui sont séparées les unes des autres, se trouvent néanmoins sur un même pied ; j'en conclus que cet arbre est compris dans la seconde section. En continuant d'examiner les fleurs qui, selon cette Méthode, doivent me décider, je vois que les fleurs mâles contiennent quatre étamines ; cette circonstance me rend certain que l'arbre qui m'étoit inconnu est, ou un Bouleau, ou un Murier, ou un Buis ; & cherchant enfin ces trois arbres dans le cours de ma Méthode, pour savoir à quel genre se rapporte l'arbre que j'examine, j'y vois que, comme cet arbre est pourvu de trois styles, & qu'il porte des fleurs mâles solitaires, il doit être un Buis, & non pas un Bouleau, ni un Mûrier, parce que ces deux genres portent leurs fleurs mâles grouppées sur un filet, en forme de chaton. Il ne me reste plus qu'à connoître l'espece; mais je suis guidé par les phrases, qui sont de très-courtes descriptions : il est vrai que comme elles ne portent pas toujours sur des marques bien distinctives, elles ne sont souvent utiles qu'à ceux qui ont déja acquis des connoissances en Botanique; néanmoins, en voyant que le Buis que j'examine est grand, & que ses

feuilles

feuilles font bordées de blanc , je décide que c'eſt cette variété que M. Miller a appelleé _Buxus major , foliis per limbum argenteis ;_ alors je peux m'inſtruire de la culture de cet arbriſſeau & de ſes uſages , en liſant ce qui en eſt dit dans le Traité des Arbres & des Arbuſtes , & encore mieux en conſultant les Auteurs qui ont parlé des différentes eſpeces de Buis.

On doit reconnoître dans cette Méthode la même marche que celle des Dictionnaires , où , ſi l'on veut trouver ce que c'eſt qu'un _Vaiſ-ſeau_, on cherche d'abord la lettre _V_, puis après cette lettre , la lettre _A_, puis la lettre _I_, & en ſuivant ainſi toutes les lettres de ce mot , on rencontre le mot _Vaiſſeau_, à la ſuite duquel on trouve la définition d'un Vaiſſeau , & , ſi le Dictionnaire eſt bien fait , des renvois aux Auteurs qui ont traité particuliérement de leur conſtruction , de leur arrimage & de leur mâture : c'eſt comme ſi l'on regardoit les vingt-quatre lettres de l'Alphabeth , par l'une deſquelles chaque mot doit commencer , comme autant de claſſes ; les ſecondes lettres des mots , comme les ſections de ces claſſes ; les troiſiemes lettres, comme les genres du premier ordre ; les ſuivantes , comme les genres du ſecond ordre, ou du troiſieme, ou du quatrieme , &c. La différence qu'il y a entre les Dictionnaires & les Méthodes de Botanique , conſiſte en ce qu'un Dictionnaire conduit de la connoiſſance des noms à celle de la choſe ; au lieu que les Méthodes Botaniques menent de la cho-ſe qu'on ne connoît pas , mais qu'on a ſous les yeux & qu'on peut examiner, à celle de ſon nom , qui étant une fois connu , nous met à portée de nous inſtruire de tout ce que les Auteurs peuvent avoir dit ſur ce ſujet.

Ces ſortes de Méthodes s'appellent _Méthodes_ ou _Syſtêmes artificiels ;_ parce que , comme on le verra dans l'énumération abrégée que nous ferons de quelques-unes des meilleures Méthodes , chaque Méthodiſte a choiſi à ſon gré les parties des plantes qui lui ont paru les plus propres à les faire connoître. Si l'on remonte même avant l'origine de ces diviſions exactes qu'on peut nommer _Méthodes_, on verra que les anciens Bota-niſtes ont toujours eſſayé de ranger les plantes par bandes ; c'eſt pour cela que les uns ont diviſé les racines en _bulbeuſes, tubéreuſes, cepacées , pivotantes, rampantes, fibreuſes, écailleuſes, &c_ : que d'autres ont diſtingué les feuilles en _ſimples, compoſées, liſſes , velues, dentelées, découpées, laci-niées ;_ & les feuilles compoſées en _palmées_ & en _empannées, &c_. Pluſieurs Botaniſtes ont ſéparé les fruits en _ſecs, ſiliqueux, capſulaires, écailleux , charnus_ & _ſucculents_, dont les uns contiennent des pepins , & les autres des noyaux. On a auſſi obſervé le nombre des ſemences ; & pluſieurs ont porté leurs vues ſur le nombre & la poſition, ſoit des pétales, ſoit des étamines ou des piſtils , ainſi que ſur la poſition de l'embryon, rela-tivement au calyce , dont les différentes formes ont auſſi été obſervées.

Partie I. e

De-là font nées les différentes Méthodes que quelques-uns ont regardées comme contraires à l'avancement de la Science, mais qui, selon moi, lui font certainement bien avantageufes, puifqu'il en réfulte une connoif-fance plus exacte de toutes les parties des plantes : par exemple ; celuï qui a voulu établir un fyftême fur les racines, les a examinées avec plus de foin que tous les autres Botaniftes : on en doit dire autant des calyces, des pétales, & des étamines. Je ne prétends pas pour cela qu'il n'y ait aucun choix à faire entre les différentes Méthodes artificielles : celles qui préfentent le tableau le plus fimple, le plus frappant ; celles qui font établies fur les parties les plus fenfibles & les moins fujettes à varier ; en un mot, celles qui fe rapprochent le plus de la Méthode naturelle, font certainement préférables à toutes les autres : néanmoins j'ofe avancer, que deux Méthodes établies fur des principes très-différents, peuvent être auffi bonnes l'une que l'autre, pourvu qu'elles préfentent autant de clarté & d'exactitude dans les obfervations.

Mais pour faire un bon ufage des Méthodes, il eft très-important de ne s'écarter jamais des principes qui font la bafe de ces Méthodes arti-ficielles ; car fi on ne fuit pas exactement la marche que le Méthodifte y a tracée, il en réfulte un défordre & une confufion qui rend toute forte de Méthode entiérement inutile.

Si l'on examine pourquoi dans ces Méthodes il y a certains genres qui, quoiqu'ils aient beaucoup de rapport entr'eux, font placés cepen-dant fort loin les uns des autres, on appercevra que c'eft parce que la circonftance qui conftitue leur différence eft précifément celle que l'Au-teur de la méthode a adoptée pour fon caractere principal, & qu'il a établie comme bafe de fon fyftême. C'eft ainfi que dans la Méthode fexuelle de M. Linnæus, les parties de la fructification de l'Ortie, diffé-rant peu de celles du Mûrier, ces deux plantes font fort rapprochées, quoiqu'il y ait une grande différence entre le port de ces plantes ; mais fitôt qu'on eft averti qu'il eft queftion d'une Méthode artificielle, on ne doit pas être plus étonné de voir ces deux plantes rapprochées, que de trouver deux mots qui ne different que par la premiere lettre initiale, placés l'un au commencement, & l'autre à la fin d'un Dictionnaire. *

Un Savant qui fe feroit formé une nombreufe bibliotheque pour fon ufage particulier, & dans la vue de la rendre utile aux gens de Let-tres, ne rempliroit point fon objet s'il entaffoit confufément tous fes volumes ; il lui faut néceffairement une table méthodique : mais fans rien perdre de l'utilité de cette table, le propriétaire la peut conftruire felon différents fyftêmes qui feront auffi propres les uns que les autres à fatisfaire fes bonnes intentions. Plufieurs, par exemple, pour la régularité de l'arrangement des volumes fépareront les *in-folio* des *in-douze* : c'eft

---

* Je dois remarquer en paffant, que dans les Principes de Tournefort, le Mûrier & l'Ortie feroient rapprochés, comme dans la Méthode de M. Linnæus, fi Tourne-fort n'avoit pas féparé les Arbres d'avec les Herbes.

à peu près ce qu'ont fait pour les Méthodes Botaniques, Cæfalpin, Moriffon, Magnol, Ray, Boerrhaave, Tournefort, qui ont féparé les Arbres & les Arbriffeaux d'avec les herbes. Cette diftinction eft prefque indifpenfable dans les écoles de Botanique, puifqu'il feroit difficile de cultiver dans un jardin, l'un près de l'autre, un grand arbre & une petite herbe ; dans le fyftême de M. Linnæus, le Piftachier, par exemple, avec l'Epinard, ou le Chanvre avec le Chêne, le Noyer avec la Pimpinelle ; & dans tous les autres fyftêmes, le Treffle & le faux Acacia. Mais cet inconvénient ne fubfifte point dans les Traités de Botanique ; & pour éviter de partager des genres, en rangeant, par exemple, le Sureau avec les arbres, & l'Hieble avec les herbes ; Rivinus, Ruppius, Ludwige, Knaut, & M. Linnæus n'ont fait aucune diftinction entre les arbres & les herbes : la nature les produit pêle-mêle & fans ordre ; ces Auteurs les préfentent de la même maniere, & en cela ils imitent un Bibliothécaire qui, fans avoir nul égard à la forme de fes livres, les rangeroit fuivant l'ordre des matieres qu'ils traitent.

Mon deffein étant de ne parler que des Arbres, j'ai été obligé de les féparer d'avec les herbes ; & j'ai choifi l'ordre alphabétique, celui des Dictionnaires, afin que quand on fait le nom d'un arbre, on puiffe tout de fuite y prendre l'idée de fon port, de fa culture & de fes ufages. J'ai cependant fenti le défaut de cette Méthode ; j'ai bien apperçu qu'un homme qui ignoreroit le nom d'un arbre qu'il trouveroit dans les Bois, ne pourroit faire aucun ufage de mon Ouvrage, puifque l'infpection de l'arbre qu'il auroit fous les yeux ne lui indiqueroit point le nom qu'il ignore, ni dans quel livre il pourroit trouver les connoiffances qu'il defire. C'eft ce qui m'a engagé, à l'imitation de tous les Botaniftes, à fuppléer au défaut de l'ordre alphabétique par des Tables méthodiques, tirées des caracteres les plus fenfibles, & qui fe préfentent à l'infpection de l'arbre qu'on ne connoît pas, mais qu'on a fous les yeux, & qu'on ne peut examiner. Voilà, ce me femble, une gradation qui fait reconnoître l'origine, la principale utilité des fyftêmes de Botanique, & le motif qui a engagé les Naturaliftes à ranger les efpeces données par la nature, fous différentes claffes qu'on a divifées par fections, qui l'ont encore été par genres, lefquels font compofés d'un nombre d'efpeces.

Quelqu'utiles que foient ces Méthodes, quelque éloge qu'on ait accordé à ceux qui les ont imaginées, elles ne font cependant pas du goût de tout le monde. Quelques Auteurs ont effayé de les faire envifager comme inutiles, ou comme un étalage pompeux que les Botaniftes avoient imaginé pour donner plus de relief à leur fcience. On peut, a-t-on dit, connoître les plantes à force de les voir & de les manier, fans être guidé par aucune Méthode particuliere : pourquoi, dit-on encore, vouloir ne confidérer les rapports que les plantes ont entr'elles, que dans les parties de la fructification ? Enfin, ajoute-t-on, toutes ces Méthodes ont fait donner aux plantes une multitude de noms qu'il eſt plus difficile de retenir, que leur forme, leur port & leurs propriétés. Diſcutons ces différents reproches.

Je conviens que les gens de la campagne, à force de voir & de revoir les plantes qu'ils ont perpétuellement ſous les yeux, s'accoutument à les reconnoître, quoiqu'ils ignorent même l'exiſtence des Méthodes ; & j'avoue que, ſi les plantes que doit connoître un Botaniſte étoient réduites à un petit nombre, ſi elles n'excédoient pas, par exemple, le nombre de celles qu'un Jardinier cultive dans un potager, on pourroit facilement les connoître ſans le ſecours d'aucune Méthode, & même ſans celui de la Nomenclature ; car la connoiſſance des êtres eſt indépendante des noms, qui ne ſont faits que pour rappeller à la mémoire l'idée des choſes que l'on connoît déja, ou à tranſmettre aux autres les connoiſſances qu'on a acquiſes. Ceci deviendra plus clair par l'exemple ſuivant.

Un Jardinier qui cultiveroit dix eſpeces de laitues, pourroit ſe contenter, pour ſon uſage particulier, de les déſigner par Laitue N° 1, N° 2, &c ; ainſi il ſe diroit : La Laitue N° 4 eſt délicate ; celle N° 5 pomme bien ; celle N° 8 eſt ſujette à monter en graine : c'eſt ainſi que pluſieurs Botaniſtes ſe ſont contentés de diſtinguer par des numéros les plantes d'un même genre.

Avant que d'aller plus loin, je dois faire remarquer que, quoique les connoiſſances du commun des Jardiniers ſoient bornées à un petit nombre de plantes, ils ont fait tout naturellement une eſpece de Méthode, puiſqu'ils ont réuni ſous une même dénomination les plantes analogues, les Choux, les Laitues, les Chicorées ; mais la diſtinction des eſpeces par numéro fait une Nomenclature très-imparfaite, qui n'imprime aucune idée de la choſe, qui n'eſt appliquable qu'à un petit nombre de plantes, & qui ne peut ſervir qu'à celui qui ſe l'eſt rendue familiere. Un tel Jardinier ne ſeroit point entendu de celui à qui il enverroit des ſemences de la Laitue, N° 9 ; au lieu qu'il le ſera de tous les Jardiniers, en leur marquant qu'il leur envoie de la graine de la Laitue-Coquille, de la Laitue-Batavia, &c. parce qu'au moyen de cette Nomenclature connue de tous les Jardiniers, l'épithete *Coquille* déſigne une petite Laitue délicate & de bon goût, qui pomme fort dur, & celle *Batavia*, une groſſe Laitue qui n'a pas beaucoup de ſaveur, qui ne pomme pas fort dur, & qui eſt très-délicate. Voilà une vraie Nomenclature imaginée par des Jardiniers, qui ne ſe donnent point pour ſavants ; elle ne s'écarte pas beaucoup de celle des Botaniſtes, puiſque Gaſpard Bauhin a nommé une Laitue *Lactuca ſativa*, *Laitue cultivée* ; Jean Bauhin en a appellé une autre *Lactuca Romana*, *Laitue Romaine*. Il eſt vrai qu'il faut faire en ſorte que les épithetes qui diſtinguent les eſpeces, préſentent un caractere qui puiſſe ſe reconnoître à l'inſpection de la plante ; comme *Lactuca criſpa laci-*

niata, J. B. *Laitue crêpue, dont les feuilles font découpées.* Cette phrafe peint mieux la plante que l'épithete *Batavia.* De même, *Lactuca Romana, longa, dulcis*, J. B. *Laitue Romaine, qui a les feuilles fort longues, & une faveur douce,* donne une idée plus exacte que les termes de *Chicon* ou de *Laitue Romaine* qu'employoient les jardiniers, qui ont mieux réuffi en nommant une Laitue *la Panachée*, qui eft la *Lactuca maculofa*, C. B. Il me paroît que ces phrafes courtes qui portent fur un point diftinctif, font préférables aux longues phrafes de Moriffon, & à d'autres qui font tellement embrouillées, qu'on a peine à fe former une idée de leur vraie fignification. Je dois faire remarquer que les Jardiniers, par ces efpeces de Méthodes qu'ils ont faites prefque fans deffein, fe font néanmoins procuré un des principaux avantages qu'on puiffe retirer des Méthodes des Botaniftes : voici comment.

On a fenti qu'il y avoit de l'avantage à ne point trop multiplier les noms ; & qu'il feroit prefque impoffible d'en retenir 12 à 13 mille : pour obvier à cet inconvénient, on a pris le parti de ranger fous une même dénomination les efpeces qui auroient entr'elles un certain rapport, & de les diftinguer par des épithetes qui forment de courtes defcriptions. Ainfi le nom *Laitue* rappelle à la mémoire le genre ; & quand la phrafe eft bien faite, les épithétes *caule, foliifque aculeatis*, indiquent l'efpece. On ne pourra pas, affurément, s'empêcher de reconnoître l'utilité des noms génériques, & de l'établiffement des phrafes faites pour foulager la mémoire ; mais on fe plaint de ce que les Botaniftes n'ont pas été affez attentifs à conferver les noms déja reçus.

Il y a des cas où on ne pouvoit fe difpenfer de changer les dénominations reçues : par exemple, M. Tournefort a du nommer *Granadilla* une plante que tous les Auteurs qui l'avoient précédé avoient nommée *Clematis* ou *Clematitis*, puifque le caractere que cet Auteur donne au genre des Clématites ne convient point à la fleur de la Paffion ; mais j'avoue que quelques célebres Botaniftes fe font peut-être donné trop de liberté dans le changement des noms génériques reçus : je ne vois pas, par exemple, pourquoi dans un excellent Ouvrage de ce genre on a changé le nom vulgaire de *Lilac* qui avoit été adopté par Tournefort, pour lui fubftituer celui de *Syringa* qui eft auffi commun, & qu'on attribuoit à une plante très différente, qu'il appelle *Philadelphus* ; ni pourquoi on a donné à l'*Ananas* qui eft un nom reçu de tous les Botaniftes celui de *Bromelia*, qui eft un autre genre de plante établi par le Pere Plumier. Je ne fais encore pourquoi l'Auteur qui condamne les noms qui peuvent, par leur étimologie, préfenter des idées fauffes, rappelle le nom de *Paffi-flora*, pour le fubftituer à celui de *Granadilla*, qui avoit été préféré par Tournefort & Boerrhaave, parce que les prétendus attributs de la Paffion ne s'y montrent point comme on croyoit les y voir dans toutes les efpeces de ce genre. Pour moi je penfe avec Tournefort, qu'il eft toujours avantageux de conferver les dénominations généralement adoptées. Cependant ces différentes dénominations ne font pas aussi embarrassantes qu'elles le paroissent : qu'un Botaniste emploie celles de Tournefort, ou celles de Boerrhaave, ou celles de M. Linnæus, il sera toujours entendu des autres Botanistes.

Une autre source des différentes dénominations qu'on a données aux plantes, est l'incertitude où l'on est de distinguer celles qu'on doit regarder comme de simples variétés, d'avec celles qui méritent le nom d'espece : il faut faire connoître d'où procede cette incertitude. Les Botanistes prennent le terme d'*espece* dans une autre signification qu'on ne le prend ordinairement. Une petite différence dans la couleur d'une fleur d'Oreille-d'ours ou de Tulipe, suffit pour qu'un Fleuriste s'applaudisse de posséder une nouvelle espece de Tulipe ou d'Oreille-d'ours ; mais les Botanistes regardent ces prétendues especes comme des variétés : ils exigent, pour attribuer à une plante le titre d'*espece*, qu'elle puisse se perpétuer telle qu'elle est par les semences : je m'explique.

Il y a plusieurs manieres de multiplier les arbres : ce sera, tantôt par marcottes, tantôt par boutures, quelquefois par la greffe, enfin par les semences, qui est la façon la plus naturelle. Comme par les marcottes, les boutures & les greffes, on fait végéter la branche d'un arbre ; dans le cas des marcottes & des boutures, en engageant cette branche à produire des racines, & lorsqu'on fait des greffes, en unissant une branche à un arbre qui est déja pourvu de racines, qui fournissent la nourriture à la greffe ; dans tous ces cas il ne peut arriver aucun changement aux especes ; la branche qui a produit de nouvelles racines, ainsi que celle qui s'est unie à un tronc étranger, végete comme si elle étoit sur son propre tronc. Il n'en est pas de même des plantes qu'on multiplie par les semences : certains arbres n'éprouvent aucun changement. Si, par exemple, on seme des Gainiers, on aura des arbres tout-à-fait semblables à celui qui aura fourni la semence ; mais il n'en sera pas ainsi des pepins de poires & de pommes, non plus que des noyaux de pêches & de prunes : la plupart donnent des fruits différents de ceux qui ont fourni les semences. Suivant la regle assez généralement reçue, on concluroit de ces faits, que le Gainier est une espece, & que toutes les différentes sortes de Pêchers & de Pruniers ne sont que des variétés ; néanmoins si l'on remonte à la source de ces différences, on apperçoit qu'elles dépendent presque toujours de ce que le fruit d'un arbre ayant été fécondé par les poussieres d'un autre arbre, le noyau produit un arbre métif : or comme il n'y a que peu d'especes de Gainier dans nos jardins, l'espece commune doit se conserver ; au lieu que comme il se trouve à nos espaliers & dans nos vergers beaucoup de différentes especes, ou si l'on veut de variétés, de Pêchers & de Pruniers, il en doit résulter des mélanges qui se manifesteront dans leur postérité. Mais de ce qu'une *Chevreuse* hâtive, ayant été fécondée par une *Mignone*, aura produit un

fruit métif, s'enfuit-il que la Chevreufe hâtive n'eft point une efpece ?
Il me femble que la circonftance d'avoir été fécondée par une pouffiere étrangere ne doit pas plus dégrader la Chevreufe , pour la mettre
au rang des variétés , qu'une chienne Barbette cefferoit d'être cette
efpece de chien, pour avoir été couverte par un Lévrier : donc le titre
de variété ne pourroit convenir qu'aux arbres qui naîtroient des noyaux
de la Chevreufe ; de même que ce titre de variété ne conviendroit qu'à
la poftérité des métifs qui naîtroient de la Barbette. Maintenant , qui
pourra diftinguer dans toutes les fortes de poires, de pommes, de pêches,
de prunes que nous cultivons , quelles font les efpeces originaires & les
fecondaires ? Qui pourra décider que tel arbre eft une efpece , & tel autre
un métif ou une variété ? J'ai toujours cru appercevoir qu'il y avoit fur
ce point beaucoup d'arbitraire dans la décifion des Botaniftes : il eft cependant certain que quelques fortes de pêches éprouvent peu de changement lorfqu'elles font élevées de noyau ; cela vient peut-être de ce
que par quelques circonftances de la *florification* elles font moins expofées à être fécondées par d'autres fortes de Pêchers.

On remarque encore , & cette obfervation devient embarraffante, que
dans le Dauphiné, où les meilleures efpeces de Pêchers viennent naturellement dans les Vignes, prefque tous les noyaux qu'on feme donnent
de fort bonnes pêches ; au lieu que dans nos Provinces, les Pêchers élevés de noyau ne donnent pour l'ordinaire que de mauvais fruit. Je
fais que quelques-uns prétendent qu'un bon fruit élevé de noyau ne
dégénere point, lorfqu'il eft multiplié par les femences , pendant qu'un
bon fruit qui a été greffé eft très-fujet à dégénérer ; mais comme cette
allégation eft dénuée de preuves, & qu'elle n'eft pas même vraifemblable , je croirois plutôt que dans le Dauphiné où les Pêchers viennent fans
aucun foin , on détruit tous les pieds qui ne donnent que des fruits médiocres , & que par cette raifon les fécondations réciproques ne doivent
produire que de bons fruits.

Mais fuppofons que la regle adoptée par la plupart des Botaniftes fût
vraie , & qu'il convînt de ne regarder que comme des variétés les efpeces
qui ne peuvent fe multiplier, telles qu'elles font, par les femences, les
moyens de s'en affurer feroient bien longs, & en quelque façon impra-
ticables dans bien des occafions : ainfi je reviens à dire, qu'il y a beaucoup d'arbitraire dans la décifion des Botaniftes , fur ce qu'on doit regarder comme efpeces ou comme de fimples variétés ; & je penfe qu'il
faut s'efforcer d'éviter les deux écueils fur lefquels quantité de Botaniftes
ont donné : les uns pour enrichir la Science , ont fait des phrafes
pour les moindres différences qu'ils ont apperçues dans les découpures
des feuilles, la couleur des fleurs, ou le port des plantes ; & ceux-là
ont fouvent pris pour des plantes différentes la même efpece ,felon qu'ils
la rencontroient dans un terrein fertile ou dans une terre maigre; ce

n'eſt pas là enrichir la Science, c'eſt l'embrouiller : les autres, pour éviter ce défaut, ont regardé comme des variétés pluſieurs ſortes de plantes
qui paroiſſent autant mériter le nom d'eſpece que bien d'autres auxquelles
ils ont jugé à propos de le conſerver.

Je l'ai déja dit : je crois qu'il y a pluſieurs variétés dans les plantes
que j'ai données pour eſpeces dans mon Traité des Arbres & Arbuſtes ;
mais j'ai jugé qu'il convenoit de les faire connoître, par la raiſon qu'elles
pouvoient être agréables ou utiles. Au reſte cette diſcuſſion ne tombe
point ſur une choſe bien importante, puiſqu'on ne trouve pas cette incertitude dans les genres bien établis : une poignée de graine d'Orme
donnera toujours conſtamment des Ormes ; les uns auront leurs feuilles
plus grandes, plus dentelées, plus rudes au toucher que d'autres, mais
ce ſeront toujours des Ormes : j'en dis autant des Chênes, des Châtai-
gners, des Noyers, des Mûriers, &c.

Néanmoins cette incertitude entre ce qui doit être regardé comme eſpece & ce qui doit être traité de ſimple variété, a occaſionné des différences dans la façon d'appliquer les Méthodes ; & on les a exagérées pour
les préſenter comme des preuves du peu de cas qu'on devoit faire des ſyſtêmes de Botanique; mais après les avoir bien examinées, elles me paroiſſent
porter ſur des choſes indifférentes. Pour le faire connoître je prie qu'on
ſe rappelle que M. Linnæus n'a fait qu'un ſeul genre des Pruniers, des
Abricotiers & des Ceriſiers, qui comprend pluſieurs eſpeces de *Padus*
& de *Mahaleb*. Après ces réunions le genre des Pruniers auroit été
trop nombreux, ſi cet Auteur n'avoit pas regardé quantité de ces différents arbres comme des variétés ; & dans ce cas il auroit été obligé de
partager le genre des Pruniers en différentes bandes, en les diſtinguant
ſi l'on veut, en Pruniers à grappe, à fleurs en bouquet, à fleurs ſolitaires, ou dont les queues ſont ſimples, ou telle autre diſtinction qu'il
auroit jugé convenable d'employer ; ſans quoi, pour pouvoir diſtinguer
les eſpeces, on auroit été obligé de faire des phraſes fort longues.

Il me ſemble que cela revient à peu près au même que de faire,
comme Tournefort, autant de genres qu'on auroit fait de bandes, en
indiquant qu'il y a beaucoup de reſſemblance entre tel ou tel genre, &
qu'on ne peut les diſtinguer que par de petites circonſtances étrangeres
aux parties de la fructification. C'eſt à peu près comme ſi Tournefort
avoit dit : Je penſe que les Pruniers, les Abricotiers, les Ceriſiers ne
font qu'un genre ; mais je préfere de les ſéparer, pour ne point raſſem-
bler trop d'eſpeces dans un même genre, & pour n'être point obligé de
changer les dénominations reçues ; & c'eſt ce qui paroiſſoit à Tournefort
très-avantageux.

Quoique j'incline pour ce parti qui m'a déterminé à conſerver dans
les deux premiers Volumes les noms reçus, je m'abſtiendrai de blâmer,
à cet égard, la conduite oppoſée qu'a tenu M. Linnæus, parce qu'au
moyen

moyen de la fouftraction de ce qu'il regarde comme des variétés, il a rendu les genres moins nombreux, & il a un peu fimplifié l'étude de la Botanique.

Au refte, ces réunions de plufieurs genres en un ne regardent que les Botaniftes ; car dans l'ufage ordinaire, il eft en quelque façon néceffaire de ne point confondre les Pruniers, les Abricotiers & les Cerifiers : la plupart des Botaniftes n'ont fait qu'un genre des Neffliers, des Buiffons ardents, des Azeroliers, de l'Epine blanche, de l'Amélanchier, quoique tous ces arbres foient connus & diftingués par les Jardiniers fous les différents noms que je viens de rapporter.

Le petit nombre d'arbres qu'on cultive dans les jardins permet de retenir leurs différents noms ; mais quand on veut étendre fes vues fur tous les végétaux, il faut, fi l'on veut foulager fa mémoire, ranger, comme nous l'avons déja dit, fous une même dénomination toutes les plantes qui ont entr'elles certains rapports. C'eft par cette raifon que Tournefort a réuni au genre des Cerifiers, les Guigniers, les Bigarotiers, les Griotiers, les Padus & les Mahaleb; & que M. Linnæus a réuni fous un même genre les Chênes, les Chênes verds, les Kermès & les Lieges, pour faire connoître qu'il y a entre ces différents arbres les mêmes rapports qu'on obferve entre les différentes plantes qui compofent un même genre : car il faut avoir toujours préfent à l'efprit, que ce qu'on appelle *genre* en Botanique, eft un affemblage de plantes qui fe reffemblent par plufieurs endroits, & qu'on les réunit fous une dénomination commune, pour les féparer de celles qui font privées de ces points de reffemblance. Mais ces caracteres génériques, ces points de reffemblance doivent être uniquement tirés de leurs rapports prochains & apparents; je veux dire de la ftructure des parties qu'on a choifies pour l'établiffement des caracteres, & non des rapports qui ne peuvent fe préfenter à la vue, tels que font leurs vertus, les lieux où elles naiffent; de forte qu'on doit regarder comme des plantes de même genre toutes celles où l'on trouve le caractere commun & fenfible qui les diftingue de toutes les autres plantes.

Ceci bien entendu, on conviendra que l'Epine blanche, l'Azerolier, l'Amélanchier, le *Cotonafter*, le Buiffon ardent, font du genre des Neffliers : fi tous ces arbres fe reffembloient dans toutes leurs parties, ils ne feroient qu'une efpece ; mais comme les plantes d'un même genre different toujours entr'elles par des particularités qui fe trouvent entre les parties qui ne conftituent point le genre, il en réfulte différentes efpeces : ainfi dans une Méthode bien faite, le caractere générique doit être fimple, facile à appercevoir, & doit convenir à toutes les efpeces de ce genre, exclufivement à tout autre. Malheureufement la précifion eft fouvent difficile à concilier avec la clarté : fi le caractere d'un genre eft fort abrégé, il eft à craindre qu'il ne fe diftingue pas affez du caractere

I. Partie. f

des autres genres ; mais ſi, pour éviter l'obſcurité, on entre dans des détails ſur toutes les parties de la fructification, il peut arriver qu'on faſſe trop d'exceptions, & que par-là on ſe mette dans la néceſſité de trop multiplier les genres. Achevons d'éclaircir cela par un exemple.

Suivant Tournefort, le Prunier eſt un genre de plante; 1°, dont le calyce eſt un godet diviſé en cinq; 2°, dont les pétales, au nombre de cinq, ſont attachées dans les échancrures du calyce & diſpoſées en roſe; 3°, dont le piſtile s'éleve du fond du calyce, portant l'embryon à ſa baſe; 4°, dont le fruit qui naît de l'embryon eſt charnu, ovale ou arrondi; 5°, dont le fruit renferme un noyau oſſeux, dans lequel eſt une ſemence. Voilà un caractere fort concis; mais Tournefort s'eſt bien apperçu qu'il convenoit également à l'Abricotier, au Ceriſier, & même au Pêcher; c'eſt pour cela qu'il avertit que ſi l'on veut diſtinguer ces différents genres, il faut avoir recours au port des arbres. Il auroit levé aiſément la difficulté, en n'en faiſant qu'un; mais il a jugé convenable de ne point confondre des arbres qu'on a toujours ſéparés; & je crois qu'en cela il a eu raiſon.

Suivant M. Linnæus, le Prunier eſt un genre de plante dont; 1°, le calyce eſt d'une ſeule piece, formant un godet découpé juſqu'à la moitié en cinq ſegments obtus & ouverts, & qui tombe quand les fruits ſont noués; 2°, les pétales, au nombre de cinq, ſont grands, arrondis, échancrés à leur extrémité, creuſés en cuilleron, & attachés au bord du calyce; 3°, les étamines, au nombre de vingt-cinq, figurées comme une alêne, ſont preſque auſſi longues que les pétales; elles prennent naiſſance des parois intérieures du calyce, leurs ſommets ſont doubles; 4°, le piſtil eſt compoſé d'un embryon arrondi & d'une ſeule piece; le ſtyle eſt filamenteux, de la longueur des étamines, & terminé par un ſtigmate obtus; 5°, le fruit eſt une baie arrondie, diviſée, ſuivant ſa longueur, par un ſillon; 6°, la ſemence eſt un noyau arrondi, comprimé ſur les côtés, tranchant par les bords, & à un de ſes côtés eſt une rainûre aſſez profonde.

Voilà un caractere bien étendu qui préſente la deſcription de toutes les parties de la fructification: néanmoins il convient auſſi bien à l'Abricotier, au Ceriſier, & au Laurier-Ceriſe qu'au Prunier; & c'eſt ce qui a engagé M. Linnæus à n'en faire qu'un ſeul genre dans ſon Traité *des Eſpeces*. Il auroit encore pu comprendre dans ce même genre les Amandiers & les Pêchers: car il y a des Pêchers qui ont leurs pétales arrondis; les pêches liſſes n'ont point leur embryon velu; & les ſillons qui caractériſent ſi bien les noyaux de pêches s'obſervent à peine ſur certaines amandes: enfin on ne doit pas diſtinguer les pêches des amandes, par la circonſtance que la chair de ce dernier fruit eſt ſeche, puiſque j'ai eu un Amandier qui donnoit des fruits auſſi gros & auſſi ſucculents que les belles pêches, mais dont le noyau étoit une vraie amande.

Concluons de tout ceci, que tous ces fruits font, exactement parlant, d'un même genre ; mais que pour ne les point confondre il faut, comme dit Tournefort, faire des genres d'un fecond ordre, dont on tire les marques caractériftiques de toutes les parties de l'arbre ; car fi, pour éviter cet inconvénient, on décrivoit fcrupuleufement, dans le caractere générique, toutes les parties de la fructification, on fe mettroit dans la néceffité de trop multiplier les genres : fuppofons, par exemple, qu'il fe trouve un vrai Prunier à tous égards, dont le piftil fût fenfi-blement plus long que les étamines, ou dont les échancrures du calyce fuffent beaucoup moindres que la moitié de fa longueur ; croiroit-on devoir féparer cette efpece du genre des Pruniers ? Ces différences pa-roîtroient affurément trop peu importantes. Il auroit donc été plus exact de ne les pas faire entrer dans le caractere générique. Je ne rap-porte pas cet exemple pour faire la critique de la Méthode de M. Linnæus ; j'avoue même que j'y vois avec plaifir le tableau entier de toutes les parties de la fructification ; mais j'ai cru devoir faire remarquer la raifon qui a engagé Tournefort à reftraindre fes genres au pur né-ceffaire : il s'en explique très-clairement en plufieurs endroits ; mais on néglige trop de lire la Préface de fes Inftitutions ; je la regarde com-me un chef-d'œuvre dans ce genre.

Par la même raifon qu'on a raffemblé les plantes qui ont certains points de reffemblance, pour en faire des genres, on a raffemblé les genres qui fe reffemblent par certaines parties, pour en former des bandes féparées qu'on nomme *Claffes.* Ainfi les caracteres qui conftituent les claffes & les fections, doivent être plus fimples & plus généraux que ceux qui conftituent les genres ; de même que ceux-ci doivent être plus généraux que ceux qui diftinguent les efpeces ; enforte que, fuivant l'expreffion de Cæfalpin, le regne végétal, après toutes ces diftinctions, fe trouve divifé comme un corps de Troupes, par Régiments, par Ba-taillons & par Compagnies. Il ne me refte plus qu'à rapporter les raifons qui ont engagé les Méthodiftes à tirer leurs caracteres des parties de la fructification.

On dit que pour bien connoître les plantes, il faut examiner attenti-vement toutes leurs parties : les Jardiniers ne fe bornent pas à l'examen exact des fleurs & des fruits, ils prêtent attention à toutes les parties des plantes, racines, tiges, feuilles, fleurs, fruits, femences : munis de ces connoiffances ils diftinguent tous les Poiriers qu'ils cultivent dans leurs pépinieres ; par leurs fruits, lorfque ces arbres en font chargés ; quand ils ne portent point de fruit, ils les connoiffent par les feuilles ; & en hiver, quand ils font dépouillés de leurs feuilles, ils les diftinguent encore par le bois & par la forme de leurs boutons. Qu'on ait femé pêle-mêle fur des couches, du Cerfeuil, du Perfil, des Raves, de l'Oignon ; à peine ces plantes feront-elles forties de terre, que les Jardiniers favent les diftinguer. On ne peut nier ces faits ; auffi quand les Botaniftes ont voulu faire connoître en particulier une plante, ils ont eu foin d'en donner la defcription totale. Les habiles Botaniftes fe piquent de connoître la plupart des plantes, en quelque état qu'on les leur préfente, quand même elles feroient défigurées & mutilées : ils rapportent quantité de plantes à leur vrai genre, à la feule infpection des graines ; & fouvent, après avoir raffemblé des fragments de feuilles déchirées, ils décident à quelle plante elles appartiennent ; preuve évidente qu'ils portent leur attention à toutes les parties. Mais fi cela eft ainfi, pourquoi, dira-t-on, les Botaniftes ont-ils choifi par préférence les parties de la fructification, pour former les claffes & les fections? Il faut croire qu'ils y ont été déterminés par de bonnes raifons, puifque tous les Méthodiftes qui ont bien obfervé la nature, fe réuniffent en ce point; ils ont remarqué qu'il y a plus de chofes à obferver dans ces organes de la fructification que dans toutes les autres parties; en effet, les organes font, pour ainfi dire, entaffés dans les fleurs. L'obfervation a fait encore connoître que les caracteres tirés des parties de la fructification font moins fujets à varier que ceux qui font établis fur toutes autres parties ; enfin on a remarqué que les plantes qui fe reffemblent par les parties de la fructification, ont auffi de grands rapports dans leurs autres parties. Ce ne font donc point des raifonnements métaphyfiques qui ont déterminé Cæfalpin, Moriffon, Ray, Hermann, Tournefort, & M. Linnæus à tirer leurs caracteres des parties de la fructification ; ils y ont été fans doute conduits par les mêmes obfervations qui fe font préfentées à tous les autres Botaniftes; elles leur ont prouvé que les caracteres tirés des parties de la fructification font les plus commodes, les plus certains & les plus conformes à la marche de la nature. Au refte, pourvu qu'on fatisfaffe aux conditions qui font néceffaires pour conftituer une bonne Méthode, on peut tirer les caracteres de telle partie qu'on voudra choifir. Ceci bien entendu, nous allons parcourir très-fuccinctement les Méthodes de Botanique les plus accréditées; mais nous infifterons davantage fur la partie de ces Méthodes qui regarde les Arbres, les Arbriffeaux & les Arbuftes ; parce qu'en joignant ce détail aux Tables Méthodiques qui font déja imprimées à la tête de nos deux premiers Volumes, cela pourra fuffire pour éclaircir cette partie de la Botanique qui fait notre principal objet.

Idée abrégée des vues de plusieurs Botanistes.

GESNER, Médecin Suisse, est le premier qui ait apperçu qu'il convenoit de chercher les différences caractéristiques des plantes, plutôt dans les parties de la fructification que dans les feuilles ; mais il est mort avant d'avoir pu former une Méthode selon ce plan.

CÆSALPIN, Professeur en Médecine dans l'Université de Pise, & ensuite premier Médecin du Pape Clement VIII, disoit que c'étoit avec raison qu'on avoit établi plusieurs genres de plantes sur la structure des fruits, puisque la nature n'emploie pour la production d'aucune autre partie des plantes un aussi grand nombre de pieces différentes. Cet Auteur, qui est le premier qui ait jetté les fondements d'une Méthode par les parties de la fructification, commence par séparer les arbres & les arbrisseaux d'avec les herbes : il divise ensuite soit les arbres, soit les herbes en plusieurs bandes, qu'il subdivise encore pour en former quinze classes. Quand on fait attention à l'état où la Botanique étoit de son temps, & qu'en conséquence on vient à examiner sa Méthode, on y reconnoît un esprit vaste qui a su surmonter de grandes difficultés pour jetter les premiers fondements de toutes les Méthodes que l'on a vu paroître dans la suite. Il faut avouer qu'il a laissé ce germe précieux encore bien confus ; c'est par cette raison que nous ne nous y arrêterons pas plus long-temps.

FABIUS COLUMNA, d'une illustre famille d'Italie, fit voir par son Histoire des plantes, publiée en 1616, une grande sagacité dans l'établissement qu'il fit des genres : il a soin d'avertir qu'il ne compte pour rien les feuilles, & qu'il ne considere que les parties de la fructification : malheureusement il y joignoit la saveur des plantes, qui ne peut fournir que des caracteres très-incertains.

Le célébre GASPARD BAUHIN inclinoit pour qu'on établît les genres sur les vertus des plantes. Je me garderai bien de blâmer ceux qui ont donné des Traités des plantes usuelles rangées selon leurs différentes vertus ; ces Ouvrages sont très-utiles pour la pratique de la Médecine ; mais ils ne peuvent absolument être d'aucune utilité pour conduire à la parfaite connoissance des plantes : outre que les propriétés des plantes sont quelquefois incertaines, celles qui sont les mieux constatées ne se montrent point au-dehors. Rien ne m'indique, en voyant un Pavot, qu'il a une qualité narcotique ; le Sené, la Rhubarbe, la Scammonée, ces plantes ne manifestent point leur vertu purgative : d'ailleurs, une même plante peut avoir plusieurs propriétés, soit pour la Médecine, soit pour les Arts ; dans ce cas il est embarrassant de décider dans quelle classe il convient de la ranger. Cette idée restoit néanmoins tellement inculquée dans l'esprit des Botanistes, que les

Méthodes n'ont fait aucun progrès jufqu'au temps de Morisson, Médecin Ecoffois, qui fut retenu en France par S. A. R. Gafton, Duc d'Orléans.

Méthode de M. MORISSON.

Ce Médecin qui connoiffoit très-bien les Ouvrages de Cæfalpin & de Columna, a donné une Méthode de Botanique bien moins imparfaite que fes prédéceffeurs. Le but de Moriffon étant d'établir une Méthode par les fruits, il a rangé toutes les plantes en dix-huit claffes, dont trois font deftinées pour les Arbres, les Arbriffeaux & les Arbuftes, & les quinze autres pour les Herbes : je ne parlerai que des trois premieres.

PREMIERE CLASSE.

Des ARBRES. Il divife cette claffe en dix Sections.

I. SECTION. Les *Coniferes* : Le Pin, le Sapin, la Méleze, le Cyprès, le Thuya, l'Aulne, le Tulipier, le Bouleau.

II. SECTION. Les *Glandiferes* : Le Chêne, le Chêne verd.

III. SECTION. Les *Nuciferes* : Le Noyer, le Noifettier, le Piftachier, le Laurier, le Hêtre, le Châtaignier.

IV. SECTION. Les *Pruniferes* : Le Prunier, l'Abricotier, le Pêcher, l'Amandier, le Jujubier, le Cerifier, le Micocoulier, l'Azedarach, l'Olivier, l'*Elæagnus*, le Laurier-Cerife.

V. SECTION. Les *Pomiferes* : Le Pommier, le Poirier, le Coignaffier, le Sorbier cultivé, l'Oranger, le Grenadier, l'*Anona*, le Figuier.

VI. SECTION. Les *Bacciferes* : 1°, qui n'ont qu'une amande : le Lentifque, le *Molle*, le Laurier-Saffafras, l'If : 2°, qui ont deux amandes : la Bourdaine : 3°, qui ont trois amandes : le Genévrier : 4°, qui ont quatre amandes : le Houx : 5°, qui ont un nombre indéterminé d'amandes : le Mûrier, l'Arboufier, le Sorbier, l'Alizier.

VII. SECTION. Les *Siliqueux*, 1°, dont les feuilles font fimples & uniques : le Gaînier : 2°, ceux qui ont les feuilles compofées de deux folioles : *....* 3°, qui ont les feuilles compofées de trois folioles : le Bois puant : 4°, qui ont les feuilles compofées de quatre folioles. Nous ne-connoiffons qu'un Cytife à quatre feuilles, qui n'eft point dans Moriffon : 5°, qui ont les feuilles compofées d'un nombre indéterminé de folioles : le *Gleditfia*, le *Pfeudo-Acacia*, l'*Acacia*.

VIII. SECTION. Ceux qui portent des fruits garnis d'une membrane : l'Erable, le Charme, l'Orme, le Tilleul, le Frêne.

IX. SECTION. Ceux dont les fleurs ou les fruits font accompagnés d'une efpece de coton ou de ouate : le Platane, le Peuplier, le Saule.

X. SECTION. Ceux qui ne peuvent pas fe rapporter aux Sections ci-deffus. *....*

---

* Nous terminerons par des points les Sections où il n'y a point d'Arbres qui puiffent s'élever en pleine terre.

SECONDE CLASSE.

Des Arbrisseaux. Il la divise en sept Sections.

I. Section. Des Arbriffeaux *Coniferes.* . . .
II. Section. Les *Nuciferes* : Le Nez-coupé , le Styrax.
III. Section. Les *Pruniferes* : L'Amandier nain , le Cornouiller mâle.
IV. Section. Les *Bacciferes* : 1°, qui ne contiennent qu'une amande : le Sanguin, la
Viorne, l'Aubier, le Sumac, le Bois genti , le Fuftet , le *Casia-poëtica* , le
Gale , le *Chionanthus* : 2°, qui contiennent deux amandes : le Troefne,
l'Epine vinette, le *Chamæ-cerafus* : 3°, qui renferment trois femences : le
Sabinier, l'Alaterne, le Buis, le *Chamælea-tricoccos* , l'*Empetrum* , le Su-
reau , le Porte-chapeau , le *Jafminoïdes* , le Nerprun : 4°, qui renferment
quatre femences : le Bonnet de prêtre, le *Grewia* , le *Vitex* : 5°, qui renfer-
ment un nombre indéterminé de femences : le Myrthe, le Neflier, le *Vitis-
Idæa*, le Rofier, le Grofeiller.
V. Section. *A Fleurs légumineufes* : Le Genêt, le *Spartium* , le Cytife , le *Colutea*, le
Barba Jovis.
VI. Section. *A Fruits capfulaires* : 1°, ceux qui font à deux loges : le Lilas : 2°, ceux qui
ont quatre loges : le *Syringa* : 3°, ceux qui ont cinq loges : le Cifte : 4°,
ceux qui ont un nombre indéterminé de loges : le *Spiræa* , le *Coriaria*,
la Bruyere.
VII. Section. Ceux dont les fleurs ou les fruits font accompagnés d'une efpece de coton ou
de ouate : Le petit Saule , le Tamarifque, le *Nerion.*

TROISIEME CLASSE.

Des Sous-Arbrisseaux ou Arbustes. Il les divise en trois
Sections , qui ne comprennent que des plantes farmenteufes.

I. Section. Ceux qui ont des *mains* : La Vigne , une efpece de *Bignonia* , le *Smilax.*
II. Section. Ceux qui grimpent par leurs rameaux : Le *Periclymenum* , le Jafmin , le
Dulcamara , le Caprier , la Clematite.
III. Section. Ceux qui s'attachent par des racines : Le Lierre.

Nota. Notre Auteur s'écarte de fa Méthode lorfqu'il forme des Sections
d'arbres par les feuilles ; il s'en écarte encore plus lorfqu'il traite des
Herbes, puifqu'il a recours pour les fous-divifions, tantôt au nombre des
pétales ou à leur couleur , & tantôt à la forme des racines : il fait même
une diftinction des plantes qui donnent du lait ; mais nous n'entrerons
point dans ces détails.

Méthode de M. RAY.

Le célebre RAY, Miniftre Anglois , à qui la Botanique a de grandes
obligations ; ce favant Auteur qui connoiffoit fi bien la littérature de cette
Science, en nous donnant dans fon Hiftoire des Plantes tout ce que les

Auteurs qui l'avoient précédé avoient dit de mieux fur chacune d'elles, eft outre cela parvenu à réformer les Méthodes de Cæfalpin & de Moriffon, & à rapprocher plufieurs Claffes de l'ordre naturel : on apperçoit dans tous fes Ouvrages un efprit jufte, & un homme très-laborieux.

Pour diftinguer les arbres & les arbriffeaux des herbes, il commence par féparer les plantes qui ont leurs tiges & leurs branches garnies de boutons, *Gemmi-paræ*, de celles qui n'ont point de boutons, *Gemmis carentes.*

Il faut remarquer que le caractere d'avoir les branches chargées de boutons, qui défigne très-bien les arbres & les arbriffeaux, exclut les arbuftes ou fous-arbriffeaux ; auffi Ray les range-t-il avec les herbes ; mais comme j'ai cru devoir inférer les arbuftes dans mon Traité, j'y ai compris toutes les plantes qui confervent leurs tiges, d'une année à l'autre. Je remarquerai encore à cette occafion, que les arbuftes, tels que le Romarin, l'Aurône, &c. n'ont effectivement point de boutons, puifque les très-petites feuilles qui terminent les branches ne font point renfermées dans des enveloppes écailleufes, & qu'elles font feulement environnées d'un amas de feuilles qui diminuent toujours de grandeur, à mefure qu'elles s'approchent de l'extrémité de la branche, laquelle eft terminée par de très-petites feuilles collées les unes contre les autres, auxquelles il ne manque, pour former un vrai bouton, que d'être recouvertes d'enveloppes écailleufes. Je reviens à la Méthode de Ray.

Après plufieurs divifions générales, Ray parvient à ranger toutes les plantes fous trente-trois claffes, dont fix font deftinées pour les arbres & les arbriffeaux.

PREMIERE CLASSE.

Des **ARBRES** Arundinacés, *Arundinaceæ.* . . .

SECONDE CLASSE.

Des **ARBRES** dont les fleurs font féparées des fruits, ou qui n'ont point de pétales, *Arbores flore à fructu remoto feu apetalæ.*

I. **SECTION.** Les Conifères, *Coniferæ* : le Sapin, le Pin, la Méleze, le Cyprès, le Thuya, la Sabine, le Bouleau, l'Aulne.
II. **SECTION.** Ceux dont les fleurs font éparfes, ou féparées les unes des autres, *floribus fparfis :* Le Buis, le Térébinthe, l'*Empetrum.*
III. **SECTION.** Ceux qui portent leurs fleurs mâles raffemblées en chatons ou grouppées fur un filet commun, *Juliferæ :* Le Noyer, le Noifettier, le Charme, le Chêne, le Chêne verd, le Hêtre, le Châtaignier, le Platane, le Peuplier, le Saule.
IV. **SECTION.** Ceux qui portent des Baies, *Bacciferæ :* Le Cedre, le Genevrier, l'If, le Mûrier.

TROISIEME

TROISIEME CLASSE.

Des ARBRES dont les fruits font terminés par un ombilic, *Arbores fructu umbilicato*, qui eſt formé par les débris du calyce.

I. SECTION. Ceux dont les fruits font gros, ſucculents, & qui renferment pluſieurs ſemences, *fructu humido, polypirenæ majore* : Le Poirier, le Pommier, le Coignaſſier, le Sorbier, l'Alizier, le Neſſlier, le Grenadier, le Roſier.

II. SECTION. Ceux dont les fruits font petits, ſucculents, & qui renferment pluſieurs ſemences, *fructu humido, polypirenæ minore* : Le Groſeillier, le *Vitis idæa*; le Chevre-feuille, le Sureau, le Lierre, le Myrthe.

III. SECTION. Ceux qui portent des Baies diſpoſées en ombelle, & qui ne renferment qu'une ſemence, *Bacciferæ umbellatæ, monopyrenæ* : Le Laurier-tin, l'Obier, la Viorne, le *Caſia poëtica* *, le Cornouiller, le Saſſafras.

IV. SECTION. Ceux qui portent des Baies qui renferment pluſieurs ſemences, *Bacciferæ polypirenæ* : Le Jaſmin, le Troêne, la Bourdaine, l'Alaterne, la Vigne, le Bonnet de-prêtre, le Houx, le Nerprun, le Caprier, l'Arbouſier.

QUATRIEME CLASSE.

Des ARBRES dont le fruit n'eſt point terminé par un ombilic, *Arbores fructu non umbilicato*, ou dont les fleurs prennent naiſſance de la baſe du fruit, *ſeu quarum flores fructûs baſi cohærent* : les fruits de cette claſſe ſont ſucculents, ou au moins pulpeux, *fructus in his ſemper pulpoſus*.

I. SECTION. Les Pruniféres, *Pruniferæ* : L'Abricotier, le Prunier, le Pêcher, l'Amandier, le Ceriſier, le Jujubier, le Micocoulier, l'Olivier, l'Azedarach, le Laurier-ceriſe.

II. SECTION. Les Baccifères qui n'ont qu'une ſemence, *Bacciferæ monopyrenæ* : Le Guy, le Filaria, le Bois-gentil.

III. SECTION. Les Pomiferes, *Pomiferæ* : L'Oranger, l'*Anona*, le Piaqueminier, le Styrax, l'*Uva-Urſi*, la Ronce.

CINQUIEME CLASSE.

Des ARBRES à fruits ſecs, *fructu ſicco*; qui ne ſont point en ſilique, *non ſiliquoſo*, & qui n'ont point d'ombilic, *nec umbilicato*.

I. SECTION. Dont les ſemences ſont contenues dans une enveloppe ailée, *vaſculis ſeminalibus, alâ membranaceâ auctis* : L'Erable, le Freſne.

II. SECTION. Ray fait ici une Section qu'il nomme *Mélanges*, *Miſcellaneæ*, dans laquelle ſont compris les arbres qui ne ſe rapportent pas exactement aux Sections précédentes: Le Laurier, le *Staphylodendron*, le Tilleul, le *Vitex*, le Tamariſque, le Porte-chapeau, le *Spiræa*, le *Toxicodendron*, le *Chamelæa*, la Bruiere, le Fuſtet, le Lilas, l'Orme, le *Chamærhododendros*, le *Sumac*.

* Le fruit de cet arbriſſeau n'eſt pas, exactement parlant, en ombelle.

SIXIEME CLASSE.

Des **Arbres** qui portent des filiques, *Arbores filiquofæ.*

I. Section. Ceux dont les fleurs ne font point papillonnacées, *non papilionacea* : Le Carrouge, le Nerion, l'Acacia.

II. Section. Ceux qui portent des fleurs papillonnacées, & dont les feuilles font fimples, *flore papilionaceo, foliis fimplicibus* : Le Gainier, le Genêt, le *Spartium*, le *Genifta-fpartium.*

III. Section. Ceux dont les fleurs font papillonnacées & les feuilles palmées compofées de trois folioles, *flore papilionaceo, foliis trifoliis* : Le Bois puant, le Cytife, le Cytife-Genêt.

IV. Section. Ceux dont les fleurs font papillonnacées, & les feuilles empanées ou conjuguées, *flore papilionaceo, foliis pinnatis* : Le *Colutea*, le *Coronilla*, le *Barba-Jovis*, le Faux Acacia, l'Emerus.

SEPTIEME CLASSE.

Des **Arbres** anomales, *arbores anomalæ* : Le Figuier.

Plufieurs Méthodiftes depuis Ray ont fait quelques changements à fa Méthode, s'attachant toujours aux fruits pour l'établiffement des premieres divifions, & n'ayant recours aux pétales que dans des cas particuliers pour les fous-divifions ; mais comme ces détails nous méneroient trop loin, paffons à la Méthode de Tournefort.

Méthode de M. TOURNEFORT.

Perfonne n'a mis autant d'ordre dans les Méthodes de Botanique que le célebre Tournefort, de l'Académie R. des Sciences de Paris, Profeffeur en Botanique au Jardin Royal des Plantes. Il a, ainfi que Gefner, Cæfalpin, Columna, Moriffon & Ray, tiré fa Méthode des parties de la fructification ; mais au lieu de confidérer en premier lieu les fruits, il porte fes premieres vues fur les pétales, comme étant la partie des fleurs la plus frappante ; & il prête moins d'attention à leur nombre, comme l'ont fait plufieurs Méthodiftes, qu'à leur forme.

Après avoir féparé les arbres & les arbriffeaux d'avec les herbes, il diftingue dans l'une & l'autre famille les fleurs qui ont des pétales d'avec celles qui n'en ont point. Comme les fleurs qui ont des pétales font en grand nombre, il les a fubdivifées en fleurs fimples & en fleurs compofées ; celles-ci qui font formées de l'aggrégation d'un nombre de fleurs, font ou à demi-fleurons, ou à fleurons, ou radiées ; & les fimples font ou monopétales, ou polypétales : les unes & les autres font fubdivifées en fleurs régulieres & en fleurs irrégulieres. De toutes ces divifions il en forme vingt-deux Claſſes , dont dix-ſept ſont pour les herbes , & les cinq autres pour les arbres & les arbriſſeaux. Chacune de ces claſſes eſt diviſée en pluſieurs Sections ; & les caracteres diſtinctifs de ces Sections ſont relatifs aux fruits qui viennent du piſtil ou du calyce , qui ſont mous ou ſecs , formés en ſilique , ou en capſule , à une ou pluſieurs loges , &c.

Souvent toutes les plantes qui forment une Section pourroient être regardées comme étant d'un même genre : par exemple , la Section où ſont rapportées les herbes à fleurs , en cloche ou en baſſin , dont le calyce devient un fruit charnu , comprend toutes les cucurbitacées ; en ſorte qu'on pourroit ne faire qu'un genre des Coloquintes , des Concombres , des Melons d'eau , des Melons , des Citrouilles , des Potirons , & même des *Momordica* ; mais comme ce genre ſeroit trop nombreux , & comme Tournefort s'étoit fait une loi de conſerver , le plus qu'il lui étoit poſſi-ble , les dénominations reçues , il a cherché à diviſer les cucurbitacées en pluſieurs genres , par des caracteres pris des parties étrangeres à la fructification , mais qui , à la vérité , laiſſent quelquefois de la confuſion. En effet , le *Momordica* differe du Concombre , parce que ſon fruit n'eſt pas , à proprement parler , charnu. Le Concombre differe de la Ci-trouille , parce qu'il eſt moins gros ; du Melon , par ſa figure ; l'*Anguria* ſe diſtingue par ſes feuilles qui ſont très-découpées : enfin la molleſſe des feuilles des Coloquintes ſert à les diſtinguer des Citrouilles. J'en pour-rois dire autant des arbres à fleurs légumineuſes , dont les différents genres ne ſe diſtinguent que par les feuilles. Je conviens que ces carac-teres génériques ſortent de l'eſprit de la Méthode ; mais il n'en peut jamais réſulter un grand inconvénient ; car perſonne ne ſera embarraſſé à diſtinguer les plantes communes & qui ſont d'un grand uſage. A l'égard de celles qui ſont rares & qui ne ſont connues que des Bota-niſtes , il n'y auroit pas grand mal quand un Botaniſte rangeroit une plante parmi les Melons , pendant qu'un autre en feroit un Concom-bre , pourvu que l'un & l'autre ait l'attention de les placer dans la Sec-tion qui convient à l'une ou à l'autre plante ; car encore une fois , ſuivant Tournefort , preſque toutes les cucurbitacées pourroient ne faire qu'un ſeul & même genre.

A l'égard de la diſtinction des eſpeces d'un même genre , Tournefort la tire de ce qui ſe préſente de particulier dans la ſtructure de quel-ques-unes de leurs parties , tiges , feuilles , racines , ce qui lui ſert à conſ-truire ſes phraſes qu'il a faites auſſi courtes qu'il l'a pu ; par exemple : *Corona ſolis , tuberoſâ radice : Corona ſolis , foliis profundè inciſis : Corona ſolis , alato caule.* Ces phraſes ſont courtes , & elles expoſent clairement les marques principalement diſtinctives , tirées , les unes des racines , les autres des tiges , les autres des feuilles.

Toutes ces diviſions & ſubdiviſions dérivent admirablement bien les unes des autres ; on ne peut pas defirer un plus bel ordre ; le plan de l'Auteur fe montre par-tout ; en un mot, c'eft le projet d'une Méthode artificielle admirablement bien conçue ; & il feroit à defirer que les favants Méthodiftes qui ont paru depuis ce célebre Auteur, fe fuffent plutôt appliqués à perfectionner fa Méthode, qu'à en créer de nouvelles. Il faut avouer cependant que la Méthode de Tournefort n'eft pas fans défaut, & qu'elle manque de clarté en quelques endroits. L'Auteur lui-même s'en eft bien apperçu, puifqu'il exhorte les Botaniftes qui vien-dront après lui à la perfectionner par de nouvelles obfervations ; il les met même fur la voie, en difcutant les différentes parties de la fructifi-cation qu'on pourroit employer dans les Méthodes, & il expofe les rai-fons qui l'ont déterminé à donner la préférence aux pétales pour fes premieres divifions. Son Ouvrage eft enrichi de quantité de belles figures qui, quoiqu'on en dife, font d'un grand fecours. Je conviens que les figures, quelque parfaites qu'elles foient, fi elles ne font accompagnées de difcours, ne pourroient fournir qu'un amufement affez frivole ; mais quand elles fe trouvent jointes au difcours, elles fourniffent un moyen d'abréger beaucoup de détails ; les idées de l'Auteur en deviennent plus claires & infiniment plus inftructives. Nous nous bornerons à rapporter ici la partie de fa Méthode qui regarde les Arbres & les Arbriffeaux.

PEMIERE CLASSE.

Des ARBRES & des ARBRISSEAUX dont les fleurs n'ont point de péta-les, *Arbores apetalæ.*

I. SECTION. Ceux dont les parties mâles, ou les étamines, font réunies aux parties femelles ou aux fruits ; ces fleurs font par conféquent hermaphrodites, *her-maphrodicæ* : Le Frêne, le Carrouge.

Nota qu'il y a des Frênes qui ont des pétales, & que fouvent, dans les fleurs herma-phrodites, il y a un des fexes mal conftitué.

II. SECTION. Ceux dont les fleurs mâles font féparées des fleurs femelles, quoique l'une & l'autre fe trouvent fur les mêmes pieds, *flos mas & fœmina in eâdem arbore* : Le Buis, l'*Empetrum*, l'*Ephedra.*

III. SECTION. Ceux dont les fleurs mâles & les fleurs femelles font fur des individus féparés, *flos mas in unâ arbore, flos fœmina in alterâ* : Le Gale, le Térébinthe, le Lentifque, le *Rhamnoïdes*, le *Cafia*, le Figuier.

Nota. Il eft reconnu que les fleurs mâles & les fleurs femelles fe trouvent renfermées dans le fruit qu'on nomme la *Figue.*

SECONDE CLASSE.

Des ARBRES & ARBRISSEAUX dont les fleurs mâles font grouppées fur un filet commun qu'on nomme Chatons, *Arbores amentaceæ*; ainfi les chatons font formés par des étamines, ou des écailles attachées fur un filet ; dans cette claffe les fleurs mâles font toujours féparées des fleurs femelles; mais tantôt elles se trouvent toutes les deux sur le même individu, & tantôt sur des individus différents.

I. Section. Ceux dont les fleurs mâles, grouppées en chaton, sont séparées des fleurs femelles, quoique portées par les mêmes pieds, & dont les fruits contiennent un noyau, *flos mas & fœmina in eâdem arbore, fructu osseo* : Le Noyer, le Noisettier, le Charme.

II. Section. Ceux dont les fleurs mâles, grouppées en chaton, sont séparées des fleurs femelles, quoique portées par les mêmes pieds, & dont les semences sont des pepins, *flos mas & fœmina in eâdem arbore, fructu coriaceo* : Le Chêne, le Chêne-verd, le Liege, le Hêtre, le Châtaignier.

III. Section. Ceux dont les fleurs mâles, grouppées en chaton, sont séparées des fleurs femelles, quoique portées par les mêmes pieds, & dont les fruits sont écailleux ou coniféres, *flos mas & fœmina in eâdem arbore, fructu squammoso* : Le Sapin, le Pin, la Méleze, le *Thuya*, le Cyprès, l'Aune, le Bouleau.

IV. Section. Ceux dont les fleurs mâles, grouppées en chaton, sont séparées des fleurs femelles, tantôt portées par les mêmes pieds, & tantôt par différents, & dont les fruits succulents sont de petites baies, ou composés de petites baies, *flos mas & fœmina in eâdem arbore aut in diversâ, fructu molli* : Le Cédre, le Genévrier, l'If, le Mûrier.

V. Section. Ceux dont les fleurs mâles, grouppées en chaton, sont séparées des fleurs femelles, quoique portées par les mêmes pieds, & dont les fruits secs sont ramassés en pelotton, *flos mas & fœmina in eâdem arbore, fructu sicco* : Le Platane.

VI. Section. Ceux dont les fleurs blanches, grouppées en chaton, viennent sur d'autres pieds que les fleurs femelles, *flos mas & fœmina in aliâ arbore* : Le Saule, le Peuplier.

TROISIEME CLASSE.

Des Arbres & des Arbrisseaux dont les fleurs sont monopétales, *Arbores monopetalæ.*

I. Section. Ceux dont le pistil devient un fruit succulent qui renferme des pepins, *pistillum desinit in fructum mollem, seminibus callosis* : Le Nerprun, le *Thymelæa*, l'Alaterne, le Filaria, le Troêne, le Laurier, le Jasmin, l'Arbousier, le *Chamælea.*

II. Section. Ceux dont le pistil devient une baie, dans laquelle se trouvent un ou plusieurs osselets, *pistillum desinit in fructum carnosum, seminibus osseis* : Le Styrax, l'Olivier, l'*Uva-Ursi*, le Houx, le Piaqueminier.

III. Section. Ceux dont le pistil devient un fruit membraneux, *pistillum desinit in fructum membranaceum* : L'Orme.

IV. Section. Ceux dont le pistil produit un fruit sec, divisé en plusieurs loges, *pistillum desinit in fructum multicapsularem* : Le Lilas, la Bruiere, le *Vitex*, le *Chamærhododendros.*

V. Section. Ceux dont le pistil devient une silique, *pistillum desinit in fructum siliquosum* : Le *Nerion*, l'Acacia.

VI. Section. Ceux dont le calyce devient une baie, *calyx desinit in baccam* : Le Sureau, l'Obier, la Viorne, le Laurier-tin, le *Vitis-idæa*, le Chevre-feuille, le *Periclymenum*, le *Xylosteon*, le *Symphoricarpos*, le *Chamæcerasus*, l'Eléagnus.

VII. Section. Ceux dont les fleurs mâles sont séparées des fleurs femelles qui produisent les fruits : *flos mas à fœmina separatus* ; Le Guy.

QUATRIEME CLASSE.

Des Arbres & des Arbrisseaux qui portent des fleurs en rofe, ou dont les pétales font attachées en rond autour de la fleur, *Arbores flore rofaceo.*

I. Section. Ceux dont le piftil devient un fruit qui n'a qu'une cavité, *piftillum definit in fruɛtum unicapfularem* : Le Fuftet, le *Toxicodendron*, le Sumac, le Tilleul, le Maronnier-d'Inde.

II. Section. Ceux dont le piftil devient une baie, ou un fruit compofé de plufieurs baies, *piftillum definit in baccam* : Le Micocoulier, la Bourdaine, le Lierre, la Vigne, l'Epine-vinette, la Ronce, le *Molle*, l'*Anona*.

III. Section. Ceux dont le piftil devient un fruit à deux ou à plufieurs loges, *piftillum definit in fruɛtum multicapfularem* : L'Erable, le Nez coupé, le Laurier-tulipier, le *Syringa*, le Tamarifque, le *Spiræa*.

IV. Section. Ceux dont les fruits font des filiques, *piftillum definit in filiquam* : Le Bonduc.

V. Section. Ceux dont le piftil devient un fruit charnu qui contient des pepins, *piftillum definit in fruɛtum carnofum, feminibus callofis* : L'Oranger.

VI. Section. Ceux dont le piftil devient un fruit à noyau, *piftillum definit in fruɛtum carnofum, officulo fœtum* : Le Prunier, l'Abricotier, le Cerifier, le Pêcher, l'Amandier, le Laurier-Cerife, le Jujubier.

VII. Section. Ceux dont le calyce devient un fruit à pepin, *calyx definit in fruɛtum carnofum, feminibus callofis* : Le Poirier, le Pommier, le Coignaffier, l'Alizier, le Sorbier, le Grenadier, le Rofier, le Grofeillier, le Myrthe.

VIII. Section. Ceux dont le calyce devient un fruit charnu, dans lequel on trouve plufieurs offelets, *calyx definit in fruɛtum carnofum, officulis fœtum* : Le Cornouiller, le Neflier.

CINQUIEME CLASSE.

Des Arbres & des Arbrisseaux à fleurs légumineufes, *arbores flore papilionaceo.*

I. Section. Ceux qui ont leurs feuilles fimples & alternes, diftribuées le long des branches, *folia fingularia* : Le Genêt, le *Spartium*, le *Genifta-fpartium*, le Gaînier.

II. Section. Ceux qui ont des feuilles en treffle, ou qui portent trois folioles à l'extrêmité d'une queue, *folia ternata* : Le Bois puant, le Cytife, le Genêt-Cytife.

III. Section. Ceux qui ont des feuilles empannées ou rangées par paire fur un filet commun, *folia pinnata* : Le faux Acacia, le *Colutea*, l'*Emerus*, le *Coronilla*, le *Barba-Jovis*.

Je n'infifterai point fur les Ouvrages de plufieurs Méthodiftes qui ont travaillé d'après les Principes de Tournefort. Les uns ont rangé dans les claffes déja établies les plantes qu'ils découvroient ; d'autres ont fait de nouveaux genres, & même de nouvelles claffes, quand ils ont cru que cela leur étoit néceffaire ; d'autres enfin ont corrigé quelques défauts qu'ils ont trouvés dans la Méthode originale. Ces difcuffions pourroient être intéreffantes; mais elles nous meneroient trop loin.

Méthode de MAGNOL.

Je ne puis néanmoins me difpenfer de dire quelque chofe de la Méthode de MAGNOL, célebre Profeffeur de Botanique à Montpellier. Cette Méthode n'eft, à la vérité, qu'une ébauche qu'il n'a pu conduire à fa perfection : on ne l'a publiée qu'après fa mort, & telle qu'on l'avoit trouvée dans fes papiers; mais il ne conviendroit pas de ne rien dire d'une Méthode qui eft établie fur des principes très-différents de toutes les autres.

Il diftingue deux efpeces de calyces; l'un extérieur qui enveloppe & foutient la fleur, & qui eft le calyce proprement dit; l'autre forte de calyce, qu'il nomme intérieur, eft le péricarpe ou le fruit : Ainfi, fuivant cette idée, toutes les plantes ont ou un calyce extérieur, ou un calyce intérieur, ou tous les deux enfemble. Cette confidération a engagé Magnol à tirer fes principales divifions de cette feule circonftance qui lui fournit trois Claffes; favoir :

I. CLASSE. Les plantes qui n'ont que le calyce extérieur, *calyx externus tantùm.*

II. CLASSE. Les plantes qui n'ont que le calyce intérieur, *calyx internus tantùm.*

III. CLASSE. Les plantes qui ont un calyce extérieur & un calyce intérieur, *calyx internus & externus fimul.*

LA PREMIERE CLASSE eft fubdivifée en deux Sections, favoir :

I. SECTION. Les plantes dont le calyce extérieur enveloppe la fleur : cette Section comprend, 1°. toutes les plantes dont on ne connoît pas bien les fleurs; 2°. celles qui portent des fleurs à étamines; 3°. plufieurs fleurs monopétales; 4°. plufieurs fleurs polypétales; 5°. les fleurs compofées.

II. SECTION. Les plantes dont le calyce extérieur foutient les fleurs : cette Section comprend, 1°. plufieurs fleurs monopétales; 2°. plufieurs fleurs polypétales.

LA SECONDE CLASSE qui eft compofée des plantes qui n'ont qu'un calyce intérieur, comprend, fous une même Section, toutes les plantes bulbeufes ou tubéreufes; ainfi que beaucoup d'autres qui approchent de cette famille.

LA TROISIEME CLASSE qui comprend les plantes qui ont un calyce intérieur & un calyce extérieur eft divifée en quatre Sections, favoir :

I. Section. Les fleurs monopétales.
II. Section. Les fleurs bi & tripétales.
III. Section. Les fleurs quadripétales.
IV. Section. Les fleurs qui font compofées d'un nombre indéterminé de pétales.

Nous croyons devoir nous borner à ces indications générales pour ce qui regarde les herbes ; mais nous allons entrer dans quelques détails fur la partie de cette Méthode qui regarde les Arbres & les Arbriffeaux.

Magnol les divife , ainfi que les herbes , en trois Claffes générales , favoir :

I. *CLASSE.* Les arbres & les arbriffeaux qui n'ont qu'un calyce extérieur.

II. *CLASSE.* Les arbres & les arbriffeaux qui n'ont qu'un calyce intérieur.

III. *CLASSE.* Les arbres & les arbriffeaux qui ont un calyce intérieur & un calyce extérieur.

Enfuite il fubdivife la premiere Classe en cinq Sections, favoir :

I. Section. Les arbres à chatons , dont les femences font renfermées dans des chatons, *Julifera , femine in julis :* Le Saule , *falix* ; le Peuplier , *populus.*

II. Section. Les arbres à chatons , dont les fruits féparés des fleurs font renfermés dans un calyce extérieur, *Juliferæ , fructu feparato , in calycibus externis :* Le Noyer , *juglans* ; le Noifettier , *corilus* ; le Châtaignier , *caftanea* ; le Hêtre , *fagus* ; le Chêne , *quercus* ; le Chêne verd , *ilex.*

III. Section. Les arbres coniferes, *conifera :* Le Cyprès , *cupreffus* ; le Sapin , *abies* ; le Pin , *pinus* ; la Meleze , *larix.*

IV. Section. Les arbres qui portent des fruits fphériques , compofés de plufieurs femences , *piluliferæ :* Le Platane , *platanus.*

V. Section. Les arbres à fleurs monopétales, renfermées dans un calyce extérieur, *flore monopetalo , intra calycem externum :* Le Figuier , *ficus.*

La seconde Classe eft divifée en trois Sections, favoir :

I. Section. Les arbres à fleurs monopétales, *flore monopetalo :* L'Orme , *ulmus* ; *Caffia poëtica* ; le Nerprun , *rhamnus* ; l'Olivier fauvage , *Elæagnus* ; l'Alaterne , *alaternus* ; l'Acacia.

II. Section. Les arbres dont les fleurs ont quatre pétales , *flore retrapetalo :* Le Sanguin , *cornus fœmina.*

III. Section. Les arbres dont les fleurs ont un nombre indéterminé de pétales , *flore polypetalo :* Le Nez coupé , *ftaphylodendron* ; la Vigne , *vitis.*

La troisieme Classe eft divifée en cinq Sections, favoir :

I. Section. Les arbres qui ont des fleurs à étamines , *flore ftamineo :* Le Mûrier , *morus* ; le Buis , *buxus.*

II. Section. Les arbres dont les fleurs font monopétales, *flore monopetalo :* Le Lilas , *lilac* ; l'Arbre chafte , *vitex* ; la Bruyerre , *erica* ; le Nerion , le Styrax ; le Piaqueminier , *Guaiacana* ; le Troêne , *liguftrum* ; la Viorne , *viburnum* ; le

Coriaria ;

coriaria ; le Sureau , *fambucus* ; l'Obier , *opulus* ; le Cornouiller , *cornus-mas* ; le *Periclymenum* ; l'Olivier , *olea* ; le Laurier , *laurus* ; le Laurier thim , *tinus* ; le Houx , *aquifolium* ; le Jafmin , *jafminum*.

III. Section. Les arbres dont les fleurs ont quatre pétales , *flore tetrapetalo* : le Frêne , *fraxinus* ; le *Syringa*.

IV. Section. Les arbres dont les fleurs ont un nombre indéterminé de pétales , & dont les fruits ne font point en filique , *flore polypetalo , non filiquofæ* : le Tilleul , *tilia* ; le Fufain , *evonimus* ; le *Spiræa* ; le *Toxicodendron* ; le Fuftet , *cotinus* ; le Tamaris , *tamarifcus* ; le Marronier d'Inde , *hippocaftanum* ; l'Epine-vinette , *berberis* ; l'Abricotier , *armeniaca* ; le Pêcher , *perfica* ; l'Amandier , *amig-dalus* ; le Cerifier , *cerafus* ; le Jujubier , *ziziphus* ; l'*Azedarac* ; le Pommier , *malus* ; le Poirier , *pyrus* ; le Sorbier , *forbus* ; le Neflier , *mefpilus* ; la Bourdaine , *frangula* ; le Rofier , *rofa* ; le Grenadier , *punica* ; l'Oranger , *aurantia*.

V. Section. Les arbres dont les fleurs ont un nombre indéterminé de pétales , & dont les fruits font des filiques , *flore polypetalo , filiquofæ* : le Gaînier , *filiquaftrum* ; le faux Acacia , *pfeudo-acacia* ; le Cytife , *cytifus* ; le *Barba-Jovis* ; le Genêt , *genifta*.

Je paffe fous filence les additions & les corrections que M. Linnæus a faites à cette Méthode , parce que je n'ai voulu qu'en donner ici une fimple idée ; ainfi je viens à la Méthode complette de M. Linnæus ; elle juftifiera ce que j'ai dit plus haut , favoir qu'on peut faire de bonnes Méthodes artificielles , en partant de principes fort différents.

Méthode de M. LINNÆUS.

On ne peut affez publier les obligations que les Botaniftes ont à M. Linnæus , célebre Profeffeur de Botanique à Upfal *. Pour faire convenablement l'éloge de ce Savant infatigable , il ne faudroit que préfenter le tableau de tous fes Ouvrages ; on y verroit un Naturalifte qui joint une profonde érudition à l'obfervation la plus exacte de la nature. L'efprit rempli des Ouvrages des Botaniftes qui l'ont précédé , connoiffant les plantes par fes propres obfervations , il a fait un nombre de combinaifons fur ce qui peut former des Méthodes , foit naturelles , foit artificielles ; & il en a entr'autres rédigé une très-complette , que l'on peut regarder comme un *Compendium* de toutes celles qui avoient été faites avant lui , puifque les caracteres des genres font tirés de la forme des calyces , de celle des pétales , des piftils , des *Nectarium* , des fruits , des femences. Mais la bafe principale de cette Méthode confifte dans les parties qui n'avoient pas affez fixé l'attention des Méthodiftes , je veux dire les étamines & les piftils : effayons d'en préfenter le plan abrégé.

M. Linnæus ne fépare point les arbres d'avec les herbes ; mais comme

---

* Médécin ordinaire de Sa Majefté le Roi de Suede ; des Académies de Peterfbourg , de Stockolm , de Berlin , de Montpellier ; de la Société Royale de Londres , Correfpondant de l'Académie Royale des Sciences de Paris.

ſa Méthode eſt tirée des organes de la fécondation , il diſtingue les plantes dans leſquelles ces parties ſont inconnues , ou à peine perceptibles , de celles où elles ſont fort apparentes. Entre les plantes dont les organes qui ſervent à la fécondation ſont connus , les unes contiennent les organes des deux ſexes , c'eſt-à-dire , les étamines & les piſtils ; & celles-là ſont hermaphrodites : d'autres ne contiennent que les organes d'un ſeul ſexe , ſoit des étamines ſeulement , ſoit des piſtils ſeulement ; alors elles ſont ou mâles ou femelles. Ces deux eſpeces de fleurs ſe trouvent quelquefois ſéparées l'une de l'autre , mais ſur un même individu ; ou bien un même individu ne porte que des fleurs mâles , pendant qu'un autre ne porte que des fleurs femelles : ces conſidérations engagent M. Linnæus à faire pluſieurs diviſions générales , qui ſont partagées en ſubdiviſions.

Ainſi , conſidérant d'abord les fleurs hermaphrodites qui ſont en grand nombre , il diſtingue celles dans leſquelles les étamines ſont entiérement ſéparées les unes des autres , d'avec celles dont les étamines ſe réuniſſent dans quelques-unes de leurs parties , ou qui s'uniſſent au piſtil ; il diſtingue encore les fleurs où les étamines ſont ſéparées les unes des autres , en deux bandes , ſavoir celles dans leſquelles les étamines n'ont point entr'elles de différence conſtante , relativement à leur longueur , d'avec les fleurs dans leſquelles deux étamines ſont plus courtes que les autres. Par ces diviſions & par ces ſubdiviſions , dans leſquelles on ne conſidere que les étamines , M. Linnæus ſe trouve en état d'établir vingt-quatre Claſſes. Il diviſe ces claſſes en un nombre de Sections qui ne tirent leur différence que des piſtils ou des ſtiles ; car quoiqu'il ſoit plus exact de diſtinguer le ſtile qui n'eſt qu'une partie , d'avec le piſtil qui eſt le tout , nous les confondrons. Enfin ces ſections ſont compoſées d'un grand nombre de genres , dont les caracteres ſont pris de tous les organes de la fructification. Pour préſenter quelques détails de cette Méthode , nous ſerons obligés de parcourir les vingt-quatre claſſes , parce que l'Auteur n'a point ſéparé les arbres , les arbriſſeaux & les arbuſtes d'avec les herbes ; mais comme nous ne devons nous occuper que des genres qui ſont compris dans notre Traité , nous terminerons par des points toutes les ſections où il ne s'en rencontrera point.

Nota. Pour les treize premieres claſſes il faut , 1°. que les fleurs ſoient aiſées à appercevoir ; 2°. qu'elles ſoient hermaphrodites ; 3°. que les étamines ſoient ſéparées les unes des autres ; 4°. qu'elles n'aient point entr'elles de différence conſtante dans leur longueur.

PREMIERE CLASSE.

MONANDRIA. Les fleurs ne contiennent qu'une étamine.

I. Section. *Monogynia* , un ſeul piſtil. . . .
II. Section. *Digynia* , deux piſtils. . . .

SECONDE CLASSE.

Diandria. Les fleurs contiennent deux étamines.

I. Section. *Monogynia*, un piftil : *Jafminum*, le Jafmin ; *Liguftrum*, le Troêne ; *Phillyræa*, le Filaria ; *Olea*, l'Olivier ; *Chionanthus* ; *Syringa*, ou le Lilas ; *Rofmarinus*, le Romarin ; *Salvia*, la Sauge.
II. Section. *Digynia*, deux piftils....
III. Section. *Trigynia*, trois piftils....

TROISIEME CLASSE.

Triandria. Les fleurs contiennent trois étamines.

I. Section. *Monogynia*, un piftil : le *Cneorum* ou *Chamælea*.
II. Section. *Digynia*, deux piftils : *Arundo*, le Rofeau.
III. Section. *Trigynia*, trois piftils....

QUATRIEME CLASSE.

Tetrandria. Les fleurs contiennent quatre étamines.

I. Section. *Monogynia*, un piftil : *Cephalanthus* ; *Globularia* ; *Callicarpa* ou *Burcardia* ; *Cornus*, le Cornouiller ; *Ptelæa* ; *Elæagnus*.
II. Section. *Digynia*, deux piftils : *Hamamelis*.
III. Section. *Tetragynia*, quatre piftils : *Ilex* ou *Aquifolium*, le Houx.

CINQUIEME CLASSE.

Pentandria. Les fleurs contiennent cinq étamines.

I. Section. *Monogynia*, un piftil : *Chamærhododendros - Azalea* ; *Lonicera*, ou *Diervilla* ; ou *Caprifolium*, le Chevre-feuille, ou *Periclymenum*, ou *Chamæcerafus*, ou *Xilofteon*, ou *Symphoricarpos* ; *Solanum*, ou *Dulcamara* ; *Atropa*, ou *Belladona* ; *Ceftrum*, ou *Jafminoïdes - Hediunda* ; *Licium*, ou *Jafminoïdes* ; *Syderoxilon* ; *Rhamnus*, le Nerprun, ou *Frangula* ; la Bourdaine, ou *Alaternus*, l'Alaterne, ou *Paliurus*, le Porte-Chapeau, ou *Ziziphus*, le Jujubier ; *Ceanothus* ; *Celaftrus*, ou *Evonymoides* ; *Itea* ; *Ribes*, ou *Groffularia*, le Grofeillier ; *Hedera*, le Lierre ; *Vitis*, la Vigne ; *Vinca*, ou *Pervinca*, la Pervenche ; *Nerium* ou *Nerion* ; *Evonymus*, le Fufain.
II. Section. *Digynia*, deux piftils : *Periploca* ; *Ulmus*, l'Orme ; *Chenopodium* ou *Vermicularis* ; *Buplevrum*.
III. Section. *Trigynia*, trois piftils : *Rhus*, le Sumac, ou *Toxicodendron*, ou *Cotinus*, le Fuftet ; *Viburnum*, la Vigrne, ou *Tinus*, le Laurier-Thim, ou *Opulus*, l'Obier ; *Sambucus*, le Sureau ; *Zantoxylon*, ou *Fagara* ; *Tamarifcus*, le Tamarifque ; *Staphylæa*, ou *Staphylodendron*, le Nez-coupé ; *Caffine*.
IV. Section. *Tetragynia*, quatre piftils....
V. Section. *Pentagynia*, cinq piftils : *Aralia*.

VI. Section. *Polygynia* : un nombre indéterminé de piftils......

SIXIEME CLASSE.

Hexandria. Les fleurs contiennent fix étamines.

I. Section. *Monogynia*, un piftil : *Afparagus* , l'Afperge ; *Jucca* ; *Berberis* , l'Epine-vi-nette.
II. Section. *Digynia*, deux piftils : *Atraphaxis* ou *Polygonum*.
III. Section. *Trigynia*, trois piftils : *Menifpermum*.
IV. Section. *Tetragynia*, quatre piftils....
V. Section. *Polygynia* , un nombre indéterminé de piftils. ...

SEPTIEME CLASSE.

Heptandria. Les fleurs contiennent fept étamines.

I. Section. *Monogynia*, un piftil : *Efculus* , ou *Pavia* ; *Hippocaftanum*, le Marronier d'Inde.

HUITIEME CLASSE.

Octandria. Les fleurs contiennent huit étamines.

I. Section. *Monogynia* , un piftil : *Vaccinium* , ou *Vitis-idæa* ; *Erica* , la Bruiere ; *Daphne* , ou *Thymelæa* ; *Dirca* , le Bois de plomb.
II. Section. *Digynia*, deux piftils....
III. Section. *Trigynia*, trois piftils : *Polygonum*.
IV. Section. *Tetragynia*, quatre piftils....

NEUVIEME CLASSE.

Enneandria. Les fleurs contiennent huit étamines.

I. Section. *Monogynia* , un piftil : *Laurus* , le Laurier.
II. Section. *Trigynia* , trois piftils....
III. Section. *Hexagynia* , fix piftils....

DIXIEME CLASSE.

Decandria. Les fleurs contiennent dix étamines.

I. Section. *Monogynia*, un piftil : *Anagyris* , le Bois puant ; *Cercis* ou *Siliquaftrum* , le Gaînier ; *Guilandina* , le Bonduc ; *Ruta* , la Rue ; *Schinus* ou *Molle* ; *Kalmia* , ou *Chamærhododendros* ; *Ledum* ; *Gualteria* ; *Arbutus* , l'Arboufier , ou *Uva-Urfi* ; *Clethra*.
II. Section. *Digynia*, deux piftils : *Hydrangea*.
III. Section. *Trigynia*, trois piftils. ...

IV. Section. *Pentagynia* , cinq piſtils.....
V. Section. *Decagynia* , dix piſtils.....

ONZIEME CLASSE.

Dodecandria. Les fleurs contiennent douze étamines.

I. Section. *Monogynia* , un piſtil : *Styrax.*
II. Section. *Digynia* , deux piſtils.....
III. Section. *Trigynia* , trois piſtils : *Euphorbia* , ou *Tithymalus* , le Titymale.
IV. Section. *Pentagynia* , cinq piſtils.....
V. Section. *Dodecagynia* , douze piſtils.....

DOUZIEME CLASSE.

Icosandria. Les fleurs contiennent plus de douze étamines , qui prennent leur naiſſance de la paroi intérieure du calyce.

I. Section. *Monogynia* , un piſtil : *Philadelphus* , ou *Syringa* ; *Myrthus* , le Myrthe ; *Punica* , le Grenadier ; *Amigdalus* , l'Amandier , ou *Perſica* , le Pêcher ; *Prunus* , le Prunier, ou *Ceraſus* , le Ceriſier , ou *Lauro-Ceraſus* , le Laurier-Ceriſe , ou *Armeniaca* , l'Abricotier.
II. Section. *Digynia* , deux piſtils : *Cratægus* , l'Aliſier ; *Sorbus-aucuparia.*
III. Section. *Trigynia* , rois piſtils : *Sorbus-ſativa.*
IV. Section. *Pentagynia* , cinq piſtils : *Pyrus* , le Poirier ; ou *Malus* , le Pommier , ou *Cydonia* , le Coignaſſier ; *Meſpilus* , quelques eſpeces de Neſſlier ; *Spiræa.*
V. Section. *Polygynia* , un nombre indéterminé de piſtils : *Roſa* , le Roſier , *Rubus* , la Ronce ; *Potentilla* ou *Pentaphylloïdes.*

TREIZIEME CLASSE.

Polyandria. Les fleurs contiennent plus de douze étamines qui prennent naiſſance de la baſe du piſtil.

I. Section. *Monogynia* , un piſtil : *Capparis* , le Caprier ; *Tilia* , le Tilleul ; *Ciſtus* , le Ciſte ; *Mimoſa* , ou l'*Acacia.*
II. Section. *Digynia* , deux piſtils.....
III. Section. *Trigynia* , trois piſtils.....
IV. Section. *Tetragynia* , quatre piſtils.....
V. Section. *Pentagynia* , cinq piſtils.....
VI. Section. *Hexagynia* , ſix piſtils.....
VII. Section. *Polygynia* , un nombre indéterminé de piſtils : *Liriodendron* , ou *Tulipifera* , le Tulipier ; *Magnolia* ; *Anona* ; *Clematis* , ou *Clematitis.*

Nota. Juſqu'à préſent M. Linnæus n'a eu aucun égard à la longueur des étamines comparées les unes aux autres ; il n'en ſera pas de même dans les deux Claſſes ſuivantes.

QUATORZIEME CLASSE.

DIDYNAMIA. Les fleurs contiennent quatre étamines, dont deux font plus courtes que les deux autres.

I. SECTION. *Gymnospermia*, quatre femences nues dans le calyce : le *Teucrium* ; *Hyffopus*, l'Hyffope, *Lavandula*, la Lavande ; *Phlomis* ; *Thymus*, le Thym.
II. SECTION. *Angyospermia*, plufieurs femences renfermées dans une enveloppe particuliere : *Bignonia* ; *Vitex*, ou *Agnus-caftus*.

QUINZIEME CLASSE.

TETRADYNAMIA. * Les fleurs contiennent prefque toutes fix étamines ; mais dans toutes, on obferve quatre étamines plus grandes que les autres.

I. SECTION. *Siliculofa*, dont le fruit eft une petite filique ou filicule. ...
II. SECTION. *Siliquofa*, dont le fruit eft une filique. ...

Nota. Les fleurs des claffes fuivantes contiennent des étamines qui font réunies, plufieurs enfemble, par quelques-unes de leurs parties, ou qui font attachées au piftil.

SEIZIEME CLASSE.

MONADELPHIA. Les fleurs contiennent des étamines qui font réunies en un feul corps.

I. SECTION. *Pentandria*, cinq étamines. ...
II. SECTION. *Decandria*, dix étamines.
III. SECTION. *Polyandria*, un nombre indéterminé d'étamines : *Hibifcus*, ou *Ketmia* ; *Stewartia*.

DIX-SEPTIEME CLASSE.

DIADELPHIA**. Les fleurs contiennent plufieurs étamines raffemblées en forme de guaîne, mais divifées en deux corps.

I. SECTION. *Hexandria*, fix étamines. ...
II. SECTION. *Octandria*, huit étamines. ...
III. SECTION. *Decandria*, dix étamines, dont neuf réunies & une féparée : *Sparttum*, ou

---

* Ce font les fleurs en croix de Tournefort.
** Ce font les légumineufes de Tournefort.

Geniſta , le Genêt ; *Amorpha* ; *Ononis* ou *Anonis* , l'Arrête-bœuf ; *Anthillis* , ou *Barba-Jovis* , ou *Cytiſus-incanus* ; *Robinia* , ou *Pſeudo-Acacia* ; *Colutea* ; *Cytiſus* , le Cytiſe ; *Ulex* , ou *Geniſta-ſpartium* ; *Coronilla* , ou *Emerus* ; *Medicago.*

DIX-HUITIEME CLASSE.

POLYADELPHIA. Les fleurs contiennent pluſieurs étamines raſſemblées par leur baſe, en trois ou en un plus grand nombre de faiſceaux.

I. SECTION. *Pentandria* , cinq étamines.…
II. SECTION. *Icoſandria* , plus de douze étamines attachées au calyce , & non au placenta : *Citrus* , ou *Aurantium* , l'Oranger.
III. SECTION. *Polyandria* , pluſieurs étamines qui prennent leur origine du fond du calyce : *Hypericum* , ou *Aſcyrum* , ou *Androſæmum* , le Millepertuis.

DIX-NEUVIEME CLASSE.

SYNGENESIA *. Les fleurs contiennent un nombre d'étamines, dont les ſommets ſont raſſemblés en cylindre.
Nota. M. Linnæus tire les Sections ſuivantes des fleurons mâles , femelles & hermaphrodites.

I. SECTION. *Polygamia æqualis* ; tous les fleurons ſont hermaphrodites , tant au diſque qu'à la circonférence : *Santolina.*
II. SECTION. *Polygamia ſuperflua* ; les fleurons du diſque ſont hermaphrodites , & ceux de la circonférence ſont femelles : *Artemiſia* , ou *Abrotanum* , l'Aurône , ou *Abſynthium* , l'Abſinthe ; *Baccaris.*
III. SECTION. *Polygamia fruſtranea* ; les fleurons du diſque ſont hermaphrodites , & ceux de la circonférence ſont ſtériles.…
IV. SECTION. *Polygamia neceſſaria* ; les fleurons du diſque ſont mâles , & ceux de la circonférence ſont femelles : *Othonna.*
V. SECTION. *Monogamia* ; les fleurons ne ſont pas formés de vrais fleurons , on peut les regarder comme anomales ; mais les ſommets ſont réunis en cylindre.……

VINGTIEME CLASSE.

GYNANDRIA. Les fleurs contiennent des étamines qui prennent leur origine du piſtil.

I. SECTION. *Diandria* , deux étamines.…
II. SECTION. *Triandria* , trois étamines.…
III. SECTION. *Tetrandria* , quatre étamines.…
IV. SECTION. *Pentandria* , cinq étamines : *Paſſiflora* , ou *Granadilla* , la Fleur de la Paſſion.
V. SECTION. *Hexandria* , ſix étamines.…
VI. SECTION. *Decandria* , dix étamines.…
VII. SECTION. *Polyandria* , un nombre indéterminé d'étamines qui partent de la baſe du piſtil : *Grewia.*

* Les fleurs à fleurons , demi-fleurons & radiées de Tournefort.

Nota. Dans les claffes fuivantes les fleurs mâles & les fleurs femelles font féparées.

VINGT-UNIEME CLASSE.

MONŒCIA. Les fleurs mâles ou à étamines, & les fleurs femelles ou à piftil, font féparées fur un même individu.

I. SECTION. *Monandria*, une étamine....
II. SECTION. *Diandria*, deux étamines....
III. SECTION. *Triandria*, trois étamines....
IV. SECTION. *Tetrandria*, quatre étamines : *Betula*, le Bouleau, ou *Alnus*, l'Aune; *Buxus*, le Buis ; *Morus*, le Mûrier.
V. SECTION. *Pentandria*, cinq étamines....
VI. SECTION. *Hexandria*, fix étamines....
VII. SECTION. *Heptandria*, fept étamines....
VIII. SECTION. *Polyandria*, un nombre indéterminé d'étamines : *Quercus*, le Chêne, ou *Suber*, le Liege, ou *Ilex*, le Chêne-verd; *Juglans*, ou *Nux*, le Noyer ; *Fagus*, le Hêtre, ou *Caftanea*, le Châtaignier; *Carpinus*, le Charme ; *Corylus*, le Noifettier; *Platanus*, le Platane ; *Liquidambar*.
IX. SECTION. *Monadelphia*, les étamines réunies en un feul corps : *Pinus*, le Pin, ou *Abies*, le Sapin, ou *Larix*, le Méleze ; *Thuia* ; *Cupreffus*, le Cyprès.
X. SECTION. *Syngenefia*, dont les fommets réunis forment un cylindre....
XI. SECTION. *Gynandria*, les étamines attachées au ftile qui eft infécond....

VINGT-DEUXIEME CLASSE.

DIŒCIA. Les fleurs mâles & les fleurs femelles font féparées & produites par différents individus.

I. SECTION. *Monandria*, une étamine....
II. SECTION. *Diandria*, deux étamines : *Salix*, le Saule.
III. SECTION. *Triandria*, trois étamines : *Empetrum*, *Ofiris* ou *Cafia*.
IV. SECTION. *Tetrandria*, quatre étamines : *Vifcum*, le Guy, *Hippophaë*, ou *Rhamnoïdes*; *Myrica*, ou *Gale* ; *Piftacia*, ou *Terebinthus*, le Térébinthe, ou *Lentifcus*, le Lentifque ; *Ceratonia*, ou *Siliqua*, le Carouge.
V. SECTION. *Hexandria*, fix étamines : *Smilax*.
VI. SECTION. *Octandria*, huit étamines : *Populus*, le Peuplier.
VII. SECTION. *Enneandria*, neuf étamines....
VIII. SECTION. *Decandria*, dix étamines : *Coriaria*.
IX. SECTION. *Polyandria*, un nombre indéterminé d'étamines....
X. SECTION. *Monadelphia*, les étamines réunies en un feul corps : *Juniperus*, le Genevrier, ou *Sabina*, la Sabine, ou *Cedrus*, le Cedre ; *Taxus*, l'If ; *Ephedra*.
XI. SECTION. *Syngenefia*, les étamines réunies en forme de cylindres : *Rufcus*, le petit Houx.
XII. SECTION. *Gynandria*, les étamines attachées au ftyle qui eft infécond....

VINGT-TROISIEME CLASSE.

POLYGAMIA. Il fe trouve fur les mêmes pieds des fleurs hermaphrodites,

dites, jointes ou à des fleurs mâles ou à des fleurs femelles, ou ces trois efpeces de fleurs; mais il eft important que fur l'un des individus il fe trouve des fleurs hermaphrodites.

Nota. Il y a dans cette claffe des fleurs hermaphrodites, dans lef-quelles, aux unes la partie mâle eft défectueufe, on les nomme *herma-phrodites femelles;* & aux autres c'eft la partie femelle qui eft défectueu-fe, & pour cette raifon on les nomme *hermaphrodites mâles.*

I. SECTION. *Monœcia,* on trouve fur le même pied, 1°. *per hermaphroditos,* des fleurs hermaphrodites mâles, & des fleurs hermaphrodites femelles. . . .
   2°. *Per mares,* toujours fur le même pied des fleurs hermaphrodites jointes à des fleurs mâles: *Celtis,* le Micocoulier.
   3°. *Per fœminas,* des fleurs hermaphrodites avec des fleurs femelles fur le même pied: *Acer,* l'Erable.

II. SECTION. *Diœcia,* lorfque fur différents pieds on trouve, 1°. *per hermaphroditos,* des fleurs hermaphrodites mâles fur les uns, & fur les autres des fleurs her-maphrodites femelles. . . .
   2°. *Per mares,* lorfque fur des pieds on trouve des fleurs hermaphrodites, & fur d'autres des fleurs mâles: *Gleditfia.*
   3°. *Per fœminas,* quand on trouve fur des pieds des fleurs hermaphrodites, & fur d'autres des fleurs femelles: *Fraxinus,* le Frêne.

III. SECTION. *Triœcia,* quand fur différents pieds on trouve des fleurs hermaphrodites, fur d'autres des fleurs mâles, & fur d'autres encore des fleurs femelles. . . .

IV. SECTION. 4°. *Polyœcia,* quand ces trois efpeces de fleurs fe trouvent réunies fur le même arbre: *Ficus,* le Figuier, où ces trois fortes de fleurs font renfermées dans le même fruit.

VINGT-QUATRIEME CLASSE.

CRYPTOGAMIA: Les plantes dont toutes les parties néceffaires à la fructification font peu connues, ou difficiles à appercevoir.

I. SECTION. *Filices,* des Fougeres. . . .
II. SECTION. *Mufci,* des Mouffes. . . .
III. SECTION. *Algæ,* des Algues. . . .
IV. SECTION. *Fungi,* des Champignons. . . .

Fin de la Differtation.

I. Partie.   I

XXXXXXXXXXXXXXXXXXXXXXXXXXXXXXXXXXXXXXXXXXXX

TABLE

DES LIVRES, CHAPITRES ET ARTICLES

Contenus dans la Premiere Partie.

LIVRE TROISIEME.

Des Boutons à fleur & à fruit, ou des Organes de la fructification, des Fruits, de l'usage des parties des Fleurs & des Fruits.

LA PHYSIQUE

LA PHYSIQUE
DES ARBRES.

❋❋❋

ABRÉGÉ DE L'ANATOMIE DES ARBRES.

INTRODUCTION.

Les Arbres font formés d'une partie principale qu'on nomme *Tige* ou *Tronc* (a) (*Pl. I. Fig.* 1). Le tronc fe divife par le bas en plufieurs portions qui s'étendent dans la terre ; ce font les racines. Pl. I. fig. 1.

Les racines principales (b) fe divifent & fe fubdivifent (c) par des bifurcations répétées jufqu'à devenir des filets très-déliés (d) qu'on appelle *Racines chevelues.*

Le tronc fe divife de même par le haut (e) en plufieurs portions qui fe nomment *Branches*, dont les principales fe divifent & fe fubdivifent, ainfi que les racines, & deviennent de plus en plus menues (f). Les plus petites s'appellent *jeunes Branches* ou *Rameaux* (g), & celles qui fe développent actuellement, fe nomment *Bourgeons.*

A

Les bourgeons & les rameaux fe chargent de Boutons (*i*);
de Feuilles (*h*), de Fleurs (*k*), & de Fruits (*l*); quelquefois
ils portent des Épines (*m*). Les plantes farmenteufes ont leurs
rameaux garnis de mains (*n*), qui fervent à les attacher aux
corps folides qui font le plus à leur portée.

Je me propofe dans cet Ouvrage d'examiner fucceffivement
la ftructure de ces différentes parties des Arbres, & de rapporter ce qu'on a pu découvrir fur leur formation & leurs
ufages.

LIVRE PREMIER.

CHAPITRE PREMIER,

DU TRONC.

LE Tronc, ou la Tige des arbres, s'éleve plus ou moins haut, & plus ou moins droit, suivant les especes, & selon la nature & la situation du terroir où ils ont cru. Dans les Futaies on voit des Chênes, des Tilleuls, des Pins qui élevent leurs tiges nettes de branches à 50, 60, 80 pieds de hauteur. La tige des arbres isolés produit ordinairement des branches plus près de terre; & à moins qu'on n'ait soin de les élaguer, leur tige est ordinairement peu élevée : néanmoins certains arbres, quoiqu'isolés, fournissent quelquefois de belles tiges. Le Sapin, certaines especes de Peuplier & l'Orme mâle, peuvent être donnés pour exemple.

Il y a des arbres qui ne sont pas destinés à devenir aussi grands que ceux dont nous venons de parler : les Charmes, les Erables sont de ce genre. D'autres sont encore destinés à être plus naihs : par exemple, les Pommiers, les Cerisiers, les Pruniers, &c.

Je pourrois donc présenter une échelle de dégradation depuis le plus haut Pin jusqu'au Cerisier, quoique tous s'appellent *des Arbres*, & qu'on ne les distingue qu'en disant, que les uns sont de grands arbres; d'autres, des arbres de moyenne grandeur; enfin d'autres, de petits arbres.

Cependant ceux qui sont de taille inférieure aux Cerisiers qu'on plante communément dans les vignes, se nomment *Arbrisseaux*, que l'on divise en trois classes. Dans la premiere sont les grands arbrisseaux, comme l'Epine blanche, le Nefflier, le Coignassier, le Sureau : ceux de taille moyenne sont

dans la seconde classe, tels sont les Lilacs, les Sumacs : ceux
de la troisieme classe sont les petits arbrisseaux, tels que les
Epine-vinette, le *Staphilodendron*, le *Colutea* à fleurs jaunes.

Enfin ceux de taille encore inférieure se nomment *Arbustes*,
dont les plus grands peuvent être comparés au *Buplevrum*,
au petit Citise à feuilles lisses : on peut donner le *Spiræa* à
feuilles de Millepertuis pour exemple d'arbustes de moyenne
taille : la Rue, l'Absynte, l'Aurone, &c. jusqu'au Thim,
sont les plus petits arbustes.

Ceux que nous nommons *Arbustes*, ont été appellés *sous-
Arbrisseaux* par quelques Botanistes ; mais j'ai pensé que les
neuf distinctions que je viens d'établir, suffisoient pour donner une idée assez exacte de la grandeur des arbres dont je
me proposois de parler dans le Traité des Arbres & Arbustes ; & que je ne devois pas pousser plus loin la précision
sur un objet qui est susceptible de beaucoup de variétés, suivant
l'âge des arbres, la nature du terrein, &c.

Je dois néanmoins avertir que la plûpart des arbrisseaux,
& presque tous les arbustes, au lieu d'avoir une tige unique,
comme les arbres, en produisent, presqu'au sortir de terre,
un grand nombre qui forment toutes ensemble ce qu'on appelle
un *Buisson*.

Les tiges de tous ou de presque tous les arbres & arbustes
sont cylindriques, & par conséquent leur coupe transversale
présente l'aire d'un cercle. On en peut dire autant des grosses
branches : mais il n'en est pas toujours de même des petites ;
car la coupe transversale des jeunes pousses offre assez souvent
des figures à plusieurs côtés, & uniformes, sinon dans toutes
les especes d'un même genre, au moins dans toutes les plantes
d'une même espece. J'ai fait cette remarque sur plusieurs arbres & arbustes. M. Bonnet l'a faite sur d'autres ; & il nous a
paru que la figure de l'aire de ces coupes dépend ordinairement de certaines cannelures ou arrêtes saillantes qu'on apperçoit sur les jeunes pousses, & qui souvent prennent leur
origine de l'attache des feuilles. Donnons-en quelques exemples.

L'Aune, l'Oranger, quelques especes de Peupliers, offrent
des coupes triangulaires : celles du Buis, du Fusain, & sou-

vent auffi du Peuplier de Virginie, du *Phlomis*, préfentent
des coupes quarrées ; les coupes du Pêcher & du Jafmin jaune
font pentagonales : celles du *Clematitis*, de plufieurs efpeces
d'Erable, du Jafmin commun, ont la forme d'un hexagone ;
les Pruniers, les Saules, & quantité d'autres arbres offrent une
coupe circulaire.

Tous les arbres, & une grande partie des arbuftes perdent
peu à peu ces cannelures, & leurs tiges deviennent circulaires : cependant plufieurs arbuftes confervent long-temps
leur premiere forme ; je me contenterai de donner pour exemple la Ronce & le Fufain.

On peut encore remarquer que quantité d'arbres & d'arbuftes, tels que le Sapin & le Rofier, élevent leur tige perpendiculairement au terrein de quelque forme qu'il foit ; d'autres,
comme quelques efpeces de Ronce, rampent immédiatement
contre terre ; d'autres, comme le Lierre, font munis de griffes
qui les attachent étroitement aux arbres & aux murailles ; d'autres font pourvus de mains en forme de tire-bourre, qui les lient
fermement, quoique moins exactement, aux arbres ou aux
perches qui font à leur portée : la Vigne eft de ce genre ; plufieurs arbuftes dépourvus de mains, s'entrelaffent dans les branches des buiffons qui fe trouvent auprès, ainfi que les *Clematitis* ; enfin quelques-uns, comme l'*Evonimoides*, n'ont point
de mains, mais leurs tiges roulent autour de ce qu'elles rencontrent, ou s'enlacent les unes fur les autres quand des fup-
ports plus folides leur manquent. Toutes ces obfervations font
affez importantes pour être examinées en particulier ; ainfi
après avoir fait quelques confidérations générales fur la forme
extérieure du tronc des arbres, paffons à l'examen des parties
qui le compofent.

CHAPITRE II.

DE L'ÉCORCE.

ON diftingue dans l'Écorce, l'Épiderme, l'Enveloppe cellulaire & les Couches corticales. Chacune de ces parties de l'Écorce eft affez intéreffante pour mériter d'être examinée dans autant d'Articles particuliers.

ARTICLE I. *De l'Epiderme.*

TOUS les Arbres font recouverts extérieurement par une enveloppe générale, qui ne paroît être qu'une membrane mince, feche & aride. La comparaifon qu'on a fait de cette membrane avec celle qui recouvre la peau des Animaux, & que le vulgaire connoît fous le nom de peau-morte, l'a fait nommer par différents Auteurs, *Cuticule, Surpeau* ou *Epiderme.* Tous ces termes font fynonimes; mais j'emploierai ordinairement celui d'épiderme. Dans le temps que les arbres pouffent avec le plus de force, ou (comme difent les Jardiniers) quand ils font en pleine feve, l'épiderme fe détache affez aifément des parties qu'il recouvre. Il eft plus difficile à enlever lorfque les arbres ne font point en feve; il eft encore plus adhérent aux branches feches; mais quand elles pourriffent, il s'en leve naturellement d'affez grandes pieces : on peut auffi détacher cette membrane des branches vertes, qui ne font point en feve, en les faifant bouillir dans de l'eau.

Quand on examine cette membrane fur quelques arbres, il paroît que la direction des parties qui la compofent eft circulaire par rapport au tronc. Cette obfervation devient très-fenfible fur l'épiderme des Cerifiers, des Pruniers, du Bouleau, &c. puifque ces épidermes fe déchirent plus aifément dans le fens qui eft perpendiculaire à l'axe de l'arbre que dans le fens qui lui feroit parallele; mais il y a certains épidermes dans lefquels cette direction ne fe manifefte point du tout.

J'ai dit que cette membrane forme une enveloppe générale, parce qu'elle se trouve sur les jeunes troncs, sur les branches, sur les racines, sur les feuilles, sur les fruits, & même sur les fleurs ; & si l'on n'en trouve que quelques morceaux sur les gros troncs, c'est l'effet d'une cause particuliere dont j'aurai occasion de parler dans la suite.

Je crois que l'épiderme qu'on trouve sur ces différentes parties, n'est pas d'une contexture absolument semblable : je soupçonne qu'il en est comme de l'épiderme qu'on enleve sur la langue des animaux, qui ne ressemble pas à celui du dedans des mains, & du dessous des pieds.

Les Chenilles que M. de Reaumur a nommées *Mineuses*, détachent très-exactement l'épiderme des feuilles de plusieurs arbres ; ces fragments d'épiderme examinés à la loupe ne paroissent que comme un vélin très-délié, qui n'est percé d'aucun pore. Cela paroît aussi par l'expérience d'une pomme mise dans le vuide ; car alors sa peau se gonfle & se tend beaucoup, ce qui n'arriveroit pas, si l'air la pouvoit traverser. M. Bonnet, en faisant des expériences sur des feuilles couchées sur l'eau, a eu occasion de voir plusieurs fois l'épiderme se détacher des parties voisines. On ne peut s'empêcher, dit cet Auteur, d'être surpris de la finesse de cette membrane, qu'on pouroit comparer à cette pellicule qui se forme sur l'eau croupie & corrompue ; je crois bien que ces épidermes macérés pouvoient avoir souffert quelque altération. Car ayant examiné au microscope l'épiderme des feuilles de Chêne disséquées par les Chenilles *mineuses*, il m'a paru (*fig.* 2.) comme formé d'un nombre de fibres qui se joignent les unes avec les autres, & que les bandes (*a a*) étoient de la même texture que le reste, avec cette différence cependant, que l'espece de tissu y est plus serré qu'aux autres endroits. La figure 3 représente l'épiderme du dessous d'une feuille que les insectes n'avoient pas disséquée aussi parfaitement, & on y voit (*b b*), des faisceaux de fibres qui ne paroissent pas appartenir à l'épiderme ; mais les points noirs qu'on apperçoit dans cette figure, paroissent très-brillants au microscope ; ainsi ce sont des ouvertures, ou bien des endroits où l'épiderme est beaucoup plus mince qu'ailleurs.

Pl. I. fig. 2.

Fig. 3

Pl. I. fig. 4. La figure 4 repréfente l'épiderme d'une pêche velue, qu'on avoit effuyée pour emporter la plus grande partie du duvet. Ce morceau d'épiderme, examiné au microfcope, paroît fablé d'un nombre infini de points, les uns plus, les autres moins lumineux; & l'on appercevoit aux bords une partie du duvet qui y étoit refté adhérent.

L'épiderme de la plûpart des arbres paroît n'être, fur les jeunes branches, qu'une membrane unique; cependant j'ai apperçu fur les branches de plufieurs efpeces d'arbres, qu'après avoir enlevé une lame d'épiderme, on en trouvoit une au deffous, qui reffembloit bien à la premiere par fa texture, mais qui étoit plus mince, plus verte & plus fucculente que celle qu'on avoit enlevée.

La multiplicité des couches d'épiderme qu'on obferve fur le Bouleau, offre quelque chofe de bien fingulier. J'en ai enlevé plus de fix qui étoient fort minces & très-diftinctes les unes des autres, & je fuis perfuadé qu'on en pouroit encore féparer un bien plus grand nombre. La figure 5 repréfente un feuillet Fig. 5. extérieur de l'épiderme du Bouleau vu au microfcope. Il y paroît comme formé de fibres extrêmement fines, pofées parallélement les unes aux autres, & qui feroient liées par de petites fibres latérales qui ne paroiffent que comme des points, & entre lefquelles on apperçoit la lumiere. Toutes ces parties font fi minces, fi délicates, qu'on a bien de la peine à en prendre une idée jufte, même avec le fecours du microfcope.

Les Auteurs penfent que l'épiderme eft formé par des véficules defféchées. Malpighi dit qu'on apperçoit dans le tiffu véficulaire de l'écorce du Cerifier & du Prunier, un arrangement de parties, propre à former la cuticule de ces arbres, & que cet arrangement vient de ce que le tiffu véficulaire qui tend à s'étendre vers la circonférence, étant retenu par l'épiderme, les véficules s'affaiffent & prennent une forme membraneufe. Ces véficules affaiffées feroient-elles ce fecond épiderme que j'ai dit avoir obfervé fous l'épiderme vrai? Je ne le décide point; mais voici une obfervation favorable au fentiment de Malpighi: c'eft que l'épiderme eft pofé immédiatement fur une couche de tiffu cellulaire qui forme une efpece d'enveloppe générale: j'en parlerai dans la fuite. Cependant toutes

les

les obſervations ne s'accordent pas auſſi parfaitement avec le ſentiment de ce célebre Phyſicien ; car quand j'ai voulu exami-ner au microſcope de petites portions d'épiderme, j'ai, à la vérité, quelquefois apperçu que les bords que j'avois déchirés, étoient formés par de petits corps ovales de figure aſſez régu-liere qu'on pouvoit prendre pour les véſicules deſſéchées de Malpighi & de Grew ; mais ſouvent les bords déchirés me pa-roiſſoient d'un tiſſu ſerré & uniforme ; de ſorte qu'on n'apper-cevoit rien qui reſſemblât à des véſicules.

J'ai déja dit que le microſcope faiſoit appercevoir un grand nombre de points lumineux que je ſoupçonnois être autant de petits trous : la figure 6 repréſente une petite piece d'épiderme Pl. I. fig. 6. levée ſur un morceau de Chêne ſec : cet épiderme paroiſſoit, au microſcope, ſablé de points plus ou moins lumineux & plus ou moins gros.

Je penſe donc que l'on peut regarder ces points lumineux comme autant d'ouvertures par leſquelles s'échappe la tranſ-piration ; car il ſera prouvé dans la ſuite de cet Ouvrage, que les feuilles, les jeunes branches & les fruits mêmes tranſ-pirent. Cela ſuppoſé, quelque ténue que ſoit la tranſpiration, il faut bien qu'elle trouve des ouvertures pour s'échapper. Outre les petites ouvertures dont je viens de parler, il y en a encore d'aſſez grandes, tantôt rondes & tantôt ovales : celles-ci qu'on voit repréſentées ſur l'épiderme du Bouleau (*Fig.* 7), paroiſſent n'être que des écartements des parties qui Fig. 7. conſtituent l'épiderme, par leſquels le tiſſu cellulaire qu'il recouvre, fait une petite éminence ; les ouvertures rondes ſemblent formées par une production de ce même tiſſu qui a déchiré l'épiderme.

Quelques Phyſiciens ont regardé ces productions du tiſſu cellulaire comme des glandes deſtinées à opérer des ſécrétions particulieres. Je m'abſtiendrai de dire le contraire ; je me contenterai d'avertir, qu'ayant fait paſſer dans des tuyaux de cryſtal (*Fig.* 8) remplis d'eau, de jeunes branches d'arbre, j'ai Fig. 8. apperçu quantité de bulles d'air attachées à ces protubérences du tiſſu cellulaire. Eſt-ce de l'air qui ſort de la plante, ou ſont-ce des bulles qui étoient reſtées adhérentes au tiſſu cellu-laire, & qui ſont devenues plus ſenſibles quand elles ont été

B

raréfiées par la chaleur du soleil ? C'est une question que nous
discuterons dans la suite ; mais j'ai peine à croire que ces éminences soient formées par des vaisseaux excrétoires: car s'il s'en
échappe quelque liqueur, il faut qu'elle soit bien ténue, ou
bien analogue avec l'eau ; sans quoi elle se feroit manifestée
par un petit nuage que je n'ai point apperçu.

Il est cependant vrai que l'on trouve sur certaines écorces
la matiere de quelques sécrétions ; c'est quelquefois une substance mielleuse, comme sur l'Erable ; d'autres fois gommeuse,
comme sur le Peuplier ; ou un suc concret, comme sur le
Cyprès.

L'épiderme est de différente couleur sur les arbres de différente espece, & sur les différentes parties d'un même arbre.
Il paroît blanc & brillant sur le tronc des Bouleaux, & plus
brun sur ses jeunes branches ; gris & cendré sur le Prunier ;
roux & argenté sur le Cerisier ; verd sur les jeunes branches de
l'Amandier & du Pêcher, cendré sur les grosses branches ;
brun sur quantité d'arbres, excepté aux jeunes pousses où il
est presque toujours verd. Je ne prétends pas assurer que cette
membrane, qui est souvent transparente, ne participe pas un
peu de la couleur des corps qu'elle recouvre ; je dis seulement
qu'elle contribue à la couleur de l'écorce extérieure des arbres,
puisque quand on l'a enlevée, on découvre au-dessous une
substance qui est d'une couleur fort différente.

Au reste, il n'est question dans tout ce que nous venons
de dire, que de l'épiderme qui couvre les jeunes branches ;
car, comme nous l'avons déja dit, on ne le trouve sur les
gros troncs que par lambeaux morts & desséchés. Pour en
concevoir la raison, il suffit de faire attention que cette membrane seche, aride, &. qui semble morte, est tendue sur un
cylindre qui grossit continuellement. Il est clair qu'elle doit
se rompre lorsque l'arbre augmente en grosseur ; mais il est
bien plus singulier de la concevoir capable d'extension dans
toutes ses dimensions : elle l'est néanmoins dans le sens de la
grosseur des branches, puisque la tige d'un jeune arbre est
souvent parvenue à une grosseur assez considérable, avant que
l'épiderme qui la recouvre paroisse sensiblement déchiré ; elle
s'étend dans le sens de sa longueur, puisqu'elle se prête à l'allongement des jeunes bourgeons.

On peut remarquer encore, que l'épiderme de certaines especes d'arbres est plus susceptible d'extension que celui de quelques autres, puisque la superficie du Merisier reste plus long-temps lisse & unie que celle des Ormes. Une autre circonstance qui est encore digne d'attention, c'est que l'épiderme des arbres vigoureux se déchire plus tard que celui des arbres languissants, quoique ceux-ci poussent plus lentement que les autres. Cette prodigieuse extension de l'épiderme est encore très-sensible sur certains fruits qui parviennent à une grosseur considérable, sans que cette membrane se rompe; mais ce n'est que lorsque ces fruits grossissent peu-à-peu; car quand des pluies abondantes occasionnent une augmentation subite dans le volume des poires, par exemple, alors elles sont sujettes à se fendre.

Il faut avouer que ces propriétés de l'épiderme ne conviennent guere à l'idée de vésicules desséchées, & qu'elles entraînent nécessairement à penser que, quoique l'épiderme ne paroisse pas organisé, & qu'il semble même desséché, il croît néanmoins à-peu-près comme les autres parties des arbres; à moins qu'on ne soupçonnât qu'à mesure que les vésicules desséchées s'écartent les unes des autres, il s'en trouvât d'autres qui fussent toutes prêtes à remplir les intervalles.

En effet on apperçoit sur l'écorce des arbres de petits feuillets extrêmement minces, qui se détachent continuellement de l'épiderme; & ces déperditions sont probablement réparées sans cesse par d'autres feuillets qui se forment sous ceux qui s'enlevent; ainsi l'épiderme des végétaux se détruit & se répare continuellement à-peu-près comme celui de l'homme; & s'il se rompt sur les vieux troncs, c'est peut-être à cause que le tissu réticulaire de l'écorce se desseche & s'écarte comme nous le dirons dans la suite. Je terminerai cet Article par quelques observations que j'ai faites sur l'épiderme.

1°. J'ai enlevé sur de jeunes branches des morceaux d'épiderme, & j'ai recouvert la plaie d'un linge enduit de cire & de térébenthine: cette plaie s'est recouverte assez promptement d'un nouvel épiderme sans qu'il ait paru aucune exfoliation.

2°. J'ai enlevé à d'autres branches, non seulement l'épiderme, mais même une partie de l'épaisseur de l'écorce; j'ai couvert sur le champ cette plaie comme la précédente: il s'est fait une très-légere exfoliation, & la plaie que j'avois faite à l'écorce s'eſt trouvée réparée, & couverte d'un nouvel épiderme.

3°. J'ai enlevé ſur un Bouleau toutes les couches d'épiderme: la plaie étant reſtée à découvert, il s'eſt fait une exfoliation de l'épaiſſeur d'une piece de douze ſols, & à meſure qu'il ſe détachoit quelques plaques exfoliées, on apperçevoit au deſſous l'épiderme blanc & naturel du Bouleau.

4°. Un Correſpondant curieux & intelligent qui n'a pas voulu ſe faire connoître *, enleva tout l'épiderme du tronc d'un Ceriſier ; ce tronc , pour ainſi dire , écorché, reſta expoſé à l'air. La partie de l'écorce qui étoit ſous cet épiderme , ſe deſſécha & s'exfolia ; une autre couche plus intérieure ſe deſſécha encore : enfin, après deux ou trois exfoliations, il parut ſur la ſuperficie de ce tronc une eſpece de ſubſtance farineuſe , & quelque temps après on apperçut un nouvel épiderme qui ſe régénéroit ſur le tronc.

5°. J'ai enlevé l'écorce entiere d'un Ceriſier vigoureux, dans le temps que cet arbre étoit en pleine ſeve ; de ſorte que le bois paroiſſoit dans toute l'étendue du tronc. Je défendis ce tronc ainſi écorché, des rayons du ſoleil & des injures de l'air, avec des précautions dont je donnerai le détail dans la ſuite : Il ſe forma ſur ce tronc une nouvelle écorce & un nouvel épiderme qui ne ſe régénéra pas par une extenſion de celui qui étoit reſté ſur les racines & ſur les branches, mais par quelques plaques qui parurent ſur différents endroits du tronc ; cependant quoiqu'il y ait plus de 15 ans que cette expérience a été faite, cet épiderme eſt encore différent de celui qui eſt naturel au Ceriſier.

6°. Tout le monde peut avoir remarqué que l'épiderme ne ſe régénere pas ſur les poires qui ont été endommagées par la grêle ou par les chenilles. On voit par les obſervations que nous venons de rapporter, que dans certains cas l'épiderme ſe régénere aiſément, & que dans d'autres il ne ſe régénere point du tout. Mais nos expériences jettent quelque jour ſur l'uſage de cette membrane ; car elles prouvent que l'épiderme forme

---

* Je ſoupçonne que c'eſt M. Ludot de Troies qui a remporté un prix de l'Académie des Sciences, & dont il eſt fait une mention honorable dans les Mémoires de M. Tillet ſur la Nielle, dans quelques Mémoires de M. de Reaumur, &c.

un obſtacle à la tranſpiration, puiſqu'il empêche que les parties qui en ſont recouvertes, ne ſe deſſechent & ne s'exfolient ; néanmoins il ne remplit pas toujours cette fonction autant qu'on le pourroit deſirer, puiſque dans les terres légeres & aux expoſitions du ſud, le ſoleil deſſeche tellement l'écorce des arbres, que l'on eſt obligé d'envelopper de paille le tronc de ceux de haute tige qui ſont plantés en eſpalier ſur des côteaux expoſés au midi.

On a encore attribué un autre uſage à l'épiderme. On a penſé qu'il formoit un obſtacle à l'augmentation de groſſeur des arbres, & qu'il empêchoit les parties qu'il recouvre, de ſe trop gonfler : quelques obſervations ſemblent juſtifier ce ſentiment.

1°. On apperçoit que l'épiderme eſt rompu à l'endroit de certaines boſſes ou loupes qui ſe forment ſur le tronc des arbres. Mais on peut auſſi raiſonnablement croire que ces éminences ont produit la rupture de l'épiderme, que de penſer que ces boſſes ſe ſont formées, parce que l'épiderme étoit rompu en ces endroits.

2°. Si avec la pointe d'une ſerpette on fait une inciſion longitudinale à l'écorce d'un jeune arbre, on voit que cet arbre en acquiert plus de groſſeur, & que les levres de la plaie s'écartent l'une de l'autre. Il m'a paru que cet effet n'arrivoit pas quand on n'entamoit que l'épiderme, ſans offenſer les couches corticales. Quand on enleve d'un arbre une grande piece d'épiderme, on ne remarque pas qu'il ſe forme en cet endroit une boſſe conſidérable ; ce qui devroit arriver ſi les parties qui ſont ſous l'épiderme étoient puiſſamment retenues par cette membrane, comme quelques Phyſiciens l'ont cru.

3°. Enfin, l'épiderme étant rompu ſur les gros troncs en un nombre infini d'endroits, il ne peut plus ſervir de frein à l'augmentation de groſſeur de ces arbres, qui néanmoins n'augmentent en groſſeur que proportionnellement aux autres parties. Il eſt cependant certain que l'épiderme eſt très-tendu ſur l'écorce des arbres, & cette tenſion peut avoir ſes uſages à l'égard des bourgeons qui ſe développent actuellement ; car toutes les parties contenues étant alors fort tendres & ſucculentes, elles ont beſoin d'être ſoutenues par une membrane qui ſe trouve quelquefois bien forte & d'un tiſſu très-ſerré.

Sans prétendre établir une parfaite analogie entre l'épiderme des végétaux & celui des animaux, je terminerai cependant cet Article par la comparaison de ces deux membranes.

1°. Si l'on croit que l'épiderme des arbres est formé par des véficules ou des utricules deffechées, ne peut-on pas penfer auffi que l'épiderme des animaux est formé par le deffechement des parties qu'il recouvre ?

2°. L'un & l'autre épiderme est capable d'extenfion quand le fujet auquel il appartient croît, ou qu'il prend beaucoup d'étendue : dans l'hydropifie & dans la groffeffe, à quel degré d'extenfion ne fe prête-t-il pas ? Combien l'épiderme d'une poire de bon chrétien ne doit-il pas s'étendre ?

3°. Tous les deux fe réparent aifément, non pas de proche en proche comme les chairs ; mais il reparoît fur toutes les parties d'où il avoit été enlevé, ainfi que nous l'avons dit dans le détail de nos expériences.

4°. L'épiderme végétal & animal fe détruit par parcelles, & fe répare continuellement & imperceptiblement.

5°. On n'a encore rien vu ni rien dit de fatisfaifant fur la formation, la régénération, & même fur la tiffure de l'épiderme animal ou végétal.

6°. Il paroît que l'ufage de l'un & de l'autre est de protéger les parties qui en font recouvertes.

7°. Grew dit expreffément que l'épiderme n'est point occafionné par le contact de l'air, mais qu'il tire fon origine de la graine même, & qu'il n'est rien autre chofe que la cuticule qui couvre dans le temps de la germination la plume, laquelle s'étend à mefure que la plante croît : il en est de même de l'épiderme des animaux qui exifte dans le fein même de leur mere.

8°. Ray compare l'épiderme des plantes à la dépouille des Serpents. Quelques arbres, tels que le Bouleau, les Platanes, les Jafmins, les Grofeilliers, la Vigne, femblent fe dépouiller à-peu-près comme les Serpents ; mais auffi il y en a beaucoup d'autres qui confervent long-temps leur épiderme.

Nous allons maintenant examiner les parties que l'on découvre quand on a enlevé cette premiere enveloppe.

ARTICLE II. *D'une substance que l'on trouve sous l'Epiderme, & que je nomme Enveloppe cellulaire.*

QUAND on a enlevé l'épiderme, on trouve immédiate-ment au dessous une substance qui est souvent d'un verd très-foncé, & qui est presque toujours succulente & herbacée. En examinant cette substance avec une simple loupe, elle m'a paru comparable à un morceau de feutre ou de chamois; car on voit qu'elle est formée d'un nombre prodigieux de filaments très-fins qui s'entrelassent en toutes sortes de directions. Après en avoir examiné avec un microscope assez foible un petit morceau que j'avois tenu long-temps en macération, cette substance m'a paru semblable à la substance médullaire. Une plus forte lentille m'a fait appercevoir çà & là de petits corps ovales de figure assez réguliere, qui étoient séparés de la masse. J'ai examiné un de ces petits corps avec une lentille qui forçoit beaucoup; il me parut encore semblable à de petits fragments de moëlle; traversé par quantité de cloisons ou de fibres très-déliées. Voilà tout ce que le microscope m'a fait appercevoir sur l'organisation de cette substance.

Quand on fait bouillir une petite branche dans de l'eau, la substance dont je parle, se cuit, & alors elle ressemble à une pâte; elle s'endurcit en se refroidissant, & elle devient friable quand elle est seche.

Elle n'est pas toujours aussi abondante ni aussi aisée à ren-contrer dans tous les arbres; mais dans ceux où, comme dans le Sureau, il est aisé de l'observer, on peut remarquer qu'elle est plus succulente dans le temps de la seve, qu'en hyver : ainsi quand elle est bien remplie de seve, elle est moins adhé-rente à l'épiderme que quand elle est moins humectée. Si l'on veut donc détacher quelques morceaux d'épiderme, lors même que les arbres ne sont point en seve, il faut faire bouillir une branche dans de l'eau, & enlever l'épiderme avant que cette branche soit refroidie; car après le refroidissement l'épiderme est plus adhérent qu'avant la cuisson.

Suivant ce que nous avons dit plus haut, la substance dont

nous parlons ici, paroît être formée d'un amas du tiſſu cellulaire ou véſiculaire dont je parlerai dans la ſuite ; mais comme je l'ai remarquée ſur les branches, ſur les racines, & ſur quelques fruits, j'ai cru qu'on pouvoit la regarder comme une enveloppe générale, & qu'il me ſeroit permis de l'appeller l'enveloppe cellulaire.

Il eſt vrai que cette ſubſtance eſt ſouvent d'une couleur très-verte, & fort différente de celle du reſte du tiſſu cellulaire, qui aſſez ſouvent tire ſur le blanc. Mais comme on n'ignore pas que la couleur verte des feuilles vient du contaċt de la lumiere, & que celles qui croiſſent à l'ombre ſont blanches, ne peut-on pas conjeċturer que cette portion du tiſſu cellulaire étant la plus extérieure, a pû contraċter une couleur dont le reſte eſt privé ?

J'ai enlevé des morceaux d'épiderme, & j'ai laiſſé l'enveloppe cellulaire expoſée à l'air ; alors elle s'eſt exfoliée, & on voyoit au-deſſous un nouvel épiderme : c'eſt ſur le Bouleau que j'ai fait cette obſervation. Lorſque j'enlevois ſur de jeunes Ormes l'enveloppe cellulaire avec l'épiderme, j'avois ſoin de recouvrir la partie entamée avec de la cire & de la térébenthine, alors la plaie ſe fermoit promptement, & ſans qu'il parût preſque aucune cicatrice.

Au reſte je n'ai point d'obſervations aſſez certaines ſur la formation de cette enveloppe ; je ſoupçonne ſeulement qu'elle eſt produite par une extenſion du tiſſu cellulaire qui ſe comprime ſous l'épiderme. Ce ſentiment ne s'écarte pas de celui de Malpighi que j'ai déja cité dans l'Article précédent. Quant aux uſages de cette enveloppe ſucculente, on peut conjeċturer qu'elle ſert à prévenir le deſſéchement des parties qu'elle recouvre. On peut la regarder auſſi comme l'organe qui ſépare la matiere de la tranſpiration, & elle peut encore ſervir à la réparation de l'épiderme ; car pluſieurs Anatomiſtes penſent que l'épiderme des animaux eſt formé par l'extrêmité des vaiſſeaux excrétoires de la peau ; ainſi l'analogie nous rapprocheroit du ſentiment de Malpighi & de Grew. Ce ne ſont là cependant que des conjeċtures dont la principale utilité ſeroit d'engager ceux qui s'occupent des recherches ſur l'œconomie végétale, à tourner leurs vues ſur ces différents points qui méritent bien d'être éclaircis.

On

On apperçoit fous cette enveloppe cellulaire des plans de fibres longitudinales qui vont former la matiere de l'Article fuivant.

ARTICLE III. *Des Couches corticales.*

TOUTE la fubftance comprife entre l'enveloppe cellulaire & le bois, paroît être formée, 1°. par des fibres longitudinales que je regarde comme autant de vaiffeaux limphatiques, pour les raifons que je rapporterai dans la fuite ; 2°. par un tiffu cellulaire, véficulaire ou paranchimateux, (je regarde ces termes comme fynonimes) ; 3°. par des fibres que je nomme *vaiffeaux propres*, foit qu'ils contiennent une liqueur blanche comme le lait, ou de la gomme, ou de la réfine, &c.

Je vais commencer par l'examen des fibres limphatiques ; & comme elles font difpofées par couches qui fe recouvrent les unes les autres, je ferai d'abord la defcription d'une de ces couches, de celle, par exemple, qui fe préfente la premiere après que l'on a enlevé l'épiderme & détruit l'enveloppe cellulaire : il fera facile enfuite de fe former une idée de celles qui font plus intérieures. Il eft bon de remarquer que comme toutes ces couches, quand elles font féparées les unes des autres, repréfentent les feuillets d'un livre, les Auteurs les ont nommées *Couches du Liber*; avec cette différence, que Grew comprend fous ce nom toutes les couches corticales, au lieu que Malpighi n'a attribué ce nom qu'aux couches, ou peut-être, à la couche la plus intérieure.

On apperçoit fous l'enveloppe cellulaire dont j'ai parlé dans l'Article précédent, un plexus réticulaire, ou rézeau de fibres longitudinales, dont les mailles font grandes & faciles à diftinguer, même à la vue fimple, furtout quand on a détruit le tiffu cellulaire qui en remplit les interftices. Pour parvenir à détruire ce tiffu cellulaire, j'ai tenu en macération, pendant des années entieres, des branches de Tilleul ; alors il m'a été facile d'enlever l'épiderme & l'enveloppe cellulaire. Avec la pointe d'un cure-dent ou quelque chofe d'équivalent, j'ai emporté une portion du tiffu cellulaire : quelquefois il m'a été avantageux de faire bouillir des lambeaux d'écorce, pour attendrir le tiffu cellulaire qui fe détachoit alors plus aifément ;

C

& qui me laiſſoit appercevoir le rézeau de fibres longitudinaes;
il arrivoit même auſſi que les couches corticales & réticulaires
ſe ſéparoient aſſez facilement les unes des autres.

La couche la plus extérieure examinée à la vue ſimple,
paroît formée de fibres uniques, qui ſe greffent, ſe ſoudent,
ou s'anaſtomoſent les unes avec les autres. Mais quand on
examine une portion de ce rézeau avec un microſcope, une
foible lentille ſuffit pour faire voir que chaque fil de ce rézeau
qui paroiſſoit unique, eſt réellement un faiſceau de filaments
qui ſe peuvent ſéparer les uns des autres en ſorte que ſi l'on
remarque que l'écorce des arbres ſe déchire plus aiſément ſuivant la longueur de l'arbre, que ſuivant la circonférence du
tronc, c'eſt parce que dans ce dernier cas il en faut rompre les
fibres; au lieu que dans le premier on ne fait que les ſéparer les
unes des autres.

J'ai mis ſur une glace une de ces fibres, unique en apparence,
& qui avoit trempé long-temps dans l'eau; je l'ai ſéparée aiſément en quatre ou cinq fibres plus fines; une de ces cinq fut
encore ſéparée en quatre, & une de ces quatre en deux ou
trois, mais ſi fines, qu'il falloit une forte lentille pour les
bien obſerver : (*Planche II, Figure* 1.) Je ne me perſuade
cependant pas d'être parvenu à la diviſion extrême de ces fibres.
Quand on voit une fibre du rézeau ſe diviſer en deux ou trois
rameaux, il ne faut donc pas ſe former l'idée d'un tuyau qui ſe
ſépare en deux ou trois branches, ni ſe repréſenter la biffurca-
tion des vaiſſeaux ſanguins : ces fibres reſſemblent mieux aux
nerfs. Ainſi il faut regarder les filaments d'un vaiſſeau cortical, comme de petits faiſceaux placés à côté les uns des
autres, qui prennent d'abord une direction parallele entr'eux;
mais cet ordre régulier change bientôt comme nous l'allons
dire.

Un ou pluſieurs filets (*Pl. I fig.* 9) quittent le faiſceau dont
ils faiſoient partie; ils s'inclinent plus ou moins obliquement
vers un autre faiſceau; quelquefois ils s'y uniſſent & en ſuivent
la route; d'autresfois ils reviennent s'attacher au faiſceau qu'ils
avoient quitté, ou bien ils s'uniſſent à des filets qu'ils rencontrent en chemin, & alors il ſe forme de nouveaux faiſceaux,
qui, dans ces déviations, ou augmentent de groſſeur en s'ap-

Pl. II. fig. 1.

Pl. I. fig. 9.

propriant de nouvelles fibres , ou deviennent plus fins quand une partie de leurs fibres les abandonne.

Il feroit trop long & fuperflu de décrire exactement toutes les variétés qu'on peut obferver dans la divifion , la féparation & la réunion des fibres qui forment les principaux faifceaux , ainfi je renvoie à la figure déja citée qui peut en donner une idée fuffifamment exacte.

On voit dans cette figure que les filets dont nous parlons ; font rangés par faifceaux , & que çà ou là , un nombre plus ou moins grand de ces filets fe féparent du faifceau pour aller fe joindre à un autre , que ces filets ou d'autres viennent enfuite fe réunir au premier faifceau , ou qu'ils en forment de nouveaux ; & que de tout cela il réfulte un rézeau fort irrégulier. Ces filets ne s'étendent donc pas du bas au haut de l'arbre en fuivant des lignes droites , mais en ferpentant ; ce qui n'empêche pas , qu'eu égard à leur direction générale , je ne les nomme , avec plufieurs Auteurs , les fibres longitudinales de l'écorce , ou fimplement , les fibres corticales ; & j'appelle *Plexus cortical* , le rézeau qui eft formé par ces fibres.

Les obfervations que je viens de rapporter fur les fibres corticales , ne donnent pas encore l'idée de vaiffeaux ou de tuyaux deftinés à diftribuer des liqueurs ; néanmoins je me trouve engagé par plufieurs raifons que je rapporterai dans la fuite , à les regarder avec Malpighi , Grew & Leuwenhoek comme de véritables vaiffeaux lymphatiques. Avant de terminer ce qui regarde les filets qui forment les différents plexus de l'écorce , je dois avertir que j'ai trouvé certains vaiffeaux , que des lentil- les affez fortes de mon microfcope n'ont pu me faire apperce- voir être compofés d'un faifceau de filets tels que ceux que je viens de décrire ; ainfi je n'oferois décider fi ces vaiffeaux font d'une nature différente des autres. La figure 10 (*Pl. I*) donne , Pl. I. fig. 10 à peu près , une idée des vaiffeaux que j'ai dit être formés de & 11. faifceaux de filets , & la figure 11 de ceux qui m'ont paru différents.

Les aires que les fibres longitudinales laiffent entr'elles ; (*b fig.* 9 *Pl. I*) ; ou , fi l'on veut , les mailles du plexus réti- Fig. 9. culaire , font remplies par une fubftance grenue dont je par- lerai après avoir dit quelque chofe des couches corticales qui

C ij

fe trouvent fous celle que je viens de décrire.

L'épaiffeur de l'écorce eft entiérement formée de feuillets ou de couches minces qui fe recouvrent ou qui s'enveloppent les unes les autres ; chacune de ces couches eft un plexus réticulaire, femblable à celui que l'on voit dans la figure citée, excepté que les faifceaux qui les forment, font d'autant plus fins, qu'ils font plus intérieurs ; les mailles du rézeau deviennent alors de plus en plus petites, en forte que les plexus deviennent fi fins dans les couches intérieures qu'on feroit tenté de croire que les mailles font anéanties : les fibres paroiffent être paralleles, & les plexus réticulaires femblent n'être que des feuillets très-minces. Le différent état de ces couches eft repréfenté par les figures 9, 12, 13, 14 & 15 (*Pl. I*).

Pl. I. fig. 12. 13. 14. 15.

J'incline cependant à croire d'après mes expériences, que les fibres longitudinales qui forment les couches intérieures, font difpofées en rézeau comme dans les couches extérieures.

1°. Parce qu'ayant tenu long-temps en macération les feuillets intérieurs de l'écorce du Tilleul, pour en détruire le tiffu cellulaire, & les ayant préfentés au microfcope, les mailles me font devenues fenfibles.

2°. Il n'eft prefque pas permis de douter que les lames corticales ne foient traverfées par le tiffu cellulaire ; & fi cela eft, il faut que les faifceaux laiffent entr'eux des efpaces qui admettent ce tiffu. C'eft peut-être l'adhérence trop intime du tiffu cellulaire aux fibres corticales, qui empêche qu'on n'apperçoive les mailles des couches intérieures de certaines écorces, d'autant qu'il faut le fecours des macérations & des préparations pour les découvrir dans les lames intérieures de l'écorce du Tilleul, quoique cet arbre m'ait paru un des plus propres à ces obfervations.

Je ne veux cependant pas affurer que les fibres longitudinales forment un plexus réticulaire dans l'écorce de tous les arbres, quoique ce fentiment foit celui de Malpighi ; car, outre qu'il fe rencontre des feuillets corticaux dans lefquels les mailles du rézeau ne font point vifibles, j'aurai peut-être occafion de parler dans la fuite de certaines écorces, où des faifceaux de fibres femblent fe prolonger tout droit fans avoir d'autre communication les uns avec les autres que par le tiffu cellulaire.

Si l'on examine un faifceau de fibres longitudinales pris de la couche la plus intérieure de l'écorce, pour le comparer avec un pareil faifceau tiré d'une couche extérieure, on appercevra que celui-ci eft plus gros, moins uni que l'autre, & qu'il eft comme encrouté ; mais avec le fecours des macérations & du microfcope, on fe convaincra que l'un & l'autre eft formé d'un affemblage de fibres très-déliées & très-fortes, fur-tout celles des couches intérieures, qui font moins caffantes que les autres, quoiqu'elles foient plus fines & plus fouples.

Je ne puis dire fi le nombre des couches corticales eft proportionnel à l'âge des arbres. J'ai féparé avec foin toutes les couches d'un morceau d'écorce pris au pied d'un jeune Tilleul de 10 à 11 pouces de circonférence ; j'ai féparé avec la même attention toutes les couches corticales d'un autre morceau d'écorce du même Tilleul, qui avoit été détaché du haut de la tige, laquelle à cet endroit n'avoit que 5 à 6 pouces de groffeur ; il ne m'a cependant pas été poffible de féparer le morceau pris au haut de l'arbre en plus de 7 feuillets ; au lieu que celui qui avoit été pris au pied de l'arbre s'eft féparé facilement en dix-fept feuillets. Comme l'écorce du pied des arbres eft plus ancienne que celle du haut de la tige, je concluerois de ma diffection, que le nombre des couches corticales fe multiplie à mefure que les arbres deviennent plus âgés, fi j'étois bien certain d'avoir féparé toutes les couches, foit de la cime foit du pied de mon jeune Tilleul ; & fi je pouvois affurer que l'arbre qui fervoit à mon expérience, fût alors âgé de 17 ans, je croirois avoir acquis une preuve qu'il fe forme tous les ans une nouvelle couche corticale.

Pour fe former une idée de ce qui compofe l'écorce, il faut fe repréfenter un corps compofé de plufieurs couches de rézeaux femblables à ceux des figures 9, 12, 13, 14, 15 de la Plan- Pl. I. fig. 9, che I, dont les mailles des uns font grandes, & celles des 12, 13, 14, autres de plus en plus petites jufqu'à devenir à peine percepti- 15. bles. Le corps de l'arbre eft recouvert de toutes ces couches dans l'ordre marqué *figure 16* ; en forte que la couche *n°* 1 eft Fig. 16. celle du rézeau le plus fin de la figure 15. Celle-ci eft recouverte de celle *n°* 2, relative à la figure 14 dont les mailles font un peu moins ferrées, & ainfi des autres, *n°* 3, 4, 5, 6, relatives aux figures 13 , 12 , &c. en forte que le rézeau dont les mailles font les plus grandes , fe trouve recouvrir toutes les autres.

On pourroit demander fi les mailles de tous les rézeaux font correfpondantes , c'eft-à-dire, fi les aires vuides de tous les plexus répondent les uns vis-à-vis des autres , ou , ce qui revient au même , fi les fibres longitudinales de l'écorce fe recouvrent les unes les autres , ou fi elles fe croifent. Pour être en état de fatisfaire à cette queftion , j'ai pris un morceau d'écorce de Tilleul , qui avoit trempé dans l'eau pendant fort long-temps ; j'ai enlevé entiérement plufieurs des couches in-térieures où le rézeau eft peu apparent , & auffi quelques-unes des couches extérieures , parce que le rézeau étoit trop dilaté pour le but que je me propofois , les unes & les autres n'étant pas favorables à mon deffein , je les mis de côté ; puis je diffé-quai avec foin ce qui me reftoit de cette écorce , de façon que les couches étoient détachées les unes des autres , feulement dans la moitié de la largeur de ce morceau d'écorce , & qu'elles ref-toient unies les unes aux autres dans l'autre moitié , (voyez Pl. I. fig. 17. la *Fig.* 17 *Pl. I.*) Je détruifis , autant qu'il me fut poffible , le tiffu cellulaire , & je replaçai , le plus exactement qu'il me fut poffible , les cinq plexus dans leur fituation naturelle ; ce qu'il m'étoit facile d'exécuter , parce que , comme je l'ai dit , j'a-vois laiffé les plexus adhérents les uns aux autres dans la moitié de la largeur du morceau d'écorce fur lequel je travaillois. Alors interpofant les cinq feuillets remis à leur place entre la lumiere & mon œil , je ne vis qu'un rézeau affez femblable à celui de la lame intérieure , ce qui me fait foupçonner que les mailles de tous les rézeaux font placés de maniere que leurs ai-res forment , par leur affemblage , des entonnoirs ou alvéoles dont l'ouverture la plus évafée eft du côté de l'enveloppe cel-lulaire & la plus étroite du côté du bois.

Voici maintenant une obfervation qui peut donner un peu de confiftance à cette idée. Quand on examine au microfcope une tranche bien mince d'une jeune branche de Tilleul , on apperçoit aux endroits où aboutiffent les lignes droites qui s'é-tendent du centre du bois jufqu'à l'écorce , des efpaces plus verds que le refte , & qui femblent formés par un nombre de petits traits qui décrivent des efpeces de cercles; & entre ces efpaces verdâtres, on en voit d'autres remplis d'une fubftance blanchâtre, & qui paroît comme médullaire : plufieurs de ces taches blanchâtres font plus larges du côté de l'épiderme que du côté du bois ; ce qui me fait foupçonner que ces places blanchâtres font formées par le tiffu cellulaire qui remplit les alvéoles dont nous avons parlé dans l'Article précédent. On prendra une idée affez jufte de cette obfervation microfcopique en jettant les yeux fur la *figure 2* de la *Planche II.* J'avouerai Pl. II. fig. 2. cependant que l'obfervation que je viens de rapporter, eft trop délicate pour ofer affurer qu'elle a lieu pour toutes les écorces. Mais fi cela étoit, pour former le tiffu de l'écorce avec les feuillets réticulaires dont je viens de parler, il faudroit que les mailles des rézeaux augmentaffent uniformément & proportion- nellement à leur éloignement du corps ligneux ; & cet écarte- ment des fibres longitudinales étant produit par l'augmentation de groffeur du corps ligneux, les fibres des rézeaux extérieurs doivent s'écarter plus que celles des rézeaux intérieurs, pro- portionnellement à leur éloignement de l'axe du corps ligneux. Je crois en avoir dit affez fur ces prétendues alvéoles ; elles font, ou plutôt les mailles des rézeaux, font remplies par le tiffu cellulaire dont nous parlerons dans l'Article fuivant. Je terminerai celui-ci en faifant remarquer que les couches ré- ticulaires de toutes les écorces ne fe reffemblent point : par exemple, celui du bois de dentelle (*Fig. 3. Pl. 2.*) eft très- Fig. 3 & 4. différent du rézeau de l'écorce du Tilleul. Je poffede un feuillet cortical du Palmier (*Fig.* 4.) qui eft formé de deux plans de groffes fibres qui fe croifent obliquement. On nous apporte d'Amérique des efpeces de bonnets figurés comme une chauffe d'hypocras ; ils fervent d'enveloppe aux grappes ou régimes des fruits d'une efpece de palmier : le tiffu de ces efpeces de bonnets eft formé de plufieurs plans de fibres, à peu - près femblables à ceux de la fig. 4, ces fibres fe croifent de même, mais elles font beaucoup plus déliées.

Article IV. *Du Tiffu cellulaire.*

Suivant l'idée que je viens de donner des Plexus réti- culaires qui forment, pour ainfi dire, la charpente de l'écorce,

il refte bien des efpaces vuides qu'il faut remplir, puifque les
alvéoles que forment les plexus par la difpofition réciproque
de leur rézeau, font en grand nombre.

La fubftance qui les remplit eft grenue. Grew l'a nommée
le Parenchyme ; Malpighi, le Tiffu vefficulaire, ou utriculaire ;
je la nommerai fouvent le tiffu cellulaire, pour les raifons
que je rapporterai dans un inftant.

Malpighi & Grew nous repréfentent ce tiffu comme étant
formé de petites veffies, bourfes ou utricules qui, fe touchant
immédiatement, font des files ou des fuites de veffies, dont
la direction eft horifontale, de forte que ces files de veffie
coupent à angles droits les fibres longitudinales, ce qui fait un
entrelacement affez femblable à celui des brins de bois, dont
eft compofée une claie. Pour achever de donner, au moyen
de cette comparaifon, une idée affez jufte du fentiment de
Malpighi & Grew, il faut imaginer que les fibres longitudinales, ou les faifceaux qui forment le plexus réticulaire,
font difpofés comme les brins de bois qui forment la claie,
& les files, féries ou fuites de vefficules font repréfentées par
les traverfes de la claie qui croifent & uniffent, par leur entrelacement, les brins qui font placés fuivant la longueur de
la claie.

Selon les Auteurs que je viens de citer, toutes les utricules
ne font pas de même groffeur, & elles ne font pas toutes de
la même figure ; ce qui fait que Grew les compare à l'écume
qui fe forme fur le vin doux dans le temps de la fermentation ;
& cette comparaifon donne déja affez l'idée d'un tiffu cellulaire.

Il femble que la chair des fruits eft, pour la plus grande
partie, une maffe de tiffu cellulaire très-dilatée & fort remplie
de fuc. Si cela eft, les vefficules paroiffent bien fenfiblement
Pl. II. fig. 5. dans certains fruits, comme dans les oranges, (Pl. II. Fig. 5) ;
mais elles ne font pas fi fenfibles dans d'autres fruits, comme
dans les poires & les pommes, où j'ai apperçu un nombre prodigieux de vaiffeaux qui vont aboutir à certains corps grénus
qu'on nomme des pierres quand ils ont acquis une certaine
Fig. 6. dureté (Fig. 6). La chair des abricots, des pêches, des prunes, &c. femble formée par une entrelacement d'un nombre
prodigieux

prodigieux de vaisseaux qui font revêtus d'un duvet très-fin : si l'on convenoit que la chair des fruits est un tissu cellulaire très-dilaté & abreuvé de sucs, il suivroit des observations que nous venons de rapporter, que ce tissu est différemment organisé dans les arbres de différente espece, ce qui paroît encore devoir être une conséquence de quelques observations que nous avons faites sur la moëlle.

J'ai examiné au microscope le tissu cellulaire des racines potageres, & je n'ai apperçu que de petits flocons semblables à des petits morceaux de moëlle d'arbre, ou à de la mousse de savon, ainsi que Grew nous les représente.

J'ai encore examiné au microscope des petits morceaux de tissu cellulaire que j'avois détachés par la macération, de quelques branches de Tilleul (*Fig.* 7) : quelquefois j'en détachois Pl. II. fig. 7. de petits corps ovales de figure assez réguliere, & que je soupçonnois être les vésicules de Malpighi & de Grew ; mais souvent je n'y pouvois rien découvrir de régulier ; & quand j'exposois un des petits corps ovales dont je viens de parler, à une forte lentille, il me représentoit encore un petit fragment de moëlle d'arbre : ainsi j'avoue que je n'ai pu parvenir à appercevoir dans les arbres, d'une façon bien distincte, les bourses ou les utricules de Malpighi & de Grew. Je ne nie cependant pas leur existence ; je me contente seulement d'avertir que mes observations au microscope me présentent l'idée d'un tissu cellulaire, que je comparerai, ainsi que Grew l'a fait, à l'écume du vin qui fermente, ou à de la salive dans laquelle on découvre souvent des grains d'une substance plus compacte, qui ne differe peut-être pas essentiellement du reste du tissu cellulaire.

Quand j'ai voulu observer avec un microscope qui grossissoit beaucoup, des morceaux de tissu cellulaire qui avoient resté long-temps en macération, j'ai apperçu qu'ils étoient traversés par quantité de fibres d'une finesse si grande, que je n'ai pu en prendre une idée bien juste ; mais elles me font soupçonner qu'on ne connoît pas bien la véritable structure du tissu cellulaire, qui n'est peut-être pas aussi simple qu'on le pense, ni, comme je l'ai déja dit, uniforme pour tous les arbres.

D

Quoi qu'il en foit, cette fubftance véficulaire, ou cellulaire, remplit les mailles du rézeau, ou les alvéoles qu'elles
forment; de forte qu'elle traverfe toutes les couches de l'é-
corce, & qu'elle s'étend depuis le corps ligneux jufqu'à l'é-
piderme : elle paroît dans les alvéoles comme grenue ; &
les flocons ou grains de tiffu cellulaire font plus gros & plus
durs dans les couches corticales extérieures, que dans celles
qui approchent du bois.

La couleur de cette fubftance n'eft pas abfolument la même
dans tous les arbres, & l'on obferve bien plus aifément fa fituation, refpectivement aux fibres longitudinales, quand fa couleur eft différente de celle de ces fibres. Une circonftance qui
eft encore bien favorable aux obfervations, c'eft quand la fubftance dont il s'agit, eft plus tendre & plus fucculente que
les fibres longitudinales ; car comme elle fe contracte en fe
defféchant, les fibres longitudinales en deviennent alors plus
diftinctes.

Il paroît que Malpighi penfoit qu'il y avoit une lame de
tiffu cellulaire, interpofée entre les couches corticales formées par les plexus réticulaires : il me femble difficile de juftifier cette allégation pour toutes les écorces; mais ce qui
pourroit être favorable au fentiment de cet Auteur, c'eft
qu'ayant détaché des fibres longitudinales d'un morceau d'é-
corce de Tilleul qui avoit refté long-temps dans l'eau, il paroiffoit revêtu de toutes parts du tiffu cellulaire, comme on
Pl. II. fig. 8. le peut voir dans la *Fig.* 8 : de forte que pour fe former une
idée de la pofition du tiffu cellulaire fur ces fibres, il faut fe
repréfenter un fétu de paille qui feroit enduit d'une matiere
vifqueufe, & qu'on auroit trempé dans du gruau ; alors les
flocons de gruau qui y refteroient attachés, repréfenteroient
affez exactement la difpofition du tiffu cellulaire fur les fibres
longitudinales.

On apperçoit dans les groffes écorces du Chêne, du Peuplier, &c. des corps durs qui font affez fouvent de figure cu-
bique. Malpighi croit qu'ils font formés par un dépôt tartareux qu'on doit regarder comme une députation du fuc nourricier : il eft vrai que ces concrétions font ordinairement plus
dures que le refte du tiffu cellulaire ; néanmoins ils fe divi-

fent par grains, & ils pourroient bien n'être autre chofe qu'un amas de tiffu cellulaire fort ferré, ou plutôt qu'un amas de ces petits grains qu'on apperçoit dans le tiffu cellulaire; comme les groffes pierres qu'on trouve dans les poires, ne font qu'un affemblage d'un nombre prodigieux de petites qu'on n'apperçoit dans la chair de toutes les poires qu'en y prêtant une attention très-particuliere. Au refte comme ces corps ne fe trouvent pas dans l'écorce de tous les arbres, ni même dans l'écorce des jeunes Chênes, il ne paroît pas qu'ils foient des organes effentiels à la végétation; cela me difpenfe de m'arrêter plus long-temps à difcuter cette matiere.

ARTICLE V. *Des Vaiffeaux propres.*

OUTRE les vaiffeaux limphatiques & le tiffu cellulaire, on apperçoit encore, dans la diffection des plantes, des vaiffeaux d'une autre efpece, mais qui ne paroiffent pas être en auffi grand nombre que les vaiffeaux limphatiques. On les diftingue, 1°. par leur groffeur qui eft ordinairement affez confidérable pour laiffer échapper, quand on les coupe, la liqueur qu'ils contiennent; 2°. par leur couleur qui eft ordinairement différente de celle des vaiffeaux limphatiques que l'on voit dans plufieurs arbres être d'un verd affez foncé; 3°. enfin, par la liqueur qu'ils contiennent, dont la couleur ou la qualité varie fuivant les différentes efpeces d'arbres ou de plantes: par exemple, elle eft blanche dans le Figuier, rouge dans l'Artichaux, jaune dans l'Eclaire, gommeufe dans le Cerifier, réfineufe dans le Pin, &c.

Comme il eft très-vraifemblable que chaque plante contient un fuc particulier, & qui lui eft propre, on a appellé *Vaiffeaux propres*, ceux qui contiennent ces liqueurs. Nous aurons occafion de parler plus amplement dans la fuite & de ces vaiffeaux & de ces liqueurs propres, ainfi je me contenterai d'en donner préfentement ici une idée générale.

M. Mariotte a parlé de ces vaiffeaux, qu'il compare aux arteres des animaux. Voici ce que cet Auteur dit de leur organifation : » Ces canaux font enfilés par une fibre ligneufe blan-
» che qui fe peut féparer en plufieurs filaments. On apperçoit

» une membrane à l'entour de ces petits canaux qui les fé-
» pare du refte de la tige, & en fait comme un petit tuyau,
» & entre chacune des fibres de cette membrane il y a une
» matiere fpongieufe adhérente à la membrane, & remplie de
» fuc coloré. Le refte de la tige eft rempli d'une autre matiere
» fpongieufe pleine d'une humeur aqueufe infipide, fans cou-
» leur, & d'une confiftance très-fluide ; au lieu que la colorée
» eft un peu épaiffe & , en plufieurs plantes, d'une faveur
» très-piquante.

» On voit une femblable ftructure dans les feuilles de l'A-
» loës coupée en travers ; car on remarque que le milieu qui
» a environ un pouce d'épaiffeur, eft d'une fubftance fpon-
» gieufe, compofée d'un grand nombre de membranes con-
» fondues enfemble, & remplie d'une humeur aqueufe, claire
» & qui a fort peu d'amertume.

» On remarque auffi que le tiffu (que j'ai nommé cellu-
» laire) eft couvert d'une écorce verte, dans l'épaiffeur de la-
» quelle il y a plufieurs petits canaux noirâtres, difpofés fe-
» lon la longueur des feuilles, & qui reffemblent à ceux des
» plantes laiteufes.

» Ces canaux contiennent un fuc vifqueux, jaunâtre & très-
» amer qui en fort abondamment au mois de Mai. Mais dans
» la pulpe (ou tiffu cellulaire) il y a plufieurs petits canaux
» blanchâtres qui apparemment contiennent un autre fuc, &
» qui jettent çà & là de petits rameaux, dont quelques-uns vont
» fe joindre aux tuyaux qui portent le fuc jaune & amer.

» J'ai auffi remarqué que beaucoup de groffes plantes lai-
» teufes, comme la Férule, ont de petits canaux difpofés par
» des intervalles égaux, depuis le centre de la tige jufqu'à la
» circonférence ; & que la plûpart des autres plantes, comme
» le Salfifis, le Tithymale, l'Éclaire, &c. en ont feulement
» deux ou trois rangs proche la circonférence de la tige.

» Ces canaux, avec leurs filets blancs & leur matiere fpon-
» gieufe remplie de fuc coloré, fe continuent de la tige aux
» branches, & jufqu'aux extrêmités des feuilles, où il s'en fait
» un tiffu en forme de rézeau, qui contribue à former ces ner-
» vures qui paroiffent dans les feuilles feches, & même dans
» les vertes ; ils s'étendent auffi jufqu'aux extrêmités des raci-

» nes. L'Angélique luifante de Canada les fait voir diftincte-
» ment ; car dans le milieu de quelques-unes de fes branches,
» qui font ordinairement creufes, on en voit un ou deux qui
» font détachés du refte, & qui tiennent feulement aux nœuds
» & aux angles des ramifications ».

J'ajouterai à ce que je viens de rapporter, 1°. Que dans
certaines écorces, comme celle du Sapin, on apperçoit d'affez gros troncs de vaiffeaux propres, qui rampent fous l'enveloppe cellulaire. 2°. Que j'en ai vû beaucoup dans l'Epi-
cia (Voy. *Pl. II Fig. 9*) qui étoient fitués tout auprès du corps
ligneux. 3°. Que dans le Pin, *Fig.* 10, j'en ai vu qui étoient Pl. II. fig. 9.
très-près de l'épiderme, d'autres placés près du bois, & & 10.
d'autres dans l'épaiffeur de l'écorce. 4°. Que quand on coupe
à différentes hauteurs de jeunes branches d'arbres dont les
vaiffeaux propres font d'une couleur différente de celle du refte de la fubftance corticale, les vaiffeaux propres paroiffent
toujours placés à peu-près dans le même ordre ; ce qui pourroit faire foupçonner qu'ils fe prolongent en droite ligne & en
fuivant la longueur des branches : néanmoins on ne peut pas
douter que le fuc propre ne fe diftribue dans toutes les parties
de l'arbre, puifque fa préfence fe manifefte par fon odeur ou
par fa faveur.

ART. VI. *Récapitulation du Chap. II.*

PAR le détail où nous fommes entrés fur les différentes
parties qui compofent le corps de l'écorce, on voit donc
que cette enveloppe eft compofée d'une ou de plufieurs membranes minces qui s'étendent fur toute la furface extérieure
des arbres, & qu'on nomme *Epiderme* ; que fous cette enveloppe générale on trouve celle que nous avons nommée *cellulaire*, & enfuite des couches corticales formées par des rézeaux de vaiffeaux limphatiques, & par les vaiffeaux propres.
Les mailles de ces rézeaux, forment par leur difpofition réciproque, des cavités ou des efpeces d'alvéoles, qui font affez
larges du côté de l'épiderme, & fort étroites du côté du
bois.

Ces efpeces d'alvéoles font remplies par le tiffu cellulaire, qui étant continu depuis le bois jufqu'à l'épiderme, joint & unit enfemble toutes les couches corticales, & qui, en s'épanouïf-fant entre ces couches corticales & l'épiderme, forme ce que j'ai appellé l'enveloppe cellulaire.

Voilà en général l'idée qu'on peut fe former de la texture de l'écorce. Je me vois obligé de renvoyer à un autre lieu ce que j'ai à dire de fes ufages, & fur la façon dont elle fe régé-nere : je paffe maintenant à l'examen de la fubftance ligneufe.

CHAPITRE III.

DU BOIS ET DE LA MOELLE.

QUAND on a totalement enlevé l'écorce, on apperçoit le bois : c'eft un corps folide qui donne du foutien & de la force aux arbres, ce qui l'a fait regarder par plufieurs Naturali-ftes comme étant à l'égard des arbres ce que font les os dans le corps des animaux.

On a coutume de diftinguer le cylindre ligneux qui forme la partie principale du tronc & des branches, en bois formé, & Pl. II. fig. 11. en aubier (*Fig.* 11). L'aubier forme une zone plus ou moins épaiffe de bois imparfait, laquelle fe trouve fous l'écorce, & elle recouvre le bois proprement dit : nous parlerons dans la fuite de la différence qu'il y a entre le bois & l'aubier ; mais comme ces différences ne roulent pas fur la difpofition orga-nique des parties qui compofent l'une & l'autre fubftance, nous n'en ferons pour le préfent aucune diftinction ; ainfi ce que nous allons en dire, conviendra également au bois & à l'aubier.

Avant que d'entrer dans aucun détail fur le bois, il faut favoir qu'en général, le corps ligneux eft formé par des couches qui s'enveloppent & fe recouvrent les unes les autres ; que ces cou-ches font formées par des fibres ligneufes ou vaiffeaux limpha-tiques, par le tiffu cellulaire ou véficulaire qui eft une produc-tion de la moëlle, par des vaiffeaux propres qui contiennent cette liqueur particuliere à chaque arbre, ainfi que ceux de l'écorce ; enfin par des trachées ou vaiffeaux, qui ne con-tiennent que de l'air, & qu'on ne peut découvrir dans l'écorce. L'examen fuivi que je vais faire de chacune de ces parties prifes en particulier, me mettra à portée d'expofer les obfervations qui leur font propres ; mais avant de commencer ce détail, je dirai ici quelque chofe des couches ligneufes confidérées généralement.

Article I. *Des Couches ligneufes.*

La Figure 11 de la Planche II repréfente un morceau de bois dépouillé de fon écorce : on voit fur l'aire de la coupe la moëlle qui occupe le centre, & qui eft enveloppée par des couches de bois parfait, & que ce bois eft lui-même recouvert par l'aubier.

En examinant l'aire de la coupe tranfverfale d'un tronc de Chêne, d'Orme, de Sapin, &c. on y voit donc des couches ligneufes très-fenfiblement diftinctes les unes des autres, qui s'enveloppent & fe recouvrent mutuellement : on croit communément que chacune de ces couches eft le produit de l'accroiffement du corps ligneux pendant une année.

Si l'on coupe obliquement un morceau de bois de Chêne, on voit, avec le fecours d'une loupe, que ces couches épaiffes qu'on y apperçoit très-aifément, font compofées d'un nombre d'autres couches plus minces, & pour cette raifon plus difficiles à découvrir.

En mettant certains morceaux de bois pourris tremper dans de l'eau, je fuis parvenu à féparer les couches dont je viens de parler, en un grand nombre de feuillets, fi minces, que j'en ai détaché de petites pieces moins épaiffes que le papier ferpente le plus fin. Lorfque je parlerai de la formation des couches ligneufes, je rapporterai plufieurs obfervations qui ferviront encore mieux à prouver que le corps ligneux eft formé d'un nombre prodigieux de couches extrêmement minces, qui fe recouvrent les unes les autres ; ces couches font en bonne partie formées par un affemblage des fibres dont je vais parler.

Art. II. *Des Fibres ligneuses,* ou *des Vaisseaux limphatiques du Bois.*

Si l'on expose au foyer d'un microscope qui force peu un des feuillets minces dont j'ai parlé dans l'Article précédent, on appercevra qu'il est formé de fibres longitudinales. Certains bois pourris qu'on tient en macération dans de l'eau, se divisent par fibres longitudinales très-fines. On apperçoit la même chose en détachant adroitement des couches ligneuses nouvellement endurcies ; & en examinant attentivement certains bois fendus suivant leur longueur, on découvre les fibres longitudinales qui sont quelquefois aussi sensibles que dans les couches intérieures de l'écorce. Enfin l'existence de ces fibres longitudinales est bien établie par la facilité que tous les bois ont à se fendre ou à se séparer suivant la direction de ces fibres, ou, comme disent les Ouvriers, suivant le fil du bois.

J'ajouterai à ces preuves, que les fibres qui sont dans la queue des poires, sont une continuation des fibres ligneuses des branches ; & de ce que les fibres des queues se répandent dans toute la substance des poires, j'en conclus que les fibres qu'on trouve dans les poires, sont les mêmes que les fibres ligneuses qui sont dans les branches. Mais comme les fibres des poires sont distribuées à travers une substance molle, quand les poires sont bien mûres, il m'a été aisé d'en détacher des fragments pour les exposer au microscope, qui m'a fait appercevoir que ces fibres qui me paroissoient uniques, étoient des faisceaux de fibres très-fines que je pouvois séparer les unes des autres, comme on le peut voir dans la Figure I de la Planche II, lorsqu'au sortir de l'eau je les étendois sur une glace, où avec deux pointes très-fines je parvenois aisément à les séparer.

Cette observation qu'on peut faire aussi sur les fibres des feuilles, prouve que les couches ligneuses sont formées de fibres rassemblées en faisceaux ainsi que celles de l'écorce. Malpighi & Grew le pensent de même ; & si je croyois que cet Article souffrît quelque difficulté, je pourrois le confirmer par des observations faites immédiatement sur des fibres ligneuses

prises

prifes dans les branches mêmes. Examinons maintenant quelle eft la difpofition refpective de ces fibres pour former les couches ligneufes.

. Dans certains arbres les fibres ligneufes raffemblées en faifceaux paroiffent placées parallélement les unes aux autres, & on les croiroit difpofées comme les fils d'un écheveau; mais dans d'autres arbres, par exemple, dans les groffes branches du Grofeillier, il paroît qu'elles forment une efpece de rézeau, qu'elles s'inclinent & s'écartent les unes des autres, comme je l'ai dit en parlant de l'écorce. Cette difpofition réticulaire exifte peut-être dans toutes fortes d'arbres; mais la fineffe de ces rézeaux, la dureté du bois, l'identité de la couleur des fibres & du tiffu cellulaire étant peu favorable aux obfervations, il s'enfuit que la difpofition réticulaire des fibres eft encore moins perceptible dans le bois que dans les couches les plus intérieures de l'écorce: néanmoins fi nous établiffons dans la fuite que le tiffu cellulaire traverfe les couches ligneufes de même qu'il traverfe les corticales, il fera prouvé que les faifceaux ligneux ne fe touchent pas les uns les autres dans toute leur étendue, & qu'ils forment ou un rézeau ou quelque chofe d'équivalent.

Quoique les couches ligneufes foient formées de différentes efpeces de vaiffeaux, nous n'avons préfentement en vue que les vaiffeaux limphatiques qui exiftent dans le bois comme dans l'écorce, à la vérité dans des états différents ; car les fibres ligneufes font toujours plus dures & moins flexibles que les corticales. Malpighi dit qu'il y a cette différence entre les fibres ligneufes & les corticales; que celles-ci répandent un fuc quand on les coupe tranfverfalement, au lieu que les fibres ligneufes n'en laiffent point échapper. Il m'a paru que les vaiffeaux limphatiques de l'écorce ne répandoient pas non plus leur fuc, à moins qu'on ne les comprimât: c'eft peut-être une circonftance que Malpighi a négligé de rapporter ; ou bien il faut dire que la différence qui fe trouve entre l'obfervation de cet Auteur & la mienne, confifte en ce que je ne parle que des arbres, au lieu que ce célèbre Phyficien étendoit fes obfervations fur toutes les plantes ; car on ne peut pas foupçonner qu'il voulût parler des vaiffeaux propres, puifque ceux qui

E

font dans le bois, répandent fouvent la liqueur qu'ils contiennent.

Grew met en queftion fi ces fibres contiennent de l'air,
ou quelque liqueur; & il ajoute, que de ce qu'elles ne répandent point de fuc, on n'en peut pas conclure qu'elles ne contiennent que de l'air, puifque certaines plantes qui ne répandent aucune liqueur, ont certainement des vaiffeaux qui en
contiennent, auffi-bien que ceux des plantes qui en répandent.
Je ne m'étendrai point fur cette queftion, parce que j'ai deffein de la traiter à fond dans un Article particulier.

Ce feroit peut-être ici le lieu de parler des autres vaiffeaux;
mais il m'a paru convenable de dire auparavant quelque chofe
du tiffu cellulaire & de la moëlle.

Art. III. *De la Moëlle & du Tiffu cellulaire.*

L a fubftance de la moëlle paroît être effentiellement la
même que celle du tiffu cellulaire : cette raifon m'engage à
parler de l'un & de l'autre dans un même Article. La moëlle
ne paroît donc être qu'un amas de tiffu cellulaire; elle fe
trouve pour la plus grande partie raffemblée dans l'axe du
corps ligneux où elle eft renfermée comme dans un tuyau.

Il paroît que les cellules ou les véficules de la moëlle font
plus grandes au centre de la moëlle que vers la partie qui touche au bois; mais en général, elles font beaucoup plus grandes que celles du tiffu cellulaire des autres parties, quoiqu'il
femble émaner de la moëlle pour fe diftribuer dans toute l'é-
paiffeur du corps ligneux, & même dans les couches corticales, jufques fous l'épiderme; d'où il fuit que la moëlle qui eft
contenue dans l'axe d'une branche, communique par fes productions avec le tiffu cellulaire de l'écorce. Cette communication m'a paru fenfible dans une branche de Cotiledon, fur
laquelle M. de Juffieu le jeune m'a fait remarquer une conformité parfaite entre le tiffu cellulaire de l'écorce & la moëlle
de cette plante : la fection tranfverfale d'une de ces branches
eft favorable à cette obfervation, parce qu'il y a dans le centre beaucoup de moëlle, & à la circonférence beaucoup de
tiffu cellulaire.

Cette communication de la moëlle avec le tiſſu cellulaire
de l'écorce, qui ſe fait au moyen des productions médullaires,
ou des inſertions (pour parler comme Grew) eſt plus ſenſible dans les plantes tendres, ou dans les bourgeons herbacés,
que dans ceux qui ſont plus gros & plus ligneux ; on les apperçoit néanmoins ſur l'aire de la coupe d'un morceau de bois,
où les productions médullaires forment des rayons que Grew
compare aux lignes horaires d'un cadran. Pluſieurs de ces
productions s'étendent depuis la moëlle juſqu'à l'écorce ; mais
on en voit dans les gros troncs qui ne prennent leur naiſſance
qu'à une certaine diſtance de l'axe de l'arbre, & toutes vont
aboutir à l'écorce, où le tiſſu cellulaire s'évaſe, en formant
une eſpece de coin, pour remplir les alvéoles que forment les
plexus réticulaires de l'écorce. Voyez la figure 2 de la Plan- Pl. II. fig. 2.
che II.

Dans les jeunes branches nouvellement ſorties des boutons,
& qui ſont encore herbacées, il paroît que la ſubſtance médullaire ou cellulaire forme la plus grande partie de ces jeunes
pouſſes ; quand enſuite les fibres s'endurciſſent, la moëlle,
moins ſucculente, eſt enveloppée d'un tuyau ligneux, &
elle ne communique plus avec l'écorce que par ſes productions qui ſemblent comprimées & ſerrées par les fibres ligneuſes ; de ſorte que dans le bois formé, elles ne paroiſſent ſur
la coupe horizontale que comme des traits aſſez fins, & alors
il ſemble qu'elle ne communique plus avec l'écorce : cependant ſi dans le commencement de la ſeve du printems on
enleve l'écorce à pluſieurs jeunes branches de différentes eſpeces d'arbres, on appercevra quelquefois des productions médullaires ou de tiſſu cellulaire, qui reſteront attachées ſur le
bois. Ces productions ont différentes figures : j'en ai vu qui
reſſembloient aſſez bien à un très-petit grain de ſeigle ; d'autres qui étoient allongées comme un grain d'avoine ; enfin j'en
ai vu de fort longues qui reſſembloient à de petits aîlerons, com-
me dans la figure 12 de la Planche II. Voilà donc des produc- Pl. II. fig. 12.
tions du tiſſu cellulaire qui communiquent à travers le bois
depuis la moëlle juſqu'à l'écorce ; mais auſſi j'ai ſouvent écorcé
beaucoup de branches, ſans appercevoir ces mêmes productions ; cela vient, je crois, de ce que les arbres étoient trop

en feve, & que le tiffu cellulaire étant fort attendri, fe détachoit d'avec l'écorce; cela pouvoit encore venir de ce que l'arbre n'étoit pas affez en feve; & que par conféquent l'écorce étoit trop adhérente au bois, pour en pouvoir être détachée.

J'ai fait bouillir long-temps dans de l'eau, de jeunes branches d'Orme groffes comme le pouce; je les ai écorcées dans le temps qu'elles brûloient encore, & en les frappant avec un marteau je fuis parvenu à féparer les unes des autres plufieurs couches ligneufes, après quoi ayant laiffé quelques-uns de ces morceaux fe deffécher, j'ai vu affez diftinctement, entre les fibres ligneufes, les paffages des productions du tiffu cellulaire: on peut encore prouver cette communication du centre de l'arbre à l'écorce par une obfervation qu'il eft aifé de faire fur un Tilleul de 4 à 5 pouces de diametre; car fi vers le milieu Pl. II. fig. 13. de fon tronc il paroît, comme dans la figure 13, un bouton, ce qu'il n'eft pas rare de rencontrer, on n'a qu'à couper obliquement & tranfverfalement le tronc à cet endroit, & alors en cherchant dans le bois avec un couteau bien tranchant, on pourra y fuivre une efpece de trace médullaire plus blanche que le refte du bois, & l'on verra qu'elle s'étend depuis le Fig. 14. bouton jufqu'à l'axe du tronc comme dans la figure 14.

Il eft probable que cette communication du tiffu cellulaire exiftoit avant le bouton, & qu'elle a feulement été rendue plus fenfible à l'occafion du bouton qui a déterminé la feve à fe porter plus abondamment de ce côté-là.

Malpighi dit que les véficules de la moëlle font confidérablement plus groffes que celles du tiffu véficulaire, & que leur figure varie beaucoup, qu'elles font ou rondes ou quarrées, ou polygonales, ou de toute autre figure. J'ai examiné au microfcope une tranche très-mince de moëlle de Tilleul: elle me paroiffoit percée de quantité de trous affez ronds, & dans la fubftance qui les féparoit, je voyois d'autres points demi-tranfparents qui paroiffoient être des trous de même genre, couverts d'une membrane mince. Mes obfervations, ainfi que celles de Malpighi, peuvent fe rapporter auffi-bien à un tiffu cellulaire qu'à un tiffu véficulaire: au refte, comme je l'ai remarqué, en parlant de l'écorce, il eft affez indifférent qu'on admette l'un ou l'autre de ces tiffus: mais il eft probable que la moëlle des arbres de différentes efpeces ne fe reffemble pas, puifque dans certaines plantes, comme dans le Sureau, le tiffu cellulaire eft fort ferré, au lieu que dans le Chardon ordinaire les cellules médullaires font fort grandes; d'ailleurs quand la moëlle fe deffeche, elle forme tantôt des feuillets, tantôt des diaphragmes qui font pofés de travers dans le canal médullaire; quelquefois elle fe rompt de travers, & elle forme différentes figures, ou bien les cloifons s'ouvrant par le milieu, elles repréfentent des anneaux: enfin il arrive quelquefois que la moëlle refte dans fon entier; alors on voit le canal médullaire rempli d'une fubftance légere, d'un tiffu fort lâche. Ces différents états de la moëlle, qui font affez généralement les mêmes dans un même genre de plante, indiquent que la moëlle ou le tiffu cellulaire, font plus abreuvés dans certains arbres que dans d'autres, ou que la difpofition de fes parties folides eft différente: nous en avons déja rapporté des preuves tirées de la différente organifation de la chair des différents fruits.

Si l'on examine une jeune pouffe d'arbre encore tendre & herbacée, on voit que fon écorce eft fort mince: la portion qui doit devenir bois a auffi fort peu d'épaiffeur; en forte que c'eft la fubftance médullaire qui fait la plus grande partie de cette jeune branche; en cet état la moëlle eft tendre, fucculente & de couleur verte: (nous avons déja fait faire ces obfervations); mais bientôt les couches ligneufes s'endurciffent, & elles forment alors une gaîne dans laquelle la moëlle eft renfermée. Quelque temps après cet endurciffement des couches ligneufes, la moëlle eft encore fucculente, mais elle ne l'eft pas autant que dans les branches herbacées; fa couleur change, elle devient blanchâtre. C'eft peut-être cet état qui fait dire à Grew qu'il y a de deux efpeces de tiffu cellulaire, dont l'un eft plus blanc, & qui contient peu ou point de fuc, mais qui s'en remplit dans le temps de la feve. Je ne fuis pas de ce fentiment, parce que la moëlle des branches de deux & trois ans m'a toujours parue dépourvue de feve.

Dans les branches de deux ans la moëlle eft donc ordinairement tout-à-fait blanche, elle paroît defféchée; enfuite peu à peu le canal médullaire diminue de diametre, & dans les gros arbres, ceux même qui dans leur jeuneffe ont le plus de

moëlle, on ne voit plus ni canal ni fubftance médullaire. M.
Grew qui avoit apperçu la fubftance médullaire prefque dénuée
de fucs dans des branches de deux ans, ne s'éloigne pas de les
regarder comme deftinées à contenir de l'air, & à les comparer
aux veſſicules pulmonaires des animaux.

On obferve aifément toutes les chofes que je viens de détailler, dans un jeune Marronnier d'Inde qui fait fa troifieme
Pl. II. fig. 19. pouffe : on voit (*Pl. II. fig. 19.*) dans la portion d'en haut
qui eft herbacée, & qui pouffe actuellement, que la moëlle
en forme la plus grande partie, qu'elle y eft verte & très-rem-
plie de feve ; dans la pouffe de la feve précédente, la moëlle
eft blanche & feche : il y a entre cette pouffe & celle qui a
trois feves, un rétréciffement du canal médullaire où la moëlle
a ordinairement une couleur rouillée, de forte qu'il paroît
qu'il n'y a pas une continuité parfaite entre l'ancienne & la
nouvelle moëlle.

En examinant l'attache d'un brin gourmand de Sureau fur
Fig. 16. une affez groffe branche, j'ai de même remarqué (*Fig. 16*)
qu'il n'y avoit de communication de la moëlle de la branche
gourmande avec celle de la branche qui la portoit, que par une
fort petite ouverture, qui fe ferme entiérement dans la feconde
ou la troifieme année.

Outre le tiffu cellulaire, on découvre dans la moëlle des
fibres longitudinales très-déliées qui fuivent la direction du
tronc : on peut appercevoir très-diftinctement ces fibres dans
la moëlle du Sureau ; lorfque les branches font un peu anciennes, ces fibres prennent une couleur rouffe qui aide à les diftinguer de la moëlle qui eft blanche ; & il m'a paru qu'autour de
ces fibres rouffes le tiffu cellulaire participoit de cette couleur :
ne feroit-ce pas là un commencement d'endurciffement en bois ?
car, comme je l'ai dit, le canal médullaire s'oblitere peu à peu.

Je foupçonne qu'il y a dans la moëlle des vaiffeaux propres
& des vaiffeaux limphatiques, car ceux-ci fe rencontrent par-
tout ; & l'on voit fortir de la térébenthine de la moëlle du Pin
& de celle du Sapin.

Quoique j'aie dit que la moëlle eft ordinairement blanche,
cette régle n'eft cependant pas générale ; car il y a des arbres,
par exemple, le Noyer, où elle eft brune, d'autres l'ont rou-

geâtre, d'autres tirant sur le jaune ; mais la plûpart l'ont blanche.

Nous avons fait remarquer que la tissure de la moëlle paroît différente dans les différents arbres, nous venons de dire que sa couleur varie aussi beaucoup ; il est presqu'inutile d'ajouter qu'elle est aussi beaucoup plus abondante dans certains arbres que dans d'autres : on sçait que le Sureau, le Figuier & le Sumac en ont beaucoup ; que le Noyer & le Frêne en ont moins, & qu'elle est encore en moindre quantité dans le Pommier & dans le Chêne : l'Orme n'en a presque point.

Il y a encore beaucoup de différence dans la grandeur des utricules de différents arbres ; elles paroissent fort grandes dans le Figuier, moins grandes dans le Frêne, le Noyer, le Pin, &c. encore plus petites dans le Poirier, le Pommier, le Chêne & le Noisettier. Il est bon de remarquer ici que les arbres qui ont beaucoup de moëlle ne sont pas toujours ceux qui ont les vesficules les plus grandes ; le Sureau, par exemple, a beaucoup de moëlle, & les vessicules sont très-fines.

Quand on fend, suivant la direction des fibres, un morceau de Chêne sec, on apperçoit dans les pores une substance grenue : ces grains sont des fragments du tissu cellulaire. On en apperçoit aussi dans de petites tumeurs qui sont à l'insertion des feuilles sur les branches : nous aurons occasion d'en parler dans la suite. Enfin si l'on examine avec une bonne loupe l'aire de la coupe transversale de certains bois, on apperçoit entre les fibres longitudinales, l'épaisseur des lames du tissu cellulaire, qui s'étendent en ligne droite du centre à la circonférence ; & si l'on fend ce morceau de bois suivant le plan de ces lames, le tissu cellulaire se montre sous la forme d'un feuillet qui semble composé de fibres, dont la direction seroit du centre à la circonférence.

Magnol dit que la moëlle des plantes étant, ainsi que celle des animaux, un amas d'une infinité de petites vessicules, elle semble destinée à préparer un suc plus parfait, qu'il n'est peut-être nécessaire pour la seule nourriture du bois, mais tel qu'il le faut pour les fruits. Il essaye de prouver son sentiment en faisant remarquer que les plantes qui ont beaucoup de moëlle, comme le Rosier, le Frêne, le Lilac, portent aussi beaucoup de fleurs & de graines ; & que dans les plantes férulacées, la moëlle s'étend depuis la tige jufqu'à la femence : il ajoute même que les longues femences du *Mirrhis Odorata*, lorfqu'elles ne font pas encore mûres, ne font vifiblement que de la moëlle.

Cet Auteur fe trompe à l'égard des femences du *Mirrhis*; car elles font certainement organifées comme toutes les autres femences : fon erreur vient de ce qu'il prend l'enveloppe de la femence pour la femence même, qui eft très-menue. Je ne penfe pas plus avantageufement de la premiere propofition de ce célebre Botanifte ; car il feroit aifé de rapporter quantité d'obfervations, & de nommer plufieurs arbres très-féconds en fleurs & en fruits, qui n'ont cependant que très-peu de moëlle.

C'eft peut-être quelqu'idée approchante de celle de Magnol, qui a porté les anciens Ecrivains fur l'Agriculture, à dire hardiment que fi l'on veut avoir des fruits fans noyau, il fuffit de détruire la moëlle des arbres. Il eft démontré que cette opération violente en doit faire beaucoup périr ; c'eft ce qui m'eft arrivé toutes les fois que j'ai voulu détruire entiérement la moëlle de quelques arbres. Si je me contentois d'emporter une partie de cette moëlle, mes arbres ne périffoient pas ; mais les fruits qu'ils produifoient dans la fuite avoient à l'ordinaire leur noyau ligneux : il me reftoit néanmoins quelque fcrupule fur la portion de moëlle que je n'avois pas détruite.

J'avoue que le peu de vraifemblance que j'ai cru appercevoir dans ce fentiment des Anciens, m'a détourné de faire de nouvelles tentatives. Je penfe que la moëlle eft un tiffu cellulaire dilaté qui, peut-être, fe forme comme je vais l'expofer.

Les fibres ligneufes des bourgeons qui fe développent actuellement, font alors, comme je l'ai dit plus haut, bien peu de chofe : ces nouvelles pouffes ne font prefque compofées que du tiffu cellulaire très - abreuvé de fucs & très - dilaté. A mefure que les couches ligneufes s'endurciffent, le tiffu cellulaire devient moins fucculent : ainfi quand il eft prefque vuide de liqueurs, il doit former une fubftance fort rare & fort légere, en un mot, de la moëlle. Je ne propofe cela que comme une fimple conjecture ; elle acquiert néanmoins quelque force des obfervations que j'ai rapportées fur la moëlle examinée dans des branches de différents âges.

Après

Après avoir traité ce qui regarde la moëlle & le tiſſu cellu‑
laire, je reviens aux vaiſſeaux du corps ligneux, & je vais
parler de ceux qui contiennent un ſuc propre.

ARTICLE IV. *Des Vaiſſeaux propres du Bois.*

LE CORPS LIGNEUX n'eſt pas ſeulement formé de l'entrelaſſe‑
ment des vaiſſeaux lymphatiques avec le tiſſu cellulaire, ou
les productions médullaires; on apperçoit encore dans cette
ſubſtance une autre eſpéce de vaiſſeaux dont nous avons fait
mention en parlant de l'écorce, & que nous avons nommés
vaiſſeaux propres.

On ne peut point douter de l'exiſtence de ces vaiſſeaux dans
le bois, puiſqu'ils ſe font connoître, ainſi que dans l'écorce,
par l'effuſion du ſuc qu'ils contiennent. Si l'on coupe tranſver‑
ſalement des branches du Pin & du Picea, on en voit ſuinter
de la réſine; il ſort des branches du Figuier une liqueur
blanche, &c. & par la poſition des gouttes de réſine ſur l'aire
des branches coupées, on voit que les vaiſſeaux propres ſont
ſitués à peu‑près comme les vaiſſeaux lymphatiques, c'eſt‑à‑
dire qu'ils ſont poſés circulairement autour de l'axe du tronc,
ou de la branche qu'on a coupée.

Je ne répéterai point tout ce que j'ai déja dit des vaiſſeaux
propres lorſque j'ai parlé de l'écorce, il me ſuffit de faire remar‑
quer que puiſque ce ſont les mêmes vaiſſeaux, ce qui eſt dit
des uns, a la même application aux autres. Je crois ſeulement
devoir avertir que les vaiſſeaux propres du bois ſont beaucoup
plus fins que ceux de l'écorce: peut‑être cette diminution de
volume dépend‑elle de ce qu'ils ſont comprimés, ainſi que les
productions médullaires, par les vaiſſeaux lymphatiques en‑
durcis.

Si l'on examine un morceau de Pin du Nord, qui, comme
on ſait, eſt fort rempli de réſine, on voit qu'il y a alterna‑
tivement une couche de bois qui eſt blanchâtre & aſſez ſeche,
& une autre couche brune & fort réſineuſe: ſi l'on joint à
cette obſervation que les gouttelettes de réſine qui ſuintent
d'une branche de Pin fraîchement coupée, ſortent circulaire‑
ment d'entre les couches dont on ne voit ſortir aucune liqueur,

F

on eſt déterminé à conclure qu'il y a alternativement une couche formée de vaiſſeaux lymphatiques, & une autre de vaiſſeaux propres : je ne propoſe néanmoins cette diſpoſition des vaiſſeaux, que comme une conjecture qui pourroit ſe juſtifier par l'exemple de quelques eſpeces d'arbres, mais qui ne pourroit auſſi convenir à d'autres : il me reſte à parler des vaiſſeaux remplis d'air, que l'on nomme *Trachées*.

Art. V. *Des Trachées, ou des Vaiſſeaux qui ne contiennent que de l'Air.*

On ne trouve point dans l'écorce des arbres les vaiſſeaux dont nous allons parler, non plus que dans le Liber; mais ces vaiſſeaux exiſtent certainement dans le bois, dans les feuilles & dans les fleurs, dont les pétales ſont preſqu'entiérement formés par ces vaiſſeaux appellés ſpiraux. Grew dit qu'ils ſont peut-être trop déliés dans l'écorce pour y être ſenſibles. Il faut, pour les découvrir, prendre une jeune branche herbacée, couper avec un greffoir ſon écorce, & prendre garde d'entamer le corps ligneux qui eſt fort tendre, enſuite rompre tout doucement le corps ligneux, & tirer dans des ſens oppoſés les deux morceaux rompus; alors on apperçoit entre ces deux morceaux des filaments très-fins en forme de tire-bourre (*Fig.* 17) : ces filaments vus au microſcope, paroiſ-ſent comme des bandes brillantes roulées en hélice ou tire-bourre, ce qui leur donne une forme écailleuſe; & cette diſ-poſition, comme le dit Malpighi, fait qu'ils cedent au mouvement des plantes ſans ſe rompre. Ainſi pour ſe for-mer une idée juſte de ces trachées, il faut imaginer un petit Pl. II. fig. 18. ruban roulé ſur un fort petit cylindre, comme dans la Pl. II. *Fig.* 18 : ſi l'on retire ce cylindre, le ruban qui l'enveloppoit doit former un tuyau, & ce tuyau eſt ſemblable aux trachées; ſi enſuite on tire ce ruban par un des bouts, il ſe déroule, il s'étend, il acquiert une longueur conſidérable, & il prend la Fig. 19. forme d'un tire-bourre comme dans la figure 19. Cela fait voir que ces vaiſſeaux ne ſont point véritablement écailleux, com-me ils le paroiſſoient au microſcope. Puiſqu'on apperçoit ces vaiſſeaux dans la portion herbacée des jeunes branches qui doit

devenir ligneufe, on ne peut pas douter qu'ils n'exiftent dans
le bois formé : Lewenoeck affure les y avoir obfervés, mais
j'avoue que je ne les ai jamais vus que dans les jeunes branches
herbacées.

Les trachées font donc placées dans les jeunes branches,
à la partie qui doit devenir ligneufe, où on les voit en grand
nombre. Comme ces trachées ne contiennent que de l'air,
on les regarde comme fervant de poumons aux plantes, &
on les compare aux trachées des infectes ; cependant le célebre
Grew dit formellement qu'il n'eft point du tout prouvé que ces
vaiffeaux ne contiennent abfolument que de l'air : il femble
croire que ces trachées charient quelquefois des liqueurs ; mais
auffi il convient, avec Malpighi, qu'elles font fouvent l'office
de poumons ; car il dit avoir obfervé dans leur intérieur, des
véficules femblables à celles du poumon.

Malpighi affure que quand on examine ces trachées dans
l'hiver, on les voit quelquefois conferver pendant long-temps
un mouvement vermiculaire qui *ravit l'obfervateur.* Si ce mouvement eft néceffaire à l'économie végétale, il eft probable
qu'il ne fubfifte que dans les branches herbacées ; car la rigidité
du bois ne paroît guere favorable à un tel mouvement.

Quoique ces vaiffeaux nous ayent toujours paru très-fins,
néanmoins Malpighi & Grew penfent que leur diametre eft
plus grand que celui de tous les autres du corps ligneux : cette
opinion pourroit faire conclure que les vaiffeaux vuides de liqueur dont on voit l'extrémité fur l'aire de la coupe d'un
morceau d'Orme, font autant de trachées. Si cela eft, les trachées formeroient une grande partie du corps ligneux : je dis
plus ; peut-être qu'en examinant avec plus d'attention ces trachées, on trouvera qu'elles deviennent dans la fuite de vraies
fibres ligneufes, & que ces fibres forment par leur aggrégation les gros vaiffeaux dont on apperçoit les orifices fur l'aire de
la coupe d'un morceau de bois. Quoi qu'il en foit, en arrachant
pendant l'automne des racines d'Orme, j'ai vu fortir beaucoup
de liqueur de ces grandes ouvertures : ainfi, ou ces ouvertures
n'appartiennent pas aux trachées, ou, fi elles en font l'extrémité, Grew a raifon de dire qu'elles contiennent quelquefois
des liqueurs.

F ij

Il eſt certain que les plantes contiennent beaucoup d'air. Nous prouverons ailleurs qu'il s'en échappe une grande quantité par la tranſpiration ; mais je n'ai point encore vu de preuve certaine que les vaiſſeaux en ſpirale dont je viens de parler, ſoient véritablement les poumons des plantes, ni que leurs fonctions ſe réduiſent à ne contenir que de l'air. Comme Malpighi inſiſte beaucoup ſur la reſſemblance de ces trachées avec celles des inſectes, cette analogie me paroît être la plus forte preuve qu'on puiſſe apporter pour établir cette opinion ; mais ſans prétendre infirmer le ſentiment de ce célebre Botaniſte, qui me paroît d'ailleurs fort vraiſemblable, je ne puis m'empêcher de dire que l'analogie ſeule n'emporte pas une conviction entiere.

Après avoir rapporté les obſervations qui ont rapport aux vaiſſeaux lymphatiques, au tiſſu cellulaire, aux vaiſſeaux propres & aux trachées ; enfin après avoir traité de toutes les différentes parties qu'on découvre dans le bois, il faut dire maintenant quelque choſe de ce bois imparfait qu'on nomme *Aubier*.

ARTICLE VI. *De l'Aubier.*

NOUS PROUVERONS dans la ſuite de cet Ouvrage, que les couches ligneuſes commencent par être molles & herbacées avant d'avoir acquis la ſolidité du bois ; qu'elles ne paſſent pas ſubitement de l'état de molleſſe qu'elles ont d'abord, à la dureté du bois parfait ; nous ferons voir qu'elles n'acquierent toute la dureté dont elles ſont capables, qu'après bien des années ; nous prouverons encore que dans un jeune arbre toutes les couches ligneuſes, (j'entends parler de ces couches très-apparentes qui indiquent la crue de chaque année) nous prouverons, dis-je, que toutes ces couches ſont de force, de dureté & de denſité inégale ; celles du centre étant les plus dures, & celles de la circonférence les plus tendres.

L'endurciſſement des couches ſe fait donc par degrés ; & de la couche la plus tendre à la plus dure, on peut remarquer une nuance qui paſſe par des dégradations inſenſibles : on y remarque ſeulement à la premiere vue un reſſaut dont on eſt frappé, & c'eſt ce reſſaut, cette différence de denſité ſi aiſée à appercevoir, qui diſtingue l'aubier du bois.

Si l'on coupe horiſontalement un Chêne, on apperçoit comme dans la figure 11, ſous le feuillet le plus intérieur de l'écorce, une zone ou couronne plus ou moins épaiſſe d'un bois blanc tendre & léger; c'eſt là l'aubier qui recouvre le bois parfait : on le diſtingue aiſément par ſa denſité, ſa peſanteur & ſa couleur. Pl. II. fig. 11.

Comme la Nature ne fait rien que progreſſivement, il n'eſt pas ſurprenant que le bois n'acquiere ſa dureté que peu à peu; mais il eſt très-ſingulier de voir une partie de ce bois reſter pendant un certain temps dans un état d'imperfection qui le rend, pour ainſi dire, mitoyen entre l'écorce & le bois, & paſſer tout de ſuite de cet état d'imperfection à celui de bois parfait : c'eſt néanmoins une obſervation qu'on peut faire ſur preſque tous les arbres. Le Chêne, l'Orme, le Pin, le Sapin, l'Ebene, la Grenadille, &c. ont un aubier très-différent du bois. Il eſt encore bien ſingulier que l'aubier de l'Ebene verte ſoit blanc comme celui du Tilleul, pendant que le bois de cet arbre eſt d'un verd brun & foncé.

La différence entre le bois & l'aubier n'eſt cependant pas toujours auſſi ſenſible : elle l'eſt même quelquefois ſi peu, qu'on ſeroit tenté de croire que certains bois, comme le Peuplier, le Tilleul, le Tremble, l'Aulne, le Bouleau, n'ont point d'aubier; il ſe peut bien faire même que quelques-uns de ces arbres conſervent depuis le centre juſqu'à l'écorce, la nuance d'endurciſſement dont j'ai parlé, ſans qu'il y ait ce reſſaut qui caractériſe l'aubier : c'eſt, je l'avoue, ce que je n'ai point encore aſſez examiné.

Quoi qu'il en ſoit, les anciens Botaniſtes frappés de cette différence qu'ils remarquoient entre le bois & l'aubier, comparoient cette ſubſtance à la graiſſe des animaux : pour moi je la regarde avec Malpighi & Grew, comme un vrai bois, mais qui n'a pas encore acquis toute ſa perfection.

En effet, l'Aubier eſt organiſé, ainſi que le bois; il eſt formé de vaiſſeaux limphatiques, de tiſſu cellulaire, de vaiſſeaux propres & de trachées, diſpoſés par couches comme dans le bois, dont il ne différe point eſſentiellement, puiſqu'il deviendra

vrai bois, quand il aura acquis, avec le temps, une plus grande
denſité. D'ailleurs comme il ne ſe fait aucune production nouvelle entre le bois & l'aubier, il faut néceſſairement conclure
de ce que le bois parfait augmente en groſſeur, qu'il ne peut
acquérir cette augmentation que par la converſion de l'aubier
en bois.

Il eſt bien vrai que de même que les couches ligneuſes ſont
d'autant plus dures, qu'elles approchent plus du centre, l'aubier eſt auſſi d'autant plus ſolide, qu'il approche plus du bois :
ainſi on peut regarder comme une regle générale, que les couches ligneuſes acquierent toujours de plus en plus de la ſolidité,
depuis leur premiere formation, juſqu'au temps qu'elles commencent à dépérir. Il y a ſans doute un terme où il ſe fait
un changement aſſez notable dans ces couches, pour produire
la différence que l'on voit entre l'aubier & le bois.

On pourroit demander combien il faut d'années pour con-
vertir l'aubier en bois. Il n'eſt pas facile de répondre à cette
queſtion ; car on voit certains arbres de même eſpece qui n'ont
que 7 ou 8 couches d'aubier, pendant que d'autres en ont
18 ou 20 ; & nous avons remarqué, M. de Buffon & moi, que
les arbres vigoureux ont leur aubier plus épais que ceux qui
languiſſent, quoique ceux-ci ayent un plus grand nombre de
couches d'aubier que les autres. Cette remarque, qui a été faite
ſur quantité d'arbres, prouve que l'aubier ſe convertit plus
promptement en bois dans les arbres vigoureux, que dans ceux
qui ſont languiſſants. Les obſervations ſuivantes prouveront
encore mieux cette vérité.

Nous avons fait ſcier horizontalement pluſieurs arbres, &
nous avons remarqué, 1°. qu'il y avoit quelquefois beaucoup plus de couches d'aubier d'un côté que d'un autre ; 2°. que
l'épaiſſeur totale de l'aubier étoit plus grande du côté où ces
couches étoient en moindre nombre. 3°. Pour nous procurer
encore d'autres preuves, nous avons fait ſcier des corps d'arbres en pluſieurs tronçons, & nous avons reconnu que l'é-
paiſſeur des couches d'aubier, auſſi bien que leur nombre,
n'étoient point conſtamment les mêmes dans toute la longueur
d'un même arbre. Quelquefois les couches étoient en moindre
nombre & plus épaiſſes du côté du nord, vers le pied de l'ar-

bre, & vers le haut elles étoient en moindre nombre, & plus
du côté du fud. Je vais rapporter encore quelques obfervations faites fur plufieurs Chênes de différentes efpeces, âgés
de 40 ans, pour donner à peu-près l'idée de différentes épaif-
feurs de l'aubier.

Un de ces Chênes, avoit d'un côté 14 couches d'aubier, & de
l'autre 20 : les 14 couches étoient d'un quart plus épaiffes que
les 20 autres. Un autre Chêne avoit d'un côté 16 couches
d'aubier, & de l'autre 22 : les 16 couches étoient d'un quart
plus épaiffes que les 22. Un autre Chêne avoit d'un côté 20
couches d'aubier, & de l'autre 24 : les 20 couches étoient à
peu-près d'un quart plus épaiffes que les 24. Un autre avoit
10 couches d'aubier d'un côté, & de l'autre 15 : les 10 couches étoient d'un fixieme plus épaiffes que les 15. Un autre
avoit d'un côté 14 couches d'aubier, & de l'autre 21 : les 14
couches étoient d'une épaiffeur prefque double des 21. Un
autre avoit d'un côté 11 couches d'aubier, & de l'autre 17;
mais les 11 étoient d'une épaiffeur double des 17. Il eft donc
fuffifamment prouvé que prefque toujours l'épaiffeur de l'aubier eft d'autant plus confidérable, que le nombre des couches
eft plus petit. Pour trouver la raifon d'un fait qui d'abord paroît
fi.fingulier, nous avons fait fouiller au pied de ces arbres, &
nous avons reconnu que les couches ligneufes y étoient plus
épaiffes,& en moindre nombre du côté où répondoit une forte &
vigoureufe racine, ou du côté d'où il partoit une groffe branche.

En conféquence de cette remarque, il nous a été facile d'en
conclure que les couches ligneufes étoient plus épaiffes du côté
où la feve paffoit plus abondamment, foit qu'elle y fût déterminée par l'infertion d'une vigoureufe racine, ou par l'é-
ruption d'une groffe branche. Tout cela prouve premiérement,
que dans un même arbre, la feve peut être déterminée à paffer
plus abondamment d'un côté que d'un autre; fecondement,
que les couches font plus épaiffes, & qu'elles fe convertiffent
plutôt en bois dans la partie où la feve paffe en plus grande
abondance.

Comme les groffes racines, ou les branches vigoureufes,
précipitent la converfion en bois d'une partie de l'aubier, en
même temps qu'elles en rendent les couches plus épaiffes,

on en doit conclure que l'aubier d'un arbre planté dans une excellente terre, doit être plus épais, quoique compofé d'un moindre nombre de couches, que l'aubier d'un arbre qui languit dans un mauvais terrein : nous nous fommes affurés de ce fait par un grand nombre d'obfervations.

Mais on courroit rifque de fe tromper, fi l'on concluoit de ces obfervations que les arbres vigoureux ont plus d'aubier, proportionnellement à leur bois, que les arbres languiffants. Si les arbres vigoureux ont leurs couches d'aubier plus épaiffes que les autres, ils en ont auffi en moindre quantité, parce que leur aubier fe convertit plus promptement en bois ; & comme ces arbres croiffent beaucoup plus vîte que les autres, il arrive auffi que l'épaiffeur de leur bois eft beaucoup plus grande : nous allons prouver cette propofition par plufieurs obfervations que nous avons faites.

1°. Dans un terrein maigre où les arbres couronnent dès l'âge de 40 ans, des Chênes de l'efpece qui produit le gland de médiocre groffeur, âgés de 46 ans, avoient 16 à 17 couches d'aubier : l'épaiffeur de cet aubier étoit à celle de leur bois, comme un eft à deux & demi.

2°. Nous avons fait la même obfervation fur des Chênes de même âge qui produifent du gland fort petit : il s'eft trouvé 21 couches d'aubier ; & la proportion de l'aubier au bois, étoit comme 1 à $1 + \frac{1}{17}$.

3°. Aux Chênes de même âge qui produifoient du gland de médiocre groffeur, & qui étoient plantés dans un bon terrein, la proportion de l'aubier au bois étoit comme 1 eft à 3.

4°. Des Chênes de petit gland, de même âge, plantés en bon terrein, fe font trouvés avoir 16 à 17 couches d'aubier ; & la proportion de leur aubier étoit à celle du bois, comme 1 eft à $2 + \frac{1}{2}$.

On conçoit bien que nous ne pouvons donner ici que des à peu-près ; car la proportion du bois à l'aubier, doit néceffairement varier fuivant la différente qualité du terrein, felon la bonne conftitution des arbres, les différentes efpeces des Chênes, leur âge, leur expofition, &c. néanmoins nous penfons que de ces obfervations on en peut tirer les conféquences fuivantes.

1°. Dans

1°. Dans tous les cas où la feve eſt portée avec plus d'abondance dans un arbre, ou dans quelque partie d'un arbre, les couches ligneuſes ou les couches d'aubier y ſont plus épaiſſes, ſelon l'abondance de la feve, qui dépend de la bonté du terrein, de la bonne conſtitution de l'arbre, de l'expoſition avantageuſe, de ſon âge, ou de la poſition de ſes branches ou de celle de ſes racines.

2°. Que l'aubier ſe convertit d'autant plus promptement en bois, que la feve eſt portée avec plus d'abondance dans le corps de l'arbre, ou ſeulement dans une partie du même arbre.

Nous terminerons cet article par un eſſai de la proportion qui ſe trouve ordinairement entre le bois & l'aubier, dans des arbres de différente groſſeur. Nous expliquerons, dans l'Article VIII, la méthode que nous avons employée, pour établir ces proportions. Nous nous bornerons ſeulement ici à ne donner que de ſimples réſultats.

1. Diametre total d'un rondin de Chêne 30 pouces; épaiſſeur des deux couches d'aubier 36 lignes; le rapport de la ſolidité du bois eſt à celle de l'aubier, preſque comme $4\frac{1}{2}$ eſt à 1.

2. Diametre 24 pouces; épaiſſeur de l'aubier 20 lig. rapport un peu plus de $4\frac{1}{2}$ à 1.

3. Diametre 22 pouces; épaiſſeur 30 lignes; rapport $4\frac{1}{4}$ à 1.

4. Diametre 18 pouces; épaiſſeur 24 lignes; rapport $3\frac{1}{3}$ à 1.

5. Diametre 12 pouces; épaiſſeur 20 lignes; rapport $3\frac{1}{2}$ à 1.

6. Diametre $7\frac{1}{2}$ pouces; épaiſſeur 14 lignes; rapport $2\frac{1}{3}$ à 1.

7. Diametre 7 pouces; épaiſſeur 24 lignes; rapport à peu près l'égalité.

ART. VII. *De la cauſe de l'excentricité des couches ligneuſes.*

LES OBSERVATIONS que nous venons de rapporter, nous ont mis en état d'expliquer un fait, qui a trompé preſque tous ceux qui ont écrit ſur les arbres.

Si l'on coupe horiſontalement un tronc d'arbre, on remarque que les cercles ligneux, ne ſont pas toujours concentriques à l'axe, mais qu'ordinairement ils s'en écartent plus d'un

G

côté que d'un autre: quelques Auteurs ont penſé que c'étoit
principalement du côté du nord; pluſieurs autres ont prétendu que c'étoit du côté du midi : mais les uns & les autres
ſe ſont accordés à dire, qu'au moyen de cette excentricité des
couches ligneuſes, les voyageurs égarés y trouvoient une
bouſſole naturelle qui les orientoit, & les mettoit en état de
rectifier leur route. On s'eſt récrié ſur la ſageſſe admirable de
la Nature, qui ſubvient ſi à propos au beſoin de ceux qui s'appli-
quent à l'obſerver : & on a entrepris de donner des raiſons
phyſiques de ce phénomene utile. Ceux qui prétendoient
que les couches étoient ordinairement plus épaiſſes du côté du nord, apportoient pour raiſon, que le ſoleil ayant
moins d'action de ce côté, il s'y conſervoit plus d'humidité;
ce qui devoit produire néceſſairement une augmentation d'é-
paiſſeur des couches ligneuſes : ceux, au contraire, qui prétendoient avoir obſervé que les couches ſont plus épaiſſes du
côté du midi, diſoient que le ſoleil, comme principal mo-
teur de la ſeve, la déterminoit à paſſer plus abondamment
de ce côté : ainſi chacun trouvoit des raiſons phyſiques, favorables à ſon ſentiment. Il eſt fâcheux pour les uns & pour les
autres, que ce fait mieux obſervé déconcerte leur ſyſtême.

Nous avons en effet reconnu que les couches ſont ſouvent,
& preſque toujours plus épaiſſes d'un côté que d'un autre;
mais, comme on l'a vu, cela arrive indifféremment, ſoit du
côté du nord, ſoit du côté du midi, de l'eſt ou de l'oueſt.
Cette prétendue bouſſole eſt donc ſujette à bien des variations,
qui dérouteroient furieuſement le voyageur égaré qui voudroit
y mettre ſa confiance; mais elle eſt encore bien autrement
ſujette à erreur, puiſque nous avons obſervé que, dans un
même arbre, la plus grande épaiſſeur des couches varie quelquefois de tout le diametre de l'arbre; en ſorte que ſi, auprès
des racines, la plus grande épaiſſeur ſe trouve du côté du midi,
elle s'obſerve ſouvent auprès des branches du côté du nord,
ou vers toute autre partie de la circonférence de l'arbre.

Après ce que nous avons dit de l'aubier, il eſt aiſé d'appercevoir la raiſon phyſique de cette inégalité d'épaiſſeur des couches ligneuſes, puiſqu'il eſt clair qu'elle dépend de l'inſertion
des racines, & de l'éruption des branches. S'il ſe trouve du

côté du nord une groffe racine, les couches ligneufes du bas de l'arbre feront plus épaiffes de ce côté-là, parce que la feve y fera portée avec plus d'abondance. Si, au contraire, vers la cime du même arbre il fort une groffe branche du côté du midi, les couches ligneufes, examinées en cet endroit, feront plus épaiffes de ce côté, parce que la feve aura été détermi-née à y paffer plus abondamment; de forte que les variétés fans bornes, qu'on obferve dans la pofition des racines & des branches, en produifent d'auffi confidérables dans l'épaiffeur des couches ligneufes. C'eft ainfi qu'il arrive affez fouvent que le merveilleux s'évanouit, quand on obferve attentivement la Nature.

Art. VIII. *De la proportion qu'il y a entre la folidité de l'Ecorce, & celle du Corps ligneux, tant au tronc des Arbres, qu'aux branches de différentes groffeurs.*

ON REGARDERA, fi l'on veut, ce que nous traitons dans cet Article, comme un détail de fimple curiofité; mais com-me je me fuis propofé de connoître quel eft, dans les arbres de différente groffeur, le rapport de la folidité du bois avec la folidité de l'écorce qui le recouvre, j'ai cru devoir rapporter ici l'examen que j'en ai fait : il fe trouvera peut-être quelques Lecteurs qui le jugeront digne de leur attention.

J'ai préféré, pour cet examen, le Noyer à l'Orme & au Chêne, parce que l'écorce en eft plus unie, & que l'on en peut mefurer l'épaiffeur avec plus de précifion.

Les plus gros tronçons que j'aie mefurés, avoient feulement 6 pouces 1 ligne de diametre; j'ai évité d'en prendre de plus gros, pour avoir une écorce plus unie, & plus facile à me-furer; j'ai auffi évité de prendre des branches plus menues que de 5 à 6 lignes, parce que l'écorce des autres eft fi fine, qu'on ne peut en évaluer exactement l'épaiffeur.

Comme il eft rare que la coupe d'un tronc ou d'une bran-che foit parfaitement ronde; pour avoir plus exactement l'aire de la coupe, j'ai pris, comme quand je travaillois fur l'aubier, deux dimenſions; une qui exprime le grand diametre, & l'autre le plus petit; & j'en ai conclu une dimenſion moyenne, ſur laquelle j'ai opéré, comme il ſuit:

Le grand diametre du plus gros tronçon étant de 6 pouces 5 lignes, & le petit diametre de 5 pouces 9 lignes, le diametre moyen s'eſt trouvé de 6 pouces 1 ligne, ou 73 lignes, ou 876 points.

De ce diametre moyen, j'ai conclu par analogie la circonférence du tronçon cylindrique, de 2753 points, leſquels multipliés par 219 points, moitié du rayon, l'aire de la baſe du cylindre s'eſt trouvée de 602907 points, y compris l'épaiſſeur de l'écorce.

Pour connoître l'aire du cylindre de bois dépouillé d'écorce, & avoir en même temps l'aire de la couronne corticale, ſachant, par obſervation, que l'écorce avoit 3 lignes d'épaiſſeur, pour avoir le diametre du cylindre de bois dépouillé d'écorce, j'ai ſouſtrait de 876 points, diametre du cylindre garni d'écorce, 6 lignes, ou 72 points, & il eſt reſté pour le diametre du cylindre dépouillé d'écorce, 804 points; d'où j'ai conclu la circonférence de ce cylindre de bois, de 2527 points; leſquels multipliés par 201 points, moitié du rayon, l'aire de ce cylindre, dépouillé d'écorce, s'eſt trouvé de 507927 points, & l'aire de l'anneau cortical, de 94980 points quarrés.

Ainſi les cylindres étant de même hauteur, la ſolidité de l'écorce eſt à celle du bois, à-peu-près comme 1 eſt à 5 $\frac{1}{2}$.

Ayant opéré de même ſur différentes branches, dont le diametre moyen étoit de 5 pouces 9 lignes 6 points, ou de 4 pouces 3 lignes, ou de 3 pouces 11 lignes, ou de 2 pouces 10 lignes, ou de 2 pouces 3 lignes, ou d'un pouce 9 lignes; dans tous ces cas, la ſolidité de l'écorce s'eſt trouvée à celle du bois, à-peu-près comme 1 eſt à 5.

Mais dans les branches, dont le diametre moyen étoit de 10 lignes, ou de 9 lignes, la proportion de la ſolidité de l'écorce s'eſt trouvée à celle du bois, comme 1 eſt à 3.

Enfin la ſolidité de l'écorce a preſque égalé celle du bois dans les branches qui n'avoient que 5 lignes de diametre.

Il réſulte de ce que nous venons de rapporter, que dans les

menues branches la folidité de l'écorce égale celle du bois; mais qu'à mefure que les branches deviennent plus groffes, la folidité du bois devient bien plus confidérable que celle de l'écorce qui le recouvre. Il eft vrai que cette conféquence n'a guere lieu que pour le Noyer, & qu'elle pourroit fouffrir de grandes exceptions, fi l'on examinoit de la même façon différents genres d'arbres, puifqu'il y en a qui ont leur écorce fort mince, & que d'autres l'ont beaucoup plus épaiffe. Mais je crois en avoir affez dit fur une matiere qui n'eft, peut-être, comme je l'ai dit, que de pure curiofité.

CHAPITRE IV.

Discussion particuliere fur les Fibres, ou Vaiffeaux, & fur les différentes Liqueurs qu'on obferve, foit dans l'Ecorce, foit dans le Bois.

Quoique nous ayons parlé dans les Articles précédents des vaiffeaux lymphatiques, des vaiffeaux propres, des trachées, & du tiffu cellulaire qu'on obferve dans le bois & dans l'écorce des arbres; quoique nous ayons déja dit qu'on diftingue, foit dans le bois, foit dans l'écorce, différentes liqueurs, nous avons cependant cru devoir raffembler, dans un Chapitre particulier, quelques réflexions que nous n'avons pas pu inférer dans les Chapitres précédents : ainfi les deux articles fuivants peuvent être regardés comme un fupplément à ce qui a été dit plus haut, fur les vaiffeaux qui forment le corps des végétaux, & fur les liqueurs qui y font contenues.

Article I. *Des Fibres ou Vaiffeaux des Arbres & des Plantes.*

Quand on examine, comme nous venons de le dire, les

couches corticales, on apperçoit à la vue simple, ou encore mieux, à l'aide d'une loupe, que ces couches font, en grande partie, formées par des filaments qui s'étendent suivant la longueur du tronc, & encore par une grande quantité de tiſſu cellulaire : on peut faire la même obſervation ſur le corps ligneux, quoique ſa dureté le rende moins favorable à cette diſſection.

L'exiſtence de ces ſubſtances eſt donc trop ſenſible, pour qu'elle ait jamais pu être niée ; elles ont été obſervées par Malpighi, Grew, Lewenhoeck, Mariotte, Perrault, la Hire, M. Halès, M. Bonnet, & par tous les Phyſiciens qui ſe ſont occupés de l'anatomie des végétaux.

Cependant quelques Auteurs ont comparé ces fibres à des filaments qui laiſſent entre eux des pores. D'autres Auteurs, mais en plus grand nombre, ont penſé que ces fibres formoient des vaiſſeaux creux.

On convient que l'écorce, & même le bois, contiennent des liqueurs ; & comment pourroit-on n'en pas convenir, puiſqu'on voit que l'un & l'autre perdent une partie conſidérable de leur poids, à meſure qu'ils ſe deſſechent ? On ne peut pas s'empêcher non plus d'avouer que ces fibres ſervent à porter la nourriture ou la ſeve, aux différentes parties de l'arbre ; mais quelques Phyſiciens ont cru que le mouvement de la ſeve n'exigeoit point qu'elle fût contenue dans des vaiſſeaux particuliers. Il eſt conſtant, diſent-ils, qu'on apperçoit aiſément ſur la coupe tranſverſale d'un morceau de Chêne, d'Orme, &c. quantité de trous qui paroiſſent être les extrémités d'autant de tuyaux ; mais ces tuyaux ſont vuides, & ils ne rendent aucune liqueur par leur ſection ; donc ces pores, ou ſi l'on veut, ces vaiſſeaux ne ſont point deſtinés à contenir des liqueurs, mais ſeulement de l'air, qui peut être utile, ou même néceſſaire à l'économie végétale.

Pluſieurs expériences prouvent inconteſtablement, que les bois même aſſez durs peuvent être traverſés par les liqueurs, ſuivant la direction de leurs fibres.

1°. L'eſprit-de-vin s'évapore très-promptement, quand on le met dans un étui de bois, quoiqu'exactement fermé.

2°. M. Camus, de l'Académie Royale des Sciences, ayant,

pour une expérience qui n'a aucun rapport au fujet que nous traitons, fait aboutir un tuyau de 300 pieds de longueur, rempli d'eau, à un gros bloc d'Orme choifi très-fain, la charge de cette colonne d'eau la fit paffer par les fibres du bois, de maniere qu'elle en fortoit comme d'un arrofoir.

3°. Si l'on place un vafe de bois, dans lequel on aura mis du mercure, (*Fig.* 20.) fur le récipient de la machine PI. II. fig 20. pneumatique, on verra bientôt ce fluide métallique tomber, en forme de pluie, dans le récipient, dès que l'on aura affez pompé l'air, pour que le poids de l'atmofphere exerce fa preffion fur le mercure.

4°. M. Halès a fait l'expérience fuivante : il coupa, au mois d'Août, un bâton de Pommier, de 3 pieds de longueur, & de 3 quarts de pouces de diametre ; il adapta à l'un des bouts de ce bâton un tuyau de verre de 9 pieds de longueur, & de 6 pouces de diametre, qu'il eut foin de bien cimenter, comme on le peut voir dans la figure 21. Enfuite il remplit PI. II. fig. 21. d'eau ce tuyau. L'eau ne tarda pas à baiffer très-promptement ; elle traverfa le bâton, & on la vit tomber par gouttes dans une cuvette de verre dans laquelle elle étoit reçue ; en forte que dans l'efpace de trente heures, il paffa 6 onces d'eau à travers ce bâton. J'ai répété cette expérience fur des bâtons de plufieurs efpeces différentes d'arbres ; elle m'a toujours réuffi.

Il eft donc inconteftable que les liqueurs traverfent la fubftance du bois, quand elles y font déterminées par une preffion affez forte ; mais cependant on pourroit encore douter que ces liqueurs fuiviffent la route de la feve : on pourroit même, avec quelque fondement, foupçonner que, dans ces expériences, elles paffent plutôt par les grands pores, dont on voit les extrêmités fur la fection d'un morceau de bois, & qu'on croit communément ne contenir que de l'air.

En effet Malpighi, qui lui-même admet des vaiffeaux dans les plantes, femble penfer que les ouvertures, dont on vient de parler, ne font que les extrêmités des vaiffeaux à air, ou des trachées, qu'il regarde comme les poumons des plantes : nous l'avons déja dit plus haut.

Grew eft du même fentiment, avec cette différence, qu'il

croit que dans la faifon où la feve eft plus abondante ; alors
elle remplit ces mêmes vaiffeaux : ainfi il femble que cet Auteur penfe que ces vaiffeaux font tantôt l'office de vaiffeaux
deftinés à porter la feve, & tantôt l'office de vaiffeaux à air.

Ce que je puis dire à cette occafion, c'eft qu'ayant examiné plufieurs fois & avec attention ces gros vaiffeaux, je les ai
toujours trouvés dénués de liqueur : peut-être n'ai-je pas faifi
le temps de la plus grande abondance de la feve ; d'autant
qu'ayant fait tirer de terre, pendant l'automne, comme je
l'ai déja dit, de longues racines d'Orme, d'environ 1 pouce
& demi, ou deux pouces de diametre, j'ai obfervé que, quand
on les pofoit verticalement, il fortoit beaucoup de liqueur
des grandes ouvertures dont je viens de parler ; & ce qu'il y
a de fingulier, c'eft que cette liqueur fortoit indifféremment
des deux extrêmités de cette racine, en tournant fucceffivement l'un ou l'autre bout en en-bas.

Cette circonftance ne s'accorde pas avec le fentiment de
Mariotte, qui non-feulement admet des vaiffeaux dans les
plantes, mais prétend encore y avoir obfervé des valvules
qui s'oppofent au retour des liqueurs.

J'ai encore vu, en faifant abattre de groffes branches d'Orme à l'entrée de l'hiver, qu'il fortoit quelquefois d'auprès
du cœur de ces branches, un jet de liqueur qui fubfiftoit affez
long-temps.

Au refte, ceux qui ne veulent point admettre de pareils vaiffeaux, fe fondent encore fur ce qu'il ne fort point de liqueur
de toutes les parties de la fection d'un morceau de bois, même dans le temps de la feve ; ce qui devroit arriver, difent-
ils, fi la fubftance ligneufe étoit formée d'une aggrégation de
vaiffeaux ; bien plus, ajoutent-ils, fi l'on preffe une rave, un
radis, un navet, &c. on en voit fortir un peu de liqueur ;
mais cette liqueur rentre, & elle eft abforbée auffi-tôt que
l'on ceffe la preffion, ainfi que l'eau qu'on exprime d'une
éponge y rentre, quand on laiffe cette éponge en liberté.

Malpighi & Grew conviennent de ces faits ; mais ils en
attribuent la caufe à la grande fineffe des vaiffeaux. En effet,
puifque l'eau monte au-deffus de fon niveau, dans les tuyaux
capillaires que font les émailleurs, & qu'elle y refte fans en

fortir,

fortir, combien l'adhérence doit-elle être plus grande dans la plupart des vaiffeaux des plantes, qui font infiniment plus ca-pillaires que ceux qu'on peut faire par art? Je dis, la plupart, en parlant des vaiffeaux des plantes, parce que j'en excepte les vaiffeaux dont l'orifice paroît fort grande, auffi-bien que les vaiffeaux propres, dont on voit fortir abondamment les liqueurs laiteufes, gommeufes & réfineufes, qu'ils contien-nent.

On lit dans les Mémoires de l'Académie des Sciences de 1692, que M. Tournefort penfoit que, quoique les parties des plantes qui portent le fuc nourricier, & qui le diftribuent, foient ordinairement appellés vaiffeaux, à caufe qu'elles fer-vent aux mêmes ufages que les vaiffeaux des animaux, cepen-dant leur ftruéture & quelques-uns de leurs ufages, montrent qu'elles ne font que de fimples fibres, qu'on peut plutôt com-parer à des meches de coton, qu'à de vrais vaiffeaux.

Un des plus forts arguments qu'on puiffe faire contre les vaiffeaux lymphatiques, c'eft que les meilleurs microfcopes n'ont pu faire appercevoir bien diftinétement leur cavité dans une fibre détachée d'un morceau de bois. Il ne paroît pas que Malpighi & Grew aient pu fe fatisfaire fur ce point; & j'a-voue que les recherches que j'ai faites à ce fujet, ont été ab-folument fans fuccès; car, comme je l'ai déja dit, lorfque j'ai voulu examiner, au microfcope, une des principales fibres qui fe diftribuent dans les poires, elle m'a paru n'être qu'un faifceau de fibres très-fines; quand j'ai voulu détacher une de ces fibres pour l'examiner, avec le fecours d'une lentille plus forte que la premiere, elle m'a paru encore formée d'un grand nombre de fibres beaucoup plus déliées. J'avoue qu'il pourroit arriver que ces diffeétions délicates nous induiroient en erreur; car il feroit poffible que nous priffions une partie d'un vaif-feau pour un vaiffeau entier. Pour rendre ma penfée plus fen-fible, je fuppofe qu'on laiffe macérer, pendant long-temps, des rameaux très-fins de veines ou d'arteres, ou bien un mor-ceau du foie, ou de la ratte d'un animal, & qu'on en déta-che de petites parcelles, pour les expofer au foyer d'une forte lentille, on n'appercevra certainement qu'un tas de fibres. On eft cependant bien certain, depuis que l'on emploie la

H

méthode des injections, que les viſceres ſont preſque entiérement formés d'un amas conſidérable de vaiſſeaux; ainſi il pourroit bien arriver que les filaments de la poire que j'ai repré-
Pl. I. fig. 15. ſentés dans la Pl. I. *Fig.* 15. ne ſeroient que des débris de vaiſſeaux. Auſſi Malpighi & Grew regardent-ils les fibres ligneu-
ſes & corticales, comme de vrais vaiſſeaux; & ils n'en excep-
tent pas même ces fibres déliées, quoiqu'ils n'en aient pu appercevoir les cavités.

Lewenhoek conclut, de ſes obſervations microſcopiques,
que le bois eſt formé d'un amas prodigieux de vaiſſeaux: il en
diſtingue même de verticaux & d'horiſontaux; il en admet dans
les uns & dans les autres de pluſieurs eſpeces, relativement
à leur groſſeur; il aſſure enfin que ces vaiſſeaux ſont revêtus
intérieurement d'une eſpece de duvet; il va même juſqu'à dire, que tous les petits trous qu'on apperçoit, tant ſur la coupe
horiſontale que ſur la coupe verticale d'un morceau de bois,
ſont des ſections d'un nombre infini de vaiſſeaux; en ſorte que
ſi cet Auteur ne faiſoit pas de temps en temps des reſtrictions
de ſon ſentiment, ce qu'on eſt accoutumé à prendre pour le
tiſſu cellulaire, ne ſeroit, ſelon lui, que la ſection d'un nombre prodigieux de vaiſſeaux d'une extrême fineſſe. Hooke aſſure avoir compté, à l'aide de ſon microſcope, ſur la ſurface d'un
charbon d'un pouce de diametre, 7 millions 880 mille pores.

Mon deſſein n'eſt pas d'entreprendre de réfuter, ni de confirmer le ſentiment de ces aſſidus Obſervateurs; je me borne
à dire que j'ai réuſſi très-aiſément à introduire, par la ſimple
ſuccion, des liqueurs colorées dans les vaiſſeaux de quelques
plantes arondinacées; & qu'après avoir examiné, au microſcope, ces vaiſſeaux ainſi injectés, il m'a paru qu'ils étoient,
Pl. II. fig. 22. comme on le peut voir dans la *Fig.* 22. Pl. II. intérieurement
revêtus d'un duvet très-fin, & enfilés par une fibre ligneuſe,
qui excede les tuyaux du côté de *a*; & au moyen de la couleur que j'y avois introduite, je voyois ces vaiſſeaux ſe prolonger tout droit d'un nœud à l'autre, depuis *a* juſqu'à *b*,
ſans fournir de ramifications *. Ces vaiſſeaux étoient ſeulement
entourés de toute part d'une ſubſtance médullaire, ou d'un
tiſſu cellulaire, qui m'a paru participer un peu de la couleur

* On pourra conſulter ce que nous dirons ſur les injections, Liv. V.

de l'injection, tout auprès des gros vaisseaux. Je ne déciderai point si les vaisseaux que je viens de décrire, sont propres ou lymphatiques; je me contenterai de faire remarquer qu'ils ressemblent beaucoup à ceux dont Mariotte a parlé, ainsi que nous l'avons rapporté plus haut.

Je crois qu'on peut encore rapporter à ces vaisseaux, ceux dont parle Pitton de Tournefort dans les Mémoires de l'Académie Royale des Sciences de l'année 1692, où il dit que, dans quelques plantes qui sont plongées dans l'eau, telles que le *Nimphea*, le *Potamogeton*, &c. les tiges & les pédicules des feuilles sont des espèces de cylindres percés suivant leur longueur, & qui se prolongeant d'un bout à l'autre, forment de petits tuyaux, dont les cavités sont parsemées de poils fistuleux, placés horisontalement, & qui semblent destinés à transmettre le suc nourricier aux parties latérales.

On peut soupçonner une organisation, à-peu-près semblable dans les Joncs, au Jets qu'on nous apporte des Indes, & dont on fait des cannes ou bâtons. En effet, personne n'ignore que l'huile les pénètre d'un bout à l'autre, & que l'on emploie ce moyen pour les rendre plus souples & plus pliants.

Enfin, pour réunir ici toutes les raisons qui peuvent confirmer le sentiment de ceux qui croient que les fibres des plantes sont fistuleuses, je ferai remarquer:

1°. Que les sucs nourriciers doivent être portés avec force vers certaines parties, & suivant certaines directions; & que, par conséquent, des vaisseaux sont bien plus propres à remplir ces fonctions, qu'un simple parenchyme, ou une substance cotoneuse.

2°. Nous prouverons, lorsque nous parlerons des fruits, que les principales fibres qui s'y distribuent, sont de même nature que celles du bois; & nous ferons alors remarquer que ces fibres vont aboutir aux endroits qui exigent plus particuliérement une certaine nourriture: si l'on ne veut pas admettre ces faits, comme une preuve que ces fibres sont réellement des vaisseaux; je ne crois pas qu'on puisse se refuser à convenir au moins qu'ils fournissent une bien forte induction.

3°. Nous l'avons déja dit, & nous le prouverons encore dans la suite, qu'il y a dans le corps ligneux, dans l'écorce, dans les fleurs & dans les fruits, des liqueurs fort différentes les unes des autres; que ces liqueurs ne doivent point se mêler, ni se confondre : il me paroît très-raisonnable d'en conclure qu'il n'y a que des vaisseaux qui puissent être propres à opérer cette séparation.

4°. La chair d'un coin, ou d'une poire cassante, ne répand point son eau : quand on coupe ces fruits, cette chair paroît même assez seche; cependant cette même chair fournit beaucoup de liqueur, quand on la rape ou qu'on la pile; c'est qu'alors on a rompu & déchiré les vaisseaux qui la contenoient.

5°. Tout le monde a remarqué qu'un morceau de bois verd ne rend par lui-même aucune liqueur, & que ce même morceau de bois en rend une grande quantité par les extrêmités, dès qu'on le met au feu.

Concluons de tout ce qui vient d'être dit, qu'il y a dans les plantes, ou de vrais vaisseaux, ou des organes qui en font la fonction : ainsi, sans prétendre avoir décidé une question qui a partagé jusqu'à présent les Physiciens, nous croyons qu'il peut nous être permis d'employer, avec la plus grande partie des Botanistes, le terme de *Vaisseaux*, pour exprimer les organes qui transmettent la nourriture aux différentes parties des plantes.

Ce que nous allons dire des liqueurs que l'on observe dans les plantes, pourra rendre l'existence de ces vaisseaux encore plus vraisemblable.

ART. II. *Des différentes Liqueurs qui sont contenues dans les vaisseaux des Plantes.*

LES VAISSEAUX LYMPHATIQUES, les vaisseaux propres, & les trachées s'étendent donc suivant la longueur du tronc. La moëlle, rassemblée au centre, jette des productions qui vont en quelque façon s'épanouir dans l'écorce : ainsi l'entrelassement des vaisseaux longitudinaux avec les productions médullaires, forment la substance du bois & de l'écorce.

Mais tout cela ne seroit encore qu'un simple squélette, si ces vaisseaux étoient dénués des liqueurs qui leur donnent, pour ainfi dire, la vie. Les noms que nous avons donnés aux différents vaiffeaux, annoncent d'avance quelles font les liqueurs qu'ils contiennent.

Nous devons feulement remarquer que, quoique nous ayons diftingué le tiffu cellulaire des vaiffeaux, ce tiffu en fait néanmoins la fonction, & qu'il contient auffi des liqueurs. Malpighi penfe que les fucs contenus dans le tiffu cellulaire, étant plus indigeftes que ceux des vaiffeaux, ce tiffu cellulaire eft en quelque façon un vifcere, qui fert à donner aux liqueurs une préparation effentielle.

Grew prétend que le tiffu cellulaire eft tantôt rempli de liqueurs, & qu'il ne contient quelquefois que de l'air : dans ce dernier état, il le compare aux veficules pulmonaires ; & il prétend que l'air lui eft tranfmis par les trachées. Nous aurons occafion dans la fuite de parler de ces trachées.

Quoi qu'il en foit de ces deux opinions, en examinant les vaiffeaux dont il eft ici queftion, l'on voit qu'il y a dans les arbres, 1°. des vaiffeaux lymphatiques, remplis d'une liqueur ou lymphe tranfparente & aqueufe : 2°. des vaiffeaux propres, qui contiennent des liqueurs particulieres à chaque arbre : 3°. des vaiffeaux fpiraux, ou des trachées qui font effentiellement & principalement deftinées à ne contenir que de l'air.

Nous nous garderons cependant bien de prétendre que toutes les liqueurs d'un arbre foient réduites à celles que nous venons de nommer ; il nous feroit au contraire très-facile de prouver qu'ils en contiennent beaucoup d'autres, & bien différentes des premieres, puifque dans un feul fruit, dans une orange, par exemple, l'odeur & la faveur en font diftinguer trois ou quatre, dont on n'apperçoit pas les moindres veftiges dans les autres parties de l'Oranger.

Après avoir avoué l'impuiffance où nous fommes de fuivre la Nature dans ces détails, nous nous bornerons à traiter ici des liqueurs que nous venons de nommer, comme étant les principales ; nous nous reftreindrons même à ne rapporter que quelques obfervations qui y ont un rapport plus immédiat, & qui peuvent fervir à en donner une idée affez jufte.

ARTICLE III. *De la Lymphe.*

La Lymphe, qu'on peut retirer de plufieurs efpeces d'arbres, & particuliérement de la Vigne, de l'Erable, du Bouleau & du Noyer, lorfqu'ils font en pleine feve, paroît peu différente de l'eau la plus fimple. Quelques-uns croient y fentir un peu d'acidité : cependant l'ufage que l'on fait des pleurs de la Vigne, pour en étuver les yeux malades, prouve qu'en quelque quantité que l'on s'en ferve, elle n'y caufe aucune cuiffon.

De plus, j'ai concentré, par l'évaporation, la valeur d'une pinte des pleurs de la vigne, & je n'en ai rien obtenu de fort différent d'un flegme pur; j'ai vu quelquefois feulement, fe précipiter au fond des vafes, où l'on confervoit une certaine quantité de cette liqueur, une efpece de fécule, ou un Coagulum blanc, qui n'eft probablement pas indifférent à la végétation.

La liqueur que fournit l'Erable en Canada, n'a prefque pas de faveur au fortir de l'arbre ; cependant par le moyen de la concentration, de 200 livres de cette liqueur, on retire 10 livres de fucre concret; mais qui fait fi, dans l'effufion de la lymphe, il ne fe mêle pas un peu de fuc propre ? Quoi qu'il en foit, les arbres de différents genres rendent leur lymphe, avec des circonftances qui leur font particulieres ; & il y a beaucoup d'arbres qui n'en rendent point, ou prefque point.

A l'égard de la Vigne, fi en hiver, quand elle eft dépouillée de fes feuilles, ou en été, quand elle en eft garnie, on coupe l'extrêmité d'un farment, il n'en fort aucune liqueur; il n'en coule point non plus au milieu du printemps, quand la feve eft dans fa plus grande action; & fi, dans ce temps, en preffant fortement un farment, on fait fuinter un peu de liqueur, elle rentre dans les vaiffeaux fi-tôt qu'on ceffe cette preffion. Mais vers le commencement du printemps, quand les boutons ne font point encore ouverts, on voit fortir beaucoup de lymphe de tous les farments nouvellement coupés ; & c'eft ce que les Vignerons expriment, en difant que la Vigne pleure. Si alors on fait aboutir un farment un peu

gros à un vase, il se remplit en peu de temps de cette liqueur.
Au bout de quelques jours les vaisseaux de la Vigne se cauté-
risent en quelque façon, & la lymphe cesse; mais en rafrai-
chissant la plaie, les pleurs reparoissent bien-tôt, & coulent
jusqu'à ce que les feuilles se développent; car alors l'écoulement cesse entiérement.

Pour parvenir à reconnoître si les ceps de Vigne étoient
sensiblement fatigués de l'écoulement forcé de cette lymphe,
j'ai choisi pour cet effet, dans une vigne, plusieurs ceps sensiblement égaux: j'ai retiré le plus de lymphe qu'il m'a été
possible de la moitié de ces ceps, & j'ai laissé les autres en
liberté de n'en fournir que ce que tous les ceps en donnent
ordinairement. Dans le courant de l'été & de l'automne, je
n'ai remarqué aucune différence entre les uns & les autres,
ni quant à la production de leurs bois, ni quant à celle de
leur fruit; ainsi il ne paroît pas que l'effusion, plus ou moins
grande de cette lymphe, produise un effet sensible sur les
plantes.

Tous les arbres ne fournissent pas également de liqueur lymphatique; mais il y en a plusieurs, tels que l'Erable, le Bouleau, le Noyer, le Charme, qui en fournissent au moins autant que la Vigne. Nous pourrions renvoyer sur ce sujet aux
observations que nous aurons occasion de rapporter par la
suite; mais il nous a paru convenable, pour ne point séparer
ce qui appartient à un même objet, de rapporter ici celles
qui ont rapport à l'écoulement de cette liqueur: nous ferons
en sorte, seulement, de les exposer le plus briévement qu'il
nous sera possible.

1°. Si l'on n'entamoit que l'écorce, sans pénétrer jusques
dans le bois, on n'auroit point, ou presque point de liqueur.

2°. Si l'on fait une entaille dans le bois vers la fin de l'automne, la lymphe coulera toutes les fois que les circonstances nécessaires pour cet écoulement, se présenteront; &
pour cela nous allons détailler ces circonstances.

3°. Il paroît que la gelée est une condition nécessaire; néanmoins le suc ne coule point tant qu'elle dure.

4°. Si-tôt que par la chaleur du soleil, ou par la douceur
de l'air le bois se dégele, alors la lymphe coule; ainsi quand,

la gelée continuant, le soleil donne sur un tronc d'arbre, la lymphe coule des entailles qui sont de ce côté, pendant qu'il ne découle rien des entailles qui sont faites vers le nord.

5°. La lymphe ne coule jamais plus abondamment que quand, après une forte gelée, il vient un grand dégel.

6°. Dans le temps que le suc coule abondamment, l'écorce est adhérente au bois, & les boutons n'ont fait aucune production. Quand les boutons commencent à s'ouvrir, la lymphe alors coule moins abondamment, & elle contracte un goût d'herbe qui est désagréable. Enfin, lorsque les feuilles viennent à paroître, l'écoulement cesse totalement. Ce goût d'herbe, qu'acquiert la lymphe, viendroit-il de ce que cette liqueur changeroit de nature, ou de ce qu'il se mêleroit avec elle quelques sucs particuliers? C'est ce que je n'entreprendrai pas de décider : je dirai seulement que l'on a remarqué qu'alors la seve s'épaissit aisément, & qu'elle forme sur les plaies une espece de gelée.

7°. On remarque que la lymphe ne transsude point, ou presque point des vaisseaux de l'écorce, ni d'entre le bois & l'écorce, mais bien du corps même du bois; de sorte qu'elle coule d'autant plus abondamment, que l'entaille pénetre plus avant dans la substance du bois. Au reste, ce que je dis ici ne peut regarder que les arbres qui croissent dans notre climat, ou dans d'autres pays plus froids; car on sait que dans la Zone torride les Palmiers donnent leur seve pendant toute l'année: & cette liqueur n'est pas une lymphe pure, puisqu'elle devient vineuse d'abord, & ensuite très-acide.

8°. Grew prétend que cette liqueur sort des vaisseaux spiraux, ou des trachées de Malpighi : car on sait que, selon le sentiment de Grew, les vaisseaux spiraux, ainsi que le tissu cellulaire, font, suivant certaines circonstances, tantôt l'office de vaisseaux lymphatiques, & tantôt celui de vaisseaux à air; & que la lymphe entre au commencement du printemps dans les vaisseaux spiraux; parce que, dit ce célebre Botaniste, les vaisseaux lymphatiques de l'écorce, par lesquels la lymphe monte pour les productions de l'arbre, ne pouvant faire cette fonction quand l'arbre ne pousse point, la lymphe est alors forcée de refluer dans les trachées; mais, ajoute-t-il,

lorsque

lorſque l'arbre a fait des productions, les nouveaux vaiſſeaux lymphatiques peuvent admettre la lymphe que fourniſſent les vaiſſeaux de l'écorce, les liqueurs rentrent dans les vaiſſeaux qui leur ſont particuliers ; & pour lors la lymphe abandonne les trachées.

Ce ſentiment eſt un peu ſyſtématique : on ne voit pas ce qui détermineroit la lymphe à abandonner les trachées, pour rentrer dans les vaiſſeaux lymphatiques ; d'ailleurs, comme nous l'avons déja dit, tous les arbres ne fourniſſoient pas au printemps la liqueur dont il eſt ici queſtion. Je ne veux pas m'arrêter plus long-temps à ces raiſonnements phyſiques, & je reprends l'énumération des faits.

9°. Entre les arbres de même eſpece, il y en a quelques-uns qui rendent, au printemps, beaucoup plutôt cette liqueur que d'autres.

10°. En général, les arbres gros & vigoureux, & qui croiſſent encore, donnent plus de lymphe que ceux qui ſont trop jeunes, ou qui ſont en retour.

11° Un arbre, planté dans un terrein gras, fournit plus de lymphe que celui qui eſt dans une terre maigre & ſeche.

12°. M. Gautier, Médecin du Roi à Quebec, & que nous venons malheureuſement de perdre, a remarqué que la lymphe découle principalement de la partie ſupérieure de l'entaille ; & que, quand on fait deux entailles à un arbre, l'une à 2 pieds au-deſſus des racines, l'autre au haut de la tige, ſous les branches, l'entaille d'en bas donne beaucoup plus de limphe que celle du haut.

13°. Cependant, ſi l'on cherche en terre une racine, & qu'on la coupe, alors les deux parties coupées, ſavoir, celle qui répond à l'arbre, & celle qui ſe diſtribue en terre, rendent également de la lymphe. On pourroit conclure de ce fait, que cette liqueur peut venir également du haut comme du bas de l'arbre.

14°. Quoique dans notre climat les circonſtances ne ſoient pas auſſi favorables à l'effuſion de la lymphe de l'Erable qu'au Canada, je me ſuis néanmoins propoſé de faire quelques expériences, pour reconnoître ſi cette liqueur vient des racines, ou ſi elle deſcend des branches. Pour parvenir à cette connoiſſance, j'ai fait les expériences ſuivantes : je ſouhaiterois

I

bien qu'on les répetât en Canada.

Le 6 Février 1754, le thermometre de M. de Reaumur étant 5 degrés au-deſſous de 0, je fis faire, du côté du midi, à un Sycomore, de 4 pouces de diametre, une entaille de 6 pouces de hauteur, & de 2 pouces de profondeur.

Le 12 & le 13, le thermometre étant au-deſſous de 0, la plaie étoit fort ſeche.

Le 16, le thermometre étant pluſieurs degrés au-deſſus de zéro, la partie ſupérieure de la plaie étoit humide, & l'on voyoit la lymphe ſuinter d'entre les couches corticales & d'entre les couches ligneuſes; mais les couches ligneuſes étoient ſeches : la partie inférieure de la plaie étoit toute mouillée, ſans qu'on pût appercevoir bien préciſément ſi cette lymphe ſuintoit d'entre les couches ligneuſes, comme à la partie ſupérieure de la plaie, ni même ſi elle avoit coulé de cette partie ſupérieure. Les obſervations du 18 furent les mêmes que celles du 16.

Le 20 il gela blanc le matin, enſuite le ſoleil parut très-beau; ſur les 9 heures, on voyoit à la partie ſupérieure de la plaie des gouttes qui ſuintoient d'entre les couches ligneuſes; ces gouttes couloient ſur la partie inférieure de la plaie, de ſorte qu'elle en étoit toute mouillée; on appercevoit auſſi quelques gouttelettes qui ſortoient des couches ligneuſes; enfin, ſur la partie inférieure on voyoit quelques places ſeches.

Le 21 il gela blanc : les obſervations de ce jour furent les mêmes que la veille; à cette différence près, qu'en examinant la partie ſupérieure de la plaie, il me parut que la lymphe ſortoit principalement d'entre le bois & l'écorce, & d'entre les couches ligneuſes les plus voiſines de l'écorce. Les obſervations du 23 furent les mêmes que celles du 21.

Le 24, le vent étant nord-nord-oueſt & très-froid, quoique le thermometre fût à 4 heures après-midi de 4 degrés au-deſſus de 0, la plaie étoit entiérement ſeche. Les obſervations du 26 & celles du 28 furent les mêmes que celles du 24.

Le 1 & le 2 Mars, le vent étant au ſud, & le thermometre étant à midi, de 10 ½ degrés au-deſſus de 0, on vit la partie ſupérieure de la plaie couverte d'eau, & la partie inférieure feche. Les obfervations du 4 & du 5 furent les mêmes que celles du 1.

Dans le même temps que je commençai cette expérience, c'eft-à-dire, le 6 Février, j'avois fait couper à 6 pouces de terre un jeune Sycomore, dont le tronc étoit de 21 lignes de diametre; on fufpendit verticalement la partie fupérieure de ce tronc, & on la maintint dans la même fituation qu'elle avoit lorfque l'arbre étoit entier. Comme l'intention étoit de connoître fi la lymphe couleroit, ou de la partie du tronc qui répondoit aux racines, ou de celle qui aboutiffoit aux branches, & pour diftinguer ces deux coupes, je dirai que l'une eft celle qui répond aux racines, & que l'autre eft celle qui répond aux branches.

Le 12 & le 13 Février les plaies étoient feches. Le 16 les deux plaies étoient mouillées, quoiqu'on eût recouvert celle des racines avec une cloche de verre, pour la mettre à couvert des pluies & des rofées.

Le 18 les deux plaies étoient moins mouillées; elles n'é-toient qu'un peu humides.

Le 20 la coupe des branches dégouttoit l'eau, & celle des racines étoit fimplement mouillée. Le 21 l'eau couloit des deux coupes, mais plus abondamment de celle des branches que de celle des racines.

Le 1 & le 2 Mars la coupe des racines étoit plus humide que celle des branches.

Le 4 les deux plaies étoient feches.

Le 5 les deux plaies étoient mouillées, & l'on voyoit que l'eau fuintoit des couches intérieures, mais point de celles de la circonférence, non plus que d'entre le bois & l'écorce.

Ces expériences nous font connoître qu'il découle beaucoup de lymphe de la partie fupérieure des arbres. Si l'on répétoit ces mêmes expériences en Canada, où les Erables fournif-fent beaucoup de lymphe, il feroit à propos d'examiner fi la liqueur qui monte des racines eft différente de celle qui def-cend des branches, & fi ces deux liqueurs fortent des mêmes vaiffeaux. On fe procureroit par-là des connoiffances utiles à l'anatomie des végétaux. Il feroit encore bon d'examiner fi la feve qui monte des racines, fuinte des cercles ligneux, pendant que celle qui defcend des branches fuinte, comme nous l'avons dit, d'entre les cercles ligneux : ce font-là des faits qu'il ne nous a pas été poſſible d'éclaircir.

Nous terminerons ce qui nous reſte préſentement à dire ſur la lymphe, en faiſant remarquer que la liqueur qui s'échappe des plantes par la tranſpiration, paroît n'être qu'une liqueur lymphatique : nous aurons occaſion d'en parler plus au long dans la ſuite ; nous remettons auſſi à un autre temps à donner une idée dè la force avec laquelle la ſeve s'éleve dans les plantes, auſſi-bien que de pluſieurs autres circonſtances qui ont rapport à ſon mouvement.

ART. IV. *Du Suc propre.*

OUTRE LA LYMPHE, dont nous avons parlé dans l'Article précédent, qui eſt, dans ce pays-ci, très-abondante dans preſque toutes les plantes, & qui ſe manifeſte ſur-tout au printemps, avant que les arbres aient produit leurs feuilles, on découvre encore dans le bois, & principalement dans l'écorce, une liqueur fort différente, qu'on pourroit en quelque façon comparer au ſang des animaux. Cette liqueur eſt blanche & laiteuſe dans le Figuier & les Tithimales ; gommeuſe dans le Ceriſier, le Prunier, l'Amandier, l'Abricotier, le Pêcher, &c. réſineuſe dans le Térébinthe, le Pin, le Sapin, le Méleze, le Génevrier, le Cedre, &c. Elle eſt rouge dans quelques plantes, jaune dans d'autres : elle eſt quelquefois d'une ſaveur douce ; quelquefois cauſtique : elle a quelquefois beaucoup d'odeur & de ſaveur ; ſouvent elle eſt inſipide. Ainſi cette liqueur varie infiniment dans les arbres de différente eſpece ; & dans beaucoup, elle eſt très-aiſée à diſtinguer de la lymphe.

Ces obſervations ont entraîné Malpighi à croire que chaque plante contenoit une liqueur qui lui étoit propre.

C'eſt peut-être dans ce ſuc propre à chaque plante, que réſide principalement la ſaveur, & les propriétés qui ſont particulieres à chaque genre, ou du moins à chaque eſpece. Grew le penſe ainſi ; & pluſieurs faits juſtifient le ſentiment de cet Auteur. Car ce n'eſt que la liqueur blanche qui coule du Pavot qui foit narcotique : celle du Tithimale & du Figuier font corrofives, de même que la liqueur jaune de l'Eclair ; la vertu diurétique & balfamique du Sapin confifte dans fa térébenthine; la propriété purgative du Jalap réfide uniquement dans fa réfine: d'ailleurs, on reconnoît peu de vertu dans les plantes où la lymphe abonde, ou dans celles dont le fuc propre eft peu différent de la lymphe. Si l'on retire un fel effentiel du jus qu'on exprime des Cannes à Sucre, & de la liqueur qui découle de l'Erable, c'eft probablement parce qu'il s'y trouve une portion de fuc propre mêlé avec beaucoup de lymphe, & que cette lymphe fe diffipe par la cuiffon.

Enfin, fi, en général, l'on reconnoît plus de vertu dans les écorces que dans les bois, c'eft que les vaiffeaux propres de l'écorce font plus gros que ceux du bois.

Cependant, pour ne point donner au fentiment de Grew plus d'autorité qu'il n'en mérite, je dois faire remarquer que le Pêcher, dont toutes les parties ont une faveur amere & aromatique, & dont les fleurs font très-purgatives, répand une gomme infipide, qui n'eft fimplement qu'adouciffante & incraffante.

Quoi qu'il en foit, on ne peut s'empêcher d'avouer que la plupart des obfervations concourent à faire connoître que la vertu des plantes réfide principalement dans leur fuc propre : je dis principalement, parce que je n'ai garde d'affurer que les autres parties des plantes foient entièrement dénuées de toute propriété.

Il eft encore bon de remarquer que, quand le fuc propre a de l'odeur, fa préfence fe manifefte dans prefque toutes les parties des plantes : il n'y a, par exemple, point de partie du Sapin qui ne fente la térébenthine.

Il faut donc, ou que le fuc propre fe mêle en certaine proportion avec la lymphe, ou que les vaiffeaux propres, dont on apperçoit les principaux troncs dans les couches de l'écorce, s'y divifent en un nombre de rameaux, fi fins qu'ils échappent à notre vue.

Malpighi regarde la liqueur propre des plantes comme un vrai fuc nourricier. Si l'on prétendoit néanmoins comparer cette liqueur au fang des animaux, ainfi que l'analogie fembleroit l'indiquer, alors on ne pourroit pas regarder ce fuc comme une liqueur immédiatement nourriciere, puifqu'il eft affez bien prouvé que ce n'eft pas le fang, mais bien les fécretions du fang qui fourniffent la nourriture aux parties que le fang arrofe. Au refte, il en peut être tout autrement des végétaux, & leur liqueur propre peut être à leur égard plus immédiatement nourriciere, que ne l'eft le fang dans les animaux. Le méchanifme de la nutrition des parties animales eft un myftere qui a jufqu'à préfent échappé aux recherches des plus célebres Anatomiftes; & je fuis bien éloigné d'avoir la préfomption de me croire capable de réfoudre un pareil problême fur les végétaux; j'aime mieux garder le filence, que de bâtir quelque fyftême qui ne pourroit être tout au plus que vraifemblable. Ainfi je terminerai ce que j'avois à dire fur le fuc propre, par quelques obfervations qui pourront contribuer à le faire mieux connoître.

1°. Quand les liqueurs propres des plantes s'extravafent, elles ne produifent ni écorce ni bois, mais elles forment un dépôt contre nature, un amas de gomme ou de réfine, ou d'autres fucs épaiffis : c'eft à peu près ce qui arrive dans les animaux, lorfque le fang s'échappe des vaiffeaux qui le contenoient; car alors il ne forme ni chair ni os, mais bien des dépôts ou des tumeurs.

Il eft cependant vrai que ces fortes de dépôts réfineux ou gommeux, qui arrivent aux plantes, ne leur font pas ordinairement très-préjudiciables; quelquefois même ils leur font utiles à certains égards, ainfi qu'on le remarque aux arbres réfineux, qui ont quelquefois befoin qu'on leur procure une évacuation du fuc propre: cette évacuation tourne à notre avantage, puifqu'elle nous procure des baumes de diverfes efpeces, & encore la matiere de nos vernis.

2°. L'analogie des végétaux avec les animaux, m'engage à faire remarquer que l'éruption du fuc propre dans les vaiffeaux lymphatiques, ou dans le tiffu cellulaire, occafionne aux plantes des maladies, qu'on peut comparer aux inflammations qui arrivent aux animaux. On fait que les inflammations dans les animaux ne font autre chofe qu'une éruption du fang dans les vaiffeaux lymphatiques. Les Pêchers, les Pruniers, les Abricotiers, nous offrent de fréquents exemples d'inflammations végétales; car quand le fuc propre, qui dans les arbres eft gommeux, s'eft répandu trop abondamment dans les vaiffeaux lymphatiques ou dans le tiffu cellulaire, la branche, où cet accident eft arrivé, ne manque guere de périr, à moins qu'on n'ait foin d'emporter avec la ferpette l'endroit où s'eft fait l'épanchement; & fi cette plaie occafionne un épanchement extérieur du fuc propre, cette déperdition ne fera pas autant de mal à l'arbre que l'éruption intérieure des liqueurs propres dans les vaiffeaux lymphatiques: c'eft ce que l'expérience juftifie tous les jours, lorfqu'on entame des arbres, pour en retirer le fuc propre.

3°. Le fuc propre qu'on retire des arbres réfineux s'écoule, fuivant certaines circonftances qui font étrangeres à l'effufion de la lymphe; car 1°. pour procurer cet écoulement, on entame l'écorce & le bois. 2°. On remarque que le fuc fuinte de toute l'étendue de la plaie, mais principalement d'entre le bois & l'écorce, quoique ce ne foit pas en cet endroit qu'on apperçoive les plus gros vaiffeaux propres. 3°. On remarque encore que le fuc propre fuinte bien plus abondamment dans le temps des grandes chaleurs, que quand l'air eft frais, & que ce fuc ceffe de couler lorfqu'il fait un temps froid. 4°. On obferve conftamment qu'il fort plus de fuc propre de la partie fupérieure de la plaie, que de la partie inférieure; de forte qu'il femble que le fuc propre defcend plutôt des branches, qu'il ne monte des racines vers le haut.

4°. J'enlevai, dans le temps de la feve, tout autour du tronc, l'écorce d'un Cerifier, de 5 à 6 pouces de diametre, dans l'étendue d'environ 1 ½ pied: je couvris le cylindre de bois écorcé d'une couche de peinture en détrempe, afin d'empêcher qu'il ne fît aucune production pendant mon expérience: enfin j'enveloppai la plaie d'une épaiffe couverture de paille, pour prévenir le deffechement. Je vis fuinter de la partie fupérieure de cette plaie, & principalement d'entre le bois & l'écorce, une quantité furprenante de gomme; & enfuite l'arbre mourut, fans qu'il fe fût fait aucune effufion de ce fuc à la partie inférieure de la plaie. Cette expérience prouve donc encore que le fuc propre defcend des branches vers les racines.

5°. Dans la section d'une jeune branche, on voit le suc propre sortir de ses vaisseaux, avec cette circonstance particuliere, qu'il paroît suinter plus abondamment de la coupe qui appartient aux branches que de celle qui répond au tronc.

La figure que je joins ici, rendra cette preuve plus sensible. Si, dans le temps de la seve, on coupe transversalement une branche *a d* (voyez Pl. II. *Fig.* 23.) d'un Pin, d'un Sapin, ou d'un Figuier, soit que l'extrêmité *a* soit portée en haut, soit qu'elle reste inclinée vers le bas, le suc sortira plus abondamment de la coupe *c* que de la coupe *b*.

Pl. II. fig. 23.

On pense bien que la précaution que j'avois prise de placer les branches que je destinois à cette expérience, dans des situations différentes, étoit pour m'assurer si le poids de la liqueur ne contribuoit pas à la plus grande effusion du suc par une extrêmité que par une autre. L'effet assez constant de cette expérience établit, 1°. que le suc propre est forcé de sortir par une contraction des vaisseaux qui le contient : 2°. que ce suc paroît avoir plus de disposition à couler de l'extrêmité des branches vers les racines, qu'à se porter vers les extrêmités : c'est ce qui a déja été établi par des expériences que j'ai rapportées ci-devant. Malgré tout cela, il m'est venu un doute que j'ai cru devoir éclaircir ; c'est que je soupçonnois que le suc propre pouvoit sortir plus abondamment de la coupe *c*, qui répondoit à l'extrêmité de la branche, que de la coupe *b*, qui répondoit au tronc, par la raison que les rameaux fournissoient peut-être plus de suc propre que l'autre bout de cette même branche. En conséquence de cette réflexion, je détachai d'un arbre une baguette *e f* (Pl. II. *Fig.* 24) qui n'avoit point de branches ; je la posai dans une situation horisontale, afin que le poids de la liqueur ne pût influer sur mon expérience ; je la coupai ensuite par le milieu suivant la ligne *g h* ; alors il m'a paru que le suc propre couloit plus abondamment de la coupe qui répondoit au bout le plus menu *e* que de celle qui répondoit au gros bout *f*. J'ai encore cru appercevoir que le suc propre qui s'écouloit, venoit d'assez loin dans cette branche ; car l'ayant coupée aux endroits marqués *i* & *l*, c'est-à-dire, à un demi pouce de *g h*, alors il en suinta beaucoup moins de suc propre, que dans le temps de la premiere section.

Pl. II. fig. 24.

Si

Si l'on veut répéter les petites expériences que je viens de rapporter, il faudra choisir des plantes dont le suc propre soit coloré, comme le Tithymale, le Pavot, la Laitue, l'Eclair, l'Artichaut, ou celles dont le suc soit visqueux, comme le Pin, le Sapin, &c. Car le suc propre est dans plusieurs plantes si peu différent de la lymphe, qu'on pourroit douter de son existence à leur égard, si l'on n'avoit pas d'ailleurs de très-fortes raisons de soupçonner que toutes les plantes en sont pourvues.

Les observations que Mariotte a faites sur ce même objet, viennent ici trop à propos, pour me dispenser d'en faire mention. De même que cet Auteur dit qu'il y a à l'extérieur des racines, des pores imperceptibles par où passe l'eau de la pluie ; de même ce Physicien soupçonne aussi, qu'à l'extérieur des vaisseaux propres, qu'il compare aux arteres, il y a de semblables pores par lesquels passe la seve, lorsqu'elle a été préparée par la chaleur du soleil, & par les filtrations qui se font dans la matiere spongieuse de l'intérieur de la plante. Le retour de cette seve est arrêté par des valvules, & cet obstacle l'oblige à fournir de quoi faire étendre & croître les branches, les feuilles & les racines, &c. On voit, par le raisonnement de ce Physicien, qu'il compare les vaisseaux propres des plantes, aux arteres du corps des animaux, & la seve, au sang qui coule dans leurs veines. Il fortifie ce sentiment par des expériences à-peu-près semblables à celles que j'ai rapportées ci-devant. Si l'on coupe transversalement, dit-il, une plante laiteuse, ou une de celles dont le suc est jaune, on voit toujours autant ou plus de ce suc coloré venir de la partie supérieure, où les feuilles sont attachées, que de la partie inférieure, d'où partent les racines, quand même on tiendroit cette plante renversée, c'est-à-dire, les racines en enhaut, avant que de la couper. Si l'on coupe l'extrêmité d'une racine d'une de ces plantes, le suc coloré en sort, comme de l'extrêmité des feuilles & des petites branches, ce qui prouve que ce suc est très-pressé dans les vaisseaux qui le contiennent ; & cet écoulement n'arriveroit pas si les pores n'étoient disposés de façon à empêcher le retour de cette liqueur. Si l'on coupe ensuite, du reste de cette tige, environ un pouce au-dessous de la premiere section, on verra encore monter du suc coloré qui vient des racines ; mais

K

l'on n'en verra point ou fort peu dans la partie supérieure.

J'ai attribué ce fait à ce que les vaisseaux avoient exprimé leur suc propre jusqu'à une certaine distance ; mais Mariotte l'envisage comme une preuve que ce suc ne peut plus retourner vers les racines ; car, ajoute-t-il, si l'on coupe encore, à une certaine distance de la premiere section, une portion de cette partie qui répond aux feuilles, on ne doit voir monter que peu de suc du bout coupé, & il en doit au contraire descendre de la partie qui répond aux feuilles.

6°. Je terminerai ce que j'avois à dire sur le suc propre des plantes, en faisant remarquer que les principaux vaisseaux qui le contiennent sont différemment placés dans les arbres de différentes especes ; car 1°. la térébenthine du Sapin se rassemble sous l'épiderme dans des vésicules. 2°. La sandaraque du Genievre s'amasse entre l'écorce & le bois. 3°. La poix du Picea suinte principalement d'entre le bois & l'écorce. 4°. La térébenthine de la Mélese s'accumule dans le corps même du bois. 5°. La résine du Pin transsude de l'écorce, d'entre le bois & l'écorce, & même du corps ligneux.

On peut consulter à ce sujet ce que nous avons dit dans le Traité des Arbres que nous avons déja publié, aux articles où nous avons parlé de ces différents arbres. Ces observations doivent engager les Botanistes à en faire encore d'autres : ces lumieres réunies pourront sans doute nous faire mieux connoître la distribution des vaisseaux propres dans le corps des arbres.

ART. V. *De l'air qui est renfermé dans les Plantes.*

L'AIR est un fluide aussi nécessaire à la vie des végétaux qu'à celle des animaux ; c'est une vérité dont tout le monde convient.

1°. Quand nous parlerons de l'ascension de la seve dans les plantes, non seulement nous ferons remarquer que les liqueurs qu'elles fournissent en si grande abondance dans la saison des pleurs *, sont mêlées de quantité d'air, nous prouverons encore que l'air contenu dans les plantes en sort avec abondance par la transpiration.

2°. Si l'on passe le tronc d'un jeune arbre, ou seulement une

_____
* Voyez Liv. IV. Chap. V.

branche dans un tuyau de cryſtal, comme on l'a déja vu dans
la Pl. I. *Fig.* 8, & qu'enſuite on rempliſſe d'eau ce tuyau, Pl. I. fig. 8.
dont on aura joint le bas à la tige par du maſtic, on verra
alors quantité de bulles d'air qui reſtent attachées à ces petites tumeurs de l'écorce, où nous avons dit que l'épiderme
étoit rompu. On en verra auſſi d'adhérentes aux feuilles qui trem-
pent dans l'eau ; on pourra de plus remarquer que ces bulles
ſont plus groſſes & en plus grande quantité, lorſque l'air eſt
chaud & diſpoſé à l'orage, que quand l'air eſt froid. Ces
obſervations pourroient nous déterminer à croire que cet air ſort
des plantes mêmes ; mais nous démontrerons, en parlant des
feuilles *, qu'un pareil jugement ſeroit trop précipité.

3°. Si l'on place ſous le récipient de la machine pneumatique un morceau de bois verd plongé dans de l'eau purgée
d'air, on en voit ſortir quantité de bulles d'air, à meſure qu'on
pompe celui du récipient.

4°. Perſonne n'ignore qu'il s'échappe beaucoup d'air des
fruits qu'on tient dans le vuide ; & qu'une pomme très-ridée
s'y gonfle prodigieuſement par l'action de l'air intérieur & élaſtique qu'elle renferme.

5°. Nous pourrions rapporter quantité d'autres expériences
qui prouvent qu'il y a beaucoup d'air dans l'intérieur des plantes, & combien ce fluide eſt néceſſaire à la végétation ;
mais nous nous bornerons à mettre ſous les yeux du lecteur
pluſieurs belles expériences que M. Hales a faites, pour établir qu'il entre de l'air dans les végétaux.

Cet habile Phyſicien ayant ajuſté un gros tuyau de verre *b*
Pl. II. *Fig.* 25. à l'extrêmité d'une branche de Ceriſier ou de Pl. II. fig. 25.
Pommier *a*, attacha à l'autre extrêmité *c* du même tuyau un
autre tuyau plus menu *d* bien maſtiqué, & dont l'extrêmité
inférieure plongeoit dans de l'eau contenue dans une cuvette
e, poſée au deſſous ; alors l'eau s'éleva dans le tuyau *d* juſques
vers *f*. Cela fait bien voir que les branches ſuçoient l'air qui
étoit contenu dans le tuyau *b*, & cela prouve très-bien qu'il
y a dans les branches une force de ſuccion qui détermine
l'air à monter dans l'arbre, préciſément comme la ſeve.

6°. Mais par où cet air, ſi utile aux plantes, entre-t-il dans

* Voyez Liv. II.

K ij

les vaiſſeaux qui ſont principalement deſtinés à le recevoir ? Malpighi, en avouant que les recherches qu'il a faites pour réſoudre cette queſtion ont été aſſez inutiles, conjecture cependant que l'air entre dans les plantes par les racines avec la ſeve ; il ajoute que la ſéparation de l'air d'avec les liqueurs ſe fait dans l'intérieur même des plantes.

Il eſt bon de remarquer que l'expérience de M. Hales, que nous venons de rapporter, eſt très-favorable au ſentiment de Malpighi ; car ſi au lieu de cette branche *a*, on emploie un jeune arbre, & que l'on renferme ſes racines dans le tuyau *b*, la ſuccion en devient alors plus conſidérable. Si la ſeve entroit dans les plantes ſous la forme d'une vapeur, alors l'air pourroit ſe diſſiper avec la tranſpiration, pendant que les parties plus fixes reſteroient dans les plantes pour les nourrir : mais il n'eſt pas encore temps d'entamer cette grande queſtion.

7°. Grew croit que l'air entre dans les plantes, non ſeulement par les racines, mais encore à travers de l'écorce & des feuilles. Comme nous prouverons dans la ſuite que les plantes ont la propriété d'imbiber l'humidité des roſées, il ſemble naturel de conclure que l'air peut s'introduire dans les plantes par les mêmes voies. Cependant il eſt très-probable qu'il en doit entrer beaucoup par les racines, non ſeulement parce qu'on y remarque un grand nombre de trachées, mais encore parce que l'air, à raiſon de ſa légéreté, doit avoir plus de diſpoſition à s'élever dans les plantes, qu'à y deſcendre : peut-être même que cet air contribue à l'aſcenſion de la ſeve ; c'eſt ce que nous aurons occaſion d'examiner dans la ſuite. Je vais rapporter une autre expérience de M. Hales, qui prouve que l'air ſe peut introduire dans les plantes, au travers de leur écorce.

8°. M. Hales maſtiqua vers le haut d'un récipient tubulé Pl. II. fig. 26. *a a*, Pl. II. *Fig.* 26. une branche d'arbre, qui s'étendoit depuis *b* juſqu'à *c* ; l'extrêmité *b* trempoit de la hauteur de ſix pouces dans de l'eau qui étoit contenue dans un vaſe placé ſous le récipient, & qui repoſoit ſur la platine d'une machine pneumatique : après avoir donc maſtiqué l'extrêmité *c* de la branche, ainſi que les cicatrices *a d e f*, pour empêcher que l'air ne pût entrer dans la branche par ces endroits, il couvrit d'une veſſie l'ouverture du récipient, & il eut encore ſoin de la bien maſtiquer tout autour.

Quand il pompoit l'air, on voyoit ſortir quantité de bulles par l'extrêmité *b*; mais il en ſortoit beaucoup moins que quand le bout *c* n'étoit point garni de maſtic.

On peut d'abord conclure de cette expérience, que l'air traverſe fort aiſément les vaiſſeaux ligneux; c'eſt effectivement la route qu'il ſuit, lorſqu'on laiſſe le bout *c* ouvert. De plus, puiſqu'il paroiſſoit encore des bulles d'air quand ce même bout *c* & les cicatrices *a d e f* étoient fermées par le maſtic, on en peut donc conclure que l'air peut s'introduire au travers de l'écorce, quoique plus difficilement, il eſt vrai, qu'en ſui-vant la route des fibres ligneuſes ou corticales. Je dis expreſ-ſément des fibres ligneuſes & corticales, parce que le même M. Hales, en examinant avec attention l'extrêmité *b*, voyoit ſortir des bulles, non ſeulement de l'écorce, mais même du bois. En ſuivant cette expérience, M. Hales maſtiqua en *g g* un tuyau de verre *g e f c*, qu'il remplit d'eau; l'extrêmité *c* ainſi que les cicatrices *a d e f* étoient, comme nous l'a-vons dit, bien couvertes de maſtic; en cet état il ne vit pa-roître aucune bulle d'air en *b*. Ces expériences réuſſiſſoient également bien quand on mettoit les branches d'arbre dans une ſituation renverſée : mais quand M. Hales ſubſtituoit à la branche *b c* des rameaux garnis de leurs feuilles, ſoit que ces feuilles fuſſent expoſées à l'air, ſoit qu'elles fuſſent ſubmer-gées, il ne paroiſſoit qu'un petit nombre de bulles en *b*.

Comme ce célebre Phyſicien aſſure avoir vu des bulles d'air ſortir également de l'écorce comme du bois, on peut con-clure de ſon témoignage que dans l'expérience, telle qu'il l'a faite, l'air traverſoit non ſeulement les trachées, mais enco-re les vaiſſeaux propres ou les lymphatiques, puiſque l'on ne peut appercevoir de trachées dans l'écorce.

Le ſentiment de M. Hales eſt qu'il entre dans les plantes, non ſeulement un air élaſtique, mais encore de l'air qui y ac-quiert cette propriété. Pour concevoir cela, il faut ſe rap-peller qu'il s'échappe beaucoup d'air dans les mélanges que l'on fait des acides avec les alcalis, des diſſolutions métalli-ques, des liqueurs qui fermentent, &c. Suivant le ſentiment

de notre Auteur, cet air n'exiſtoit pas ſous la forme d'air élaſtique dans les ſubſtances que nous venons de nommer; mais
il y acquiert cette élaſticité; & il devient alors de même nature que l'air de l'atmoſphere. Si l'on veut avoir un plus grand
éclairciſſement ſur cette matiere, il faut conſulter les belles
expériences de cet ingénieux Phyſicien ſur l'analyſe de l'air.

Quoique je penſe que les obſervations que je viens de rapporter ſur la lymphe, ſur les ſucs propres, & ſur l'air contenu
dans les plantes, pourront donner une idée ſuffiſante des différentes liqueurs qui pénétrent les végétaux, je ſuis cependant
très-perſuadé qu'un examen plus aſſidu & des expériences
multipliées pourroient faire appercevoir beaucoup d'autres liqueurs que celles dont je viens de parler. Au reſte, il ſe pré-
ſentera dans la ſuite de cet ouvrage des occaſions qui nous
mettront à portée de faire connoître pluſieurs autres liqueurs
qui different beaucoup les unes des autres; ainſi nous aurons
lieu de revenir encore dans la ſuite ſur cette matiere.

CHAPITRE V.

DES RACINES ET DES BRANCHES.

A PRE's avoir parlé aſſez amplement du tronc des arbres,
des vaiſſeaux, des liqueurs, &c. qu'il contient, il faut préſentement examiner les diviſions de ce tronc, ſoit en racines,
ſoit en branches. C'eſt le ſujet des deux Articles ſuivants.

ARTICLE I. *Des Racines.*

LE TRONC des arbres ſe diviſe vers le bas en pluſieurs portions qui forment les groſſes racines; celles-ci ſe partagent
en pluſieurs autres racines qui ſe ſubdiviſent encore; & ces
ſubdiviſions ſont tellement multipliées, qu'elles ſe trouvent
réduites à de petites racines auſſi minces qu'un cheveu, d'où
on les nomme, *Racines chevelues.* Toutes ces ramifications for-

ment un épanouissement prodigieux de racines qui se distribuent dans l'intérieur de la terre, quelquefois à une distance fort considérable de l'arbre auquel elles appartiennent.

Cette distribution étendue des racines étoit nécessaire, pour qu'elles pussent s'insinuer dans un nombre de molécules terreuses, & y recueillir cette immense quantité de nourriture, nécessaire à la subsistance & à l'accroissement d'un grand arbre.

Nous omettrions bien des choses intéressantes, si nous nous bornions simplement à ce qui regarde immédiatement les racines des arbres. Nous allons donc entrer dans quelques détails sur la différente forme des racines des plantes : mais comme il ne s'agit dans ce Traité que des arbres & des arbustes, nous passerons légérement sur ce qui peut leur être trop étranger.

Plusieurs plantes ont en terre une masse charnue, connue sous le nom d'oignons. Cette masse, dans les plantes que l'on nomme plus particuliérement *bulbeuses*, est formée de couches, ou robes qui s'enveloppent les unes les autres : de ce genre sont les Poireaux, les Oignons qu'on emploie dans les cuisines, les Jacinthes, les Narcisses : on en peut voir les figures dans la Pl. III. *Fig.* 1. & 2. D'autres, comme plu- Pl. III. fig. 1, sieurs especes de Lys (*Fig.* 3.), ont leur bulbe formée en 2 & 3. écailles.

Il est bon de remarquer ici que la substance *a a b b c c* (*Fig.* 1. 2 & 3.) qui forme le corps de la bulbe, ne doit pas être regardée comme une vraie racine; elle ressemble plus à un bouton qui renferme en petit les productions qui doivent se développer au printemps. La vraie racine est une espece de plateau charnu *d d e e f f* qui supporte l'oignon : c'est cette partie qui donne naissance aux racines chevelues *g h i*.

Les Jardiniers nomment assez improprement, tantôt oignons, & souvent tubercules, des productions semblables, pour la forme, aux vrais oignons; mais qui en different, en ce que leur substance intérieure est uniforme, comme est la chair d'une pomme, & qu'elle n'est formée, ni par écailles, ni par couches, comme les vrais oignons; j'en donnerai pour exemple les *Crocus. Fig.* 4 & 5. Fig. 4 & 5.

Ces especes d'oignons ont leurs boutons à leur surface,

ainſi que les plantes qui ne ſont vivaces que par leurs racines & comme les feuilles de ces oignons prennent leur origine du plateau qui eſt au-deſſous, j'incline à les regarder, avec M. B. de Juſſieu, comme des tiges, ou à-peu-près de la même nature que les racines charnues dont nous allons parler.

Pl. III. fig. 6.
L'Orchis (*Fig.* 6.) offre quelque choſe de ſingulier, à cauſe de deux eſpeces de tubercules ou maſſes charnues, qui ne contiennent intérieurement, ni les feuilles, ni les fleurs qui doivent paroître, mais qui ſont ſurmontées d'un bouton &

Fig. 7.
de racines chevelues *i i i*. Pluſieurs eſpeces de ce genre (*Fig.* 7.) ont leur maſſe charnue terminée par des eſpeces de digitations qui deviennent aſſez fines pour faire l'office de racines.

Pl. IV. fig. 8.
La racine charnue du Pain de pourceau (Pl. IV. *Fig.* 8.), qu'on pourroit à plus juſte titre nommer *Tubercule*, par comparaiſon à la truffe, (*Tubera*) eſt une groſſe maſſe qui porte quelques boutons, & d'où il part de tous les côtés des racines branchues. La maſſe charnue de cette groſſe rave platte, que les Anglois nomment *Turnip* (*Fig.* 9.), ne tire ſa

Fig. 9.
nourriture que de la petite racine qui eſt au bas; car ayant coupé à deſſein cette petite racine en terre, la rave a preſque toujours péri.

Fig. 10 & 11.
D'autres racines charnues, telles que les Panais, les Carottes, les Navets (*Fig.* 10.), les Raiforts (*Fig.* 11.), ſont plus ou moins allongées; & elles ſont garnies dans leur longueur de quelques racines chevelues, ordinairement très-fines.

Fig. 12.
Les racines des Anémones, que les Jardiniers nomment *Pattes* (*Fig.* 12.), ſont fort ſingulieres par leur forme; elles paroiſſent être un aſſemblage de pluſieurs racines ovales, un peu applaties; & chacun de ces corps ou lobes, réunis par un de leurs bouts, peut, lorſqu'ils ſont pourvus de boutons & de racines chevelues, végéter ſéparément des autres, & fournir de nouveaux pieds.

Fig. 13.
Quelques racines charnues, qu'on nomme *Racines en botte*, ſont formées d'un nombre de racines preſque cylindriques, qui partent, comme des doigts, d'un centre commun, & fourniſſent des racines chevelues. Celles qui, comme pluſieurs eſpeces de Renoncules (*Fig.* 13.), ont leurs digita-

tions

tions affez courtes, fe nomment griffes ; d'autres, auffi en botte, que les Botaniftes nomment racines en afphodeles, ont leurs digitations plus longues : le Lys afphodele, l'Afperge, font de ce genre (voyez Pl. V. *Fig.* 1.) : la plupart de Pl. V. fig. 1. ces plantes pouffent leur tige en *b*, & produifent de nouvelles racines en *c* qui remplacent les anciennes. Quelques racines font garnies de quantité de grains charnus, tels que ceux du nid d'oifeau (*Fig.* 2). Le Rofeau & l'Iris (*Fig.* 3.) Fig. 2. & 3. ont leurs racines noueufes, ou comme articulées. Celles de la Dentaire (*Fig.* 4.) font en quelque façon écailleufes à leur Fig. 4. fuperficie.

Quantité de plantes n'ont que des racines chevelues trèsdéliées, comme dans la *Fig.* 5. ou fi elles font un peu plus Fig. 5. groffes (Pl. VI. *Fig.* 1.), on les nomme alors racines fibreu- Pl. VI. fig. 1. fes ou filamenteufes. Enfin, car je ne dois pas m'étendre davantage fur ces détails, la *Fig.* 2. de cette même Planche repré- Fig. 2. fente des racines rameufes ; & comme la plupart des arbres & des arbuftes ont leurs racines de ce genre, il m'eft indifpenfable de m'étendre davantage fur ce qui les regarde : mais avant de parler de leur diftribution dans la terre, nous allons dire un mot de leur organifation.

Les racines, ainfi que le tronc des arbres, font formées du corps ligneux, des couches corticales, qui font ordinairement plus épaiffes là qu'au tronc. L'épiderme des racines eft communément plus épais que celui des branches ; fa couleur tient un peu de celle de la terre qui le recouvre : la couleur d'une racine d'Orme qui s'étend dans du terreau, eft un peu plus brune que celle qu'on tire d'une terre franche.

Cependant la couleur naturelle de ces racines fe fait toujours connoître ; car de quelque terrein qu'on arrache une racine d'Orme, elle fera toujours rougeâtre ; une racine de Mûrier, jaunâtre ; & une racine du Citife des Alpes, tirant fur le blanc. Souvent même la couleur du bois eft plus vive dans les racines qu'elle ne l'eft au tronc.

Les couches corticales des racines font, comme celles du tronc, formées de fibres lymphatiques, de vaiffeaux propres, & du tiffu cellulaire qui paroît plus abondant dans les racines, que dans les autres parties des arbres. Le corps ligneux

L

des racines, ainſi que celui du tronc, eſt formé de fibres lym-phatiques, de vaiſſeaux propres, de tiſſu cellulaire, & de vaiſ-ſeaux en ſpirale ou trachées. Cette derniere eſpece de vaiſſeaux ſe trouve en grande quantité dans les racines ; & les ouver-tures qu'on croit communément être leur orifice, ſont plus grandes qu'au tronc. J'ai déja dit, qu'en examinant des racines d'Orme à l'entrée de l'hiver, j'avois vu ſortir quantité de liqueur de ces mêmes trachées.

Je n'ignore pas que M. Bonnet eſt parvenu à faire paſſer dans les vaiſſeaux des plantes, des ſucs colorés, & qu'il en con-clut que l'organiſation des racines eſt différente de celle de la tige ; mais comme ces expériences n'ont été exécutées que ſur des plantes herbacées, je crois qu'elles n'ont pas d'application aux arbres, qui font le principal objet de cet Ouvrage.

Ainſi, puiſque la diſpoſition organique des racines reſſem-ble ſi fort à celle du tronc, il ſeroit inutile de m'arrêter plus long-temps à décrire ce qui les concerne ; je me contenterai donc de rapporter quelques obſervations ſur ce ſujet *.

La premiere production des ſemences eſt une racine qui s'enfonce perpendiculairement dans la terre. J'aurai occaſion
‡ *Liv. IV.*　dans la ſuite de cet Ouvrage *, de m'étendre ſur pluſieurs faits très-ſinguliers, qui regardent la production de cette premiere racine ; mais pour le préſent, je me contenterai de faire re-marquer qu'elle s'étend d'abord perpendiculairement dans la terre ; qu'elle s'y enfonce profondément, & que, ſi elle n'y rencontre pas quelque banc, ou quelque lit fort dur, qui puiſſe s'oppoſer à ſon allongement, elle s'étend comme une rave, & forme ce qu'on appelle *Racine pivotante,* ou ſimple-
Pl. VI. fig. 3.　ment *Pivot.* (Voyez Pl. VI. *Fig. 3.*)

J'ai arraché de jeunes Chênes ſemés dans un ſable gras qui s'étendoit à une grande profondeur ; leurs tiges n'avoient que 6 pouces de hauteur, & leur racine en pivot étoit longue de près de 4 pieds.

Tous les arbres élevés de ſemence ont une racine en pi-vot, qui eſt d'autant plus longue, que la terre, pénétrable pour les racines, s'étend à une plus grande profondeur. Mais ſi, à une petite diſtance de la ſuperficie du terrein, il ſe rencon-

* Voyez Liv. V, Art. des Injections.

tre un banc de pierre ou de tuf, qui s'oppose à l'allongement du pivot, cette racine alors reste fort courte ; & elle se divise en plusieurs autres racines ou branches latérales (*Fig. 4.*). Pl. VI. fig. 4.

On peut, dans toutes sortes de terreins, empêcher l'allongement du pivot ; car dès qu'une racine est coupée, alors elle ne s'allonge plus, mais elle produit des branches ou racines latérales. Je me suis assuré de ce fait, en élevant des plantes dans de l'eau pure : voici mon procédé.

Je faisois germer des noyaux, des amandes, des glands, des pepins dans des éponges humides : quand la jeune racine, qu'on appelle la radicule, ou improprement le germe, & qui doit former le pivot, s'étoit allongée d'un pouce & demi ou de deux pouces, je posois la semence en cet état sur le gouleau d'une caraffe de cristal, de façon qu'il n'y eût que cette racine qui touchât à l'eau ; alors cette racine continuoit à s'allonger, & gagnoit bientôt le fond de la caraffe ; mais si je coupois seulement la longueur de 3 ou 4 lignes de l'extrémité de cette racine pivotante, au lieu de s'allonger, elle produisoit des branches latérales. Ces nouvelles racines étant elles-mêmes coupées, cessent également de s'étendre ; & elles en produisent de nouvelles.

J'ai quelquefois cherché en terre la racine d'un jeune arbre ; je l'ai coupée, & j'ai eu soin de marquer avec une ardoise l'extrémité coupée de cette racine : quelques années après, j'ai voulu reconnoître l'état où elle étoit, & j'ai trouvé que l'ardoise que j'avois posée répondoit toujours à la plaie de la racine coupée qui s'étoit cicatrisée, comme les branches coupées se cicatrisent ; que cette racine ne s'étoit pas sensiblement étendue, mais qu'elle avoit augmenté en grosseur, & produit d'autres racines latérales.

Il suit de ces observations que toutes les fois que l'on coupe la racine pivotante d'un arbre, cette racine ne s'allonge plus, mais qu'elle produit plusieurs branches latérales. On verra, lorsque je parlerai des Semis, que cette remarque est importante.

Les observations que j'ai faites sur les plantes qui végetent dans l'eau, m'ont fait découvrir une autre singularité ; c'est que les racines ne s'allongent que par leur extrêmité. J'ai passé dans une racine tendre des fils d'argent-trait très - fins ; j'ai marqué sur l'extérieur d'une caraffe de cryftal des points avec du vernis coloré, dont chacun répondoit à chaque fil d'argent : tous les fils, excepté ceux qui étoient à 2 ou 3 lignes de l'extrêmité, répondoient toujours aux points de vernis marqués sur la caraffe, quoique la racine se fût beaucoup allongée ; donc les racines ne s'étendent que par le bout. Cette expérience, que j'ai répétée de plusieurs façons, servira à faire connoître pourquoi les racines, soit ligneufes, soit herbacées, ne s'allongent plus dès que l'on a seulement retranché la longueur de 3 ou 4 lignes de leur extrêmité.

On pourroit objecter que les fils d'argent que j'ai introduits dans les racines, faisoient un obstacle au mouvement de la seve, & qu'ainsi ils empêchoient leur allongement ; mais la même chose est arrivée, lorsqu'au lieu de fils d'argent, j'ai fait sur les racines mêmes de petites marques avec du vernis coloré, ou bien quand je divisois la racine avec de petits liens de laine : ces précautions doivent, je pense, me mettre à l'abri de toutes les objections. Mais pour revenir à ce que je disois de la racine pivotante, il faut remarquer que, quoiqu'elle ait été coupée, ou qu'elle rencontre un banc fort dur qui s'oppose à son allongement, ou qu'enfin elle ait continué de s'étendre beaucoup ; dans tous ces cas elle produit des racines latérales ; toute la différence est que, dans le dernier cas, les productions latérales font moins confidérables, & beaucoup plus tardives ; mais enfin on y voit toujours des productions latérales ; & ces racines latérales font d'autant plus fortes & vigoureufes, qu'elles font plus près de la fuperficie de la terre : de forte que si dans une terre uniforme on conserve, en plantant un arbre, plusieurs plans de racines, celui qui se trouvera le plus près de la fuperficie de la terre, fera presque toujours plus vigoureux que celui qui est plus enfoncé. Voyez Pl. VI. fig. 3. la Pl. VI. *Fig. 3.*

Les racines latérales s'allongent dans le même ordre que la racine pivotante ; elles produisent, comme elle, des branches qui s'étendent à droite & à gauche, avec cette différence, que les branches qui partent des racines verticales font d'autant plus vigoureufes, qu'elles font plus proche de la tige, au lieu qu'aux racines horifontales, il périt beaucoup de celles qui étoient voifines du tronc; & cela à mefure qu'il s'en développe de vigoureufes vers les extrêmités.

Je remarquerai en paffant que, comme les racines latérales font deftinées à ramaffer la feve, elles font, par cet allongement, portées tous les ans dans une terre neuve, qui fe trouve en état de leur fournir le fuc nourricier qu'elles doivent tranfmettre à toutes les parties de l'arbre: j'en parlerai plus amplement dans la fuite.

Les autres fubdivifions de racines qui s'étendent prefque à l'infini, fuivroient à-peu-près un ordre régulier, & qui eft peut-être propre à tous les arbres d'un même genre ou d'une même efpece; mais cette uniformité eft fouvent dérangée par des circonftances dont je vais rendre compte.

Si un infecte, ou quelque autre accident détruit une racine, elle ceffe de s'étendre, & elle produit plufieurs branches qui prennent d'autres directions, & qui fuppléent abondamment à celle qui a été détruite; parce que plufieurs racines ramaffent certainement plus de fucs qu'une feule: ainfi quand il arrive que par les labours on a coupé l'extrêmité de quelques petites racines, l'arbre n'en eft pas ordinairement affoibli; au contraire il n'en pouffe que mieux. Les pierres ou les mottes de terre fort dures, déterminent fouvent les racines à changer de direction. Suivant même la pofition de ces corps durs, il arrive quelquefois que les racines ne peuvent s'étendre; & alors, comme fi elles avoient été coupées, elles pouffent des branches latérales. J'ai quelquefois remarqué que dans ces pofitions gênantes il fe formoit une efpece de *Nodus* au bout des racines qui n'avoient point la liberté de s'étendre. Le contraire arrive quand une racine fe trouve aboutir à une terre qui a été remuée; alors ce rameau, qui dans d'autres circonftances fe feroit peu étendu, s'allonge beaucoup. Les obfervations fuivantes prouveront ce fait.

Si à une pètite diftance d'un jeune arbre on fait une longue tranchée de trois pieds de profondeur, & qu'on la rempliffe fur le champ de la même terre qui a fervi à faire cette tranchée, les racines du jeune arbre fuivront la direction de cette tranchée, où elles feront un progrès étonnant, fans prefque former de branches latérales. Si une moitié de la tranchée, celle, par exemple, qui se dirige vers l'ouest, est remplie de la terre qu'on en a tirée, & que l'autre, celle qui est dirigée vers l'est, soit remplie d'une terre beaucoup meilleure, alors on trouvera ordinairement beaucoup plus de racines qui auront pénétré dans cette partie de la tranchée que dans l'autre. Il en seroit de même, si, au lieu de terre fertile, on avoit rempli cette tranchée de fumier; mais alors les racines qui y auroient pénétré seroient fort menues : car on peut remarquer que les racines sont d'autant plus longues & plus menues, qu'elles sont dans une terre plus légere & plus aisée à pénétrer : c'est pour cette raison qu'elles sont très-longues & très-menues dans la vase, & encore plus dans l'eau. Nous en allons donner des preuves.

J'ai fait arracher des arbres qui étoient plantés sur les bords d'un fossé plein d'eau : les racines suivoient la direction du fossé; elles étoient fort longues, assez menues, & elles n'avoient presque point de branches latérales. On sait que quand un petit rameau de racine pénetre dans une conduite d'eau, elle y pousse une quantité de filaments très-menus, qui se multiplient à un tel point, que ces productions filamenteuses, connues sous le nom de *Queues de renard*, ferment entiérement le passage à l'eau. Je suis parvenu à faire de ces queues de renard, en introduisant des racines d'arbres dans des tuyaux de verre d'un pouce de diametre & de 3 pieds de longueur, que je tenois toujours rempli d'eau. Au moyen de la transparence du verre, je voyois qu'il se formoit sur les racines des tubercules mollasses qui les endommageoient; cependant le tuyau se remplissoit de longs filaments, & je parvins à avoir une Queue de renard, semblable à celles qui bouchent les tuyaux des fontaines.

Quoique j'eusse grande attention de tenir toujours les tuyaux de verre remplis d'eau très-claire & très-épurée, il s'amassoit cependant autour des racines une matiere gélatineuse, qui ne se seroit certainement pas formée dans l'eau que j'employois, sans le concours des racines. M. Bonnet dit avoir vu à l'extrêmité des racines qui se forment dans l'eau, de légeres concrétions terreuses; quant à moi, indépendamment du mucilage dont je viens de parler, j'y ai vu seulement une espece de petite frange, dont j'ignore l'usage. Cette gelée étoit-elle le produit d'une sécrétion de la seve, qui se faisoit par les racines? ou cette substance n'étoit-elle pas plutôt un sédiment formé par quantité de filaments qui pourrissoient dans l'eau? C'est ce que je n'oserois décider. Quoi qu'il en soit, on doit conclure des expériences que je viens de rapporter, que les racines sont toujours grêles & menues dans les terres fort légeres, & qu'elles prennent plus de corps dans les terres plus fortes; mais que cependant si la terre étoit trop dure, les racines ne pourroient s'étendre pour aller chercher la nourriture qui est nécessaire à l'arbre : il est vrai néanmoins que certaines racines ont une grande force pour s'insinuer entre les molécules terreuses. J'ai vu des racines de Vigne & de Noyer qui avoient pénétré fort avant dans le tuf blanc; pendant qu'aucunes racines de plusieurs gros Ormes qui étoient plantés dans le même endroit, n'avoient pu pénétrer ce banc de terre. On a encore peine à concevoir que l'extrémité d'une racine, qui est fort tendre, puisse se frayer un passage entre des lits de tuf ou de murailles, pour arriver à un amas de bonne terre : elle y parvient cependant, elle y pénetre, & elle fait ensuite des efforts si considérables pour grossir, qu'elle renverse des murs bien solides. Il est vrai que ces progrès forcés sont fort lents, & que les arbres souffrent proportionnellement aux obstacles que les racines ont à vaincre. On trouve une preuve que la perméabilité de la terre a ses avantages, en se rappellant l'exemple du fossé que je viens de rapporter, & il est d'expérience que les racines les plus vigoureuses se voyent toujours dans les terres qui ont été remuées par les labours.

Je vais rapporter à cette occasion une observation que j'ai faite sur de fort gros Ormes qui avoient été renversés par le vent. Suivant l'usage de notre Province, ces Ormes avoient été greffés, mais ils avoient été plantés trop avant; de sorte que les greffes étant enterrées, ces arbres avoient pris racine du colet; c'est-à-dire, qu'ils avoient poussé des racines au bourlet que forme la greffe. Ces racines *a* (*Fig.* 5.) qui étoient Pl. VI. fig. 5. plus près que les autres de la superficie de la terre, avoient beau-

coup groſſi, & elles formoient un empatement très-conſi-
dérable; au lieu que les racines *b* du deſſous de la greffe étoient
reſtées dans la groſſeur, à-peu-près, où elles étoient, quand
ces Ormes avoient été plantés. J'ai fait une pareille obſervation ſur des Pommiers; ainſi on peut regarder comme un
fait conſtant, que toutes les fois qu'un arbre a deux plans de
racines, c'eſt toujours le plan ſupérieur qui eſt le plus vigoureux.

Les racines ſont pourvues, dans toute leur longueur, de quantité de germes propres à en produire d'autres, puiſque la ſection
d'une racine occaſionne le développement de pluſieurs nouvelles. Les branches ſont également pourvues de germes de racines, puiſqu'elles en produiſent quand on fait des boutures.
Comme cette opération du jardinage eſt aſſez intéreſſante, pour
être traitée dans un article particulier, je me contenterai de dire
ici, en paſſant, que je ſuis parvenu à faire produire à des branches, des germes & en quelque façon des boutons de racines, leſquels ſont bien différents de ceux qui doivent produire des branches. Nous ferons voir que ceux-ci ſont bien
plus organiſés que les autres, qui ne ſont autre choſe qu'un
petit mamelon ligneux qui force l'écorce de s'étendre : néanmoins, en ſuivant ce mamelon dans l'intérieur de la racine,
on voit qu'il tire ſon origine du centre de l'arbre; & l'écorce qu'il force de s'étendre, au lieu de ſe rompre, continue
à recouvrir la production ligneuſe de la racine. Je ne m'é-
tendrai pas davantage ſur ces boutons de racine; je réſerve
ces détails pour l'article des boutures *, où nous ferons voir
encore que les racines ſont pourvues de germes propres à fournir des branches, & que c'eſt cette propriété qui fait que les
racines horiſontales ou rampantes, produiſent, dans pluſieurs
Pl. VI. fig. 2. eſpeces d'arbres, des rejets ou drageons. (Voyez *a Fig.* 2.) Il
y a quelques arbres à la vérité qui ſont plus diſpoſés que d'autres à fournir de ces drageons; & en général les arbres élevés
de bouture, de marcotte ou de drageons enracinés, en produiſent plus que ceux qu'on a élevés de graine.

Les bifurcations des racines s'étendent à un tel point, que
les diviſions extrêmes deviennent ſi déliées, qu'il faut y prê-

* Voyez Liv. IV, Art. des Boutures.

ter beaucoup d'attention pour les découvrir dans les molécules terreuses, où elles s'insinuent. Je crois que ces petites racines sont autant de suçoirs destinés à pomper la nourriture
nécessaire aux plantes ; & que les grosses racines font principalement l'office de tuyaux, qui la transmettent au tronc. M.
Bonnet voulant connoître si les racines tirent la nourriture
principalement par leur extrêmité, a mis de jeunes Maronniers d'Inde, la racine dans l'eau : les uns n'avoient que
le bout de leurs racines plongé dans l'eau ; à d'autres c'étoit
la portion moyenne qui trempoit dans ce fluide : il ne s'est
cependant point apperçu que ces circonstances pussent influer
sur la vigueur des plantes. Je désire, ainsi que M. Bonnet,
que cette expérience soit tentée avec d'autres précautions, &
sur des racines mieux formées que celles de ces Maronniers.
Car j'ai observé que les Ormes, plantés en avenue le long
des terres à grain, épuisent la terre, principalement aux endroits où se terminent leurs racines ; de sorte que le grain ne
vient pas auprès des jeunes arbres, pendant qu'il se trouve
être plus beau au pied des grands arbres, qu'à une distance
de 4 à 5 toises.

En faisant arracher des arbres après un fort hiver, j'ai quelquefois remarqué que presque toutes les petites racines qu'on
nomme *chevelues*, étoient mortes : cela me fait soupçonner
que les arbres perdent en terre leurs racines capillaires, à-peu-
près comme ils perdent leurs feuilles. Pour vérifier cette conjecture, j'ai fait arracher des arbres dans tous les mois de
l'hiver ; & j'ai en effet trouvé qu'après des gelées un peu fortes, beaucoup de racines étoient mortes : & que quand l'air
étoit doux, il s'en développoit de nouvelles, qui remplaçoient
abondamment les autres. Au reste, ceci n'a rien de plus surprenant que de voir les tubercules de plusieurs plantes, particuliérement des *Crocus*, périr avec toutes leurs racines, à
mesure que le tubercule fournit de la nourriture aux nouveaux
qui n'ont point de racines, & qui tirent toute leur subsistance du tubercule qui s'épuise en là leur fournissant.

Les animaux qui ne sont point fixés en un lieu, peuvent
aller par-tout chercher leur nourriture. La nourriture est ap-
portée par l'eau à quantité de coquillages qui sont attachés

M

aux rochers que la mer recouvre : mais comme les plantes ne
font point douées d'un mouvement progreffif, elles ont reçu
de la nature quelque chofe d'équivalent, puifque les plantes
annuelles, en répandant çà & là leurs femences, fe tranfpor-
tent dans des lieux où la terre n'eft point épuifée des fucs
qui leur font propres. Quelques plantes, comme le Concombre fauvage & la Belzamine, jettent affez loin leurs femences, au moyen du mouvement élaftique de leurs fruits : d'autres plantes, dont la femence eft garnie d'ailes ou d'aigrettes, font portées fort loin par le vent ; les Oignons & d'autres plantes traçantes fe renouvellent par des productions,
placées tantôt au-deffus, tantôt au-deffous, & quelquefois à
côté de la plante qui les produit : ces jeunes productions fe
trouvent ainfi placées dans un terrein nouveau pour elles. Enfin les arbres, par le renouvellement & l'allongement de leurs
petites racines, fe portent infenfiblement dans une terre qui
n'a point été épuifée.

Nous avons dit plus haut que nous regardions les petites racines comme des fuçoirs, qui tirent de la terre des
fucs nourriciers qui y ont peut-être été préparés par une forte de digeftion ; ainfi ces petites racines font en quelque façon l'office des veines lactées qui, dans les animaux, font
répandues fur la fuperficie de leurs inteftins, pour y recevoir
le chyle que les aliments digérés peuvent fournir.

Les groffes racines, qui ne font peut-être pas inutiles pour
ramaffer un peu de ce fuc nourricier, fervent certainement
à tranfmettre aux plantes les fucs amaffés par les petites racines ; elles fervent encore à maintenir le tronc dans une pofition perpendiculaire au terrein, & empêchent les arbres
d'être renverfés par le vent.

J'avoue que quand je dis que les racines font pourvues
de fuçoirs, je ne fais que rapporter un fait. On attend peut-
être de moi que j'en donne ici des preuves ; mais j'aime
mieux garder le filence fur un point que je ne vois pas affez
éclairci, plutôt que de faire un étalage de fyftêmes, qui ne
pourroient féduire que ceux qui n'ont point étudié férieufe-
ment cette queftion. D'ailleurs, on verra encore des preuves
de la force de fuccion qu'ont les racines, lorfque nous parle-

rons de la force qui fait monter la feve dans les plantes.

Une expérience faite par M. Hales va fervir à prouver que les vaiffeaux des racines deftinées à tranfmettre la feve à tout un arbre, font très-dilatés. Cet habile & ingénieux Phyficien a fubftitué un bout de racines à la branche *b c* de la *Fig. 26. Pl. II*; de forte que les divifions des ra-cines étoient dans le tuyau *g e f* rempli d'eau; & que le tronc répondoit par fon extrêmité au vafe *b* qui étoit vuide. Après que l'air du récipient a été pompé, l'eau, en traverfant toute la racine, a tombé avec abondance dans le vafe. Pl. II, fig. 26.

Quand on aura vu dans la fuite que toutes les branches d'une même efpece d'arbre, & fouvent d'un même genre, obfervent un ordre régulier & uniforme dans leurs divifions, on défirera fans doute de favoir fi la même obfervation ne pourroit pas fe faire fur les racines des arbres. Suppofant, par exemple, qu'un Erable foit planté dans une terre de denfité uniforme, exempte de pierres, & que fes racines ne foient jamais endommagées par aucun infecte, on demande fi dans un pareil cas les racines ne feroient pas oppofées deux à deux dans la terre, comme les branches le font en plein air. Pour toute réponfe, je rapporterai fimplement les obfervations que j'ai faites fur les racines des arbres.

1°. Il y a des efpeces d'arbres qui dans le même terrein produifent beaucoup plus de racines chevelues que d'autres.

2°. J'ai fouvent trouvé fur les racines du Citife des Alpes, des efpeces de *Nodus*, quelquefois d'une groffeur affez confidérable. Ces fortes de callofités fe voyent fur les racines de prefque toutes les plantes qui portent des fleurs légumineufes. Il ne m'eft pas poffible de dire, ni ce qui peut les occafionner, ni quelles font leurs fonctions; il m'a feulement paru que les arbres n'en fouffroient aucun dommage.

3°. Il y a des arbres, l'Orme, par exemple, qui étendent leurs racines fort loin; d'autres, comme le Tilleul, fe renferment dans un très-petit terrein. Les racines de certains arbres ont de la difpofition à s'enfoncer en terre, & d'autres rampent.

4°. Je penfois d'abord que les ramifications des racines offroient quelque chofe de régulier; mais je n'ai pu me con-

firmer dans ce fentiment par des obfervations fuivies. Les racines des Erables & des Frênes ne font point oppofées comme le font leurs branches.

Les obfervations que M. Bonnet a faites fur les racines
des Amandiers, m'ont totalement fait abandonner le préjugé
que j'avois fur ce fujet ; mais je dois dire que, quand bien
même il feroit prouvé que les racines des arbres ne fuivent
dans leur développement aucun ordre régulier, il paroît cependant qu'il n'en eft pas de même de toutes les plantes. En
effet, M. Bonnet a obfervé que des tiges de haricot qui
avoient trempé dans l'eau pendant 4 jours, y avoient produit
de jeunes racines d'un fort beau rouge, & femblables à de
petites épines ; elles étoient pofées fur 4 lignes exactement
paralleles, à égale diftance les unes des autres ; & elles con-
fervoient la même pofition, lors même qu'elles formoient des
fpirales autour des tiges, ce qui arrivoit quelquefois. (Voyez
la *Fig. 6* de la Pl. VI.) Les intervalles compris entre les racines d'une même rangée, étoient prefque toujours inégaux.
On appercevoit çà & là, dans la direction des racines, de
petites fentes qui indiquoient les endroits d'où devoient fortir de nouvelles racines : & en effet, les racines vues à la loupe paroiffoient fortir de pareilles fentes. Les mêmes expériences ayant été répétées fur des feuilles de haricot, on a vu
des racines fortir des queues de ces feuilles, & fe développer dans le même ordre.

Pl. VI. fig. 6.

ARTICLE II. *Des Branches.*

LE TRONC des arbres fe partage vers le haut en plufieurs
portions qu'on nomme branches, lefquelles fe divifent elles-
mêmes, & fe fubdivifent, ainfi que les racines, en plufieurs autres. Les branches font, comme le tronc, compofées d'un
épiderme, d'une enveloppe cellulaire, de couches corticales
& de couches ligneufes. Les vaiffeaux des branches font, de
même que ceux du tronc, ou lymphatiques, ou propres, ou
des trachées, ou un tiffu cellulaire, qui s'y trouve difpofé de
la même maniere : en un mot, les groffes branches feroient
de vrais troncs, fi elles étoient garnies de racines par le bas.

Comme on ne peut rien dire fur leur organifation, qui ne foit une répétition de ce qui a été dit ci-devant fur le tronc, nous nous bornerons ici à faire remarquer quelques particularités relatives à leur implantation les unes fur les autres.

Pour fe former une idée de l'infertion des groffes branches fur le tronc, il ne faut pas croire que des faifceaux de fibres ligneufes fe féparent çà & là pour former deux ou trois branches, comme fi on féparoit en deux ou trois parties les filaments d'un écheveau de fil : cette idée feroit peu exacte, puifque les branches ont un centre d'où émanent les productions médullaires, & des couches ligneufes, qui, en fe recouvrant les unes les autres, forment le corps ligneux que l'écorce enveloppe précifément comme elle recouvre le tronc : en un mot, les branches ne font point une divifion partielle du tronc, puifque chaque branche eft, à la groffeur près, tout-à-fait femblable au tronc même qui les porte. Si l'on coupe un arbre divifé en deux branches à un pied au-deffus de la bifurcation (Pl. VII. *Fig.* 1.), l'aire de Pl. VII. fig. 1. la coupe ne préfente autre chofe que l'aire de deux troncs coupés horifontalement : fi enfuite l'on coupe ces mêmes branches dans le fourchet, tout près du tronc, l'on apperçoit un nombre de couches ligneufes (Pl. VI. *Fig.* 2.) con- Pl. VII. fig. 2. centriques à l'axe de ces branches, ainfi qu'on les voit dans la première coupe; mais les couches ligneufes de ces branches font enveloppées d'autres couches qui, les entourant toutes deux, forment une enveloppe commune aux couches ligneufes qui appartiennent à chacune de ces branches. Si l'on coupe encore de l'extrémité de ce tronc d'arbre une tranche de 3 ou 4 pouces d'épaiffeur, on voit, comme dans la *fig.* 3. que les couches, qui appartiennent à chaque branche, Fig. 3. font alors en moindre nombre, au lieu que les couches générales ou communes aux deux branches, font plus nombreufes ; ainfi, à mefure que l'on retranche du bois de l'extrémité de ce tronc d'arbre, le nombre des couches particulières à chaque branche diminue, & celui des couches communes augmente, jufqu'à ce qu'enfin les couches propres à chaque branche aient difparu; & alors on ne voit plus que les couches qui forment le corps du tronc, & dont nous avons parlé plus haut.

Pl. VI. fig. 4.

Fig. 5.

Par ce que nous venons de dire, on conçoit que les couches ligneuſes, propres aux branches (Pl. VI. *Fig.* 4.) forment dans le tronc un cône renverſé (*Fig.* 5.), dont le ſommet eſt dans l'intérieur de l'arbre, & la baſe au niveau du
fourchet. La cauſe de cette diſpoſition deviendra ſenſible,
lorſque nous parlerons dans la ſuite de l'accroiſſement des
arbres & de l'éruption des branches. *

Comme le tronc d'un arbre ſe diviſe en pluſieurs groſſes
branches, ces premieres branches ſe diviſent elles-mêmes en
d'autres branches plus menues ; & celles-ci ſe diviſent encore, & ſe ſubdiviſent juſqu'aux plus petites branches qui ont
été produites dans la derniere année. Toutes ces branches
font les unes à l'égard des autres, des angles plus ou moins
ouverts : cela dépend, ou de l'eſpece d'arbre, ou de pluſieurs
cauſes, dont nous aurons occaſion de parler.

La poſition des branches les unes ſur les autres mérite une
ſinguliere attention. Beaucoup d'arbres, ainſi que les Poi-

Fig. 6.

riers, les Pommiers, &c. (*Fig.* 6.) ont leurs branches poſées alternativement les unes au-deſſus des autres ; d'autres,
au contraire, telles que celles de l'Aubier, du Frêne, &c.

Fig. 7.

(*Fig.* 7.) les ont oppoſées deux à deux ; d'autres les ont diſpoſées en ſpirale ; d'autres ſont verticillées. Comme ces différentes poſitions des branches ſont ſemblables à celles des
boutons, je renvoie ce détail à l'article où je traiterai des
boutons : il ſuffit d'avoir indiqué ici que ces différentes poſitions ſont preſque toujours ſemblables dans un même genre d'arbre, & qu'elles peuvent ſervir, ſinon à les caractéri-
ſer, du moins à les faire reconnoître.

Les jeunes branches ſont chargées de boutons d'où ſortent des feuilles, des fleurs & des fruits : ces parties méritent
d'être examinées chacune en particulier ; mais avant de terminer cet Article, je crois devoir rapporter ici les tentatives que j'ai faites pour parvenir à connoître la proportion
qu'il y a entre la ſolidité du tronc & celle des branches.
Comme le tronc d'un arbre ſe diviſe quelquefois en 2, 3, 4,
& même en 6 parties, je me ſuis propoſé de connoître ſi
la ſomme de la ſolidité de toutes ces branches eſt égale, ſupérieure, ou moindre que la ſolidité du tronc qui leur don-

* *Voyez* Livre IV.

ne naissance. A l'article de l'accroissement des arbres * je parlerai du développement des branches comparées les unes aux autres. Cette matiere présente des choses bien dignes d'être remarquées : & je rapporterai alors les observations que j'ai faites sur ce sujet.

Article III. *De la proportion qu'il y a entre l'épaisseur du Tronc des Arbres & celle des Branches qui en partent.*

On sait que les cercles sont entre eux comme le quarré de leur diametre ou de leur circonférence. En partant de ce principe, voici comme nous avons opéré : N°. 1. Nous avons mesuré la circonférence du tronc d'un Mûrier, & nous avons trouvé son quarré de 462 lignes quarrées. Il partoit de ce tronc deux branches seulement, dont les quarrés des circonférences se sont trouvés, pris ensemble, de 556 lignes quarrées. Ainsi l'épaisseur ou l'aire du tronc étoit à la somme de celle des deux branches, comme 5 est à 6.

N°. 2. Nous avons encore mesuré la circonférence du tronc d'un Cerisier : elle s'est trouvée de 246 lignes, dont le quarré est 60516. Il partoit de ce tronc trois branches, dont de même nous avons mesuré la circonférence.

La premiere branche s'est trouvée de . . . . . . 156.
Et le quarré de . . . . 24336.
La seconde branche, de même que la premiere, de   156.
Par conséquent le quarré de . . . . . 24336.
La troisieme branche de . . . . 160.
Et le quarré de . . . . 25600.
Ainsi la somme des quarrés des trois branches s'est

trouvée de . . . . 74272.
Donc le rapport de l'épaisseur du tronc étoit moindre que la somme des épaisseurs des trois branches, de presque un quart.

N°. 3. Nous avons mesuré la circonférence du tronc d'un Coignassier (Pl. VI. *Fig.* 9.) qui portoit 6 branches, dont Pl. VI. fig. 9. nous avons aussi mesuré les circonférences, comme il suit :

* *Voyez* Livre IV.

Tronc 29 pouces; le quarré 121104 lignes.

1ere. branche	16 pouces 9 lig.	le quarré 40401	
2 branche	14 pouces 6 lig.	le quarré 30276	
3 branche	12 pouces ;	le quarré 20736	} lignes
4 branche	10 pouces ;	le quarré 14400	
5 branche	13 pouces ;	le quarré 24336	
6 branche	12 pouces ;	le quarré 20736	

Le total des quarrés des circonférences des 6 branches étant de 150885 lignes quarrées, le rapport de l'épaiſſeur du tronc eſt aux épaiſſeurs des branches, à-peu-près comme 4 eſt à 5.

Dans tous les exemples que nous venons de rapporter, on voit que la ſomme des branches qui partent d'un tronc, excede celle du tronc qui les porte, à-peu-près dans le rapport de 5 à 4.

N°. 4. Pour étendre encore plus nos connoiſſances, nous nous ſommes propoſé d'examiner le rapport des branches du ſecond ordre avec celles du premier ordre, & avec le tronc. On conçoit aiſément que nous appellons branches du premier ordre, celles qui partent immédiatement du tronc; & branches du ſecond ordre, celles qui partent de ſes premieres branches.

Ceci bien entendu, le Mûrier, dont nous avons parlé, N°. 1, portoit deux branches du premier ordre; & ces deux branches en fourniſſoient cinq du ſecond. Les quarrés des circonférences de ces cinq branches s'étant trouvés égaux à 549, le rapport de ces 5 branches avec le tronc étoit comme 100 eſt à 119; & le rapport de ces cinq mêmes branches du ſecond ordre avec les deux du premier ordre, comme 100 eſt à 101. Ainſi les branches du premier ordre gagnent, & ſur le tronc, & ſur les branches du ſecond ordre. Voyons ſi cela ſe ſoutiendra dans un autre exemple.

Pl. VI. fig. 9. N°. 5. Nous avons choiſi un arbre dont la tige aſſez baſſe, ſe diviſoit en 6 branches, à-peu-près comme dans la *Fig.* 9; leſquelles ſe ſubdiviſoient chacune en deux branches, excepté une qui ſe diviſoit en trois. Ainſi le tronc unique produiſoit 6 branches du premier ordre, qui donnoient naiſſance à 13 branches du ſecond ordre.

Le

Le quarré de la circonférence du tronc s'est trouvé de 125316 lignes quarrées.

La somme des quarrés des circonférences des 6 branches du premier ordre, de 147694.

Ainsi le rapport du tronc avec les 6 branches du premier ordre étoit comme 50 est à 59, & à-peu-près comme dans les exemples précédents. Mais la somme des quarrés des circonférences des 13 branches du second ordre ne s'étant trouvée que de 122481, il s'ensuit que le rapport du tronc avec les treize branches étoit à-peu-près comme 51 est à 50; & le rapport de ces treize branches du second ordre aux six du premier, comme 5 est à 6, ou à-peu-près. Donc les treize branches étoient un peu moindres, non-seulement que les six branches du premier ordre, mais même que le tronc : ce qui s'accorde, à peu de chose près, avec l'observation faite sur le Mûrier.

Il doit paroître singulier que les branches du premier ordre gagnent constamment de valeur sur le tronc, & que dans les deux exemples que nous venons de citer, les branches du second ordre perdent sur celles du premier. Je crois que la cause de cette bizarrerie vient de ce qu'il meurt quantité de menues branches, & que cela diminue d'autant la solidité de ces sortes de branches : car en supposant que l'on ait abattu une des six branches du premier ordre de l'arbre Nº. 5, il est probable que les autres auroient pu en devenir plus vigoureuses, & augmenter un peu de grosseur; mais si cette augmentation n'étoit pas proportionnée à la branche retranchée, les cinq branches restantes se trouveroient égales, ou inférieures au tronc, qui pourroit bien lui-même avoir un peu profité du retranchement de cette sixieme branche.

Pour essayer de reconnoître cette vérité, j'ai choisi pour cette expérience un jeune Noyer, disposé comme dans la Pl. VI. fig. 8. Fig. 8.

Le quarré de la circonférence de son tronc mesuré vers le bas, s'est trouvé de 5625.

Le quarré de la circonférence de son tronc, mesuré sous les premieres branches, s'est trouvé de 2304.

Cette différence de grosseur du tronc mesuré vers le bas

N

& vers le haut, vient, 1°. de ce qu'il y a plus de couches ligneufes au bas des arbres qu'au haut. Nous en dirons la raifon quand nous parlerons de l'accroiffement des arbres : 2°, de ce que, fans doute, beaucoup de branches avoient percé dans toute la longueur de cette tige, qui avoit environ cinq pieds & demi de hauteur.

Ainfi le rapport du tronc, mefuré vers le bas, eft au même tronc mefuré vers le haut, comme 61 eft à 25.

Les quarrés des cinq branches du premier ordre mefurées auprès du montant principal, fe font trouvées de 3105.

Donc le rapport du tronc vers le haut, aux 5 branches du premier ordre, eft comme 20 eft à 27; ce qui s'accorde avec ce qui a été dit plus haut.

J'ai enfuite mefuré la circonférence de toutes les jeunes branches qui partoient des cinq premieres, à un quart de pouce à-peu-près au-deffus de leur infertion fur ces cinq premieres branches. La fomme des quarrés de toutes ces branches s'eft trouvée de 3237. Donc le rapport du tronc pris en haut, étoit aux vingt-une petites branches, comme 5 eft à 7.

Et celui de ces vingt-une branches aux 5 qui partoient du tronc, étoit comme 26 eft à 25.

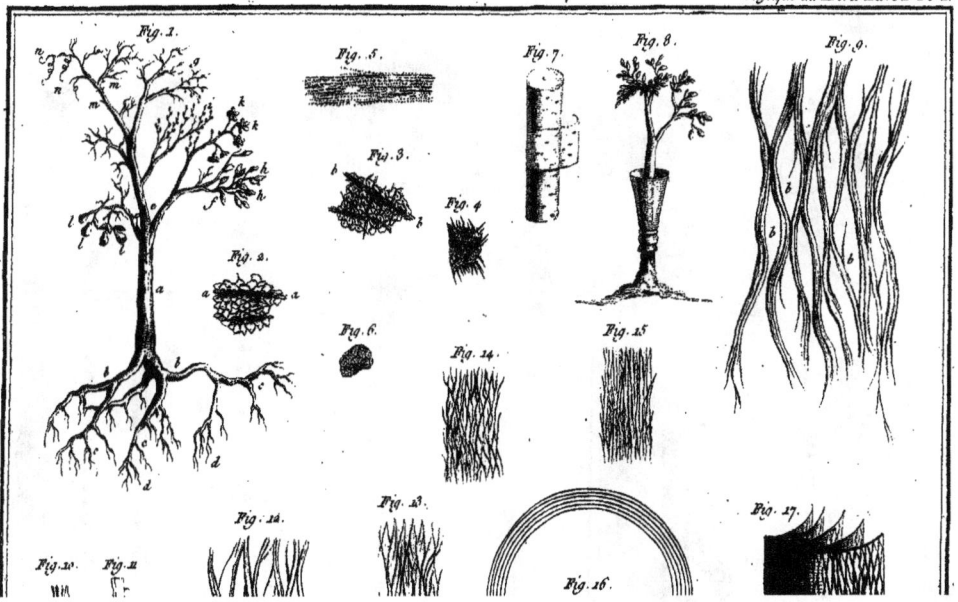

Fig. 1. Fig. 5. Fig. 7. Fig. 8. Fig. 9. Fig. 3. Fig. 4. Fig. 2. Fig. 6. Fig. 15. Fig. 14. Fig. 10. Fig. 11. Fig. 12. Fig. 13. Fig. 16. Fig. 17.

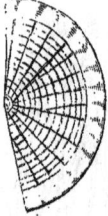

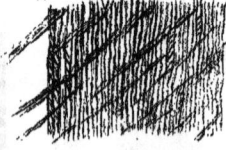
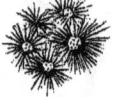

Fig. 2.   Fig. 3.   Fig. 4.   Fig. 5.   Fig. 6.   Fig. 7.

Fig. 8.   Fig. 9.   Fig. 10.   Fig. 1.   Fig. 12.   Fig. 13.   Fig. 14.   Fig. 15.

Fig. 11.   Fig. 18.   Fig. 19.

Fig. 25.   Fig. 26.   Fig. 23.   Fig. 22.   Fig. 24.   Fig. 20.

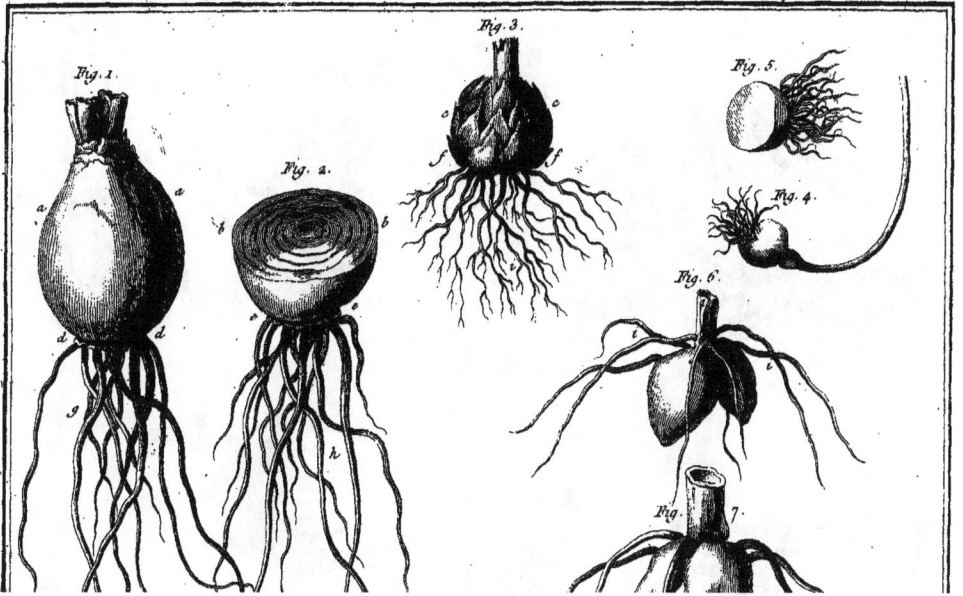

Fig. 1.

Fig. 2.

Fig. 3.

Fig. 5.

Fig. 4.

Fig. 6.

Fig. 7.

Fig. 8.

Fig. 12.

Fig. 11.

Fig. 9.

Fig. 13.

Fig. 10.

Fig. 1.

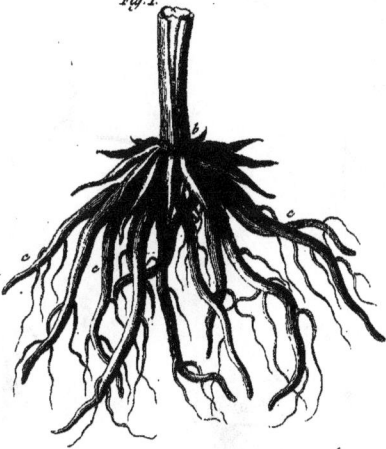

Fig. 2.

Fig. 4.

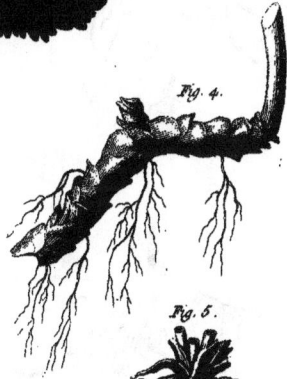

Fig. 3.

Fig. 5.

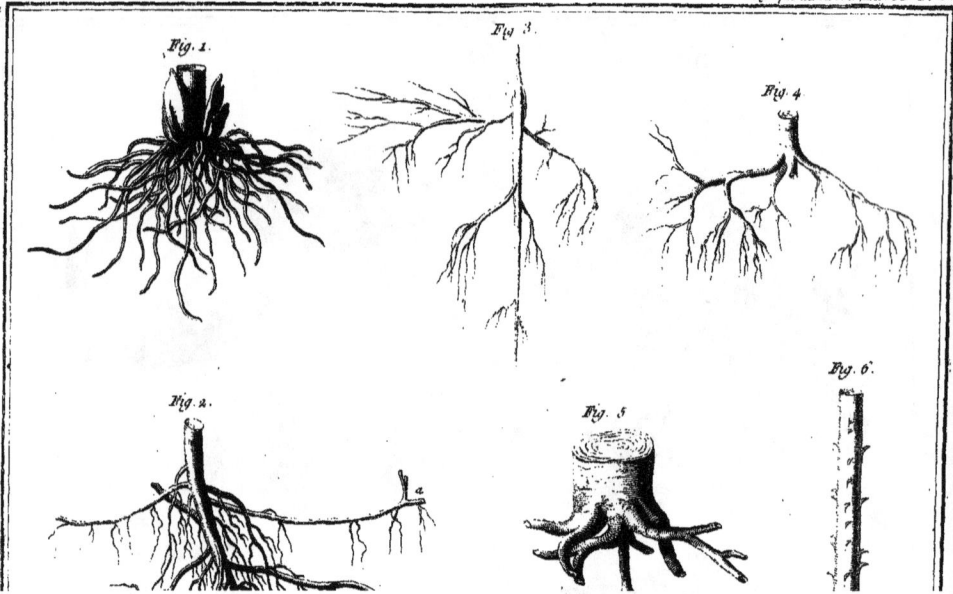

Fig. 1.

Fig. 3.

Fig. 4.

Fig. 2.

Fig. 5.

Fig. 6.

Fig. 1.

Fig. 2.

Fig. 3.

Fig. 4.

Fig. 5.

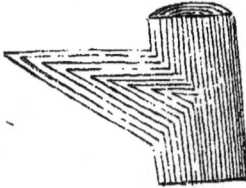

Fig. 8.

Fig. 6.

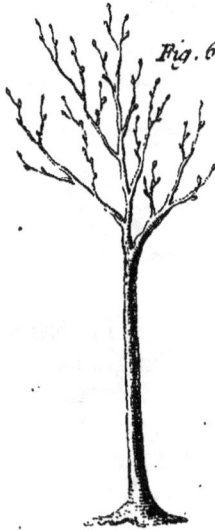

Fig. 7.

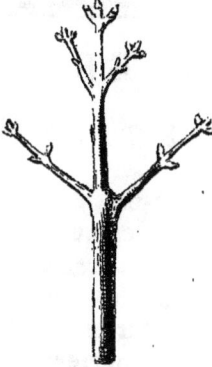

Fig. 9.

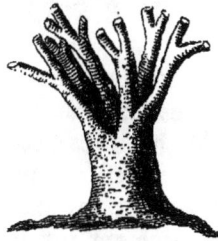

LIVRE SECOND.

DES BOUTONS, DES FLEURS, ET DES FRUITS.

INTRODUCTION.

APRE's avoir examiné dans le Livre précédent le tronc & les branches des arbres, il convient de parler maintenant des différentes parties dont les branches font chargées. Ce fera la matiere du fecond & du troifieme Livre. Nous traiterons dans le fecond des boutons à bois, des feuilles, des poils, des épines & des mains. Nous parlerons dans le troifieme des organes de la fructification.

CHAPITRE PREMIER.

DES BOUTONS A BOIS.

DANS le cours de l'été il fe forme peu-à-peu dans l'aiffelle des feuilles, ou dans l'angle que forment les queues des feuilles avec les branches, de petits corps ordinairement conoïdes ; c'eft ce qu'on nomme *les boutons.* On les apperçoit en hiver fur les jeunes branches; quelquefois fur les groffes, mais rarement fur le tronc. Les boutons fe montrent alors fous des formes différentes, fuivant les différents genres d'arbres qui les portent. Ils font attachés par un pédicule fort court fur un bourfouflement de la branche, affez femblable à une confolle, & qui l'été précédent fourniffoit une attache à la feuille, dans l'aiffelle de laquelle s'eft formé le bouton. Nous en parlerons dans la fuite; il ne s'agit ici que des boutons.

Non-feulement les boutons de chaque genre d'arbres ont des formes particulieres, mais fouvent les boutons de chaque efpece en affectent une, qui, bien obfervée, eft très-utile pour diftinguer ces efpeces entre elles; & ces différentes formes des boutons fuffifent ordinairement aux Jardiniers qui élevent des arbres en pépinieres, pour connoître la plus grande partie des arbres qu'ils cultivent. Il ne m'eft pas poffible d'entrer ici dans un grand détail fur cette matiere; je vais feulement décrire les différences les plus frappantes qu'offrent les boutons des arbres de différents genres.

M. Bonnet de Geneve range en cinq claffes la difpofition refpective des boutons fur les branches.

Il place dans la premiere les boutons alternatifs, ou *alternes*, comme difent les Botaniftes : tels font ceux du Coudrier. (Voyez Pl. VIII. *Fig.* 1.)

Pl. VIII.
Fig. 1.

Dans la feconde, les boutons à paires croifées : les Botaniftes les nomment *oppofés*. Le Frêne peut être donné pour exemple. (Voyez *Fig.* 2.)

Fig. 2.

Dans la troifieme claffe, les boutons qui forment des efpeces d'anneaux autour des branches : les Botaniftes les appellent *verticillés*. M. Bonnet en donne pour exemple le Grenadier (*Fig.* 3.) Cependant, fur prefque toutes les jeunes branches de cet arbre, les boutons font feulement oppofés.

Fig. 3.

Les boutons de la quatrieme claffe font ceux qui forment les uns à l'égard des autres, des quinconces, & tous enfemble une fpirale fort alongée; & qui parcourt, en forme de tire-boure, le tour des branches, ainfi qu'on le voit fur les branches de quantité d'arbres fruitiers, & particuliérement du Prunier (*Fig.* 4.)

Fig. 4.

Enfin, M. Bonnet range dans la cinquieme claffe les arbres dont les feuilles font autour des branches une double fpirale, ou une viffe à double pas, comme on le voit fur le Pin (*Fig.* 5.) Ce font les attaches des feuilles qui tracent les

Fig. 5.

Pl. VIII.

hélices dont nous venons de parler; car les Pins n'ont point leurs vrais boutons placés dans les aiffelles de leurs feuilles, mais feulement au bout des branches.

Comme nous réfervons à parler dans l'Article des feuilles, de leur pofition alterne ou oppofée, différence très-frappante & très-propre à faire diftinguer certains genres d'arbres, dans le temps qu'ils ne portent point les parties de la fructification qui doivent particuliérement fervir à les diftinguer, nous ferons feulement remarquer ici, que dans les arbres qui ont leurs feuilles oppofées, les branches fe terminent le plus fouvent par trois boutons qui repréfentent une efpece de fleur de lis, le bouton du milieu étant plus gros que les deux autres; & que dans la plupart des arbres dont les boutons font alternes, les jeunes branches font ordinairement terminées par un feul bouton. Car je compte pour rien dans l'un ou l'autre cas, ces petits boutons avortés, d'où il ne fort qu'une feuille ou deux, & qui fouvent même ne s'ouvrent point.

On peut encore remarquer qu'il y a des arbres, tels que le Lilac (*Fig.* 6.) dont les boutons s'écartent tellement des branches qui leur donnent naiffance, qu'ils s'implantent prefque perpendiculairement fur elles: d'autres, tels que ceux des Cornouilliers (*Fig.* 7.) font en quelque forte collés dans toute leur longueur fur la branche.

Le Bonnet-de-Prêtre à larges feuilles (*Fig.* 8.) offre une autre fingularité. Les boutons de l'extrêmité des branches font appliqués tout près des branches, comme ceux des Cornouilliers, & les boutons d'en bas en font très-écartés.

Il y a, outre cela, des boutons anguleux: ceux de l'extrêmité des branches du Noyer ordinaire (*Fig.* 9.) peuvent être données pour exemple. D'autres, longs & pointus; le Charme (*Fig.* 10.) D'autres, courts & ronds; la plupart des boutons du Noyer déja cité (*Fig.* 9.) Il y a des boutons velus; le *Viburnum* (*Fig.* 11.) D'autres, unis & liffes; le Cerifier (*Fig.* 12); ou réfineux, comme le Tacamahaca (*Fig.* 13 & 16.) Les uns font petits, tels que ceux du Chêne (*Fig.* 14.) ou du Catalpa (*Fig.* 15.) D'autres boutons font fort gros; tels font ceux du Marronnier d'Inde (*Fig.* 17.) &c.

Fig. 6.

Fig. 7.

Fig. 8.

Fig. 9.

Fig. 10.

Fig. 9.

Fig. 11.

Fig. 12 & 13.

Fig. 14.

Fig. 15.

Fig. 17.

Pl. VIII.

Je ne m'étendrai pas davantage fur ces différences ; il fuffit d'en avoir indiqué les principales, pour engager ceux qui fe propoferont de connoître les arbres, à prêter attention aux différentes formes des boutons : ils profiteront ainfi d'un fecours qui leur en facilitera la connoiffance pendant l'hiver, où les arbres font dépourvus de fleurs & de fruits, & même dépouillés de leurs feuilles.

Outre les différences qui fervent à diftinguer les boutons des arbres de différents genres, & quelquefois de différentes efpeces, on voit encore plufieurs fortes de boutons fur un même arbre : des uns qui font ordinairement pointus, il en fort des branches ; & des autres, qui font communément plus gros & plus arrondis, fortent les fleurs. Les premiers font nom-

Fig. 18.
més par les Jardiniers *Boutons à bois* (*Fig.* 18), & les autres
Fig. 19.
(*Fig. 19.*) *Boutons à fruit.* Ces deux boutons repréfentés dans la figure font ceux du Poirier.

On peut encore dans plufieurs efpeces d'arbres, tels que fur les Poiriers, les Pommiers, les Néfliers, &c. diftinguer deux efpeces de boutons à bois.

On y en voit de très-petits, d'où il ne fort qu'un bouquet de feuilles ; mais ces boutons deviennent ordinairement dans la fuite des boutons à fruit ; les autres qui font plus gros, donnent des branches.

Ce que nous venons de dire fur les boutons à fruit, regarde les arbres qui portent des fleurs complettes ; c'eft-à-dire, dont chaque fleur renferme tous les organes de la fructification ; comme le Poirier, le Pêcher, le Cerifier, &c. Car entre les arbres qui produifent des fleurs à étamines & des fleurs à piftile, fur différents individus ou fur un même individu, mais à des parties féparées, il faut diftinguer deux efpeces de boutons à fleur, puifque dans nombre d'efpeces, les boutons d'où fortent les chatons, font très-différents de ceux d'où fortent les fruits : par exemple, il fort du gros

Fig. 9.
bouton placé au bout des branches du Noyer (*Fig. 9.*) une nouvelle branche ; les fruits fortent des boutons plus petits, qui font le long des branches ; & les chatons fortent d'autres très-petits boutons, à peine perceptibles, qui font placés à côté de ceux qui fournifent les fruits.

Pl. VIII.

Comme une partie de ce qui me resteroit à dire sur les organes contenus dans les boutons à bois & dans ceux à fruit, deviendroit inintelligible pour le commun des Lecteurs qui n'a pas assez de connoissances préliminaires sur l'anatomie des végétaux, je n'entrerai pas dans tous les détails de ce que la dissection fait appercevoir dans l'intérieur des boutons, principalement de ceux à fruit; je me contenterai seulement de dire que les boutons à bois & ceux à fleur sont formés par des écailles creusées en cuilleron, lesquelles en se recouvrant les unes sur les autres, forment des enveloppes capables de protéger, pendant la saison de l'hiver, les parties intérieures qui sont extrêmement tendres & délicates. Les écailles extérieures sont ordinairement assez dures, & garnies de poils intérieurement & sur leurs bords; leur extérieur ressemble assez souvent à l'écorce des jeunes branches. Les écailles intérieures sont plus minces, plus tendres, plus succulentes; leur couleur tire sur le verd; leurs poils sont mous & blanchâtres; & ces écailles herbacées sont presque toujours enduites d'une humeur visqueuse qui les unit très-intimement les unes aux autres.

Quand on pénetre plus avant dans l'intérieur des boutons, on découvre d'autres feuillets très-minces, de différentes figures, & qui quelquefois ne sont que de simples filets. Toutes ces parties rangées avec beaucoup d'art, enveloppent les rudiments d'une jeune branche, ou d'une fleur dont je ferai ailleurs la description. Il faut remarquer ici seulement que les écailles extérieures, celles qui sont intérieures, & même les feuillets, s'implantent sur les lames intérieures de l'écorce, dont elles semblent n'être qu'un prolongement; & que les jeunes branches, ou les fleurs, paroissent partir d'entre les fibres ligneuses & les corticales, ou aboutir aux fibres ligneuses & à la moëlle des petites branches qui les portent.

On verra dans la suite de cet ouvrage que les rudiments des branches & des fleurs contenues dans les boutons, peuvent être apperçus dès l'automne, & que ces différentes parties croissent même pendant l'hiver. C'est dans cette saison, où le mouvement de la seve paroît suspendu, que les différentes parties des fleurs se forment, pour ainsi dire, clan-

Pl. VIII. deſtinement; & qu'elles ſe diſpoſent à paroître au printemps: alors, dès que le mouvement de la ſeve devient plus ſenſible, les boutons s'ouvrent, les écailles extérieures tombent, les intérieures acquierent de l'étendue; on les voit pendant quelque temps accompagner les nouvelles productions qui font du progrès; mais peu après ces écailles intérieures ſe détachent comme les écailles extérieures, ou bien elles ſe deſſechent, & enfin elles tombent.

Il y a cependant des boutons plus ſimples encore que ceux que nous venons de décrire: quelques-uns ne paroiſſent avoir que des enveloppes extérieures; mais comme nous ne nous propoſons pas de décrire les boutons de tous les arbres de différents genres, nous croyons que ce que nous venons de dire ſuffira pour guider ceux qui ſe propoſeront d'en faire un examen plus précis & plus étendu. Je termine cet Article, en faiſant remarquer que les plantes annuelles n'ont point de boutons: les plantes qui ne ſont vivaces que par leurs racines, ne portent point auſſi de boutons ſur leur tige, mais ſeulement ſur leurs racines: il n'y a que les plantes dont les tiges & les branches ſont vivaces, qui en ſoient pourvues ſur ces parties.

On peut, avec Grew, comme nous l'avons dit en parlant des racines, regarder les oignons comme des eſpeces de boutons. Mariotte a fort bien remarqué qu'on peut voir, dès le mois de Janvier dans l'intérieur des oignons, par exemple, dans ceux de Tulippe, avec le ſecours d'une ſimple loupe, les ſix feuilles de la fleur, le piſtile qui doit porter les ſemences, & les étamines qui l'accompagnent.

L'oignon étant mis en terre, pouſſe d'un de ſes côtés un nouvel oignon, lequel, au mois d'Avril ſuivant n'eſt pas plus gros qu'une lentille; il croît enſuite en même-temps que la fleur. Si on l'examine lorſqu'il eſt encore petit, on découvre diſtinctement ſes enveloppes; mais on n'y peut appercevoir aucune apparence des parties de la fleur. Enfin, lorſque la fleur eſt paſſée, & que les ſemences ſont parvenues à leur maturité, alors le nouvel oignon a acquis à-peu-près toute ſa groſſeur; & vers les premiers jours de Juin, on commence à découvrir dans l'intérieur quelques petites feuilles,

les que l'on a beaucoup de peine à discerner même avec
le microscope.

. J'ai cru devoir rapporter ceci pour donner une idée de
la façon dont se forment peu-à-peu, dans l'intérieur des boutons, les parties qui doivent se montrer au printemps. Je
m'étendrai davantage sur ce point, lorsque je parlerai des
fleurs.

Mariotte nous fournit encore une fort jolie expérience sur
les parties contenues dans les boutons : comme elle vient ici
tout naturellement, je vais la rapporter. Ce Physicien coupa, vers la fin du mois d'Août, les branches d'un Rosier
& toutes ses feuilles, & ne lui laissa que les boutons qui
devoient produire des roses au printemps suivant. Ces boutons s'ouvrirent, ils produisirent des branches; mais ils ne
donnerent aucune fleur. Cela prouve donc que les fleurs n'é-
toient pas encore formées dans ces boutons; qu'elles se forment pendant l'automne, & même pendant l'hiver; & que
le retranchement des branches & des feuilles ayant empêché
les fleurs de se former, les boutons n'ont pu donner que
des branches.

CHAPITRE II.

DES FEUILLES EN GÉNÉRAL.

LES Feuilles font des productions minces; elles garnissent
principalement les jeunes branches; & par leur couleur, par
la variété de leur forme, & leur multiplicité, elles font la
plus durable décoration des arbres. Plusieurs fleurs, il est vrai,
charment par l'éclat de leurs couleurs & par l'élégance de
leur forme, mais elles ne font qu'un ornement passager; celui que les feuilles fournissent aux arbres est bien plus durable ; j'ajoute qu'il est plus utile, puisque ce font elles qui
nous préservent pendant l'été de l'ardeur des rayons du soleil, & qu'elles nous mettent, par leur ombrage salutaire,
en état de profiter des agréments de la promenade. Quelques

O

Pl. VIII. arbres même qui confervent leurs feuilles pendant toute l'année, peuvent nous fournir de bons abris pendant l'hiver. Et pour continuer de parler de l'utilité des feuilles, relativement à des objets qui font étrangers aux arbres qui les portent, nous pouvons ajouter qu'elles fourniffent encore la nourriture à quantité d'animaux : combien d'infectes ne tirent leur fubfiftance que des feuilles des arbres? Les hannetons, les cantharides, les chenilles détruifent quelquefois toute la verdure des arbres, & rendent les plus beaux bois auffi défagréables qu'en hiver. Les vers à foie, eux qui nous fourniffent la matiere de nos plus précieux vêtements, ne fe nourriffent que des feuilles de Mûriers. Dans quantité de Provinces on arrache les feuilles des arbres pour en nourrir le bétail pendant l'hiver ; l'on ramaffe celles qui font tombées pour en faire de la litiere, ou pour fuppléer au défaut de bois pour le chauffage ; les feuilles pourries fourniffent un excellent terreau. Enfin les Médecins employent fouvent, & par préférence, en médicaments, les feuilles aux autres parties des arbres, parce que dans ces cas ils y ont apparemment reconnu plus de vertu.

Au refte, comme ces ufages font étrangers aux arbres, & que les feuilles en ont de particuliers, immédiatement relatifs à la végétation, nous nous propofons de ne parler ici que de cet objet ; mais je dois, avant tout, dire quelque chofe des variétés qu'on obferve dans leur forme & dans leur organifation.

ARTICLE I. *De la pofition des Feuilles fur les Branches, & des Stipules.*

COMME la pofition des feuilles eft femblable à celle des boutons, il me fuffit d'avertir que ce que j'ai dit des boutons, a fon application aux feuilles, & qu'elles font, ainfi que ceux-là, ou oppofées, ou verticillées, ou alternes, ou pofées en hélices fimples ou doubles.

Fig. 20. La façon dont elles s'attachent fur les branches offre auffi des variétés remarquables : les unes, comme le Noyer (*Fig.* 20.) ont leurs queues fort groffes à leur infertion, ou bien elles s'élargiffent & enveloppent prefque toute la tige, ce qui eft commun à toutes les umbelliferes, comme l'*Aralia* (*Fig.* 21.) La partie inférieure des feuilles des Graminées forme un tuyau dans lequel paffe la tige. Voyez *Arundo* (*Fig.* 22.) Quand la branche femble traverfer les feuilles, on les nomme *perfoliées* : *Peryclimenum* (*Fig.* 23.) Quantité de feuilles s'implantent fur un petit renflement de la branche, qui eft affez gros au Prunier de reine-claude, plus petit au Poirier, (voyez *Fig.* 24.); encore plus petit au Cerifier *Mahaleb* (*Fig.* 25.) Enfin il y en a qui font accompagnées, à leur infertion fur la branche, de deux petites feuilles que l'on nomme *Stipules* : ces ftipules font ovales, & affez grandes au Tulipier (*Fig.* 26.); étroites au Poirier, au Cerifier *Padus* (*Fig.* 27.); elles forment une manchette, ou une fraife qui enveloppe les branches du Platane (*Fig.* 28.) Enfin il y a des arbres qui confervent leurs ftipules jufqu'à la chûte des feuilles, & d'autres qui les perdent beaucoup plutôt.

Pl. VIII.

Fig. 21.

Fig. 22.
Fig. 23.

Fig. 24.
Fig. 25.

Fig. 26.
Fig. 27.
Fig. 28.

La figure 29 repréfente les ftipules du Charme. Lorfque les feuilles font encore très-petites, elles font recouvertes par ces ftipules qui s'ouvrent enfuite, & alors les petites feuilles de l'arbre paroiffent. La figure 30 repréfente les ftipules du *Staphilodendron* ; elles font fort longues & pointues.

Fig. 29.

Fig. 30.

Le Laurier-Tulipier a fes feuilles enveloppées par deux grandes ftipules qui ont quelquefois plus de deux pouces de longueur, elles tombent quand les feuilles s'épanouiffent. Les écailles intérieures des boutons des Erables (*Fig.* 31.) s'allongent au contraire, fubfiftent affez long-temps, & forment des efpeces de ftipules. Les feuilles *conjuguées* que l'on voit dans la même figure (ce terme fera expliqué dans peu), ont auffi quelquefois des ftipules.

Fig. 31.

ART. II. *De la forme des Feuilles.*

IL Y A des plantes qui n'ont point de feuilles; tels font les Champignons : quelques arbuftes même n'en ont prefque point, ainfi que l'*Ephedra* ; mais prefque tous les arbres, les arbriffeaux & les arbuftes en font pourvus.

Pl. VIII. On peut divifer les feuilles en deux claffes générales ; les fimples, & les compofées.

Les feuilles fimples ne font qu'un épanouiffement des vaiffeaux de la queue : les feuilles compofées font formées d'un nombre de feuilles fimples, qu'on nomme *Folioles*, lefquelles font attachées à une queue commune à toutes. Quelquefois, outre cette queue commune, chaque foliole a une queue qui lui eft propre. Je vais commencer par détailler les différences qu'on apperçoit entre les feuilles fimples ; je parlerai enfuite des feuilles compofées.

ARTICLE III. *Des Feuilles fimples.*

IL Y A des feuilles qui, comme celles du *Chenopodium vermiculare*, font épaiffes & fucculentes : on les nomme *Feuilles graffes* : d'autres qui font unies & feches, telles que celles du Bouis, du Laurier. D'autres feuilles font creufées par-deffus de fillons affez profonds, & relevées par-deffous d'arrêtes faillantes ; telles font les feuilles de la Sauge : les unes font liffes & brillantes, comme le Laurier-Cerife ; d'autres font rudes au toucher, & d'un verd terne, ainfi que le Figuier, l'Orme. Il y a des feuilles qui font velues ou veloutées, comme celles du *Phlomis* : les unes font fermes comme du vélin, ainfi que celles du Platane ; d'autres font molles comme au *Catalpa*. Les feuilles de certains arbres font d'un verd gai : par exemple, celles du Frêne : d'autres font d'un verd foncé ; l'Aune, l'If ; ou d'un verd obfcur, comme au Cyprès ; ou d'un verd argenté, comme au Saule, à l'*Eléagnus*, au *Rhamnoïdes* : le verd de quelques feuilles tire fur le bleu, ainfi que celles de l'*Othonna* : quelques autres deviennent en automne d'un fort beau rouge ; la Vigne-vierge, l'Erable de Canada, &ç.

Le deffous des feuilles eft prefque toujours d'une autre couleur que le deffus : cela eft fur-tout très-frappant dans les feuilles de l'Ypréau, dont le deffous eft auffi blanc que du papier, & le deffus eft d'un verd fi foncé, qu'il en paroît noir. Prefque toujours encore le deffous des feuilles eft plus velu que le deffus. Enfin il y a des feuilles qui font pana-

chées, ou de blanc, ou de jaune, ou de rouge ; ainſi ſont Pl. VIII.
pluſieurs eſpeces de Houx, ou de Sauge.

La forme des feuilles varie autant que leur couleur ; mais
en général, on les peut diſtinguer en deux claſſes ; ſavoir,
celles qui ſont entieres, & celles qui ſont découpées. Des
feuilles qui ſont entieres, les unes ſont ſi petites, qu'on ſeroit tenté de dire qu'elles font partie des branches mêmes
qui les portent, comme on le peut voir à celles du Cyprès ;
d'autres fort étroites, mais plus longues, ſe terminent en
pointe comme celles du Genevrier (*Fig.* 32.) Celles de l'If   Fig. 32.
(*Fig.* 33.) quoique de même figure à-peü-près, ne ſont point   Fig. 33.
piquantes : celles des Pins (*Fig.* 34.) ſont ſi étroites, relati-   Fig. 34.
vement à leur longueur, que nous les nommons *Filamenteu-*
ſes. On appelle d'autres feuilles *Graminées* ; celles-ci ſont fort
longues, aſſez étroites ; elles ſe terminent en pointe, &
elles prennent leur origine des nœuds, & forment à leur
naiſſance une gaîne qui enveloppe la tige : voyez *Arundo*
(*Fig.* 35.)   Fig. 35.

Les feuilles que nous nommons *Feuilles allongées*, ſontcelles
qui ont trois fois & demi, ou quatre fois plus de longueur
que de largeur, telles ſont celles de l'Amàndier (*Fig.* 36.)   Fig. 36.

Les *Feuilles ovales*, par exemple celles du Pommier (*F.* 37.) Fig. 37.
ont un quart, un tiers, une moitié, ou une fois plus de longueur que de largeur. Entre ces feuilles ovales, les unes ſe
terminent par une pointe obtuſe ; ou elles ſe terminent ſans
pointe, comme celles de l'Amélanchier (*Fig.* 38.) D'autres   Fig. 38.
finiſſent par une pointe aſſez longue, ainſi qu'au Plaquemi-
nier (*Fig.* 39.) On peut appeller *Feuilles ovoïdes*, celles dont Fig. 39.
le petit diametre de l'ovale n'eſt point au milieu de la feuille ; en ce cas, ſi l'évaſement eſt du côté de l'extrêmité de
la feuille, comme au Fuſtet (*Fig.* 40.) nous les nommons   Fig. 40.
Feuilles en palette ; ſi au contraire l'évaſement eſt du côté de
la queue (comme dans la *Fig.* 41.) nous les appellons *Feuil-* Pl. IX. fig. 41.
les de Myrte. Quantité de feuilles ſont preſque rondes, ainſi
que le Gaînier ordinaire (*Fig.* 42.) d'autres, arrondies ſe   Fig. 42.
terminent par une pointe aſſez longue, comme à l'Abrico-
tier (*Fig.* 43.)   Fig. 43.

Quelquefois les queües des feuilles s'implantent aſſez avant

Pl. IX. sur la nervure du milieu, & elles reſſemblent à un cœur;
on les nomme *Cordiformes* : les feuilles du Tilleul des bois
Fig. 44. approchent quelquefois de cette forme (*Fig.* 44.) Quand
la queue s'implante dans la feuille même, & non pas au bord,
on la nomme *Umbiliquée* ; telles ſont celles du *Meniſpernum*
Fig. 45. (*Fig.* 45.) Quelques eſpeces de Peupliers noirs portent des
Fig. 46. *feuilles triangulaires* (*Fig.* 46.) Si, outre cette figure, elles ſe
terminent par une longue pointe, on les nomme alors *Sa-*
Fig. 47. *gittées* : celles du Lilac (*Fig.* 47.) approchent de cette forme.

Entre ces *feuilles entieres*, les unes ont leurs bords tout-
à-fait unis, ainſi que dans les figures 39, 40, 41, 42, &c.
D'autres ſont garnies de quelques dentelures à leur extrêmi-
té, on les nomme *Crenelées* ; par exemple, celles du *Spiræa*
Fig. 48. à feuilles crenelées (*Fig.* 48.) Il s'en trouve qui n'ont qu'une
Fig. 49. ſeule crenelure, comme à l'*Emerus* (*Fig.* 49.) Il y en a qui
n'ont ſur leurs bords que quelques dentelures fort éloignées
Fig. 50. les unes des autres, ainſi que le Laurier-Ceriſe (*Fig.* 50.)
Les dentelures de certaines feuilles ſont quelquefois moins
Fig. 51. écartées, comme au Hêtre (*Fig.* 51.) ou très-pointues,
Fig. 52. comme au Charme (*Fig.* 52.) ou un peu arrondies, comme
Fig. 53. celles du Pommier (*Fig.* 53.) ou encore plus arrondies, com-
Fig. 54. me au Mûrier à larges feuilles (*Fig.* 54.) Toutes ces feuil-
les ſont dentelées plus ou moins finement. D'autres ont les
dents tellement arrondies, qu'elles forment des gaudrons.
Fig. 55. Voyez le Tremble (*Fig.* 55.)

On voit encore des feuilles qui ont de grandes dentelures,
ſur leſquelles mêmes, ou entre leſquelles il y a d'autres petites dents ; telles ſont celles de l'Orme à larges feuilles
Fig. 56. & 57. (*Fig.* 56.) du grand Meriſier des bois (*Fig.* 57.) du Peuplier-
Fig. 58. blanc (*Fig.* 58.) On peut les appeller *feuilles doublement den-*
telées ou *ſurdentelées* : celles de cette eſpece commencent à
ſortir de la claſſe des feuilles dentelées, pour entrer dans la
claſſe des feuilles découpées. Nous devons faire remarquer
que ces dentelures ſont quelquefois terminées par un filet,
Fig. 54. comme on le peut voir aux feuilles du Mûrier (*Fig.* 54.)
Quelquefois la dentelure eſt elle-même très-piquante, ainſi
Fig. 59. qu'à quelques eſpeces de Chêne verd (*Fig.* 59.) Le Houx
Fig. 60. (*Fig.* 60.) celui qu'on nomme *Hériſſon*, a même la ſuperfi-

Pl. IX. fig. 61.

cie de ſes feuilles hériſſée de pointes (*Fig.* 61.) On pourroit dire que les feuilles du Laurier-jambon ſont *guillochées* par les bords. Au reſte, les crenelures, les gaudrons, les dents ſimples ou doubles fourniſſent des variétés ſans nombre, dans l'énumération deſquelles nous ne pouvons pas entrer; il ſuffit d'en avoir donné une idée ſuffiſante, pour fixer l'attention de ceux qui s'attachent plus particuliérement à examiner en détail les feuilles des arbres.

Quand les dentelures, dont nous venons de parler, deviennent plus conſidérables, les feuilles ceſſent alors d'être réputées entieres, & on les nomme *ondées* ou *découpées*, ou *échancrées*, ou *laciniées*.

Ainſi donc une feuille ovale, telle que le déſigne la ligne ponctuée de la *Fig.* 62. mais dont le pourtour eſt formé par des gaudrons arrondis, grands & inégaux, de façon que la partie ſaillante réponde aux nervures principales, & que la partie rentrante ſoit formée entre ces nervures, par d'autres qui aient moins d'étendue; alors on ſe formera l'idée d'une feuille de Chêne, & cette feuille ſe nommera *ondée*; ſi, au lieu de ces ondes, les feuilles ſont preſque rondes ou ovales, & que les parties ſaillantes & les parties rentrantes ſoient pointues ou anguleuſes, alors elles ſeront nommées *découpées*, pourvu néanmoins que leurs parties ſaillantes ſoient peu conſidérables. Les feuilles du *Cratægus folio ſerrato* (*Fig.* 63.) en ſont un exemple. Si ces feuilles découpées ont leurs parties plus ſaillantes, on les nomme *échancrées*, comme celles du *Cratægus folio laciniato* (*Fig.* 64.) & *laciniées*, ſi elles le ſont encore plus; telles ſont celles de la Vigne, dite *la Cioutat* (*Fig.* 65.) & même encore plus, comme celles de l'*Abrotanum.* Enfin les feuilles ſont, ou ſimplement échancrées, ou découpées, comme celles de l'Erable de Montpellier (*Fig.* 66.) ou doublement découpées, ou dentelées, comme dans l'Erable à feuilles de Platane (*Fig.* 67.) & dans l'un & l'autre cas il y en a dont les bords ſont dentelés; ſavoir, l'Erable de Virginie (*Fig.* 68.) ou ſans dentelure, comme à l'Erable de Candie (*Fig.* 69.) & à celui de Montpellier (*Fig.* 66.) Mais ſi ces découpures ſont aſſez profondes pour parvenir juſqu'à la nervure du milieu, ou même juſqu'à la queue, alors

Fig. 62.

Fig. 63.

Fig. 64.
Fig. 65.

Fig. 66.

Fig. 67.

Fig. 68.

Fig. 69. & 66.

ce feront des feuilles compofées : nous allons en parler.

ART. IV. *Des Feuilles compofées.*

Si on fe repréfente une grande feuille ronde , dont les nervures fe diftribuent en éventail, & qu'on la fuppofe découpée jufqu'à la queue en plufieurs parties, & de façon que chaque nervure occupe le milieu de chacune de ces découpures, alors ce fera une feuille compofée de 3, de 5, ou de 6 folioles, difpofées en main ouverte : on la nomme *pal-*
Fig. 70. *mée* ; exemple, le Citife (*Fig.* 70.) dont la feuille eft en tre-
Fig. 71. fle; le *Vitex* (*Fig.* 71.), qui a cinq folioles non dentelées; le
Fig. 72. Marronnier d'Inde (*Fig.* 72.), qui en a fix dentelées.

Si au lieu de prendre une feuille ronde, on en choifit une longue ou ovale, & qu'on la découpe jufqu'à la nervure du milieu, de façon que les nervures latérales occupent le milieu des folioles, on aura alors une feuille *conjuguée* ou *em-*
Fig. 73. *pannée* (*Fig.* 73.)

Il faut cependant remarquer que fouvent deux folioles confervent cette figure dans une partie de leur étendue, & qu'elles ne font féparées que par la pointe; en forte que ce qui devoit faire deux folioles féparées n'en fait plus qu'une. Dans ce cas, cette union commence prefque toujours par le pédicule, & c'eft ce qui les fait reconnoître doubles.

Je remarquerai encore au fujet des feuilles compofées, 1°. que foit qu'elles foient *conjuguées* ou *palmées*, prefque toutes les obfervations que nous avons faites fur les feuilles fimples, ont leur application aux folioles. Il y en a d'unies, comme
Fig 73. & 71. le Noyer (*Fig.* 73.) le *Vitex* (*Fig.* 71.); de dentelées, com-
Fig. 72. & 74. me le Marronnier d'Inde (*Fig.* 72.) le Cormier (*Fig.* 74.);
Fig. 75. de découpées, comme l'Erable à feuilles de Frêne (*Fig.* 75.);
Fig. 76. d'arrondies, d'ovales, comme l'*Amorpha* (*Fig.* 76.); de pointues, comme le Cormier, le Sumac, &c.

2°. Que le nombre des folioles varie : beaucoup de feuilles n'en ont que cinq, pendant que d'autres en portent plus de dix-neuf, & encore ce nombre varie-t-il quelquefois fur le même arbre. Le Framboifier en porte quelquefois trois, & quelquefois cinq.

3°.

3°. Les folioles des feuilles *conjuguées* ſont ſouvent op- Pl. X.
poſées ſur les nervures qui les portent ; exemple , l'*Amorpha*
(*Fig.* 76.) le Noyer (*Fig.* 73.) quelquefois elles ſont alter- Fig. 76. & 73.
nes, comme au Bonduc (*Fig.* 77.) Fig. 77.

La poſition des folioles ne répond pas toujours à celle des
feuilles. Les feuilles du Frêne ſont oppoſées , & ſes folioles
ſont alternes. Les feuilles du Marronnier d'Inde ſont oppoſées , ſes folioles ſont palmées. Les feuilles du faux *Acacia*
ſont alternes, & ſes folioles ſont oppoſées.

4°. Souvent le nombre des folioles eſt impair, parce qu'a-
lors il y en a une qui termine la nervure commune à toutes les folioles : voyez le Noyer (*Fig.* 73.) A certains genres cette foliole impaire manque , & alors toutes les autres
reſtent paires , comme au Lentiſque (*Fig.* 78.) Quelquefois Fig. 78.
même la nervure, au lieu d'être terminée par une foliole,
finit en pointe piquante ; exemple , la Barbe - de - Renard
(*Fig.* 79.) Fig. 79.

5°. Il y a des feuilles, dont toutes les folioles ſont d'une
grandeur preſque égale, comme au *Barba Jovis* (*Fig.* 80.) & Fig. 80.
d'autres feuilles ont leurs folioles d'une grandeur fort inégale , comme celles du Noyer (*Fig.* 73.)

6°. Il y a des feuilles qu'on pourroit nommer *doublement
conjuguées* , parce qu'il part de leur nervure principale d'autres
nervures plus petites qui portent des folioles ; telles ſont celles du Bonduc (*Fig.* 77.) *Azedarach* (*Fig.* 81.) Fig. 77. & 81.

7°. Il y a enfin des folioles qui ſont immédiatement attachées à la nervure commune ; & d'autres ont des pédicules
particuliers.

Ce que nous venons de dire éprouve cependant de grandes variétés : donnons en quelques exemples.

1°. On voit aux feuilles des Noyers depuis 3 juſqu'à 15
folioles ; ce dernier nombre ſe trouve ſouvent aux feuilles des
jeunes Noyers noirs de Virginie. Les feuilles du bout des
branches ont preſque toujours moins de folioles que les
autres.

2°. La foliole qui termine la feuille du Noyer, eſt ordinairement figurée en palette, & elle eſt plus grande que les
autres : on en trouve néanmoins de plus petites, & qui ſont
preſque rondes. P.

Pl. X.

3°. On trouve auſſi quelquefois ſur le Noyer des folioles de figure aſſez irréguliere, attachées au pédicule ou au filet commun, non-ſeulement par leur pédicule particulier, mais encore à une portion de l'épanouiſſement de la foliole.

4°. On a vu quelquefois l'extrêmité d'une feuille terminée par deux folioles.

5°. On trouve, ſouvent au Framboiſier, des folioles unies les unes aux autres : M. Bonnet dit même avoir trouvé une feuille de cet arbuſte, dont toutes les folioles étoient réunies, & dont le pédicule commun étoit applati.

6°. Les folioles du Noyer ſont ordinairement d'autant plus grandes, qu'elles approchent plus de l'extrêmité de la feuille ; cependant le contraire ſe voit aſſez fréquemment.

On peut remarquer bien d'autres variétés, principalement ſur le Lilac de Perſe & ſur le Jaſmin-blanc ; mais il eſt inutile d'inſiſter plus long-temps ſur ces bizarreries de la nature, dont pluſieurs pourront être renvoyées à l'article où nous traiterons des monſtruoſités des plantes, & où nous ferons voir qu'une partie de ces monſtruoſités provient des greffes qui ſe font naturellement dans les boutons.

Pour terminer ce qui concerne les feuilles *empannées*, je dois faire remarquer qu'il y a des arbres, tels que le *Paliurus*, qui ont de petites feuilles rangées aux deux côtés de branches fort menues, de ſorte qu'elles reſſemblent aſſez à des feuilles empannées ou conjuguées, telles que ſont celles du Jujubier ; mais il ſera facile de les diſtinguer, ſi l'on veut faire attention que lorſque les feuilles du *Paliurus* tombent en automne, les menues branches qui les portoient, ſubſiſtent ; au lieu que le filet commun qui porte les folioles des feuilles compoſées, tombe en même temps qu'elles, ou peu après. Cette regle peut être regardée comme générale, quoiqu'il m'ait paru quelquefois, que les nervures qui portent les folioles du Jujubier, ſe convertiſſent en branches : ce fait bien conſtaté, formeroit une exception. Il ſera encore aiſé de diſtinguer les folioles d'avec les feuilles, parce qu'il ne ſe trouve point de boutons à l'aiſſelle des folioles, au lieu qu'il s'en trouve à l'angle que les feuilles font avec les branches.

Pl. X.

ART. V. *Que la diſtribution des Vaiſſeaux influe ſur la forme des Feuilles.*

SI l'on a fait attention à ce que nous venons de dire des feuilles *échancrées* & des feuilles *compoſées*, on ſentira que les nervures, ſoit des feuilles, ſoit des folioles, méritent une attention particuliere. En effet, 1°. quand les feuilles ou folioles ſont rondes, ſoit qu'elles ſoient entieres ou découpées, on y voit un nombre de groſſes nervures, leſquelles, au ſortir de la queue, ſe diſtribuent en éventail. 2°. Dans les feuilles ovales & entieres, il arrive ſouvent qu'il part de la queue trois nervures principales, qui s'étendent preſque juſqu'à la pointe de la feuille, comme on le voit à celles du Jujubier, (*Fig.* 82.) Ces nervures ſont quelquefois en plus grand nombre, comme au Cornouiller, (*Fig.* 83.) 3°. Dans les feuilles *ovoïdes* les principales nervures ſe détachent à droite & à gauche de celle du milieu, & les plus conſidérables s'épanouiſſent dans la partie de la feuille qui a le plus d'étendue. 4°. Quand les feuilles ſont longues, on n'y apperçoit ſouvent qu'une ſeule nervure qui la ſépare en deux; ou bien, en y regardant de près, on voit qu'il part de la nervure du milieu, d'autres nervures latérales aſſez déliées, qui s'étendent à droite & à gauche. 5°. On apperçoit encore ſur les feuilles ovales, en y faiſant attention, que les nervures ſe diviſent à leur extrêmité, & que ces diviſions ſe recourbent ſuivant le divers contour des feuilles, (voyez Pl. VIII. Fig. 37.), mais cependant que les principales diviſions aboutiſſent toujours aux principales dentelures ou aux plus grandes découpures. Dans pluſieurs feuilles ces nervures excedent la feuille, & forment alors une eſpece d'épine. (Voyez Pl. IX. *Fig.* 54.)

Je ne dirai rien ici des ſaveurs ni des odeurs qu'ont certaines feuilles, quoique ces circonſtances puiſſent, dans certains cas, aider à connoître les arbres. Je remettrai auſſi à une autre occaſion à parler des feuilles ſéminales, & auſſi de certaines eſpeces de feuilles qui accompagnent les fleurs, comme au Cornouiller mâle, ou les ſemences, comme au Til-

Fig. 82.
Fig. 83.

Pl. X.

leul & au Charme : ces matieres trouveront place ailleurs. Cependant, & quoique je me fois borné à ce qui regarde les
arbres & les arbuftes, pour ne point augmenter les détails
où j'aurois été obligé d'entrer, fi j'avois étendu mes vues fur
tous les végétaux, je n'ai fait encore qu'effleurer mon objet,
parce que je ne me fuis propofé que de faire appercevoir les
points particuliérement diftinctifs qui doivent fixer l'attention de ceux qui veulent connoître les arbres; car fi les formes particulieres à chaque feuille ne peuvent pas fournir des
caracteres fuffifamment exacts pour établir les genres, elles
font du moins néceffaires pour la diftinction des efpeces. Mais
un examen plus précis & plus détaillé des différences qu'on
peut appercevoir entre les feuilles des différents arbres feroit
ennuyeux & étranger à l'objet de cet Ouvrage : d'ailleurs comme je l'adreffe à des Lecteurs intelligents, capables de réflexion, je penfe qu'il fuffit de leur avoir indiqué les différences effentielles; il leur fera facile de fuppléer au refte. Je
paffe donc à l'examen anatomique des feuilles : je ferai mon
poffible pour ne me point rendre ennuyeux par de trop
longs détails.

ART. VI. *Anatomie des Feuilles.*

EN DISSEQUANT les feuilles, on voit qu'elles font couvertes
d'un épiderme, & qu'elles font formées par une grande quantité de vaiffeaux lymphatiques & de beaucoup de tiffu cellulaire : on y découvre des trachées, & la préfence des vaiffeaux propres fe manifefte par l'odeur, la faveur, & fouvent
par la couleur des fucs qu'ils contiennent.

On peut donc dire que les feuilles font formées des mêmes parties organiques que les branches, mais dont la difpofition eft fort différente. Pour l'expofer avec ordre, je vais 1°.
rapporter les obfervations que j'ai faites fur les feuilles lorfqu'elles font renfermées dans le bouton, & lorfqu'elles fe développent : j'y comprendrai plufieurs chofes que j'ai omifes
dans l'article des boutons. 2°. J'examinerai le point où la
feuille s'attache à l'arbre. 3°. Je dirai quelque chofe des
queues, ou des pédicules qui fupportent les feuilles. 4°. Enfin

je parlerai de la feuille même confidérée dans fon état de   Pl. XI.
perfection.

Article VII. *Des Feuilles contenues dans le Bouton.*

J'ai dit que, quand on avoit enlevé les écailles & les
feuillets du bouton, on découvroit une très-petite branche,
chargée de petits corps qui femblent être des feuilles, entre lefquelles on apperçoit fouvent des filets, comme on le
peut voir dans la Planche XI. *Fig.* 85 & 86. Cette opération   Pl. XI. fig.
de la nature doit être mife en détail fous les yeux du Lecteur;   85 & 86.
& pour cela je vais donner quelques obfervations que j'ai faites fur le développement des boutons du Marronnier d'Inde
& du Pêcher.

La figure 87 repréfente l'extrêmité d'une jeune branche   Fig. 87.
de Marronnier d'Inde terminée par un bouton: elle fait voir
la difpofition des enveloppes, & l'état où elles font pendant
l'hiver. On remarque au - deffous de ce bouton des efpeces
de rides, & plus bas des points qui indiquent les fibres ligneufes qui fe diftribuoient dans la feuille qui avoit été en
cet endroit; nous en parlerons dans la fuite. On voit fouvent
au-deffus de ces points un très-petit bouton : on trouve auffi
quelquefois de pareils boutons fous les enveloppes écailleufes
du bouton principal; & de ces petits boutons il ne fort ordinairement que de petites feuilles, ou une branche chiffonne qui
périt bientôt.

La figure 88 eft une coupe de la même branche, fuivant   Fig. 88.
fa longueur; on y voit auffi la coupe des enveloppes écailleufes, & au centre, le germe d'une jeune branche avec la
moëlle *a* qui eft blanche, excepté vers la partie voifine du
bouton où elle devient rouffe : *b b* le bois, *c c* l'écorce, d'où
partent les enveloppes écailleufes du bouton : cette écorce devient d'autant plus mince, qu'il fe détache un plus grand nombre de ces enveloppes : je foupçonne cependant que quelques lames intérieures s'étendent fur la jeune branche.

La figure 89 repréfente la même branche dépouillée de   Fig. 89.

Pl. XI. son écorce. On voit vers *a* des ouvertures par lesquelles sortent des productions médullaires ; vers *b* comment le corps ligneux se termine ; vers *c* le point de jonction de la jeune branche avec le corps ligneux.

Fig. 84. La figure 84 représente une tranche ou quartier d'un bouton ; & pour faire mieux comprendre comment les enveloppes écailleuses partent de l'écorce, on s'est un peu écarté de la nature, afin d'éviter la confusion ; c'est pour cela que l'on a fait l'espace depuis *a* jusqu'à *b* beaucoup plus grand que dans le naturel.

Fig. 85. La figure 85 représente l'intérieur d'un bouton à bois, un peu développé : on a essayé d'y faire voir qu'il contient un grand nombre de feuilles, lesquelles sont toujours de plus en plus petites : elles sont pliées & couchées les unes sur les autres ; & le tout est recouvert de quantité de petits poils.

Fig. 86. La figure 86 fait voir l'intérieur du bouton à fleur : on y apperçoit la grappe de fleur qui est recouverte de plusieurs feuilles : toutes ces parties sont aussi recouvertes de quantité de poils. La structure des boutons à fleur sera exposée & décrite avec plus de détail dans le Livre suivant.

Fig. 90. La figure 90 représente une branche de Marronnier d'Inde, à l'extrémité de laquelle est un bouton ouvert.

On y apperçoit les enveloppes *a* du bouton figurées en cuilleron ; les enveloppes extérieures sont brunes, & les intérieures qui sont plus minces que les premieres sont vertes ; celles-ci croissent un peu , à mesure que la jeune branche prend de l'étendue ; néanmoins les unes & les autres tombent par la suite.

Les enveloppes sont enduites extérieurement & intérieurement d'une gomme ou viscosité, les intérieures sont velues en dedans.

On voit sortir de ce bouton la tige *b* accompagnée de deux feuilles *c d*, le tout recouvert d'un duvet épais & blanchâtre. Si l'on se donne la peine d'épanouir la touffe du milieu, on voit dans l'axe la tige *b*, d'où partent un nombre de feuilles qui sont artistement pliées sur elles - mêmes, & rangées à côté les unes des autres ; le tout est chargé d'un duvet épais qui nuit à la dissection , quoique ce duvet s'emporte aisément.

Cette branche avoit deux boutons qu'on a coupés : *e* est Pl. XI.
l'endroit où étoit un de ces boutons.

A la coupe oblique *f* de l'extrêmité inférieure on apperçoit
dans le centre la moëlle, ensuite une zone de bois, puis
une zone d'écorce.

La figure 91 représente la même branche coupée suivant Fig. 91.
sa longueur, & un peu plus grosse que le naturel, pour rendre les parties plus sensibles. On a détruit toutes les enveloppes écailleuses du bouton & le duvet. On voit en *a b*
ce que la nouvelle tige a produit depuis le printemps ; *c d*
les deux feuilles latérales ; *e* l'extrémité d'une feuille coupée,
dont l'insertion est par derriere. Tout ce qu'on apperçoit depuis *a* jusqu'en *f* a été produit l'année précédente. *h h* représente la coupe de l'écorce, *g g* la coupe du bois, *f* la
coupe de la moëlle. La moëlle est blanche, & semble être
seche depuis *f* jusqu'à *l* ; depuis *l* jusqu'à *i* elle est verdâtre ;
elle est brune ou rousse vers *i* ; & depuis *a* jusqu'à l'extrémité
elle est verte & succulente. On voit en *m m* que la moëlle
se prolonge dans les branches ; & entre *i* & *a* on apperçoit
des productions médullaires qui traversent la substance ligneuse qui forme un tuyau continu depuis *f* jusqu'en *a* ; ce
tuyau est percé en *m m*, où il semble qu'on ait soudé deux
autres tuyaux qui répondoient à deux jeunes branches qui
ont été coupées. Tout ce qu'on voit de bois depuis *g* jusqu'en
a est le bois de l'année précédente ; & ce bois ancien est sur-
monté d'une couche herbacée, très-mince, à peine perceptible, qui néanmoins deviendra bois dans la suite : cette même couche herbacée est recouverte par l'écorce, en sorte que
la plus grande partie de ce nouveau petit bourgeon est formée de substance médullaire. A l'égard de la couche herbacée du nouveau bourgeon, elle paroît être une prolongation des fibres de la couche ligneuse qui se forme actuellement sur l'ancien bois, & qui le recouvre. La couche corticale
semble être une prolongation des lames intérieures de l'écorce,
dont les couches extérieures se terminent aux enveloppes du
bouton. Pour ce qui est de la moëlle, quoique celle du bourgeon soit continue avec celle de la branche, celle-ci est blanche
& seche, & celle du bourgeon est verte & succulente.

Pl. XI. fig.
92.
La figure 92 repréſente un morceau de la petite tige priſe
entre *a* & *e* ; on a ſeulement augmenté l'épaiſſeur de la couche herbacée & de la corticale, pour les rendre plus ſenſibles.

Dans le mois de Février j'ai examiné un bouton à bois du
Pêcher. Après en avoir enlevé toutes les enveloppes écailleuſes figurées en cuilleron, j'apperçus un tas de filets étroits,
de couleur verte, qui étoient rangés à-peu-près comme on
Fig. 93. le voit dans la *Fig. 93.* Après avoir détaché quelques-uns de
ces filets, je les obſervai au microſcope, qui me fit ap-
Fig. 94. percevoir (*Fig. 94.*) qu'ils étoient dentelés par les bords, &
hériſſés de poils ; je crois auſſi avoir apperçu qu'ils étoient pliés
en deux. Je détachai enſuite tous ces filets, pour pouvoir examiner avec le microſcope, un petit corps que je voyois au
Fig. 95. centre. Il me parut (*Fig. 95.*) compoſé de deux petites feuilles pliées & dentelées par les bords ; mais elles ne me parurent
point garnies de poils. Il faut remarquer que ces petites feuilles étoient tout-à-fait au centre, & qu'elles paroiſſoient ſortir de la moëlle : au reſte comme la petiteſſe des boutons du
Pêcher eſt moins favorable aux obſervations que les boutons
des Marronniers, je crois qu'il vaut mieux s'en tenir à mes
précédentes obſervations.

Toutes les parties contenues dans les boutons du Marronnier ſont fort blanches : on n'en ſera pas ſurpris, ſi l'on ſe
rappelle que les plantes qui croiſſent à l'ombre ont leurs feuilles de cette couleur ; mais il eſt bien ſingulier que celles du
Pêcher ſoient vertes.

En examinant les boutons dans tous les mois de l'hiver,
& au commencement du printemps, on apperçoit que les
parties qui y ſont contenues, ſe développent clandeſtinement,
& qu'elles ſe diſpoſent à paroître lorſque les boutons vien-
dront à s'ouvrir. Je m'étendrai plus au long ſur les différents
états des parties contenues dans les boutons, lorſque je parlerai
de ceux à fruit ; mais je crois devoir répéter ici, qu'en diſſé-
quant des boutons il m'a toujours paru que leurs écailles prennent leur origine de la partie intérieure de l'écorce de la branche
qui les porte, & que l'écorce de la jeune branche qui ſe montre
au Printemps, prend naiſſance, ou des couches intérieures de
l'écorce, ou d'entre le bois & l'écorce de l'ancienne branche.

Le

Le bois des jeunes branches, qui eſt alors fort peu de choſe, ſemble prendre ſon origine des fibres ligneuſes, ou des fibres de la couche ligneuſe qui ſe forme actuellement ; ce qui n'eſt pas aiſé à décider. Enfin la moëlle qui fait la plus grande partie de ces jeunes productions, eſt une continuation de la moëlle même de la branche : tout ceci me ſemble avoir été rendu ſenſible par les figures dont nous venons de donner l'explication.

Dès que les boutons à bois ſont ouverts, les écailles ex-térieures tombent ; pendant que les intérieures prennent plus ou moins d'étendue. Celles de l'Erable (Pl. VIII. *Fig.* 30.) s'étendent conſidérablement.

A meſure que les boutons ſe développent, on voit pa-roître de petites feuilles ; & l'on peut remarquer que dans les différentes eſpeces d'arbres, elles ne ſont point toutes diſpoſées de la même façon dans l'intérieur des boutons : les unes, comme celles du Lilac, ſont roulées les unes ſur les autres : on voit (*Fig.* 96.) une feuille *a* preſque étendue, une autre *b* dont les deux bords ſont encore roulés, & en-tre ces deux feuilles une troiſieme *c* , qui eſt entiérement roulée.

Pour donner encore un exemple des feuilles roulées, on peut jetter les yeux ſur la *Fig.* 97. qui repréſente le déve-loppement de celles du Poirier : *a* eſt une feuille entiérement roulée, qui a la forme d'un fuſeau pointu par les deux bouts. La feuille *b* eſt auſſi entiérement roulée ; mais elle eſt beau-coup plus allongée, & elle eſt diviſée, ſuivant ſa longueur, par une rainûre formée par le contact de la révolution des deux bords de la feuille : enfin l'on voit en *c* une feuille preſque épanouie, dont il n'y a que les bords qui ſont un peu roulés : *d* ſont les ſtipules qui accompagnent les queues des feuilles.

Les folioles des feuilles conjuguées ſont quelquefois rou-lées comme celles dont nous venons de parler : nous en donnons pour exemple celles du *Staphilodendron* (*Fig.* 98.)

A d'autres arbres, comme l'Orme (*Fig.* 100.), l'Amandier (*Fig.* 101.), les feuilles ſont pliées en deux, & poſées à côté les unes des autres ; & au *Viburnum* (*Fig.* 99.) les feuilles,

Pl. XI.

Fig. 96.

Fig. 97.

Fig. 98.
Fig. 100.
Fig. 101.
Fig. 99.

Q

Pl. XI. qui font auſſi pliées en deux, font appliquées l'une contre l'autre par leurs bords ; & l'on apperçoit vers *c* , entre les deux feuilles *a b* , la nervure du milieu d'une de ces deux feuilles qui doivent fe développer dans la ſuite.

Fig. 104. Il y a des feuilles , par exemple celles du Charme (*fig.* 104.) qui font auſſi artiſtement pliées que le papier d'un éventail.

Fig 102.
Fig. 103. On trouve des feuilles échancrées, comme celles de l'*Opulus* (*Fig.* 102.) ou d'autres compoſées , comme celles du Roſier (*Fig.* 103.) qui font pliées ou pliſſées dans leur bouton , comme les feuilles ſimples dont nous avons déja parlé. Les feuilles du Roſier font portées par des pédicules plats , terminés par des eſpeces d'oreilles qui tiennent lieu de ſtipules.

Enfin il y a des feuilles qui font pliſſées dans le ſens de leur longueur & dans celui de leur largeur , de telle ſorte qu'elles repréſentent les papiers dont on garnit les lanternes : nous en donnerons pour exemple le Palmier.

A meſure que les jeunes branches s'étendent en longueur, il ſe développe de nouvelles feuilles à ſon extrêmité , pendant que celles qui ſe font montrées les premieres prennent de l'étendue ; & à cette occaſion je ferai remarquer que dans tous les arbres que j'ai obſervés , les feuilles , ſoit ſimples , ſoit compoſées , avoient la même forme au ſortir du bouton , qu'elles ont quand elles font parvenues à leur parfaite grandeur : toutes les nervures , toutes les dentelures étoient ſemblablement placées dans les plus petites comme dans celles qui avoient pris leur dernier degré d'accroiſſement ; d'où l'on peut conclure que les feuilles de la plupart des arbres s'étendent dans toutes leurs parties. Il n'en eſt pas de même des feuilles de toutes les plantes ; car celles des plantes *Cépacées* , par exemple , ne s'étendent preſque que par la partie qui tient à l'oignon. Je me ſuis aſſuré de ce fait , en faiſant ſur des feuilles de Jacinthe , qui n'avoient acquis que le quart de leur grandeur , des marques avec du vernis coloré : ces marques ayant été toutes placées à deux lignes les unes des autres , je remarquai que celles qui étoient auprès de la pointe de la feuille conſervoient cette poſition reſpective ; celles qui étoient plus bas s'écartoient un peu

Pl. XI.

des autres, & elles s'écartoient d'autant plus, qu'elles approchoient plus de l'oignon; mais la plus grande extenſion s'opéroit tout près de l'oignon. Il n'en eſt pas de même des tiges des Jacinthes; elles s'étendent dans toute leur longueur, & principalement par les deux extrêmités. J'aurai peut-être occaſion d'en parler dans la ſuite; il ſuffit pour le préſent de faire obſerver que les feuilles des plantes *cépacées* n'ont point les nervures ou les ramifications de vaiſſeaux qu'on obſerve ſur les feuilles des arbres; elles ſemblent être formées de tuyaux qui s'étendent dans toute leur longueur. L'organiſation des *Graminées* eſt à-peu-près ſemblable.

ARTICLE VIII. *Du point où les Feuilles s'attachent ſur les Branches.*

QUAND on examine l'attache ou l'inſertion d'une feuille ſur une branche, on apperçoit qu'il ſe détache du bois pluſieurs faiſceaux de vaiſſeaux, leſquels, après avoir traverſé obliquement les couches corticales, & une éminence qui ſe trouve en cet endroit, ſe prolongent ſuivant la longueur du pédicule, ou queue des feuilles.

Il faut donc concevoir qu'aux points où les boutons & les feuilles s'attachent aux branches, il y a preſque toujours une éminence figurée en petite conſole, & qui eſt beaucoup plus groſſe dans certaines eſpeces que dans d'autres. Nous en avons déja parlé dans l'Article des boutons. Ces éminences, qui fourniſſent un ſupport aux boutons & aux feuilles, ſont formées par les faiſceaux de fibres ligneuſes dont je viens de parler, & par un amas de tiſſu cellulaire. On voit à la *Fig.* 105 un morceau de bois garni de ſon écorce, avec le bouton poſé ſur ſon ſupport. La *Fig.* 106 repréſente le même morceau de bois écorcé, & le tiſſu cellulaire du ſupport enlevé; on y voit les trois filets ligneux qui ſe vont rendre à la feuille; & dans l'aiſſelle, le bouton qui eſt joint au bois par un filet ligneux.

Fig. 105.
Fig. 106.

Pl. XI.

ARTICLE IX. *Des Queues des Feuilles.*

LES PÉDICULES ou queues des feuilles font recouvertes extérieurement par l'épiderme ; & l'on apperçoit dans l'intérieur, des vaiſſeaux de toutes les eſpeces, des vaiſſeaux lymphatiques, des vaiſſeaux propres, des trachées, & quelquefois beaucoup de tiſſu cellulaire.

Les principaux faiſceaux de fibres ligneuſes qui paſſent dans les pédicules des feuilles, ne font pas réunis en un ſeul faiſceau ; car, par la ſection tranſverſale des pédicules, on voit que ces faiſceaux forment quelquefois un angle, d'autres fois une portion de cercle ; qu'ils font tantôt au nombre de 3, ou de 5, ou de 7. Dans la Mauve ces faiſceaux forment, par leur diſpoſition réciproque, la 8ᵉ ou la 10ᵉ partie d'un cercle ; dans le Houx, la 12ᵉ partie ; dans le Seringa, la 6ᵉ. On peut conſulter Grew ſur toutes ces particularités.

On remarque encore que le plus ſouvent ces pédicules ne font pas ronds : on en voit beaucoup qui font applatis en deſſus, & d'autres même font creuſés en gouttiere : le Peuplier de la Caroline les a comprimés ſur les côtés : enfin il y en a qui ſoutiennent les feuilles très-ferme & rapprochées des branches, comme au Laurier (*Fig.* 107.) ; ou bien dont les pédicules faiſant une courbe, les feuilles font preſque horiſontales, comme au Peuplier noir (*Fig.* 108.) ; ou dont les feuilles font tout-à-fait pendantes, comme au Tremble (*Fig.* 109.)

Fig. 107.

Fig. 108.

Fig. 109.

ART. X. *Des Feuilles dans leur état de perfection.*

SI L'ON examine l'extrêmité des pédicules qui tient à la feuille, on verra que tous les vaiſſeaux, qui étoient en quelque façon ſerrés les uns contre les autres, dans la longueur du pédicule, ſe diſtribuent en pluſieurs gros faiſceaux, d'où il part encore un nombre de faiſceaux moins gros : ceux-ci donnent naiſſance à d'autres, & par des diviſions & des ſub-

Pl. XII.

Fig. 110.
111.

divifions répétées, il fe forme une prodigieufe quantité de ramifications, qui s'anaftomofant mutuellement en une infinité de points, forment un rézeau qui conftitue le fquélette des feuilles : voyez les *Fig.* 110. 111.

Cet épanouiffement des vaiffeaux peut fe voir très-diftinctement, en confidérant à la loupe le deffous de certaines feuilles ; mais je ne l'ai jamais vu plus clairement que fur des feuilles de Platane qui avoient été difféquées par les infectes, quoique dans ces feuilles, confidérées entieres, les nervures du deffous des feuilles ne foient pas fort fenfibles. Il faut convenir qu'il fe trouve des feuilles peu favorables à ces obfervations ; mais il y a tout lieu de croire que l'organifation de toutes les feuilles fe reffemble, du moins dans les points principaux.

Plufieurs feuilles, principalement celles du Houx, permettent de féparer les vaiffeaux dont nous venons de parler, en deux plans principaux ; mais quand on examine au microfcope le tronc d'un de ces vaiffeaux, on apperçoit un faifceau de fibres pareil à ceux dont nous avons parlé dans l'Article des couches corticales : & fi, après avoir laiffé long-temps macérer les fibres tirées de ces feuilles, on les bat à différentes reprifes avec un petit maillet terminé en forme de coin, & dont le tranchant foit mouffe, on parviendra à les divifer en un nombre de filaments extrêmement fins ; & alors on y pourra voir une prodigieufe quantité de fibres en fpirale.

J'ai déja dit que la forme des feuilles paroît dépendre de la diftribution des principaux troncs des vaiffeaux dont nous venons de parler ; que dans la plupart des feuilles & des folioles entieres, les nervures principales fe divifent aux approches du bord des feuilles en deux troncs, lefquels fe recourbent pour aller s'anaftomofer avec le rameau d'une autre nervure ; que quand il y a des découpures ou des dentelures aux feuilles, on voit toujours un faifceau de fibres qui répond à la pointe de la dent ; que même quelquefois ce faifceau l'excede & y forme un filet, comme on le voit aux feuilles d'une efpece de Chêne, qu'on nomme pour cette raifon *Chêne épineux*.

Peut-être que c'eft cet entrelaffement de vaiffeaux, plus

ferré aux bords des feuilles qu'au milieu, qui fait que cette partie, que l'on nomme *la marge de la feuille*, eft ordinairement plus ferme que le refte. Il femble quelquefois que cette marge foit uniquement formée par une duplicature de l'épiderme : dans ce cas elle eft mince & tranfparente ; d'autres fois cette partie eft épaiffe, & elle femble formée par des vaiffeaux. On voit encore des feuilles qui femblent bordées d'une file de glandes ; d'autres qui le font d'épines : nous avons déja parlé de celles-ci, & nous aurons occafion par la fuite d'en dire encore quelque chofe.

Si maintenant on imagine que toutes les mailles du rézeau, dont nous venons de parler, font remplies d'un tiffu cellulaire affez tendre, & que le tout foit recouvert en deffous & en deffus par l'épiderme, on aura une idée affez exacte de la ftructure des feuilles des arbres & des arbuftes. Je dis des arbres & des arbuftes, car je mets à l'écart les feuilles de certaines plantes, qu'on auroit peut-être peine à ramener à l'organifation dont nous venons de donner une idée.

Je fuis parvenu à reconnoître les différentes parties qui compofent les feuilles, en en faifant la diffection, après les avoir laiffées long-temps en macération. Cependant fi l'on veut s'épargner cette peine, les chenilles que M. de Reaumur nomme *Mineufes*, rendront, par leur travail, l'épiderme très-fenfible. Les vers qui deviennent de petits fcarabées, & qui détruifent le parenchyme des feuilles de l'Orme, laifferont les vaiffeaux très-aifés à obferver. En rompant avec précaution le pédicule ou les principales nervures des feuilles, on pourra voir les trachées. Enfin l'odeur, la couleur & le goût des liqueurs propres feront des fignes certains de la préfence des vaiffeaux qui contiennent ce fuc.

Il y a une fi intime communication entre toutes les parties d'une feuille, & les vaiffeaux qui s'abouchent les uns aux autres, & qui fe communiquent réciproquement les fucs qu'ils contiennent, que quoiqu'un coup de grêle, ou quelque infecte ait percé une feuille, ou coupé une nervure, toutes les parties environnantes confervent cependant leur verdeur. Si l'on coupe avec des cifeaux un morceau d'une feuille, le refte ne meurt pas. J'ai mis des gouttes d'eau forte sur des feuilles ; l'escarre ne s'est pas étendue fort loin, à moins qu'un des plus gros faisceaux n'eût été détruit. Les nervures conservent encore souvent leur verdeur, quoique tout le parenchyme des feuilles ait été détruit par les insectes.

ART. XI. *De la chûte des Feuilles.*

COMME on a vu que les feuilles sont unies aux branches par des faisceaux ligneux qui partent de ces mêmes branches, on est disposé à croire qu'elles font, avec les branches, un tout qui ne doit jamais se séparer. Cependant cette idée prise généralement seroit fausse ; il est vrai qu'il y a des arbres qui conservent long-temps leurs feuilles, & que pour cette raison on nomme *Arbres toujours verds.* Les feuilles des Pins meurent, & se dessechent sur les arbres, ainsi que les branches ; mais la plupart des arbres perdent en automne les feuilles dont ils s'étoient garnis au printemps : on dit alors qu'ils se dépouillent. Le Frêne, le Noyer, l'Orme, &c. sont de ce genre.

On peut citer quelques arbres, comme le Chêne ordinaire & le Charme, dont les feuilles meurent & se dessechent toutes les automnes ; mais qui ne tombent qu'au printemps, quand les boutons s'ouvrent, & que les nouvelles feuilles commencent à paroître ; enfin il y a quelques arbres & plusieurs arbustes qui conservent leurs feuilles vertes jusqu'au printemps, lorsque les hivers sont doux ; mais qui les perdent quand les gelées sont fortes : l'Erable de Candie, le Troesne, le petit Jasmin jaune des bois sont de ce genre.

On a d'autant plus de peine à trouver la cause de la chûte des feuilles, qu'on a examiné avec plus de soin les circonstances qui l'accompagnent : nous allons rapporter celles que nous avons eu occasion d'observer. 1°. On verra dans la suite de cet Ouvrage, que les arbres qui quittent leurs feuilles, transpirent plus que ceux qui les conservent pendant toute l'année. 2°. Quand on greffe un arbre qui ne se dépouille point, sur un autre arbre qui quitte ses feuilles, un Laurier-Cerise, par exemple, sur un Merisier ; un Chêne-verd sur le Chêne ordinaire ; il est d'expérience que le Laurier-Cerise, ou le Chê-

ne-verd conferve fes feuilles ; cela s'accorde avec l'obfervation précédente , parce que le Laurier-Cerife qui tranfpire
peu , tire affez de fubftance du Merifier pour conferver fes
feuilles , d'autant plus que le mouvement de la feve n'eft pas
entiérement interrompu pendant l'hiver. Il faut cependant
convenir que ces fortes de greffes ne fubfiftent pas long-
temps. 3°. Les feuilles jauniffent ordinairement en automne ;
& lorfqu'il furvient une pluie à la fuite de quelques gelées
blanches , elles tombent en peu de jours. 4°. Il arrive quelquefois en été des chaleurs fi vives , qu'elles brûlent & deffechent les feuilles ; fi enfuite il furvient des pluies chaudes,
ces feuilles defféchées tombent , & les arbres en produifent
de nouvelles , qu'on peut nommer *automnales* ; & celles-ci
fubfiftent fur les arbres beaucoup plus avant dans l'hiver que
les feuilles du printemps : les petites gelées qui feroient tomber celles-ci, n'endommagent point les autres. 5°. J'ai vu des
Ormes très-vigoureux garnis de grandes feuilles très-épaiffes
& très-vertes , mourir fubitement pendant l'été , d'une maladie
qui avoit féparé l'écorce du bois ; après cet accident leurs feuilles fe defféchoient , mais elles reftoient attachées fortement
aux branches. 6°. Après de grands tonnerres on voit quelquefois des arbres mourir fubitement. En ce cas les feuilles reftent fortement adhérentes aux branches. 7°. Une extravafation
du fuc propre dans les vaiffeaux lymphatiques fait affez fouvent périr fubitement en été , des branches de Cerifier ou
de Pêcher ; alors les feuilles fe deffechent fur ces branches,
& y reftent très-adhérentes.

Je n'entreprendrai point de rendre raifon de tous ces faits ;
je me contenterai feulement de les comparer aux obfervations que tout le monde a pu faire fur les farments de la
Vigne.

On voit fur ces farments , de diftance en diftance , des
nœuds où font placés les boutons , d'où partent les feuilles,
ou les grappes , ou les mains de la Vigne. La partie de ces
farments qui tient à la fouche , eft ordinairement affez dure,
pour qu'en ployant un farment , au point de le rompre , la
rupture ne fe faffe jamais dans les nœuds qui font plus capables de réfiftance , que la portion du farment qui eft entre

· deux

deux nœuds. A l'autre extrêmité, ce farment qui eſt ordinairement beaucoup plus tendre, eſt un peu herbacé; néanmoins quand l'automne a été douce & feche, les farments meu-
riſſent dans preſque toute leur longueur; & alors quand même
il furviendroit des gelées un peu fortes, il ne feroit pas aiſé de
faire la féparation des nœuds, même à l'extrêmité du farment.

Il n'en eſt pas ainſi, lorſque les automnes font fraîches &
humides; car en ce cas, l'extrêmité des bourgeons n'ayant
pas acquis une maturité ſuffiſante, les moindres gelées d'automne affectent principalement les nœuds qui alors ſe féparent preſque d'eux-mêmes, ainſi que les épiphyſes ſe féparent
du corps des os dans les jeunes animaux; c'eſt ce que les
Vignerons appellent *la Champlure* : cet accident diminue quelquefois la longueur des farments, au point qu'il ne reſte pas
ſuffiſamment de bois pour la taille fuivante.

On peut faire encore la même obſervation ſur les branches
du Guy : ſi l'on fait bouillir dans de l'eau de grandes branches
de cette plante, on appercevra, quand on les aura dépouillées de leur écorce, que les nœuds font très-ſolides dans
les groſſes branches, mais que ceux des jeunes branches ſe
féparent comme les épiphyſes des os.

Il eſt évident, par ces deux exemples, que la ſubſtance
qui fépare les nœuds en deux parties eſt plus facilement en-
dommagée par la gelée, ou attendrie par l'ébullition, que la
portion des tiges qui eſt entre les nœuds. Il y a peut-être,
au milieu de ces nœuds, des portions qui reſtent plus long-
temps herbacées; peut-être auſſi la même choſe ſe trouve-
t-elle à l'inſertion des feuilles ſur les branches. Si cela étoit,
la cauſe de la champlure & celle de la chûte des feuilles feroit la même; & fuivant cette conjecture, les arbres toujours
verds conferveroient leurs feuilles, par la raiſon que le point
de leur inſertion acquerroit une maturité ſuffiſante pour ré-
ſiſter aux injures de l'hiver. J'avoue cependant que cette explication de la chûte des feuilles ne me ſatisfait pas à tous
égards; car je ne conçois pas pourquoi les feuilles, qui n'ont
paru qu'au commencement de l'automne, réſiſtent plus à la
gelée que celles qui ſe font développées au printemps, quoique celles-ci duſſent certainement être moins herbacées que
les autres. R

· Néanmoins comme on a fait plusieurs observations qui prouvent que les plantes vigoureuses, & qui poussent avec force, sont moins endommagées par les petites gelées que celles qui sont moins vigoureuses; il semble que l'explication que je viens de donner pourroit avoir lieu dans le cas où la dépouille des arbres est précipitée par les gelées d'automne; mais il est d'expérience que, quand il ne surviendroit pas de gelées pendant tout l'hiver, les arbres ne laisseroient pas cependant de quitter leurs feuilles; c'est ce qu'on a été à portée d'observer plusieurs fois. De plus il est d'expérience que dans les serres chaudes, où l'on entretient par art une chaleur toujours plus considérable que celle de l'air libre, au printemps quand les arbres poussent, ceux qui sont de nature à se dépouiller, quittent leurs feuilles dans ces mêmes serres, pour en produire de nouvelles peu de temps après. Il faut donc chercher une cause de la chûte des feuilles, qui soit indépendante de la gelée : en voici une qui paroît assez vraisemblable.

Les feuilles transpirent beaucoup; cette vérité est reconnue; & elle sera prouvée dans la suite. Quand les racines ne fournissent plus à cette forte transpiration, il en résulte un commencement de desséchement, & une cessation d'accroissement pour les feuilles, lorsque les branches continuent à prendre de la grosseur : car nous prouverons que l'accroissement des branches en grosseur continue long-temps après que l'accroissement en longueur a cessé.

Maintenant si les pédicules des feuilles cessent de grossir, lorsque les branches continuent à s'étendre dans ce sens, il doit arriver une séparation des fibres de ces feuilles d'avec celles des branches ; & alors elles doivent nécessairement tomber.

Pour donner quelque force à cette conjecture, je ferai remarquer, 1°. que les feuilles des arbres qui sont plantés à l'exposition du Nord, transpirent peu, & que ces arbres se dépouillent plus tard que les autres. 2°. Que si les feuilles du Chêne & du Charme, quoique mortes & desséchées, restent pendant l'hiver attachées aux branches, & qu'elles ne s'en détachent qu'au printemps, quand les arbres commencent à faire de nouvelles productions, c'est qu'apparemment les branches de ces arbres grossissent peu en automne, & que les feuilles ne se détachent que lorsque la seve du printemps commence à faire grossir ces branches. Au reste, je ne présente cela que comme de simples conjectures, sur lesquelles je suis tenté de me reprocher d'avoir trop insisté. Je vais maintenant parler de l'usage des feuilles, relativement à la végétation.

Art. XII. *De l'usage des Feuilles, relativement aux Végétaux.*

Cesalpin croit que l'usage des feuilles est de servir d'envelopppes, de protéger les jeunes pousses, les fleurs & les fruits, & de les défendre de la trop grande ardeur du soleil. Si l'usage des feuilles se réduisoit à ces seuls points, elles deviendroient presque inutiles quand les fleurs sont passées, & quand les bourgeons ont acquis un peu de solidité. Il est vrai que dans les pays, où l'on éleve des vers à soie, on dépouille les Mûriers de leurs premieres feuilles, sans craindre que ce retranchement fasse mourir les arbres. L'usage du Piémont est même de dépouiller ces arbres deux ou trois fois dans une même année, sans que les Mûriers paroissent en souffrir notablement. Il en est donc des Mûriers comme de la Luzerne, que l'on fauche deux ou trois fois, sans faire périr les racines. Les Cantharides qui dévorent presque tous les ans les feuilles des Frênes, ne causent pas un préjudice bien sensible à ces arbres. Les arbres de nos vergers, & même ceux des forêts, ne meurent pas, quoiqu'ils soient de temps en temps dépouillés par les hannetons ou par les chenilles.

Il ne faut cependant pas conclure de-là que les feuilles soient inutiles aux arbres: j'en ai vu, qu'un retranchement subit de toutes leurs feuilles avoit fait mourir. Les Mûriers, dont on ne cueille point les feuilles, poussent bien plus vigoureusement, & deviennent bien plus grands que ceux qu'on effeuille tous les ans; & les bons Economes observent de laisser de temps en temps leurs Mûriers se réparer, en conservant leurs feuilles. Les pousses des arbres sont bien plus belles dans les années où il n'y a point d'insectes, que dans celles où les feuilles sont dévorées ; & nous avons remarqué qu'ils perdent quantité de leurs menues branches, quand les feuilles ont été détruites plusieurs années de suite par les insectes. On remarque encore que les arbres ne produisent que de vilains fruits & de mauvaise qualité, dans les années où leurs feuilles ont été dévorées par les chenilles. Les Jardiniers savent combien les *Tigres*, qui n'attaquent que les feuilles du Poirier de bon-chrétien, font de tort à leurs fruits. J'ai eu une Charmille, qui étoit plantée sur une hauteur, dans une bonne terre, mais très-légere & fort seche, le long d'un mur exposé au soleil de midi ; cette Charmille se garnissoit tous les printemps de belles feuilles, que les premieres chaleurs desséchoient entiérement : les arbres à la vérité ne mouroient pas, mais ils faisoient de si petites productions, que j'ai été obligé de les arracher. Dans les terreins frais & exposés au Nord, les feuilles au contraire subsistent long-temps sur les arbres qui font eux-mêmes de grandes productions en bois. On remarque encore que, quand les feuilles de quelque plante que ce soit, ont été endommagées par la rouille, alors toute la plante reste dans un état de langueur, jusqu'à ce qu'elle ait reproduit de nouvelles feuilles.

Voici encore une observation qui prouve la grande utilité des feuilles. Tant que les arbres poussent, tant qu'ils abondent en seve, les fruits ne parviennent pas à une parfaite maturité. Si cependant on veut précipiter cette maturité, on ôte aux arbres une partie de leurs feuilles. Ordinairement on ne se propose, par ce retranchement, que d'exposer les fruits à l'action du soleil ; mais en effet on rallentit le mouvement de la seve, ce qui, comme nous l'avons dit, contribue à faire mûrir les fruits. Cependant j'ai éprouvé que, si on retranche une trop grande quantité de feuilles, & avant que les fruits soient parvenus à leur grosseur, alors ils fannent au lieu de grossir, & leur qualité est toujours médiocre. Il n'en faut pas être surpris ; car pour se convaincre que le retranchement des feuilles rallentit le mouvement de la seve, il n'y a qu'à ôter les feuilles à un jeune arbre en pleine feve, & dont l'écorce se détache aisément du bois, on remarquera, deux jours après, que l'écorce fera aussi adhérente au bois, qu'elle l'est ordinairement pendant l'hiver.

Comme j'ai voulu m'assurer encore plus positivement si les feuilles influent sur la formation & la *maturation* * des fruits, j'ai coupé toutes les feuilles de plusieurs ceps de Vigne, dans le temps que les verjus commençoient à tourner; ces raisins se sont fanés au lieu de mûrir, & ils se sont trouvés bien inférieurs en bonté à ceux des souches voisines qui étoient resté garnies de toutes leurs feuilles; & encore j'ai remarqué que sur celles-ci les raisins du milieu du cep, qui étoient entiérement à couvert du soleil, avoient beaucoup mieux mûri que ceux des ceps que j'avois effeuillés. ** Si l'on ajoute à cette expérience que les raisins ne mûrissent presque plus sur les Vignes qui se trouvent dépouillées naturellement en automne, on conviendra avec moi que les feuilles contribuent beaucoup à la parfaite formation des fruits. Il se pourroit faire que, par le retranchement des feuilles, on parviendroit à affoiblir les branches gourmandes qui fatiguent tant les arbres fruitiers : cette idée mérite bien d'être suivie.

On ne peut donc pas révoquer en doute de quelle importance font les feuilles pour le progrès de la végétation : mais en quoi consiste cet avantage ? c'est sur quoi les sentiments font encore bien partagés. Les expériences de Mariotte, de Wodward, & du Docteur Hales, prouvent que les feuilles font des organes principalement destinés à la transpiration, & que la plus grande partie de la feve s'échappe par cette voie. Les feuilles font donc des organes secrétoires, par lesquels les arbres se déchargent d'un suc trop abondant ou inutile.

Plusieurs Physiciens ont encore prouvé que les feuilles s'imbibent de l'humidité des pluies & des rosées, & que ce ra-

---

* Ce mot n'est peut être pas françois, mais il exprime le progrès du fruit vers la maturité.

** Quand j'ai fait cette expérience, je ne me rappellois pas qu'elle avoit été déjà faite par M. Parent. Mes observations ont été les mêmes que les siennes, qui ont été mises dans les Mémoires de l'Académie Royale des Sciences.

fraîchiſſement eſt très - avantageux aux plantes. Les feuilles ſont donc des organes capables de ſuccion, qui de concert avec les racines, fourniſſent de la nourriture aux plantes.

Nous avons dit qu'on apperçoit dans les feuilles beaucoup de trachées. Le Docteur Grew aſſure y avoir obſervé quantité de véſicules remplies d'air : on a conclu de ces obſervations que les feuilles étoient les poûmons des plantes; qu'elles recevoient l'air de l'atmoſphere, qui s'introduiſoit par cette voie dans toutes les parties des plantes, & qui y produiſoit ſur la ſeve un effet pareil à celui que l'air, reſpiré par les animaux, produit ſur la maſſe de leur ſang. Quelques Phyſiciens ont prétendu étendre encore plus loin l'utilité des feuilles, en les regardant comme des viſceres capables de donner à la ſeve des préparations eſſentielles, qui la rendoient propre à nourrir les différentes parties qui compoſent les végétaux. Nous allons traiter ces queſtions dans autant d'Articles particuliers; ces diſcuſſions nous mettront en état de jetter quelque lumiere ſur la queſtion principale.

CHAPITRE III.

DE LA TRANSPIRATION DES PLANTES.

ON SAIT qu'indépendamment des gros excréments dont les animaux ſe déchargent, leurs liqueurs ſe dépurent encore, & fourniſſent d'autres évacuations connues ſous les noms de *tranſpiration ſenſible*, & *tranſpiration inſenſible*.

Comme les végétaux tirent de la terre, au moyen de leurs racines, que l'on peut comparer aux veines lactées des animaux, leur nourriture toute digérée ; & comme la ſeve, ainſi pompée par les racines, peut être comparée au chyle,* il s'enſuit que les végétaux n'étant point dans le cas de ſe débarraſſer des gros excréments, & que leur ſeve, ainſi que le ſang des animaux, ayant beſoin d'être dépurée, elle doit fournir des ſecrétions particulieres, que l'on doit comparer

* Voyez ci-après Liv. V.

aux transpirations sensibles & insensibles des animaux. Plusieurs expériences & quantité d'observations prouvent que les plantes sont soumises à ces secrétions, & qu'elles paroissent même plus essentielles à l'économie végétale qu'à l'économie animale.

On est donc convenu depuis long-temps que les plantes transpirent; c'est-à-dire, qu'une partie des sucs qui sont contenus dans leurs vaisseaux, se dissipe par une transpiration sensible ou insensible. On sait encore que les végétaux transpirent, non-seulement par leurs feuilles, mais encore par les jeunes branches, par les fleurs & par les fruits. Comme les feuilles doivent être regardées comme les principaux organes de la transpiration, j'ai cru qu'il étoit à propos d'en parler dans ce Chapitre, où je me suis proposé l'examen d'un organe qui est singuliérement destiné à opérer cette secrétion. Ce sera l'objet des deux Articles suivants.

ARTICLE I. *De la transpiration insensible des Plantes.*

POUR prouver en général que les plantes transpirent, il suffit de couper une branche d'arbre, de mastiquer le bout coupé & de la peser. On verra, quelques jours après, qu'elle a perdu une partie de son poids, & que les feuilles se fanent. On doit donc conclure qu'une partie de sa substance s'est dissipée par une transpiration insensible, puisque rien n'a pu s'échapper par le bout coupé; le mastic n'ayant permis aucune dissipation de substance. Mariotte qui a fait cette expérience, a trouvé qu'il s'étoit échappé d'une branche qu'il y avoit employée, deux cuillerées d'eau dans l'espace de deux heures d'un temps fort chaud; il en conclut qu'en 12 heures il auroit dû y avoir une dissipation de douze cuillerées d'eau. On pourroit cependant refuser d'admettre cette observation comme une preuve de la transpiration des plantes; car si la transpiration est une dissipation de certains sucs, & qu'elle résulte d'une secrétion, elle suppose des organes propres à l'opérer; & l'on pourroit dire que, dans la branche

Pl. XI. coupée, l'évaporation qui diminue fon poids, fe fait fans le concours d'aucun organe, & de la même maniere que l'humidité s'échappe d'un linge mouillé. Mais fi ces confidérations générales ne paroiffent pas fuffifantes, il y a des expériences qui prouvent inconteftablement cette fecrétion. Nous avons introduit un bouquet de feuilles & la branche qui le fupportoit, dans des globes de verre qui empêchoient la liqueur de la tranfpiration de fe diffiper. Cette manœuvre nous a mis à portée de ramaffer plufieurs cuillerées de cette liqueur, fur laquelle nous avons fait enfuite quelques expériences, pour reconnoître quelle étoit fa nature ; mais comme toutes nos recherches n'approchent pas de l'exactitude de celles qui ont été faites en premier lieu par l'illuftre M. Hales, & enfuite par MM. Bonnet & Guettard, nous nous contenterons de rapporter en abrégé les expériences de ces célebres Phyficiens ; & nous le faifons avec d'autant plus de confiance, qu'ayant répété une partie des expériences de M. Hales, nous avons eu la fatisfaction d'en reconnoître l'exactitude.

Au commencement du mois de Juillet, M. Hales prit un foleil (*Corona folis*) de la grande efpece, qu'il avoit élevé à deffein dans un vafe de terre : cette plante avoit alors trois Fig. 112. pieds de hauteur. (Voyez *Fig.* 112.)

Pour prévenir l'évaporation de l'humidité de la terre contenue dans le vafe, il appliqua aux bords du vafe une platine de plomb laminé qu'il eut foin de bien maftiquer : elle couvroit toute l'ouverture, & embraffoit exactement la tige du foleil, en forte que l'humidité de la terre ne pouvoit s'échapper ; il avoit, outre cela, foudé à cette platine deux tuyaux ; dont l'un, fort étroit & de neuf pouces de longueur, fe trouvoit placé tout près de la tige : ce tuyau qui étoit deftiné à conferver une communication de l'air extérieur avec celui qui étoit contenu dans le vafe, reftoit ouvert.

L'autre tuyau qui avoit deux pouces de longueur fur un pouce de diametre, fervoit à introduire les arrofements, & l'on avoit foin de le tenir exactement fermé quand on n'arrofoit pas ; enfin les trous du fond du vafe avoient été fermés avec précaution. Le pot & la plante furent pefés foir

&

& matin, pendant quinze jours consécutifs du mois de Juillet, pour connoître combien il pouvoit s'échapper d'humidité par la transpiration. Mais comme le vase étoit d'une terre poreuse & perméable aux vapeurs, il étoit à propos de connoître combien il s'échappoit d'humidité par ses pores, afin de souftraire cette évaporation étrangere, de l'évaporation qui se faisoit par la plante.

C'est dans cette vue, qu'après les quinze jours d'expérience, M. Hales coupa la tige de ce Soleil au raz de la platine de plomb, & qu'il ferma avec du mastic l'ouverture par où passoit cette tige. Alors continuant de peser le vase, il reconnut que la transpiration étrangere à la plante, étoit, en douze heures de jour, de deux onces, qu'il falloit souftraire de l'évaporation qui avoit été observée pendant les quinze jours que la plante & le pot avoient été pesés.

Cette rectification étant faite, il résulta de l'expérience que la plus grande transpiration, pendant douze heures d'un jour fort sec & chaud, étoit d'une livre quatorze onces; & que la transpiration moyenne étoit d'une livre quatre onces, ou 34 pouces cubiques, si l'on convient qu'un pouce cube d'eau pese 254 grains.

Quand les nuits étoient chaudes, seches & sans rosée, l'évaporation alloit jusqu'à trois onces; mais on ne remarquoit point d'évaporation lorsqu'il y avoit eu de la rosée; au contraire, s'il y avoit une rosée abondante, ou s'il tomboit un peu de pluie pendant la nuit, le poids du pot & de la plante augmentoit de deux à trois onces. Ceci a rapport à l'imbibition des plantes dont nous parlerons dans la suite. *

Puisque les feuilles doivent être regardées comme le principal organe de la transpiration, il est probable qu'une plante transpirera plus qu'une autre plante de même espece, dans les mêmes circonstances, toutes les fois que la surface de toutes ses feuilles aura plus d'étendue; c'est pour cela que M. Hales avoit pris la précaution de mesurer la surface de toutes les feuilles du soleil de son expérience, en les plaçant

---

* J'aurois souhaité que M. Hales eût observé l'imbibition du vase, comme il a observé son évaporation.

S

succeſſivement ſous un rézeau dont les mailles étoient d'u-
ne grandeur qui lui étoit connue : il trouva par ce moyen
que la ſurface de toutes les feuilles & des tiges de ce ſoleil
étoit égale à 5616 pouces quarrés.

Une autre fois M. Hales arracha, avec précaution, un pied
de Soleil, qui étoit à-peu-près de la même groſſeur que
celui de la précédente expérience.

Après avoir reconnu, par des méthodes d'approximation,
que la ſurface des racines de cette plante étoit égale à 2286
pouces quarrés, ce qui fait $\frac{2}{8}$ de la ſurface des parties de
la plante qui étoient hors de terre, il en conclut que la vîteſſe avec laquelle la ſeve entre par les racines pour réparer
la tranſpiration, eſt à la vîteſſe, avec laquelle la tranſpiration
s'échappe par les parties de la plante qui ſont hors de terre, à-peu-près comme cinq eſt à deux. En effet, il eſt évident que la vîteſſe des ſucs qui entrent dans les plantes par
la ſurface des racines, comparée à la vîteſſe de la tranſpiration qui ſort par la ſurface des feuilles, eſt en proportion réciproque des ſurfaces des racines & des feuilles ; la quantité
des ſucs aſpirés devant être à-peu-près égale à la quantité
des ſucs qui s'échappent par la tranſpiration.

M. Hales ſe propoſe enſuite une comparaiſon qui ne ſera, ſi l'on veut, que ſimplement curieuſe ; c'eſt celle de la
tranſpiration du Soleil qui a fait le ſujet de ſon expérience,
avec la tranſpiration du corps humain : il la conclut comme
50 eſt à 15 ; c'eſt-à-dire, que ſi dans un temps fixé la tranſpiration de ce Soleil eſt, par exemple, de 15 onces, celle de
l'homme eſt dans ce même eſpace de temps de 50 onces : il attribue la cauſe de cette différence à ce que la chaleur eſt beaucoup plus grande dans les animaux que dans les végétaux.
En effet, dit-il, la chaleur des végétaux n'excede guere celle
de l'atmoſphere, laquelle ne s'étend, tout au plus, qu'à 35
degrés au-deſſus du terme de la glace ; au lieu que la liqueur
d'un thermometre, tenu pendant quelque temps ſous l'aiſſelle
d'un homme ſain, monte juſqu'à 54 degrés ; & que celle
du ſang eſt de 64 degrés, qui eſt le terme de la chaleur de
l'eau dans laquelle on a peine à tenir la main en mouvement ſans ſe brûler. Il eſt conſtant qu'il s'éleve beaucoup

de vapeurs de l'eau échauffée jusqu'à ce degré.

· L'expérience de M. Hales lui a fourni encore une réfle-xion intéressante & plus exacte; la voici:

Suivant le Docteur Keill, un homme prend 4 livres 8 on-ces d'aliments solides ou liquides en 24 heures : le poids de ses excréments est de cinq onces; ainsi les matieres extraites des aliments pour sa nourriture, sont réduites à 4 livres 3 onces. On a prouvé que le Soleil attire dans un pareil espace de temps, 1 liv. 6 onces. Mais il est important de faire at-tention, tant à l'égard de la nourriture, que par rapport à la transpiration, que la plante de Soleil, qui faisoit l'objet de l'expérience de M. Hales, a beaucoup moins de masse qu'un homme : & si l'on suit le calcul que ce célebre Phy-sicien a fait, on verra qu'à masses égales, cette plante tire & transpire 17 fois plus qu'un homme. Cette prodigieuse transpiration est d'autant plus nécessaire que les plantes n'ont que cette seule voie pour se décharger de ce qui devient inutile pour leur nourriture : il étoit donc nécessaire que les feuilles eussent de grandes surfaces pour suffire à cette secré-tion; au lieu que l'homme, outre cette faculté de transpi-rer, a encore l'évacuation des gros excréments, des urines, de la salive, de ce qui s'échappe par les narines, par la res-piration, &c. Il paroîtra peut-être étonnant que les plantes tirent de la terre une aussi grande quantité de substance; mais il est probable qu'elle n'est pas aussi nourriciere que le font les aliments que prennent les hommes, quoique la seve tirée par les plantes, soit une espece de chyle, qui ne doit fournir aucune matiere de gros excréments.

Ces réflexions font appercevoir que la transpiration qui in-flue certainement sur l'état de santé ou de maladie des hom-mes, est encore tout autrement importante à l'économie vé-gétale, & que son excès, ou sa diminution, doivent causer des maladies aux plantes. Nous aurons occasion d'en parler dans la suite.

M. Hales ayant répété cette même expérience sur un Chou de moyenne grosseur, la transpiration moyenne fut de 19 onces. La surface de la tête de ce Chou se trouva être de 19 pieds, ou de 2736 pouces quarrés : la surface des ra-

cines fut eftimée être d'environ 256 pouces quarrés; & l'aire
de la coupe horifontale du tronc, de $\frac{100}{176}$ de pouces quarrés, d'où notre Auteur conclut qu'il faut néceffairement que
la feve entre dans les racines des plantes, avec 11 fois plus
de vîteffe qu'elle ne fort par les feuilles; & que la vîteffe
de la feve dans le tronc, abftraction faite de la circulation,
& n'ayant égard qu'à ce qui s'échappe par la tranfpiration,
eft à la vîteffe de cette fecrétion qui s'échappe par les feuilles, comme 4268 eft à 1, même en fuppofant que le tronc
du Chou eft un tuyau creux; & l'on n'exagérera point, fi
l'on diminue ce canal d'un quart, pour les parties folides
qui y font renfermées; ce qu'on pourra évaluer affez précifément, fi l'on deffeche parfaitement un morceau du tronc
d'un Chou : car on connoîtra, par ce qui reftera de
poids, combien il renferme de parties folides. Ce n'eft pas
tout; comme il eft probable que la feve paffe dans les plantes, réduite en vapeurs, ou du moins dans un grand état
de raréfaction, fa vîteffe doit augmenter en proportion directe de l'efpace qu'occuperoit une pareille quantité d'eau
qui feroit réduite en vapeurs; en forte que fi de l'eau réduite en vapeurs occupe dix fois plus d'efpace, il faut conclure que la feve paffera dans le tronc avec dix fois plus de
rapidité que nous ne l'avons dit.

M. Hales, après avoir répété ces mêmes expériences fur
la Vigne, fur un Pommier de paradis, fur un Citronnier,
fur des arbres qui ne quittent point leurs feuilles, conclut
de toutes ces expériences, que la tranfpiration de toutes ces
plantes, dans des furfaces égales & à des temps égaux, n'eft
rien moins qu'uniforme; & que conftamment les arbres qui
ne quittent point leurs feuilles, tranfpirent beaucoup moins
que les autres.

M. Miller a élevé à Chelfea, dans des vafes verniffés, &
dont le fond n'étoit pas percé, un pied de *Mufa*, un Aloës,
& un Pommier de paradis : il avoit couvert le deffus de ces
vafes d'une platine de plomb, garnie de tuyaux femblables
à ceux de l'expérience de M. Hales. Depuis le 27 Mai
jufqu'au 4 Juin il a pefé chaque jour ces trois vafes, à fix
heures du matin, à midi, & à fix heures du foir : au moyen

de ces précautions, il étoit affuré que toute l'évaporation avoit dû fe faire par les pores de ces plantes. Il les avoit tenu, tantôt dans une ferre fort chaude, & tantôt dans un cabinet expofé au Nord, percé de deux croifées que l'on laiffoit ouvertes, où le foleil ne donnoit jamais, & que le vent traverfoit en liberté. Comme on peut voir dans l'ouvrage de M. Hales * le journal détaillé de cette expérience, nous ne rapporterons ici que les conféquences qu'on peut tirer, foit de cette expérience, foit de celle de M. Hales.

1°. La transpiration, toutes chofes égales d'ailleurs, eft proportionnelle aux furfaces transpirantes; ainfi plus les plantes de même efpece ont de feuilles, plus elles transpirent; & comme les feuilles ont beaucoup de furface, par proportion à leur maffe, on conçoit qu'elles doivent beaucoup plus transpirer que les autres parties des plantes.

2°. La différente température de l'air influe beaucoup fur la transpiration; le froid, l'humidité la diminuent ou la suppriment entiérement: bien plus, quand il pleut, ou quand les rofées font abondantes, il peut arriver que les plantes en reftent chargées; c'eft pour cette raifon que les plantes qui font exactement couvertes par des cloches, ne fe fanent point, d'autant que, comme elles fe trouvent dans une atmofphere humide, elles transpirent peu; mais comme on eft obligé de foulever de temps en temps la cloche qui les couvre, pour ranimer la transpiration, alors elles ne tardent pas à fe faner.

3°. Un jour l'air ayant été chaud, & le Ciel ferain, M. Miller remarqua, le lendemain matin, de groffes gouttes d'eau qui fortoient du bout des feuilles du Mufa. **

---

* Statique des Végétaux.

** Comme ces gouttes d'eau fortent de l'extrêmité de la neryure qui partage la feuille en deux, cela fournit encore une preuve que ces neryures font formées de l'affemblage de plufieurs vaiffeaux.

Navarrette, dans fon Supplément à fa Relation de la Chine, parle d'une efpece de Liane, que l'on nomme dans ce Pays, *Bejuco*, & il dit que cette plante, lorfqu'on la coupe, rend une eau claire & agréable à boire, & en affez grande quantité pour défaltérer fept ou huit voyageurs. Feu M. Sloane a rapporté la même chofe d'une Vigne fauvage qui croît à la Jamaïque fur des montagnes arides.

Je trouve une Note, par laquelle il paroît que M. Ruyfch dit qu'il avoit vu dans les ferres du jardin d'Amfterdam, une efpece d'*Arum* d'Egypte, dont la neryure du milieu des feuilles fe terminoit par un filet recourbé, qui excédoit la feuille; & que quand on arrofoit cette plante, il fortoit des gouttes d'eau par l'extrêmité de ce filet.

4°. Lorsque les plantes que M. Miller avoit mises en expérience, restoient dans une serre chaude, la grande transpiration se faisoit ordinairement depuis six heures du matin jusqu'à midi.

5°. Soit que les plantes fussent dans la serre chaude, soit qu'elles fussent dans le cabinet exposé au nord, la moindre transpiration se faisoit presque toujours pendant la nuit : souvent elle étoit nulle ; quelquefois ces plantes imbiboient l'humidité de l'air, & alors elles augmentoient de poids, ce qui étoit bien plus sensible dans l'Aloës que dans les autres plantes.

6°. Une transpiration trop abondante fatigue certaines plantes, sur-tout quand leurs racines ne trouvent pas assez d'humidité dans la terre, pour réparer cette déperdition de substance. C'est pour cela que nous voyons, dans le temps même que tout est favorable à la transpiration, que les feuilles & les jeunes pousses se flétrissent pendant le jour ; mais elles se réparent pendant la nuit, lorsque la transpiration cesse, ou qu'elle est considérablement diminuée.

7°. La transpiration interceptée pendant un long espace de temps, cause des maladies aux plantes : les unes en souffrent plus que les autres.

8°. En général, une plante qui est vigoureuse & qui pousse avec force, transpire plus abondamment qu'une qui languit.

9°. Les observations sur la transpiration font voir pourquoi l'on est obligé de retrancher beaucoup de branches à un arbre qu'on transplante ; en effet, puisqu'il faut une certaine quantité de racines pour réparer la déperdition des sucs, qui se fait par la transpiration, il est évident qu'il convient de retrancher des branches ou des organes de la transpiration, proportionnellement à la quantité de racines qu'on est obligé de couper à un arbre qu'on transplante.

10°. Ces observations font connoître encore pourquoi une branche, que l'on coupe pour en faire des écussons, ne tarde pas à perdre sa seve, si on lui conserve ses feuilles ; ce qui n'arrive pas quand on retranche ces mêmes organes de la transpiration.

11°. Enfin on conçoit pourquoi les plantes des pays

Pl. XII.

chauds, qui transpirent beaucoup, sont plus aromatiques que celles du nord.

Les connoissances qu'on a acquises jusqu'à présent sur la transpiration, fourniroient encore bien des observations utiles à l'Agriculture ; mais pour éviter les répétitions, nous croyons devoir remettre à en parler, lorsque nous traiterons des cas particuliers où elles pourront avoir leur application.

Il est maintenant bien prouvé qu'il s'échappe des plantes beaucoup de liqueur, par la transpiration insensible. Nous aurons dans la suite occasion de faire voir quelles sont les parties des plantes qui contribuent davantage à cette secrétion ; mais nous croyons devoir faire connoître ici de quelle nature elle est. Comme cette liqueur s'échappe naturellement des plantes qui sont vigoureuses, & que les végétaux souffrent sensiblement quand cette évacuation est interceptée, on est porté à regarder la matiere de cette transpiration, ou comme un excrément dont les plantes ont besoin d'être débarrassées, ou du moins comme un suc surabondant qui pourroit leur être nuisible. Mais ces idées générales, quoique vraies, ne nous en donnent pas d'assez précises sur la nature de cette liqueur. Pour connoître sa nature, il falloit la soumettre à des observations ; & pour y parvenir, il falloit en ramasser une quantité suffisante. C'est dans cette vue que M. Hales fit introduire dans des cornues de verre, les branches de différents arbres & arbustes (*Fig.* 113.); il eut soin de fermer exactement le bec de la cornue avec de la vessie mouillée, & par ce moyen, il a obtenu plusieurs onces de la liqueur transpirée par la Vigne, le Figuier, le Pommier, le Cerisier, l'Abricotier, le Pêcher, la Rue, le Raifort, la Rhubarbe, le Panais & le Chou.

Fig. 113.

Ces liqueurs étoient toutes fort claires ; & M. Hales dit qu'il ne put distinguer aucune différence dans leur saveur : leur pésanteur étoit la même que celle de l'eau commune ; elles ne contenoient pas plus d'air ; seulement quand l'air étoit chaud & le soleil ardent, elles avoient une légere odeur de la décoction de la plante dont elles étoient sorties.

J'ai retiré aussi des liqueurs de la transpiration de quelques

Pl. XII. plantes; il m'a paru que celle des plantes fort aromatiques en retenoit une légere odeur, qui se dissipoit en peu de temps. Au reste, il est probable que de l'eau pure auroit pris une semblable odeur, si on l'eût tenue long-temps renfermée dans un vase, où l'on auroit mis les mêmes plantes odorantes; cependant il faut bien que la liqueur de la transpiration ne soit pas une eau pure, car elle se corrompt plus promptement que l'eau commune.

M. Hales a placé encore la fleur d'un grand Soleil dans le chapiteau d'un alembic : la liqueur que cette fleur fournissoit par sa transpiration, après s'être condensée aux parois de ce vaisseau, distilloit par le bec. Ce procédé fourniroit un moyen bien simple & bien commode pour parvenir à ramasser une grande quantité de cette liqueur, si on la reconnoissoit propre à quelques usages.

Fig. 114. M. Guettard, qui a fait beaucoup d'expériences sur cette même matiere, s'est servi d'un ballon tubulé, comme dans la *fig.* 114. Il y a introduit la branche d'une plante qui étoit en pleine terre ; le tube inférieur du ballon répondoit à une bouteille ou récipient, qu'il tenoit recouverte de terre, afin de faciliter la condensation des vapeurs ; toutes les ouvertures de ce vaisseau étoient exactement lutées, pour que la moindre portion des vapeurs ne pût être dissipée, & par cette disposition aucune feuille de la branche ne pouvoit tremper dans la liqueur qui devoit émaner de la transpiration. Outre cela, comme à mesure que la liqueur se condensoit, elle couloit dans le récipient où étant à couvert du soleil, il y avoit moins à craindre qu'une partie de cette liqueur se réduisît de nouveau en vapeurs, qui auroient pu être absorbées par la plante, ou qui auroient pu du moins rallentir sa transpiration. M. Guettard a eu soin de joindre au Mémoire qu'il a lu sur ce sujet à l'Académie, des observations thermométriques & barométriques, suivies avec beaucoup d'exactitude.

Ses premieres expériences furent faites sur le Groseillier noir ou Cassis, sur l'Agripaume, sur la Pyrethre des Canaries, sur le Tamarin de Narbonne, sur l'Armoise, & sur le Cornouiller à fruit blanc.

La

La transpiration du Cornouiller, qui a été la plus abondante de toutes les autres plantes, a monté en quatorze jours à 20 onces 4 gros $\frac{1}{2}$; ce qui fait par jour 1 once 3 gros $\frac{1}{4}$: cette branche ne pesoit cependant que 5 gros $\frac{1}{2}$. Donc elle fournissoit en transpiration, pendant l'espace de 24 heures, presque le double de son poids.

Il est vrai que toutes les plantes ne transpirent pas autant que le Cornouiller, & que suivant certaines circonstances, cet arbre doit beaucoup moins transpirer que pendant la durée de l'expérience dont nous rendons compte.

Entre les plantes que M. Guettard a soumises à son expérience, il y en a quelques-unes qui n'ont rendu, par la transpiration, que la moitié de leur poids; mais en général il paroît que le plus grand nombre a été de celles qui fournissent par la transpiration, autant au moins qu'elles pesent.

Il suit encore des expériences de M. Guettard, ainsi que de celles de M. Hales, que la transpiration de la nuit n'est presque rien, en comparaison de celle du jour. M. Guettard voulant pousser encore plus loin ses recherches, introduisit deux branches absolument semblables, d'un même arbre, dans deux ballons de verre, dont l'un restoit entiérement exposé au soleil, & l'autre étoit couvert d'une serviette, qu'il tenoit quelquefois appliquée sur ce ballon, & qu'il soutenoit quelquefois avec des perches, pour interrompre l'action immédiate du soleil: la transpiration fut toujours bien plus abondante dans le ballon qui étoit immédiatement exposé à toute l'action du soleil, que dans l'autre.

La curiosité de M. Guettard croissant à mesure qu'il faisoit des expériences, il se proposa de connoître si une branche, qui ne seroit pas aussi immédiatement exposée au soleil, mais qu'on tiendroit seulement dans un air plus échauffé qu'une autre branche pareille, qui recevroit immédiatement les rayons du soleil, fourniroit plus ou moins de transpiration. Il choisit pour cette expérience un espalier garni de chassis de verre, sous lesquels on avoit planté des Grenadiers: il adapta des ballons à des branches de Grenadiers qui étoient aux deux extrêmités de cet espalier; & toute la différence consistoit en ce que les chassis d'un bout de cet

T

espalier étoient ouverts, & que ceux de l'autre bout étoient fermés. Quoique le thermometre indiquât que l'air de la partie fermée étoit plus chaud que celui de l'autre partie, néanmoins la transpiration y fut constamment moindre. L'action immédiate du soleil influe donc sur la transpiration par d'autres causes que par celles de la chaleur.

Cette expérience fait voir, que s'il est avantageux d'exposer au soleil des fruits qui approchent de leur maturité, afin de concentrer en quelque façon les sucs par une forte transpiration, il est aussi très-dangereux de découvrir les fruits verds de leurs feuilles, parce qu'ils courent alors risque de se dessécher, comme cela arrive à nos fruits d'Europe, lorsqu'on les transporte dans des climats trop chauds; & ainsi qu'on le voit même en France dans les années trop chaudes, où les fruits sont souvent endommagés par des coups de soleil.

Les personnes attentives renferment en automne les raisins dans des sacs de papier, pour empêcher que les guêpes ne les mangent. Cette précaution qui les soustrait à ces mouches, diminue outre cela la transpiration des raisins, qui en deviennent plus gros; mais aussi il est éprouvé qu'ils en ont moins de goût.

On empaille les Cardons, on butte avec de la terre le Céleri, on lie les Chicorées, on en plante dans des caves: par ces précautions on diminue beaucoup, à la vérité, leur transpiration, & ces légumes en deviennent plus succulentes, plus tendres & plus délicates, mais aussi elles ont moins de goût. Il est donc avantageux de diminuer la transpiration des plantes & des fruits qui ont beaucoup de saveur, & qui n'ont besoin que d'acquérir un certain degré de délicatesse; & il faut au contraire trouver le moyen d'augmenter la transpiration des fruits très-succulents, mais qui manquent de saveur.

Des branches, dont on avoit coupé les feuilles à la moitié de leur pédicule, n'ont fourni à M. Guettard que 18 grains de transpiration; au lieu que de pareilles branches, garnies de leurs feuilles, en ont fourni 2 onces 7 gros.

La transpiration diminue à mesure qu'on avance dans la saison de l'automne; & selon les expériences de M. Guettard, la transpiration d'une plante vers la fin d'Octobre, est à celle de cette même plante dans le mois d'Août, en raison de $2\frac{1}{2}$ à 9. Comme il est démontré que les feuilles contribuent à augmenter le mouvement de la seve dans les arbres, ne pourroit-on pas ôter à un arbre une partie de ses feuilles, dans la vue de ralentir ce mouvement, & de hâter par-là la maturité des fruits ? En effet, on sait que, tant que les arbres poussent, tant qu'ils abondent en seve, les fruits ne parviennent pas à une parfaite maturité. On pourroit donc ôter aux arbres une partie de leurs feuilles, non pas, à la vérité, dans la vue d'augmenter la transpiration de leurs fruits, en leur procurant l'action immédiate du soleil, mais dans l'intention d'affoiblir le mouvement de leur seve. Quand on voudra tenter ce moyen, il faudra, comme je l'ai déja dit, attendre que les fruits soient presque entiérement parvenus à leur grosseur naturelle, sans quoi, je sais par expérience qu'ils faneroient.

M. Guettard, après avoir couvert d'un vernis à l'esprit-de-vin, la surface supérieure seulement de quelques feuilles, & à d'autres feuilles la surface inférieure, il s'est apperçu que les unes & les autres en avoient beaucoup souffert. Il lui a paru cependant que les surfaces supérieures des feuilles contribuoient davantage à la transpiration que les surfaces inférieures. J'ai fait, il y a long-temps, les mêmes expériences ; mais les feuilles se trouverent tellement endommagées par le vernis, que je n'en ai pu rien conclure.

Selon M. Guettard, les plantes fort succulentes, telles que la Courge, le Thytimale, l'*Acorus verus*, ont moins transpiré que d'autres plantes d'une nature plus seche, telles que le Cornouiller; & l'on n'oseroit pas dire qu'elles sont plus succulentes, par la raison qu'elles transpirent moins, puisque les feuilles des arbres qui ne se dépouillent point pendant l'hiver, ne sont pas plus succulentes que celles des autres arbres, quoique les premiers transpirent fort peu.

Toutes les expériences que M. Guettard a faites sur les liqueurs provenantes de la transpiration de différentes plantes, s'accordent à prouver, ainsi que celles de M. Hales, qu'elles ne different point de la nature de l'eau la plus simple.

Les expériences de M. Hales prouvent très-bien que la pluie, & même les rosées forment un obstacle à la transpiration; mais M. Guettard a remarqué de plus, que les branches qu'il avoit renfermées dans un ballon, ont peu transpiré pendant le temps de pluie, quoiqu'elles fussent absolument hors d'état d'être mouillées, & à l'abri de toute humidité de l'air : ce fait s'accorde avec une de ses expériences, où une serviette qui recouvroit le ballon, suffisoit pour diminuer l'action de la transpiration. M. Guettard a encore remarqué que, quand à un jour fort pluvieux il en succédoit d'autres très-sereins, & où le ciel étoit beau & le soleil bien vif, alors la transpiration des plantes n'étoit pas si abondante qu'elle l'est deux jours après la pluie. Il sembleroit donc que, pour que la transpiration fût abondante, il faudroit que l'eau de la pluie eût eu le temps de se réduire en vapeurs dans la terre. Il se peut bien aussi qu'il soit nécessaire qu'elle soit réduite à cet état, pour pouvoir pénétrer les plantes.

Plusieurs expériences que M. Guettard a suivies avec toute l'exactitude possible, prouvent de plus :

1°. Que la transpiration a été des deux tiers plus forte en Juillet qu'en Juin, & encore plus abondante en Août qu'en Juillet; & comme la végétation est presque toujours plus grande en Juin qu'en Août, on seroit porté à croire que la transpiration n'est pas toujours en proportion avec les progrès de la végétation. Au reste, pour en tirer avec sûreté une pareille conséquence, il auroit fallu avoir observé les productions des plantes qui ont fait le sujet de ces observations dans ces différents mois; & c'est ce que nous n'avons pas vu dans les Mémoires de M. Guettard.

2°. La quantité d'eau tombée à Paris, lieu des expériences de M. Guettard, ayant été en Juin * de deux pouces 9 $\frac{4}{7}$ de lignes; en Juillet, de deux pouces 7 $\frac{1}{7}$ lignes; & en Août, de 1 pouce 7 $\frac{1}{7}$ lignes, on voit que la transpiration n'a pas augmenté proportionnellement à la quantité d'eau qui est tombée pendant ces trois mois; elle a au contraire été plus grande dans le mois le plus sec : cela s'accorde avec les autres observations de M. Guettard & avec celles de M. Hales, qui

* Voyez Messieurs de l'Académie des Sciences 1749.

établissent que la transpiration des plantes est peu considérable dans les temps de pluie, & même quand le ciel est couvert de nuages ; & qu'elle n'est jamais plus abondante que quand le soleil est net & ardent, & encore lorsqu'il fait du vent & du hâle, pourvu toutefois que la terre ne soit pas extrêmement seche, & que les racines en puissent pomper toute la seve dont la plante a besoin.

3°. D'autres expériences ont fait connoître à M. Guettard, 1°. Que les plantes grasses transpirent communément très-peu. 2°. Que les fruits, sur - tout ceux qui sont succulents, transpirent beaucoup moins, relativement à leurs masses, que les feuilles des mêmes plantes : ces expériences-ci ont été faites sur des Courges, des Melons, des raisins, &c. 3°. M. Guettard regarde encore comme très-probable, que les fleurs, à masse égale, transpirent moins que les feuilles : M. Hales, au contraire, a préféré de comparer les surfaces. 4°. Que la transpiration des branches, quand elles sont un peu endurcies, est très-peu de chose : cette expérience a été faite sur une tige d'Armoise assez tendre, qui a fourni très-peu de transpiration.

Les expériences de M. Guettard sont en trop grand nombre, pour qu'il soit possible d'en donner ici un détail complet : nous renvoyons le Lecteur aux volumes des Mémoires de l'Académie des Sciences, années 1748 & 1749.

Il est certain, qu'indépendamment de la liqueur phlegmatique que les plantes fournissent par leur transpiration, & dont nous venons de parler, il s'échappe encore des plantes des parties très-subtiles, que nous ne pouvons retirer par aucun des moyens dont il a été fait mention plus haut. On sait, par exemple, que quelques plantes répandent une odeur si forte, que tout un jardin en est parfumé ; c'est une preuve bien certaine qu'il s'en échappe une vapeur très-subtile. On croiroit volontiers qu'il seroit possible de retirer cette vapeur, par les moyens qui nous ont si bien réussi pour obtenir la transpiration phlegmatique des plantes ; cependant, comme nous l'avons déja dit, la transpiration des plantes très-aromatiques, dont il est parlé dans les expériences précédentes, n'avoit conservé qu'une légere odeur de la plante, encore cette odeur se dissipoit-elle en peu de temps. Pour

rendre raifon de ce fait, il eft bon de favoir que l'odeur;
même la plus forte de plufieurs plantes, eft fouvent fi vola-
tile, qu'on ne peut la retirer par la diftillation. L'odeur de
la Tubéreufe, & celle du Jafmin peuvent être données pour
exemple : ces odeurs font fi fortes, qu'elles fe communiquent
aux graiffes & aux huiles ; mais d'autre part elles font fi té-
nues, qu'on ne peut les retirer feules. Nous aurons occafion
dans la fuite de cet Ouvrage de traiter cette matiere ; il fuffit maintenant d'avoir fait mention de cette fecrétion, qui
ne pourroit pas être regardée comme une tranfpiration infenfible, s'il étoit prouvé que ces odeurs ne s'échappent
pas immédiatement des plantes, mais des fubftances qui font
fournies par la tranfpiration fenfible. Quant à moi, je crois
qu'elles émanent en partie immédiatement des plantes, &
en partie des fecrétions dont nous allons parler.

ART. II. *De la tranfpiration fenfible des Plantes.*

Nous entendons par tranfpiration fenfible des plantes;
l'évacuation qui fe fait par leurs pores, d'une matiere trop
groffiere ou trop abondante, pour fe pouvoir diffiper fur le
champ. Cette tranfpiration eft fur-tout fenfible dans la Fraxi-
nelle que l'on voit enduite d'une fubftance réfineufe : de plus
quand l'air a été calme, & lorfqu'il a fait chaud pendant le jour,
cette plante fe trouve environnée d'une atmofphere réfineufe, qui s'enflamme dès que l'on en approche une bougie al-
lumée. Il arrive quelquefois que lorfqu'on fe promene dans
le chaud du jour fous certains arbres (les Saules & les Peupliers par exemple) on fent des gouttes d'eau qui tombent
des feuilles : ces gouttes font le produit de la tranfpiration
fenfible de ces arbres. On doit penfer la même chofe de ces
gouttes d'eau que M. Miller a vu fortir de l'extrêmité des
feuilles du *Mufa*, & M. Ruyfch de l'*Arum*. Ces évacuations
peuvent être regardées comme des effets d'une tranfpiration
fenfible lymphatique. M. de la Hire ayant auffi remarqué fous
des Orangers une efpece de manne répandue à terre, il cher-

cha à s'assurer d'où elle pouvoit provenir : pour cet effet, il plaça au-dessous de ces Orangers des vases propres à la recevoir ; & il reconnut qu'elle étoit due aux feuilles de ces arbres. Malpighi dit avoir observé sur les glandes des bords des feuilles, une matiere semblable à de l'huile.

M. Reneaume rapporte dans les Mémoires de l'Académie des Sciences, qu'il a observé avec soin la secrétion d'une humeur plus épaisse que la précédente, & qui paroît venir du suc propre. Si l'on examine avec attention l'humidité qu'on apperçoit quelquefois sur les feuilles des arbres, on remarquera, dit cet Académicien, 1°. qu'elle est onctueuse, gluante & douce. 2°. Qu'elle se trouve en plus grande quantité sur les feuilles exposées au soleil, que sur celles qui sont à l'ombre. 3°. Que la partie supérieure de ces feuilles paroît luisante en plusieurs endroits, soit en certains points, soit par petites plaques ; quelquefois elles recouvrent entiérement la feuille. 4°. Qu'il y a apparence que cette matiere se liquéfie par la rosée, puisqu'on ne l'apperçoit point avant le lever du soleil. 5°. Que les abeilles ramassent la matiere de cette transpiration, avec autant de soin qu'elles ramassent la substance mielleuse qui se trouve au fond des fleurs. 6°. M. Reneaume a fait ces observations sur le l'Erable-Sycomore, sur le petit Erable, dont on fait des palissades, sur le Tilleul des bois, & sur celui de Hollande. 7°. Il y a des plantes velues, telles qu'une espece de *Martinia*, qui nous est venue du haut de la Louisiane, dont tous les poils sont garnis d'une humeur visqueuse, qui paroît être une secrétion de la nature de celle dont il s'agit ici.

La manne de Briançon que fournissent les Melezes, le *Labdanum* du Ciste peuvent encore être regardés comme des produits de la transpiration sensible. Lorsque cette évacuation est trop abondante, il arrive quelquefois qu'elle fait périr les arbres ; car, suivant une Lettre que M. Reneaume rapporte, les Noyers qui rendent quelquefois une espece de manne, sont exposés à mourir dans les années où cette secrétion est trop abondante.

On voit dans une Lettre que M. Marcorelle, Sécrétaire de l'Académie de Toulouse, a adressée à l'Académie des

Sciences, en date du 4 Février 1756, que M. Mouffet, Apoticaire à Carcaffonne, avoit ramaffé le 25 Septembre 1754, fur des Saules plantés le long de la riviere de Fref-quet près Pennautier, une concrétion qui découloit de ces arbres : dès que le foleil paroiffoit, cette manne tomboit en forme de petite pluie, elle fe durciffoit enfuite, & deve-noit blanchâtre. Des enfants qui l'apperçurent les premiers, en goûterent; & la faveur fucrée qu'ils y trouverent, les rendit affidus à la ramaffer : cela engagea M. Mouffet à l'e-xaminer. Il reconnut qu'elle reffembloit beaucoup à la man-ne de Calabre, & il penfa qu'elle pouvoit s'employer aux mêmes ufages. A en juger par un petit échantillon qui ac-compagnoit cette Lettre, cette manne nous a paru joindre un peu d'acidité au goût fucré qui la caractérife, & qu'elle n'a-voit pas le retour défagréable de la manne commune. M. Mouffet dit que les Frênes du même terrein de Pennau-tier donnent auffi de la manne, mais en moindre quantité que les Saules.

On doit obferver que pendant l'été de 1754, où cette manne a été ramaffée, il a fait un temps affez chaud & fort fec. La liqueur d'un thermometre de mercure, dont l'efpa-ce entre le terme de la glace & celui de l'eau bouillante eft divifé en 100 parties, étoit alors à Touloufe, où la tem-pérature eft affez femblable à celle de Carcaffonne, à 30, 31 & 32 degrés au-deffus de zero; & il ne tomba de pluie pendant deux mois de cette faifon, que 11 $\frac{7}{12}$ de lignes: l'air s'étant rafraîchi dans le mois d'Octobre, & des pluies affez abondantes étant furvenues, la récolte de la manne ceffa entiérement.

Il femble qu'on peut conclure de ces obfervations que s'il faifoit plus fec & plus chaud dans notre climat, on pourroit fe paffer d'aller chercher la manne dans la Calabre. Nous croyons cependant que la manne de Calabre découle plus fré-quemment du tronc & des branches des Frênes, que des feuil-les; mais cela n'établit pas une grande différence, puifque ce que nous avons nommé le fuc propre eft également contenu dans les vaiffeaux des feuilles, & dans ceux de l'écorce.

Nous pourrions encore mettre au rang de la tranfpiration
fenfible,

fenfible, la fecrétion du fuc mielleux des fleurs, ainfi que quelques amas d'huile effentielle qui fe trouvent hors des vaif-feaux des plantes ; mais nous ne croyons pas devoir com-prendre dans cette claffe certaines extravafations du fuc pro-pre, telles que la térébenthine, la réfine, la gomme des arbres, comme eft celle qu'on nomme *Adragante*, & la gomme arabique : quoique ces effufions de fucs puiffent être en quelques cas avantageufes aux plantes, elles leur font d'autres fois funeftes, & alors ce font des maladies dont nous aurons occafion de parler ailleurs ; & puifque nous devons nous renfermer préfentement, autant qu'il nous eft poffible, à ne traiter que de ce qui regarde les feuilles confidérées en elles-mêmes, il nous fuffit d'avoir prouvé qu'elles font une organe de fecrétion, fans faire mention de ce que la tranf-piration peut opérer fur le mouvement de la feve. Nous al-lons faire voir que dans d'autres circonftances les feuilles font propres à remplir des fonctions toutes contraires, puif-qu'en fe chargeant de l'humidité répandue dans l'air, elles concourent avec les racines à fournir de la nourriture aux plantes.

Article III. *Que les Feuilles des Plan-tes imbibent l'humidité qui les environne.*

J'ai coupé des branches de différents arbres, & après en avoir garni la fection avec du maftic, je n'ai point été furpris de les voir diminuer de poids & fe faner, puifque c'étoit un effet de la tranfpiration qui m'étoit déja connue. Je dépofai quelques-unes de ces branches dans des caves hu-mides ; j'en entourai d'autres d'une atmofphere humide, en les plaçant entre des linges mouillés, qui les environnoient de toutes parts, fans néanmoins les toucher. Ces branches, précédemment fanées, reprirent leur vigueur ; leurs feuilles fe redrefferent, & quelquefois les branches devinrent plus pefantes que quand je les avois coupées : comme cet effet ne pouvoit être produit que par l'humidité qui les environ-noit, je crois être fondé à conclure que cette humidité avoit

V

Pl. XII. pénétré dans les vaiſſeaux de ces branches par les pores des feuilles & des tiges tendres.

J'ai mis au printemps différentes plantes, nouvellement coupées, dans des linges mouillés; elles s'y ſont entretenues fraîches & vertes pendant pluſieurs jours; elles y ont fait même quelques productions qui ne pouvoient venir que de l'humidité qui s'étoit introduite par les feuilles & les branches, puiſque ces plantes ne tenoient plus aux racines.

On obſerve fréquemment que, lorſque le hâle a fané les plantes, elles reverdiſſent après qu'il eſt ſurvenu une petite pluie, même aſſez légere pour ne mouiller que la ſuperficie de la pouſſiere; comme cette pluie ne peut certainement pénétrer juſqu'aux racines, il eſt probable que la vigueur que ces plantes acquierent alors, vient en partie de l'eau qu'elles ont imbibée principalement par leurs feuilles, quoiqu'on puiſſe dire encore que la tranſpiration interceptée par ces petites pluies, contribue à l'effet dont il s'agit.

Mariotte rapporte qu'ayant coupé pluſieurs petites branches de Perſil, de Cerfeuil, &c. comme chacune de ces branches ſe diviſoit en deux rameaux, il les poſa ſur les bords Fig. 115. d'un vaſe plein d'eau (voyez *Fig.* 115.), de façon qu'à quelques-unes, les feuilles d'un rameau trempoient dans l'eau du vaſe, & que l'autre rameau pendoit en dehors; d'autres branches étoient placées de maniere qu'aucuns de leurs rameaux ne trempoient dans l'eau: celles-ci ſe deſſécherent bientôt; mais les autres conſerverent leur verdeur pendant plus de 4 jours d'été.

Il prit encore quelques pieds de Ciboule, & les ayant ren-Fig. 116. verſés (comme dans la *Fig.* 116.), il les diſpoſa de maniere que les bouts des feuilles extérieures, qui ſont les plus longues, puſſent tremper dans l'eau, pendant que l'oignon & les feuilles intérieures reſtoient en plein air: enfin il mit d'autres oignons de Ciboule dans une pareille ſituation, mais entiérement expoſés à l'air: ceux-ci ne firent que de foibles productions, aux dépens de l'oignon qui ſe flétriſſoit; mais les feuilles du milieu des autres s'allongeoient quelquefois en un jour de 3 & 4 pouces, en ſorte que ces plantes s'entretinrent en bon état pendant plus de 15 jours; ce qui ne pouvoit venir que de l'eau qui étoit attirée par les feuilles, dont le bout trempoit dans l'eau.

M. Bonnet, de la Société Royale de Londres, correspondant de l'Académie des Sciences de Paris, a observé: 1°, Que deux feuilles ou folioles de Haricot en ont nourri une troisieme pendant 6 semaines, & que ces folioles nourricieres ont jauni 3 semaines avant celles qu'elles alimentoient: 2°, Qu'une foliole de Noyer en a nourri quatre pendant 3 jours: 3°, Que deux folioles de Noyer en ont nourri trois pendant près de huit jours, & une autre fois pendant 17 jours: 4°, Que deux feuilles d'Abricotier en ont nourri deux autres pendant 16 jours: 5°, Qu'une feuille d'Abricotier, entiérement plongée dans l'eau, en a nourri deux autres pendant 19 jours. Tous ces faits prouvent que les feuilles sont garnies de suçoirs ou de vaisseaux absorbants.

Si l'on couvre avec une cloche de verre les jeunes pieds des melons que l'on éleve sur couches, on voit, quand le soleil est fort ardent, des gouttes d'eau attachées aux extrémités des feuilles de ces melons, & elles restent vertes & fermes; mais dès qu'on leve la cloche, ces gouttes d'eau disparoissent & les feuilles se fanent, quoique cependant elles soient moins échauffées qu'auparavant. On conçoit aisément que dans le premier cas cette plante étoit dans une atmosphere humide, dont elle s'approprioit une partie; & que quand on a levé la cloche, alors le vent dissipe cette atmosphere, & excite une forte transpiration, qui ne pouvant être assez tôt réparée par les racines, fait que les feuilles doivent se flétrir.

Cependant si une pareille expérience n'étoit pas soutenue de plusieurs autres, on pourroit dire que l'interposition de la cloche auroit diminué la transpiration, soit en faisant obstacle à l'action directe du soleil, ou en retenant les vapeurs tant de la couche que de la plante; mais rien n'établit mieux la faculté que les feuilles ont d'imbiber, que les expériences de MM. Hales & Miller, qui ont été ci-devant rapportées à l'occasion de la transpiration. Ces habiles Physiciens ont remarqué que, quand les rosées étoient abondantes, quand l'air étoit fort humide ou chargé de vapeurs, ou quand il pleuvoit ; les plantes qu'ils tenoient en expérience, & qu'ils pesoient plusieurs fois chaque jour, conservoient leur poids naturel, ou elles augmentoient de pesanteur : or comme cette augmentation ne venoit point des arrosements, elle ne pouvoit donc provenir que de l'humidité de l'air qui étoit attirée par ces mêmes plantes.

Si l'on ne connoissoit pas d'ailleurs l'exactitude que M. Hales apporte à ses expériences, on pourroit être tenté d'attribuer cette augmentation de poids à l'humidité qui se seroit attachée à la plaque de plomb, au vase, & à toutes les parties de la plante qui étoit en expérience ; mais la sagacité de M. Hales est trop connue, & cette augmentation de poids est trop considérable (puisqu'elle s'est trouvée de 30 onces sur une plante qui ne pesoit que 3 livres), pour avoir aucun scrupule sur un fait, qui d'ailleurs s'accorde avec beaucoup d'autres.

M. Bonnet, intimement persuadé que les feuilles sont garnies de suçoirs ou d'organes qui aspirent l'humidité de l'air, & que cette humidité concourt avec celle qui monte par les racines à fournir de la nourriture aux plantes, ne s'est proposé que de découvrir si leur aspiration étoit plus abondante par une de leurs surfaces que par l'autre ; par le dessus, par exemple, que par le dessous des feuilles ; & encore si cette aspiration égaloit celle qui se fait par le pédicule.

Dans cette vue, M. Bonnet posa sur la surface de l'eau, dont il avoit rempli quelques vases, plusieurs feuilles d'une même plante, de façon que les unes n'étoient humectées que par leur face supérieure, & d'autres par leur face inférieure : des vases de verre, des poudriers, par exemple, servirent à cette expérience.

Il eut l'attention de choisir des feuilles assez grandes, pour que les bords de ces feuilles reposassent sur ceux du vase ; car son intention étant de connoître distinctement l'imbibition de chacune de leurs surfaces, il lui étoit important qu'elles ne plongeassent pas dans l'eau : il prenoit aussi les précautions nécessaires pour empêcher leur pédicule d'y tremper. Voyez *Fig.* 117.

La roideur des feuilles faisoit ordinairement que leur surface entiere ne touchoit pas exactement à l'eau ; & pour cette raison tous les suçoirs ne pouvant pas agir, les feuilles se fanoient quelquefois à tel point, qu'il désespéroit de les voir revenir dans leur premier état ; mais elles reprenoient leur verdeur, aussi-tôt que leur surface pouvoit s'appliquer exactement sur l'eau.

On choisissoit des feuilles saines, bien vertes, qui étoient parvenues à leur grandeur naturelle, & on en mettoit toujours plusieurs en expérience dans la même position : aux unes, comme nous l'avons dit, le pédicule étoit hors du vase, & à d'autres, il trempoit seul dans l'eau ; enfin à mesure que l'eau s'évaporoit, on y en substituoit d'autre avec une petite seringue, & l'on prenoit garde de rien déranger.

M. Bonnet s'est attaché à observer l'altération que ces feuilles éprouvoient, & le changement de leur couleur, prenant pour terme de comparaison le temps où elles perdoient leur verdeur. En effet, si les feuilles qui ne touchent point à l'eau perdent leur verdeur en trois jours de temps, & que celles dont la queue trempe dans l'eau, conservent la leur pendant huit jours, on est en droit d'en conclure que la différence vient de ce que ces feuilles auront été nourries par leur queue qui trempoit dans l'eau : de même, si des feuilles couchées sur l'eau conservent leur verdeur pendant trois semaines, il semble qu'on est en droit d'en conclure que dans cette position ces feuilles ont tiré plus de nourriture. Mais dans ces comparaisons on ne comptoit pour rien l'altération du bord des feuilles qui posoit sur les bords du vase, & qui ne touchoit point à l'eau. Tout ce qu'on pourroit objecter contre cette expérience, se réduiroit à dire que les feuilles qui reposoient sur l'eau duroient plus que celles qui n'y touchoient que par leur pédicule ; parce que celles-ci pouvoient transpirer abondamment, au lieu que les autres ne devoient point du tout transpirer.

Comme la température de l'air devoit beaucoup influer sur les expériences de M. Bonnet, il est bon d'avertir qu'elle a toujours été, pendant une partie du printemps & de l'automne, entre 5 & 10 degrés au-dessus du terme de la glace ; & qu'à la fin du printemps, pendant l'été ainsi que pendant le commencement de l'automne, elle a varié entre 15 & 20 degrés.

Le Pied-de-veau, le Haricot, le Soleil, le Chou, l'Epinard, la petite Mauve, toutes ces plantes ont conservé leur verdeur à-peu-près auſſi long-temps les unes que les autres, ſoit qu'elles aient été humectées par leur face ſupérieure ou par celle de deſſous. A l'égard du Plantain, de la grande Mauve & de la Crête-de-coq, la ſurface ſupérieure de leurs feuilles a paru plus diſpoſée à tirer l'humidité que leur ſurface inférieure : cette différence a été encore plus ſenſible dans l'Ortie, le Bouillon-blanc, & l'Amaranthe à feuilles pourprées. Voici l'état de leur durée, dans leurs différentes poſitions.

Noms des Plantes ;	humectées par deſſus ;	par deſſous.
Ortie,	2 mois.	3 ſemaines.
Bouillon-blanc,	5 ſemaines.	5 à 6 jours.
Amaranthe,	3 mois.	7 à 8 jours.

Au contraire, la ſurface inférieure des feuilles a paru avoir quelque avantage, quand on a mis en expérience les feuilles de Belle-de-nuit & de Méliſſe : celle-ci a ſubſiſté 4 mois ½.

La grande Mauve, l'Ortie, le Soleil, la Belle-de-nuit, l'Epinard, dont les pédicules avoient été plongés dans l'eau, ont ſubſiſté moins long-temps que celles qui ont pompé ce fluide par l'une ou l'autre de leurs ſurfaces ; mais le Bouillon-blanc, le Plantain, l'Amaranthe pourprée, qui ſe ſont nourris par leur pédicule, ſe ſont ſoutenus plus long-temps que celles qui ſe nourriſſoient par leur ſurface inférieure. Les feuilles de Pied-de-veau & de Crête-de-coq ont ſubſiſté plus long-temps par leur pédicule, que celles qui ont été appliquées ſur l'eau par l'une ou l'autre de leurs ſurfaces.

Des feuilles de Vigne, qui n'avoient pas encore acquis toute leur grandeur, humectées par leur ſurface inférieure, ont ſubſiſté quinze jours, pendant que des feuilles, qui n'avoient que 8 à 10 lignes de diametre, ont péri en 5 jours, étant humectées dans la même poſition ; & au contraire, des feuilles de grandeur moyenne, humectées par les ſurfaces ſupérieures, ont subsisté plus long-temps que les grandes feuilles. Les petites feuilles, dont le pédicule trempoit dans l'eau, subsistoient plus long-temps que celles qui étoient parvenues à leur grandeur.

Une remarque qui ne doit point être négligée, c'est qu'aux feuilles qui se nourrissent par le pédicule, cette partie commence par pourrir, puis la feuille se desseche. La plupart des feuilles qui reposent sur l'eau se corrompent, pendant que leur pédicule, qui est à l'air, se desseche; mais il arrive quelquefois aux feuilles d'une même espéce, que celles qui sont humectées par leur surface supérieure se dessèchent, tandis que celles qui le sont par leur surface opposée, se corrompent.

A l'égard des arbres & des arbustes, tels que le Lilac, le Poirier, la Vigne, le Tremble, le Laurier-cerise, le Cerisier, le Prunier, le Marronnier d'Inde, le Tilleul, le Mûrier-blanc, le Peuplier-blanc, l'Abricotier, le Noyer, le Coudrier, le Chêne & la Vigne de Canada; de toutes ces especes, le Lilac & le Tremble sont les seuls dont la surface supérieure des feuilles ait paru avoir autant de disposition à aspirer que la surface inférieure. Mais il a paru fort singulier à M. Bonnet de voir des feuilles de Mûrier-blanc, qui étant humectées par-dessus, périssoient le cinquieme jour, pendant que d'autres feuilles du même arbre, qui pompoient l'eau par leur surface inférieure, se conserverent vertes durant près de six mois. Les feuilles de la Vigne, des Peupliers, du Noyer, ont passé presque aussi promptement, après avoir été humectées par leur partie supérieure, que lorsqu'elles restoient tout-à-fait à l'air. Les feuilles du Poirier, du Mûrier-blanc, du Marronnier d'Inde, & de la Vigne de Canada, qui ont tiré l'eau par leurs pédicules, ont subsisté autant que celles qui ont reposé sur l'eau par leur surface supérieure. Les feuilles de la Vigne, du Peuplier, du Noyer & du Coudrier, qui ont pompé l'eau par leurs pédicules, ont subsisté plus long-temps que celles qui reposoient sur l'eau par leur surface supérieure.

Il ne faut pas être surpris de voir beaucoup plus d'irrégularité dans les expériences qui ont été faites sur les feuilles des herbes, que fur celles des arbres. La texture des feuilles des plantes herbacées eft ordinairement très-lâche & parenchymateufe; & en général, on apperçoit plus de différence entre les feuilles des plantes herbacées, qu'entre celles des arbres : mais comme celles-ci nous intéreffent le plus dans ce Traité, il eft bon de favoir, qu'en général prefque toutes ces feuilles ont plus d'aptitude à afpirer l'humidité par leur furface inférieure, que par la fupérieure.

Avant de paffer à d'autres confidérations, on me permettra de faire quelques réflexions fur cette propriété que les feuilles de la plupart des arbres ont d'imbiber les fluides en plus grande quantité par leur furface inférieure, que par leur furface fupérieure; je veux dire par celle de leur fuperficie, qui fe préfente plus ou moins obliquement au terrein, que par celle qui eft tournée vers le Ciel.

Il eft affez bien prouvé que certains brouillards légers, & qui annoncent ordinairement le beau temps, font formés par des exhalaifons qui fortent de la terre, & que ces exhalaifons font condenfées, & rendues fenfibles par la fraîcheur de l'air : l'on conçoit donc que quand l'air devient froid après le coucher du foleil, cette fraîcheur doit condenfer les vapeurs qui fe font élevées pendant la chaleur du jour; & cet épaiffiffement des vapeurs doit produire ces brouillards qu'on croit voir le foir fortir de l'eau ou du fein de la terre, & encore cette rofée qu'on appelle le *ferein.* Quant aux brouillards, qui paroiffent le matin, ou qui deviennent fenfibles au lever du foleil, je crois qu'on peut les attribuer à ce que la terre ou l'eau, étant peut-être 1500 fois plus denfes que l'air, confervent plus long-temps la chaleur qu'elles en ont reçue, & qu'elles en confervent affez pour fournir ces vapeurs que l'air plus frais condenfe, & qu'il rend fenfibles fous la forme d'un brouillard.

On peut expérimenter que dans ces circonftances la terre & l'eau confervent plus de chaleur que l'air, en enterrant, ou en plongeant dans l'eau un thermometre; car on remarquera que, dans les circonftances dont nous parlons, la liqueur du thermometre expofé à l'air fe tiendra plus bas que celle des autres thermometres.

Les

Les expériences de M. du Fay, rapportées dans les Mémoires de l'Académie, viennent à l'appui de celles-ci : elles prouvent que la rosée s'éleve de la terre ; que cette vapeur est composée d'une infinité de petites gouttelettes d'eau, d'une extrême petitesse & d'une grande légéreté, dont l'air se trouve chargé, & qu'il entraîne avec lui par-tout où il est porté par son mouvement de fluctuation : en conséquence, les corps qui sont rencontrés par cette vapeur aqueuse, la reçoivent dans toutes les parties de leurs surfaces, mais plus abondamment par leur surface inférieure que par leur surface supérieure. C'est ce qu'on a été en état de vérifier, en exposant à la rosée des carreaux de glace de différentes dimensions, & en les plaçant par degrés les uns au dessus des autres, de maniere que les plus bas posés étoient à un pied de distance du sol, & les autres successivement à différentes hauteurs jusqu'à plus de trente pieds d'élévation. Les carreaux qui étoient plus près de terre, recevoient la rosée avant ceux qui étoient plus élevés ; & leur surface inférieure se trouvoit plus chargée d'humidité que la supérieure.

Il suit de-là que la surface inférieure des feuilles qui, suivant M. Bonnet, est pourvue d'un plus grand nombre de vaisseaux absorbants que la surface supérieure, est à portée de recevoir une plus grande quantité de rosée ; & si la surface supérieure des feuilles reçoit aussi une certaine quantité de rosée, M. Bonnet ne dit pas qu'elle soit dépourvue de vaisseaux absorbants. D'ailleurs il est certain qu'il y a des rosées de densité bien différente : les gouttelettes qui les forment sont plus ou moins déliées ; ainsi il doit y avoir une gradation marquée depuis la rosée la plus fine jusqu'à la pluie déliée. Il peut y avoir des rosées dont les gouttelettes soient assez grosses pour tomber en forme de petite pluie ; & une pareille rosée qui descendroit, mouilleroit principalement le dessus des feuilles.

Il est vrai que dans les expériences de M. Bonnet les feuilles reposoient sur une masse d'eau, au lieu que placées sur les arbres, elles n'ont souvent à aspirer qu'une humidité réduite en vapeurs. Cette circonstance peut sans doute occasionner des différences, puisqu'une organisation qui seroit très-propre à aspirer des vapeurs, pourroit n'être pas aussi favo-

X

Pl. XII. rablement difpofée pour afpirer une eau raffemblée en maffe. Mais quand cela feroit, les expériences de M. Bonnet auroient au moins leur application aux temps de pluie ou de grandes rofées. Au refte, il ne faut pas croire que cette afpiration puiffe être comparée à l'imbibition d'une éponge ou d'un morceau de bois fec : cette afpiration dépend d'une organifation particuliere, puifque les feuilles mortes & féchées n'afpirent point.

On a vu dans les expériences que nous venons de rapporter, que les plantes tirent beaucoup d'eau par les pédicules de leurs feuilles ; & comme il eft affez bien établi que la furface des feuilles eft garnie de fuçoirs, M. Bonnet s'eft propofé de connoître fi l'eau qui paffe dans les plantes par le pédicule, entre par des fuçoirs analogues à ceux des feuilles, & fi ces fuçoirs font à la fuperficie des pédicules, ou fi cette eau s'introduit par les fibres qui forment la fubftance des queues des feuilles. Dans cette vue, il pofa fur l'ou-
Fig. 118. verture d'un poudrier (comme dans la *fig.* 118.) une plaque de plomb percée de plufieurs trous : il introduifit dans chaque trou le pédicule d'une feuille d'arbre ; je dis *d'arbre*, car les feuilles herbacées font un effet un peu différent. Ces pédicules étoient coudés & recourbés en forme d'anfe, afin que leur extrêmité pût être hors de l'eau ; la furface de ces pédicules trempoit dans l'eau dans une affez grande longueur ; & l'extrêmité, qui étoit retenue au bord du trou par une épingle qui traverfoit le pédicule, reftoit, comme je l'ai dit, hors de l'eau & à l'air.

Les feuilles ainfi difpofées fécherent auffi promptement que celles qui étoient totalement privées d'eau ; ce qui fait voir 1°. Que l'eau qui a été pompée dans les expériences précédentes, par les pédicules, paffoit par les fibres, fuivant le cours ordinaire de la feve : 2°, que quand on couche fur l'eau une feuille d'arbre, la furface fupérieure tournée vers le haut, l'eau n'eft pas afpirée fi abondamment par les nervures que par le parenchyme de ces feuilles, où il fe trouve apparemment des organes particuliers, qui ne nous font pas encore bien connus.

Je crois que ce que nous venons de dire des expériences

de MM. Mariotte, Hales, Miller & Bonnet, joint à nos
propres expériences, prouve suffisamment que les feuilles
des plantes font garnies d'organes absorbants, ou de suçoirs
qui pompent l'humidité des pluies, des rosées, & même de
celle qui est répandue dans l'air d'une façon moins sensible :
il est donc bien prouvé que les feuilles concourent avec les
racines pour fournir de la nourriture aux plantes, & que ce
secours leur est certainement très-utile en bien des circonstances. 1°. Dans les climats & dans les positions, où les racines se trouvent dans une terre fort seche, les plantes ne
laissent pas quelquefois d'être vigoureuses, quand les rosées
font abondantes.

2°. Si nous avons dit que les arbres poussoient beaucoup
en bois & en feuilles, à l'exposition du nord ou du couchant,
sans doute que cette vigueur des plantes peut être attribuée
à ce que les plantes y transpirent moins qu'à l'exposition du
midi ; mais il me paroît aussi que l'imbibition des feuilles peut
y avoir bonne part, d'autant qu'il est d'expérience qu'à ces
expositions la rosée subsiste jusqu'à dix heures du matin, pendant qu'elle se dissipe de très-bonne heure aux expositions
du levant & du midi.

3°. Si nous remarquons que les arrosements, en forme de
pluie, font plus utiles aux plantes que ceux où l'on ne répand l'eau que sur les racines ; & qu'en été, les arrosements
du soir font plus avantageux que ceux que l'on fait pendant
le jour, il paroît qu'on en peut aussi légitimement attribuer
la cause à l'imbibition des feuilles, qu'à la diminution que
les arrosements operent sur la transpiration.

4°. Si l'on remarque qu'il est avantageux de garantir du
grand Soleil les jeunes plantes & les boutures, n'apperçoit-
on pas, qu'en même temps qu'on diminue la transpiration,
on arrête la prompte dissipation des vapeurs, qui, en s'insi-
nuant dans les plantes, leur fournissent une nourriture qui ne
peut leur venir des racines, puisqu'elles en font mal pourvues dans les arbres qu'on transplante, & qu'elles en font
entièrement privées, lorsque ce font des boutures ?

5°. Cette imbibition peut agir de concert avec l'interception de la transpiration, pour maintenir en bon état les

plantes que l'on tient dans de la mousse humide, lorsqu'on les transporte au printemps ou en été, d'un lieu à un autre.

6°. On voit que le retranchement des feuilles doit être nuisible aux plantes qui sont pourvues de racines, non-seulement parce qu'on les prive d'un organe qui sert à la transpiration, mais encore parce qu'on retranche des suçoirs qui contribuent à leur fournir de la nourriture.

7°. Cependant dans certaines circonstances cette imbibition peut être nuisible aux plantes : par exemple, quand les années sont fraîches & pluvieuses, les plantes qui sont à l'abri du soleil & du vent souffrent plus que les autres, parce que leurs vaisseaux sont, pour ainsi dire, gorgés d'une humidité qui se corrompt, d'où il s'ensuit que certaines plantes tombent alors en pourriture.

8°. Les plantes qu'on élève sous des cloches ou sous des chassis de verre bien clos, sont là dans une atmosphere humide, qui peut leur être avantageuse dans certaines circonstances, mais qui les fait souvent tomber en pourriture, si l'on n'a pas le soin de laisser de temps en temps dissiper les vapeurs. Cette attention est bien importante ; car en la négligeant, on perd souvent la plus grande partie des plantes qu'on élève ainsi renfermées, ou dans les serres chaudes ; on a la mortification de les voir se charger de moisissure, & enfin pourrir après les avoir vues pousser avec une force surprenante.

9°. On peut, comme le remarque M. Bonnet, affoiblir un arbre trop vigoureux, en lui retranchant une partie de ses feuilles.

10°. On peut encore, par ce moyen, empêcher les branches gourmandes d'épuiser un arbre, & prévenir aussi que les fleurs ne coulent par une trop grande abondance de seve.

11°. On doit au contraire ménager les feuilles des arbres foibles ; car comme la transpiration paroît être le principal agent de la seve, les feuilles contribuent à la faire mouvoir ; & il y a apparence que cette cause prédomine dans certaines circonstances sur l'imbibition qui, dans d'autres cas, subvient à leurs besoins en leur fournissant de la nourriture. Au reste il ne faut pas encore donner aveuglément sa confiance aux procédés contenus dans les trois derniers Articles que nous venons de détailler; & il sera bon d'attendre que des expériences multipliées aient bien constaté leur efficacité.

Nous trouverons encore l'occasion de faire des applications utiles à la pratique de l'agriculture, de cette propriété que les feuilles des plantes ont d'imbiber l'humidité qui les environne. Nous pensons, avec M. Bonnet, qu'il est à desirer qu'on puisse parvenir au point d'être en état de comparer la quantité précise de nourriture que les plantes pompent par leurs racines, avec celle qu'elles aspirent par leurs feuilles, Il est probable que cette proportion doit varier suivant un nombre de circonstances. Dans cette vue M. Bonnet plongea dans l'eau des pieds de Mercurielle qu'il avoit choisis égaux entre eux. Les uns trempoient par leurs feuilles, & les autres par leurs racines. Au bout de six semaines, les productions des parties qui n'avoient point été submergées étoient les mêmes dans tous les pieds.

Comme mon intention n'est pas d'établir un système, mais de présenter simplement le vrai, afin que les amateurs d'agriculture puissent être en état d'étendre leurs connoissances par de nouvelles recherches, je crois devoir rapporter ici une expérience de M. Guettard, quoiqu'elle ne paroisse pas favorable à cette imbibition qui semble si bien établie sur un grand nombre d'expériences exécutées par d'habiles Physiciens.

M. Guettard s'étoit proposé de tenir les feuilles de quelques arbres dans une atmosphere seche, dans la vue d'observer si ces arbres y profiteroient moins que d'autres de même espece, dont les feuilles resteroient dans un air libre.

Pour cet effet, il introduisit la tête d'un jeune Oranger dans un grand ballon de verre tubulé; l'extrêmité de ce tube répondoit à un récipient enfoncé dans la terre, pour qu'il fût garanti des rayons du soleil. Par cette disposition, les feuilles de cet Oranger ne pouvoient recevoir l'humidité des pluies, ni celle des rosées; & à mesure que les vapeurs de la transpiration se condensoient, elles couloient pour la plus grande partie dans le récipient, où étant à l'abri du soleil, elles ne pouvoient se réduire en vapeurs : donc, concluoit

M. Guettard, les feuilles de cet Oranger étoient dans une atmosphere auffi feche qu'il étoit poffible de s'en procurer. Cet arbre qu'il jugeoit privé de la faculté d'imbiber aucune forte d'humidité, pouffa plus vigoureufement qu'un autre tout femblable, qui étoit refté expofé au plein air. Cette expérience a été répétée. L'Oranger, dont la tête étoit enfermée dans le ballon de verre, rendit par la tranfpiration 2 livres 10 onces 54 grains d'eau, & cela dans l'efpace de quarante-fept jours du courant des mois d'Août & de Septembre; & il ne parut point avoir fouffert de la privation des rofées.

Nous fentons bien que l'on pourroit dire que, malgré les précautions que M. Guettard avoit prifes, l'arbre renfermé dans le ballon de verre reftoit cependant dans une atmosphere humide, puifque les vapeurs de fa tranfpiration devoient y féjourner, jufqu'à ce que la fraîcheur de la nuit fût affez forte pour les condenfer; & qu'au contraire l'arbre qui reftoit en plein air pouvoit être defféché par le vent & par le foleil. A cela on pourroit répondre que les vapeurs de cette tranfpiration, qui feroient ainfi repompées par les plantes, pourroient auffi leur être nuifibles. On ne peut pas nier que les arbres ne tirent beaucoup de nourriture par leurs racines; & comme probablement celles de l'Oranger de l'expérience de M. Guettard étoient dans une terre fuffifamment humectée, cet arbre devoit d'autant plus tirer de cette eau, que fa tête étoit dans un air plus chaud, & par cette raifon, plus favorable à la tranfpiration.

Quoi qu'il en foit, l'expérience de M. Guettard, que nous venons de rapporter telle qu'il l'a expofée, doit faire naître des foupçons, & engager ceux qui s'occupent de la phyfique des végétaux, à en profiter dans les recherches qu'ils feront, pour s'affurer encore plus précifément de la vérité de cette propriété qu'on attribue aux feuilles des plantes, de concourir avec les racines à la nourriture des végétaux. On pourroit, par exemple, planter deux arbres de même âge & de même efpece dans des vafes qu'on ajufteroit, comme M. Hales avoit difpofé le Soleil de fon expérience, & en cet état connoître, après les avoir pefés de temps en temps, la quantité que chacun afpireroit par fes racines. Un de ces ar-

bres auroit ſa tête renfermée dans un ballon, comme l'a fait
M. Guettard ; peut-être feroit-il plus exact de ménager au
haut de ce ballon une ouverture, par laquelle les vapeurs
ſe diſſiperoient avant que d'être condenſées ; & pour précipiter cette diſſipation, on pourroit établir dans le ballon un
courant d'air, par le moyen d'un ſoufflet, qui tireroit ſon
vent d'une chambre fort ſeche ; enfin on ne négligeroit pas
de s'aſſurer, par le moyen de deux thermometres, ſi l'air
renfermé dans le ballon eſt à la même température que celui du dehors ; car ſi l'arbre, renfermé dans le ballon, eſt
dans une atmoſphere plus chaude que celui qui reſte expoſé
en plein air, il doit végéter plus fortement, quoique privé
du bénéfice des roſées.

En attendant que quelqu'un ſe charge de l'exécution d'une
expérience à-peu-près ſemblable, je rappellerai, en faveur
du ſentiment de M. Guettard, que l'on voit communément
des Jacintes, des Narciſſes, &c. faire des productions éton-
nantes ſur les tablettes des cheminées où l'on entretient du
feu pendant tout le jour, & qui ſont ſituées au centre des appartements habités, & où l'air eſt toujours très-ſec.

ARTICLE IV. *Des productions que font les Plantes arrachées.*

ON SEROIT volontiers porté à attribuer à l'effet de l'imbibition des feuilles, certaines productions que les plantes
font lorſqu'elles ſont hors de terre : je ne prétends pas que
l'humidité imbibée par les feuilles n'ait aucune part à ſes productions ; mais aſſurément les ſucs qui étoient précédemment
contenus dans ces plantes, y ſubviennent pour la plus grande
partie, puiſque, malgré ces nouveaux développements, la
plante entiere perd de ſon poids : rapportons-en quelques
exemples.

On ſait que la Joubarbe commune ſubſiſte long-temps, &
même qu'elle fait encore des productions après qu'elle a été
arrachée de terre. Prévenu de ce fait, j'ai planté une Joubarbe
dans un gobelet de verre, que j'avois rempli d'une très-petite quantité de mauvaiſe terre, fort ſeche : je mis ce go-

belet dans le plateau d'une balance qui étoit placée dans une chambre où le foleil ne pénétroit point : je vis , quelque temps après , paroître au centre de cette Joubarbe plufieurs nouvelles feuilles , & croître quelques jeunes pieds autour ; mais à mefure qu'elle faifoit de nouvelles productions , les feuilles du bas fe deffechoient , & la plante perdoit fenfible-ment de fon poids. J'attribue toute cette diminution de pe-fanteur à la plante même , parce que la terre contenue dans ce gobelet étoit , comme je l'ai dit , fort feche. J'avoue ce-pendant que j'aurois dû avoir égard à l'évaporation de l'hu-midité de cette terre , en quelque petite quantité qu'elle pût être.

On avoit oublié au Jardin du Roi une branche de Cierge triangulaire , qui fe trouva par hafard , quelque temps après , fur une des tablettes d'une ferre chaude. Cette branche y étoit fituée de façon qu'un de fes bouts , qui répondoit à l'angle de cette ferre , étoit entouré de quelques toiles d'a-raignées. Cette branche ainfi oubliée en produifit cependant une autre de plus de deux pieds de longueur , & qui étoit affez groffe : comme je n'avois pas pefé cette premiere bran-che , je ne puis rien conclure de mon obfervation , ni pour , ni contre l'imbibition. Au refte cette expérience mériteroit d'autant plus d'être répétée , que comme toutes les plantes graffes fe nourriffent d'une très-petite quantité de terre , l'on auroit lieu d'être étonné des productions confidérables qu'el-les font , s'il étoit bien démontré qu'elles ne tirent aucun fe-cours de l'humidité répandue dans l'atmofphere.

M. Miller arracha , dans le mois d'Octobre , une racine de Bryone qui pefoit huit onces & demi ; cette racine refta dans une ferre chaude fur une tablette , jufqu'au mois de Mars fuivant ; & il fe trouva qu'elle avoit perdu de fon poids , quoiqu'elle n'eût fait aucune production. Au mois d'Avril fui-vant , elle avoit produit quatre branches , dont deux avoient trois pieds & demi de longueur , une troifieme quatorze pouces , & la quatrieme neuf pouces. Toutes ces branches étoient garnies de larges feuilles ; néanmoins cette racine avec fes branches avoit perdu une once trois quarts de fon premier poids : au bout de trois femaines elle avoit encore

perdu

perdu deux onces & demi , & enfin la plante fe flétrit.

On voit par ces expériences que , fi l'imbibition contribue aux productions que font les plantes privées de racines & de terre , il eft du moins certain qu'elle ne fuffit pas à toutes leurs productions, ni à la réparation de ce qui s'échappe par la tranfpiration , mais que ces productions doivent en grande partie leur origine aux fucs déja contenus dans la plante.

Cette propofition n'eft point contraire à quelques obfervations qu'on peut faire fur des plantes qui végetent ; car il paroît qu'en certains cas il y a des feuilles qui font deftinées à fournir une partie de leur fubftance aux productions que font les plantes. M. Bonnet a remarqué , & tout le monde pourra fe rappeller cette obfervation , que quand les Choux produifent leurs fleurs, une partie de leurs feuilles fe vuide peu-à-peu & fe deffeche, & que dans le même temps l'on voit de nouvelles feuilles fe développer le long de la tige. Il en eft de cela comme de certains oignons qui, en fe defféchant , produifent des caieux, des feuilles & des fleurs.

ARTICLE V. *Si les Feuilles font l'office de Poûmons.*

Le Docteur Grew affure avoir obfervé dans les feuilles des plantes quantité de véficules remplies d'air. De cette obfervation , & de la grande quantité de trachées que l'on apperçoit fenfiblement dans les pédicules & dans les principales nervures des feuilles , plufieurs Phyficiens en ont conclu que les feuilles étoient les poumons des plantes ; que ces organes recevoient l'air de l'atmofphere ; que cet air s'introduifoit dans la plante ; & pénétroit jufqu'aux racines par le fecours des trachées , & qu'il y opéroit fur la feve un effet pareil à celui que l'air refpiré par les animaux produit fur la maffe de leur fang.

Papin rapporte une expérience favorable à ce fentiment : il dit que fi l'on met fous le récipient de la machine du vuide une plante toute entiere , elle y périt bientôt ; mais que fi l'on n'y renferme que les racines , & que les feuilles reftent

Y

en liberté dans l'atmosphere, cette plante subsistera long-temps ; il ajoute que ce fait doit être regardé comme une preuve que les feuilles sont les organes de la respiration de tous les végetaux.

Ceux qui ont prétendu pouvoir démontrer sensiblement, sinon l'entrée de l'air dans les plantes, ou pour ainsi dire, leur *inspiration*, du moins la sortie de cet air ou leur *expiration*, ont employé les moyens suivants.

On plongeoit dans de l'eau bien claire une branche d'ar-bre chargée de ses feuilles, & l'on observoit que pendant l'ardeur du jour, lorsque le soleil donnoit sur le vase qui con-tenoit cette eau, les feuilles & les jeunes branches se char-geoient de quantité de bulles d'air qui grossissoient insensi-blement, & qui, après avoir acquis un certain volume, se détachoient ensuite des feuilles, & se portoient à la surface de l'eau. Cette observation a paru décisive ; & jusqu'à celles qui ont été faites par M. Bonnet, on a cru que ces bulles étoient occasionnées par l'air qui sortoit de la plante, après avoir été raréfié par la chaleur du soleil, & que cet air étoit rendu sensible par l'eau environnante ; mais M. Bonnet ayant répété cette expérience avec plus de précaution, a observé :

1°. Que les bulles d'air ne se forment que lorsque le so-leil a échauffé le vase où les feuilles sont plongées.

2°. Que le nombre & la grosseur de ces bulles augmentent à mesure que l'eau s'échauffe.

3°. Que les feuilles en deviennent plus légeres, & qu'elles tendent à s'approcher de la surface de l'eau.

4°. Que la face inférieure des feuilles est plus chargée de bulles d'air que la supérieure, & que les plus grosses bulles paroissent sortir des angles des nervures, mais sans être ad-hérentes aux principales nervures.

5°. Que l'on voyoit aussi quelques bulles sur les pédicules des feuilles & sur les jeunes branches.

6°. Que ces bulles étoient tellement adhérentes aux feuil-les, que quand on secouoit la branche, il ne s'en détachoit que très-peu.

7°. Que toutes ces bulles disparoissoient après le coucher du soleil.

8°. Qu'elles reparoiffoient le lendemain, quand le foleil avoit fuffifamment échauffé l'eau du vafe ; mais qu'elles ne fe montroient pas en auffi grande quantité, & que leur nombre alloit toujours en diminuant, de forte qu'au bout de quelques jours, quoique la chaleur de l'air augmentât, il ne paroiffoit plus de bulles attachées à ces feuilles.

9°. Jufqu'à préfent on feroit porté à croire que ces bulles font l'effet d'une forte de refpiration des végétaux ; que l'expiration fe feroit pendant la chaleur du jour, & l'infpiration lorfque l'air feroit refroidi, & que les bulles difparoîtroient quand l'eau refroidie auroit refferré les organes de la refpiration ; mais les expériences que nous allons rapporter déconcertent tout ce raifonnement.

10°. M. Bonnet fit bouillir de l'eau pendant trois quarts d'heure, afin de la purger d'air ; lorfque cette eau fut refroidie, il y plongea les mêmes rameaux de l'expérience précédente ; mais quoique le foleil fût fort ardent, il n'apperçut aucune bulle fur les feuilles.

11°. Il fit enfuite l'inverfe de cette expérience, & en conféquence, après avoir chargé d'air une certaine quantité d'eau, par le moyen d'un foufflet, les rameaux qui y furent plongés, l'air étant chaud, fe chargerent incontinent de bulles d'air, qui parurent plus groffes que celles qu'il avoit vues dans l'eau ordinaire.

12°. Le rameau de l'Article huitieme ne donnant plus de bulles, on pompa l'eau avec un chalumeau, & on y en fubftitua de nouvelle : au bout de quelques heures, il parut quantité de bulles d'air fur la face inférieure des feuilles.

13°. Ces bulles ayant difparu, l'eau fut encore changée, & l'on vit encore des bulles d'air attachées aux feuilles, mais en moindre quantité.

14°. Ces mêmes expériences réuffirent fur les feuilles des plantes herbacées, ainfi que fur celles des arbres ; & fur des portions de feuilles, comme fur celles qui étoient entieres.

15°. On fait que les corps, qui font plongés dans l'air, fe mouillent, pour ainfi dire, de ce fluide, de même que les mêmes corps plongés dans l'eau en reftent empreints ; c'eft-à-dire, que l'air adhére aux corps qui font plongés dans

ce fluide. Le fer étant spécifiquement beaucoup plus pesant
que l'eau, il doit se précipiter au fond : cependant une
fine aiguille bien seche nage sur l'eau, ce qu'on doit attribuer à ce qu'il y a des parties d'air qui adherent en assez
grand nombre à cette aiguille pour la faire flotter : mais si
l'on emporte ces particules d'air, en frottant l'aiguille dans
l'eau, alors elle ne flottera plus. L'or est encore beaucoup
plus pesant que l'eau, néanmoins une feuille d'or battu, quoiqu'assujettie au fond d'une tasse, au moyen d'un petit poids
qu'on pose à son centre, tend par ses bords à gagner la superficie : d'où vient cela, si ce n'est que les feuilles d'or battu, examinées au microscope, sont percées d'une infinité de
trous ? On peut donc regarder ces feuilles d'or battu comme
un rézeau, entre les mailles duquel il reste des molécules
d'air, qui sont en assez grande quantité pour anéantir le poids
de l'or ; & ces molécules deviennent sensibles quand elles
sont raréfiées par la chaleur, puisqu'elles se montrent alors
sous la forme de bulles. L'adhérence de l'air aux corps solides se manifeste encore, d'une façon bien sensible, dans un
morceau de toile claire qu'on plonge dans l'eau.

16°. Des réflexions, à-peu-près semblables à celles-ci,
engagerent M. Bonnet à mouiller & à laver, pour ainsi dire,
dans l'eau les feuilles qu'il se proposoit de submerger, aussi-
bien que le vase où elles devoient être plongées. Toutes les
feuilles qui ont pu être humectées à fond, n'ont été que très-
peu, ou point chargées de bulles d'air ; & s'il en a paru quelques-unes, c'est qu'il est quelquefois très-difficile de mouiller,
d'une maniere complette, certaines feuilles qui sont recouvertes de leur vernis naturel, sur lequel l'eau ne s'attache pas.

17°. Il suit de cette expérience, que les bulles d'air ne
viennent pas de celui qui est contenu dans la plante, mais
de celui qui adhere à ses parties extérieures, & que cet air
ne devient sensible que quand il a été raréfié par la chaleur.

18°. Mais pourquoi ne voit-on point de bulles d'air sur
les feuilles qui, sans avoir été lavées dans l'eau, ont été
plongées dans ce fluide purgé d'air ? C'est que l'eau dissoud
beaucoup d'air ; qu'elle cherche à s'en charger jusqu'à un certain point, qu'elle s'en surcharge même quelquefois ; ainsi

cette eau , qui avoit été purgée d'air , en étant devenue avide , elle secharge de celui qui couvre les feuilles, avant que les bulles aient pu se former.

19°. Les expériences que nous venons de rapporter , réussiront de même , si , au lieu de feuilles vertes , on emploie des feuilles mortes & seches ; ce qui prouve très-bien que la formation des bulles d'air , est indépendante de la végétation , & qu'elle est pareille à celles qui se forment sur une feuille d'or, sur un morceau d'or , sur un morceau de toile , &c.

20°. Toutes les observations que l'on a faites sur les bulles d'air ne prouvent donc point, comme on le pensoit, qu'il y ait de l'air renfermé dans les plantes, ni que cet air y remplisse , en quelque façon , les mêmes fonctions que celui que les animaux respirent. Ce sont des conséquences qu'on tiroit mal à propos d'une observation , qui, avant M. Bonnet, n'avoit pas été suivie avec assez de soin.

21°. Il n'en faut cependant pas conclure que l'air n'est point nécessaire à la végétation : plusieurs raisons de convenance prouvent le contraire. Il paroît que la seve monte dans les plantes sous la forme d'une vapeur ; & comme il est certain qu'il y a beaucoup d'air dans les vapeurs, il y a donc aussi beaucoup d'air dans les plantes ; & probablement cet air, qui n'y est pas stagnant, y entre, en sort, s'y renouvelle. Quand nous parlerons des pleurs de la Vigne, & des autres plantes qui répandent quantité de leur lymphe au printemps, nous ferons remarquer qu'il sort beaucoup d'air avec cette lymphe.

Les observations de tous ceux qui ont travaillé à l'anatomie des plantes, nous ont appris qu'elles contiennent beaucoup d'air , & que cet air est renfermé dans des vaisseaux particuliers qu'ils ont nommés *Trachées*, que l'on trouve vuides d'autres liqueurs, du moins pendant une partie de l'année. Dans ce cas , ces vaisseaux contiendroient-ils une seve réduite en vapeurs, ou bien l'air qu'ils contiennent, est-il pur & différent de celui qui est mêlé avec la seve ? C'est ce que nous n'oserions décider.

On retire par la machine pneumatique beaucoup d'air des végétaux ; & comme les observations, les expériences , & quantité de raisons de convenance nous ont convaincu qu'il

y a beaucoup d'air renfermé dans les végétaux, il reste à savoir par où il y entre, & par où il en sort.

Les uns ont prétendu que l'air entroit dans les plantes seulement par les feuilles; d'autres, que c'étoit par les racines;
& d'autres enfin ont cru qu'il s'y introduisoit par toutes leurs
parties.

Nous allons rapporter les expériences qu'a faites M. Hales, pour prouver que l'air est aspiré par les plantes, de la même maniere que la seve. Quoique nous ayons déja parlé de
ces expériences, nous croyons devoir les présenter encore
ici sous un autre point de vue.

Ayant ajusté, au moyen du nœud de mastic *n*, le tuyau *i*,
(voyez Liv. I. Pl. II. *Fig.* 25.) à la branche *b* qui étoit garnie de ses feuilles; il joignit de la même façon, un tuyau *z*
très-menu, au bas du gros tuyau *i*, par le nœud de mastic
c. Sans remplir d'aucune liqueur les tuyaux *z* & *i*, il se
contenta de faire tremper le bout du tuyau *z* dans l'eau qui
étoit contenue dans le vase *x*. L'eau s'éleva alors dans le
tuyau *z* de plusieurs pouces; ce qui prouve que la branche *b*
aspiroit l'air qui étoit contenu dans le tuyau *i*.

Pour connoître encore mieux par où l'air pouvoit s'introduire dans les végétaux, M. Hales prit des bâtons de Bouleau ou de Merisier (voyez *ibid. Fig.* 26.), tels que *n* : il
mit leur bout tremper dans l'eau du vase *x*; il couvrit avec
du mastic les cicatrices *b*, *a*, *z* & *n*, où il y avoit eu des
boutons; ensuite il fit passer ces bâtons par l'ouverture supérieure du récipient tubulé *p p*, qui reposoit sur la platine
d'une machine pneumatique. Il eut soin de mastiquer exactement
ces bâtons à l'ouverture *p p* du récipient; & après en avoir
pompé l'air, il vit pendant plusieurs jours, & tant qu'il tint
le récipient vuide d'air, des files de bulles d'air sortir de l'extrêmité *x* de ces bâtons. Cela prouve seulement que l'air étant
chargé du poids de l'atmosphere, peut traverser les pores du
bois ou les vaisseaux ligneux.

M. Hales, après avoir ensuite couvert avec du mastic le
bout des bâtons au-dessus de *n*, apperçut que le nombre
& la grosseur des bulles diminuoit. Comme on continuoit
cependant à voir toujours quelques-unes de ces bulles, on

peut en conclure qu'elles provenoient de l'air qui entroit à travers l'écorce, depuis *z* jufqu'en *n*.

Je dois avertir que M. Hales remarqua que ces bulles d'air fortoient, non-feulement des fibres corticales, mais encore du bois, & particuliérement d'un endroit du corps ligneux, où ces bulles étoient plus groffes & en plus grand nombre qu'ailleurs.

Pour fermer les ouvertures de l'écorce, par lefquelles l'air pouvoit pénétrer, M. Hales s'avifa d'adapter avec du maftic au-deffus du récipient un tuyau *y y*, qu'il remplit d'eau: alors les bulles diminuerent, & une heure après on n'en apperçut aucune; & même lorfque l'on eut vuidé avec un fiphon l'eau qui étoit dans le tuyau *y y*, les vaiffeaux gonflés par l'eau, ne permettoient plus à l'air de les traverfer; mais M. Hales ayant préfenté au feu, & deffeché la partie *z n* du bâton, les bulles reparurent après que l'on eut pompé de nouveau l'air du récipient.

Une autre branche, ajuftée de la même façon que les précédentes, mais dans une fituation renverfée, c'eft-à-dire, le petit bout en enbas, produifit le même effet.

M. Hales, après avoir répété ces mêmes expériences fur des branches de différentes efpeces d'arbres, a obfervé : 1°. Qu'il y avoit quelques efpeces d'arbres qui ne fe prêtoient point à cette expérience. Je crois, par exemple, qu'il ne devoit point paroître de bulles en *x*, quand on y employoit un farment de Vigne, parce que l'air a dû s'échapper par toutes les pointes de la tige de cette plante, depuis la furface de l'eau jufqu'au haut du récipient: 2°. Que l'air traverfe bien plus difficilement l'écorce des jeunes branches que celle des branches plus anciennes. 3°. L'air entre fur-tout avec beaucoup de facilité par les cicatrices, quand on n'a pas foin de les recouvrir exactement avec du maftic.

Ces deux obfervations font voir que les expériences de M. Hales ne nous donnent point d'éclairciffement affez net fur la voie par laquelle l'air peut entrer dans les plantes, le poids de l'atmofphere pouvant le déterminer à fe frayer des routes qu'il ne fuit peut-être point fuivant l'ordre de la végétation.

4°. M. Hales ayant fubftitué des racines aux branches qu'il

avoit employées en premier lieu; l'air les traverfa avec plus de facilité, dans quelque pofition qu'il les eût placées, foit qu'il mit le petit ou le gros bout en bas. 5°, Si après avoir rempli le tuyau *y y* avec de l'eau, il fupprimoit celle du vafe *x*, l'eau dégoûtoit alors dans ce vafe; ce qui prouve que les vaiffeaux des racines font plus grands que ceux des branches : mais en augmentant de beaucoup la preffion, on peut forcer l'eau à traverfer des bois fort épais, & auffi compacts qu'ils puiffent l'être. C'eft ce que prouve l'expérience de M. Camus, que nous avons rapportée Livre I. *pag.* 54.

Quoi qu'il en foit, il eft certain qu'il y a beaucoup d'air contenu dans les végétaux ; & à cette occafion je ne puis me difpenfer de faire remarquer que ce fluide peut y être dans différents états. Je m'expliquerai ici plus clairement que je ne l'ai fait dans le Chapitre premier.

Quand on voit des bulles d'air s'échapper d'une taffe remplie de thé infufé, dans lequel on a mis du fucre, on attribue ces bulles à l'air interpofé entre les molécules du fucre, lequel air, en fe raréfiant, fe porte vers la fuperficie. On ne peut pas foupçonner qu'il y ait une grande quantité d'air dans un morceau de fer qui fort de la forge, où il étoit prefque en fufion, non plus que dans de l'huile de vitriol que l'on a tenue fur le feu pour la concentrer. Si cependant on mêle ces deux matieres dans un matras, au cou duquel on ait attaché une veffie comprimée, & autant vuide d'air qu'il foit poffible, on la voit fe gonfler par l'air qui fort de cette diffolution. Cet air qui, dans certaines diffolutions, eft fort abondant, fe conferve dans le même état pendant un temps confidérable. Des expériences, à-peu-près femblables, que M. Hales a fort multipliées, l'ont engagé à en conclure que l'air pouvoit être dans deux états différents : 1°, Que quand il étoit privé de fon élafticité, il formoit alors une partie des corps folides: 2°, Que toutes les fois qu'il reprenoit fon élafticité, il devenoit très-fluide; & acquéroit toutes les propriétés de l'air que nous refpirons. M. Hales, après avoir donc prouvé que certains mêlanges produifent beaucoup d'air élaftique, & que d'autres abforbent l'air, ou lui font perdre

fa

fa propriété élaftique, il foupçonne qu'il peut entrer dans la feve des plantes un air non élaftique, lequel, après avoir repris fon élafticité dans la plante même, y occupe un très-grand volume, & fe manifefte enfuite fous la forme de l'air que nous refpirons.

Nous ne prétendons pas nier que l'air puiffe entrer par aucune des parties des plantes ; nous croyons au contraire qu'il s'y introduit en grande quantité avec la feve, quelquefois par les feuilles, & très-abondamment par les racines. Car comme il eft probable que la feve monte dans les plantes dans un état de grande raréfaction, il y a lieu de conjecturer qu'il s'introduit beaucoup d'air avec elle. Pour pouvoir expliquer quelles font fur cela nos conjectures, il feroit néceffaire de parler du mouvement de la feve. Cette matiere fera traitée dans le cinquieme Livre.

Art. VI. *Expériences qui ont été exécutées pour fupprimer la tranfpiration & l'imbibition de la feve, ou pour arrêter l'introduction & la diffipation de l'air par les Feuilles.*

Il est certain que les propriétés qu'ont les feuilles & les parties encore tendres des végétaux de tranfpirer, d'imbiber l'humidité des rofées, & de fe charger d'une grande quantité d'air, doivent beaucoup importer à leur accroiffement & à leur exiftence. Pour parvenir à connoître jufqu'à quel point elles influent fur l'économie végétale, j'ai tenté de former des obftacles à ces fecrétions & à ces imbibitions. J'ai d'abord cru pouvoir y parvenir, en frottant les feuilles par deffus & par deffous avec du miel : ce corps gluant me paroiffoit fort propre à boucher leurs pores abforbants ou excrétoires ; mais il n'a produit aucun effet fenfible. L'humidité des rofées, peut-être même celle de la tranfpiration, attendriffoit ce miel, & le rendoit trop coulant : les feuilles qui en étoient enduites conferyoient prefque toute leur verdeur,

Z

comme si on n'y eût point touché. Le syrop de sucre ne pro-
duisit pas un effet plus marqué.

Je crus avoir plus de succès en employant la colle forte ; j'essayai donc de couvrir des feuilles avec une couche
mince de cette colle bien délayée ; mais comme les feuilles sont presque toutes recouvertes d'une espece de vernis
gras qui empêche qu'elles ne soient exactement mouillées
par l'eau , j'eus bien de la peine à couvrir exactement la
surface entiere de ces feuilles avec cette eau collée. Il se
présenta encore un obstacle à la parfaite application de cette
colle, auquel je ne m'attendois pas, & qui m'obligea de
substituer à l'eau collée une solution de gomme arabique :
si j'employois ma colle fort chaude , afin de la rendre plus
coulante, elle endommageoit alors les feuilles ; si je l'employois tiede, en cet état elle étoit trop épaisse, & elle s'é-
tendoit mal sur les feuilles : mais lorsque j'eus pris le parti
de les enduire d'une eau gommée , ces feuilles se trouvoient
couvertes assez exactement, & elles n'en éprouvoient guere
plus de dommage que les syrops ne leur en avoient causé.
Dans les jours chauds & secs ces feuilles jaunissoient ; mais si
le temps se couvroit, si les rosées étoient abondantes, s'il
survenoit de la pluie, les couches de colle ou de gomme
s'attendrissoient, & les feuilles reprenoient leur verdeur naturelle. J'ai encore éprouvé que ces substances ne séchoient
jamais parfaitement. Je me persuadai donc que je devois employer des matieres qui ne pussent être dissoutes par l'humidité, & je me servis à cet effet du vernis à l'esprit-de-vin.
Les feuilles qui en furent enduites se trouverent si promptement endommagées, que je ne pus me persuader que ces
vernis n'agissoient qu'en formant un obstacle à la transpiration & à l'imbibition ; je crus reconnoître qu'ils agissoient
bien plus directement sur les parties solides ou sur les liqueurs,
& que de cette action il en résultoit un dérangement dans
les organes aussi subit que celui qui est occasionné par la gelée. Ce qui me confirmoit dans cette pensée, c'est que j'a-
vois éprouvé que les feuilles d'une branche de Cerisier avoient
perdu en très-peu de temps leur verdeur, pour avoir été sus-
pendues au dessus d'un grand vaisseau de grès, au fond du

quel on avoit mis des plantes en infusion dans de l'esprit-de-vin. Or puisque les seules vapeurs de cet esprit-de-vin avoient pû en si peu de temps altérer la couleur des feuilles de cette branche de Cerisier, j'avois tout lieu de conclure que le contact immédiat de ce vernis ne manqueroit pas d'altérer les feuilles des plantes. Cependant de l'esprit-de-vin pur, étendu avec un pinceau sur une feuille, n'y a pas causé la même altération qu'avoit causé le vernis : c'est qu'apparemment cet esprit s'évapore trop promptement. Quoi qu'il en soit, pour garantir les feuilles du contact immédiat du vernis, je commençai par les couvrir d'une couche de colle ; & afin que cette colle ne pût être attendrie par les rosées, je m'avisai de la recouvrir d'une couche de vernis : cependant tout cela réussit assez mal ; car lorsque la colle ne couvroit pas assez exactement toutes les parties des feuilles, le vernis s'introduisoit par ces endroits ; & d'ailleurs ce vernis s'appliquoit difficilement sur ces couches de colle qui ne se trouvoient jamais parfaitement seches. En conséquence de ces différentes circonstances, une partie de mes feuilles noircirent en plusieurs endroits, & d'autres conserverent leur couleur sans altération.

Je me déterminai donc à employer un vernis gras & huileux ; mais les feuilles qui en furent enduites noircirent & se desséchèrent en peu de temps. Cet accident a-t-il été occasionné, par l'interception de la transpiration, ou par l'obstacle à l'imbibition, ou parce que l'huile de ce vernis, qui auroit pu s'introduire dans les vaisseaux de la plante, les auroit obstrués, ou qu'elle auroit altéré les sucs qui y sont contenus ? C'est ce que je n'ai pu éclaircir d'une façon satisfaisante.

M. Calandrini ayant mis tremper un rameau de Vigne dans de l'huile de noix, les feuilles y ont péri en fort peu de temps. M. Bonnet, qui rapporte cette expérience, ajoute qu'il a voulu la répéter sur des rameaux de différentes especes de plantes & d'arbres ; en conséquence il a observé qu'en général les parties herbacées & délicates étoient plus fréquemment endommagées que celles dont la texture étoit plus solide. De jeunes jets ont noirci dans l'espace d'un ou de deux jours, pendant que d'autres jets plus âgés se sont simplement deſſéchés ſans noircir ; ou bien , les feuilles en font tombées encore vertes, comme il leur arrive en automne. Les feuilles du Laurier-Ceriſe , & celles de l'Amaranthe à fleurs pendantes , ont ſubſiſté pendant pluſieurs mois , quoiqu'elles euſſent été couvertes d'huile. En automne un rameau de Vigne endurci , ayant été plongé dans l'huile pendant trente heures , en ſortit très-ſain en apparence , néanmoins il perdit quelques jours après toutes ſes feuilles. Il paroît que l'huile de noix ne s'inſinue pas bien avant dans les vaiſſeaux des plantes ; car les feuilles les plus voiſines de celles qui avoient trempé dans cette huile , ne ſouffrirent en aucune maniere. M. Bonnet a fait des expériences qui peuvent conſtater encore ce fait : il a mis tremper le pédicule de différentes feuilles d'arbres & d'herbes dans de l'huile d'olive : les feuilles d'arbre qui étoient parvenues à leur grandeur naturelle, n'ont point tiré d'huile ; les feuilles herbacées en ont peu tiré ; mais une feuille d'Amaranthe pourprée en ayant tiré plus que les autres , on appercevoit des taches noires le long des principales nervures.

M. Bonnet ajoute, qu'ayant remarqué que les feuilles lui paroiſſoient plus endommagées, quand on les avoit frottées d'huile par deſſous, que quand on en avoit recouvert leur ſurface ſupérieure, il voulut éclaircir ce fait ; & pour y parvenir, il imagina de poſer ſur la ſuperficie de l'eau des feuilles de Lilac, de maniere que l'eau ne pût toucher aux unes ſeulement que par leur ſurface inférieure , & aux autres par la ſurface ſupérieure : celle des deux ſurfaces qui ne touchoit point à l'eau, fut frottée d'huile. Il a obſervé que les feuilles , qui repoſoient ſur l'eau par leur ſurface inférieure, avoient ſubſiſté beaucoup plus long-temps que les autres.

M. Bonnet a beaucoup varié ſes expériences : j'avois auſſi diſpoſé les feuilles de mes expériences de différentes façons ; mais comme ni les unes ni les autres ne m'ont point fourni les réſultats que j'en attendois, je crois en avoir aſſez dit pour engager les Phyſiciens à ſuivre les mêmes expériences , en employant de nouvelles précautions.

Comme j'ai dit ci-deſſus que la vapeur de l'eſprit-de-vin

affectoit fortement les feuilles, je crois devoir rapporter encore ici quelques expériences qui ont été exécutées par M. Bonnet, dans la vue de reconnoître si les plantes pouvoient tirer quelque espece de nourriture de l'eau-de-vie. Les plantes dont il s'est servi pour ces expériences ont attiré cette liqueur avec plus de force qu'elles n'attirent l'eau commune; mais leur pédicule s'est rétréci, & les feuilles se sont desséchées aussi promptement que celles qui étoient restées en plein air; & ce qu'il y a de plus singulier, c'est que M. Bonnet a observé qu'il y avoit le long des principales nervures, des bandes d'une couleur brune qui suivoient la direction des fibres : elles étoient probablement occasionnées par l'eau-de-vie qui avoit été attirée par la plante.

J'ai peint avec de l'ocre broyé à l'huile le tronc & les branches de quelques jeunes Pruniers chargés de *Lychen* & de mousse : ces plantes parasites moururent, & les arbres n'ont pas paru en avoir souffert; néanmoins il m'a semblé qu'ils étoient devenus moins gros que les autres, & qu'ils poussoient moins vigoureusement.

Quoi qu'il en soit de toutes ces observations, il est très-probable que les feuilles sont garnies de suçoirs qui se chargent de l'humidité de l'air, & l'on ne peut révoquer en doute la communication que les feuilles ont avec les autres parties des plantes auxquelles elles appartiennent. On peut donc en quelque façon regarder les feuilles comme des especes de racines qui ramassent, par leur surface fort étendue, les vapeurs & les exhalaisons qui vaguent dans l'air : nous avons dit plus haut qu'elles étoient encore les principaux organes de la transpiration : les feuilles sont donc douées, comme la peau des animaux, d'organes excrétoires & d'organes absorbants. On peut encore regarder, du moins comme une chose probable, qu'une partie de l'air qui est contenu dans les plantes s'y introduit par leurs pores, conjointement avec l'humidité des rosées. Toutes ces choses, qui sont assez bien établies, ont conduit les Botanistes à regarder les poils, & les rugosités qui couvrent les feuilles, comme autant d'organes destinés à opérer ces différentes fonctions; ainsi on ne trouvera point déplacé que nous traitions ici de ces parties, d'autant plus qu'elles fe trouvent communément en plus grande quantité fur les feuilles , que fur les autres parties des plantes.

CHAPITRE IV.

DES POILS, DES EPINES, DES MAINS

ou VRILLES.

ART. I. *Des Poils , & des Corps glanduleux qui fe trouvent à la fuperficie des Plantes.*

Il y a peu de parties des plantes qui ne fe trouvent quelquefois couvertes de poils ; les feuilles , fur-tout , en font le plus fouvent chargées : on apperçoit auffi quelquefois à leur furface , ou fur leurs bords , ou fur leurs pédicules , des concrétions qui paroiffent glanduleufes.

Je ne prétends pas affurer que ces concrétions foient inconteftablement des glandes ; j'avoue même que j'ai fait de vains efforts pour découvrir l'organifation de certaines taches que l'on voit fur les jeunes branches des Pêchers , & que je ne peux mieux comparer qu'aux Galle-infectes , que l'on nomme ordinairement *Punaifes d'Oranger.* Cependant , en employant ce terme , je ne m'écarte point de ce qu'ont penfé la plupart des Auteurs qui ont traité de l'Anatomie des plantes ; j'admets auffi les poils , comme des parties vafcuuleufes. Plufieurs de ces Botaniftes ont dit que le duvet , que l'on apperçoit fur les feuilles , font des organes fecrétoires , excrétoires ou abforbants , par lefquels les plantes fe déchargent de leur tranfpiration , ou par lefquels elles afpirent l'air & les vapeurs qui y font répandues. Si ces fonctions ne leur font pas encore accordées d'une façon inconteftable , on eft du moins fuffifamment autorifé à les leur attribuer , comme une chofe vraifemblable.

En effet, comme presque tous ces poils sont implantés sur
de petits corps semblables aux oignons qui donnent naissance
aux poils des animaux, il étoit naturel de regarder ces petits
corps comme des glandes cutanées, dont l'office est de laisser
échapper la transpiration insensible. Les matieres visqueuses,
qui enduisent plusieurs especes de plantes, telles que le *Labdanum* qui se ramasse sur les feuilles du Ciste, les diverses sortes de Manne qui se trouvent sur les feuilles des Erables &
des Mélèses, les grains résineux ou gommeux qui se recueill-
lent sur d'autres plantes, tout cela indique que les végétaux
sont pourvus d'organes excrétoires, & que les corps glanduleux dont nous parlons sont de ce genre. Rien ne paroît
plus favorable à ce sentiment qu'une espece de *Martinia* que
nous avons reçu de la Louisiane, où les poils très-fins &
très-déliés, qui couvrent les feuilles, les fleurs & les fruits
de cette plante, sont tous terminés par une goutte de liqueur transparente, visqueuse & odorante, qualités qui font
connoître que cette liqueur transsude de la plante même,
& non pas qu'elle ait été déposée par l'air sur les poils dont
elle est garnie.

Il y a lieu de croire qu'une partie des organes que les loupes
& les microscopes nous font appercevoir sur les feuilles, sont
de véritables vaisseaux absorbants. On est persuadé en Médecine, que dans l'usage des bains, une partie des liqueurs entre
dans la masse du sang; les effets des douches sont si sensibles,
qu'ils ne permettent pas de douter que l'eau ne pénetre dans
l'intérieur des membres des corps que l'on y expose : la sali-
vation qui suit les frictions mercurielles, les ardeurs d'urine
qu'éprouvent ceux à qui l'on applique les cantharides, sont
autant de preuves que la peau de tous les animaux est garnie
d'organes absorbants. Nous avons dit plus haut que presque
tous les Physiciens pensoient que les végétaux sont au moins
autant pourvus de ces organes que les animaux; mais l'embarras où sont les Anatomistes sur la distinction des organes excrétoires d'avec les organes absorbants des animaux, subsiste
également quant à ceux des végétaux. Il n'y a donc que des
raisons d'analogie qui puissent faire admettre les poils & les
autres corps glanduleux, comme des organes capables d'o-

Pl. XII. pérer les fonctions dont nous venons de parler.

On doit se souvenir que les expériences de M. Bonnet, que nous avons rapportées plus haut, l'avoient conduit à penser que les surfaces inférieures des feuilles attiroient plus communément les liqueurs que les surfaces supérieures de ces mêmes feuilles : or, comme les feuilles sont ordinairement plus garnies de poils à leur surface inférieure qu'à leur surface supérieure, il s'ensuit qu'on peut en conclure, avec quelque vraisemblance, que les poils & les corps glanduleux des feuilles peuvent être quelquefois des organes d'aspiration. Nous bornons ici la discussion de pareilles conjectures, & nous croyons que ce que nous venons de dire suffit pour exciter les Physiciens botanistes à faire leurs efforts pour parvenir à reconnoître, d'une maniere plus directe & plus sûre les usages de ces parties. Nous terminerons cet Article par l'exposition la plus succinte qu'il nous sera possible, des observations que M. Guettard a faites sur les formes différentes que prennent les poils & les corps glanduleux des plantes.

Nous avons parlé ci-devant du rézeau de fibres longitudinales qui forme, pour ainsi dire, le squélette des feuilles, & nous avons dit que les mailles de ce rézeau étoient remplies par le tissu cellulaire. Il arrive quelquefois que plusieurs fibres assez considérables venant aboutir à un petit amas de ce tissu cellulaire, le gonflent & l'obligent à prendre la forme des différents petits corps que je me propose d'examiner. Je les nommerai glandes, ainsi que M. Guettard, sans prétendre néanmoins qu'ils en fassent toujours les fonctions. M. Guettard, après avoir examiné avec attention la figure de ces glandes, les a rangées en sept classes, dont on peut voir les
Fig. 119. figures dans la Pl. XII. *Fig.* 119.

1°. Les glandes milliaires (*a*) : elles semblent être de petits points ramassés par tas, où on les voit assez réguliérement arrangées deux à deux, trois à trois, quatre à quatre, &c. Il y a des feuilles de certains arbres, sur lesquelles on n'en apperçoit presque pas ; mais on voit au bout de ces mêmes feuilles certaines rugosités, d'où découle une résine très-claire : on les trouve rangées réguliérement sur les feuilles des Pins

&

Pl. XII.
Fig. 119.

& des Sapins, & irréguliérement fur celles des Cyprès, des Thuya, & du Cedre à feuilles de Cyprès.

2°. Les glandes véficulaires *b* : ce font de petites veffies qui femblent formées par un fuc extravafé, qui auroit gonflé une petite portion de tiffu cellulaire : on les apperçoit fenfiblement fur les feuilles du Millepertuis, de l'Oranger, de la Rue, du Myrte, &c.

3°. Les glandes écailleufes *c* : elles reffemblent à de petites lames écailleufes, circulaires, ou oblongues ; elles ne font point reçues dans des cavités : on en voit fur les feuilles des Fougeres.

4°. Les glandes globulaires *d* : elles font plus ou moins fphériques les unes que les autres : on les trouve plus communément fur les plantes à fleurs labiées.

5°. Les glandes lenticulaires *e*, qui font de la figure d'une lentille, mais plus ou moins allongées : on en apperçoit beaucoup fur les jeunes pouffes des arbres, & particuliérement fur le Bouleau, l'Aulne, le Thérébinthe, & fur le Thuya.

6°. Les glandes à godet *f*, ainfi appellées, parce qu'en s'ouvrant elles préfentent une cavité : il y en a de rondes, d'ovales, de pointues, ou en forme de gouttiere recourbée. Elles fe trouvent ordinairement fur les pédicules & à la naiffance des feuilles des Pêchers, des Abricotiers, des Cerifiers, des Acacias, ou à la pointe des dentelures de plufieurs feuilles.

7°. Les glandes utriculaires *g*, qui ne font autre chofe que ces petites veffies que l'on voit fur l'Aloës, la Joubarbe, les Ficoïdes, la Gaude. M. Guettard remarque qu'il eft difficile de décider fi ces glandes font des productions naturelles, ou fi elles font produites par quelque maladie de la plante.

Ce même Phyficien paffe enfuite à l'examen des poils ou filets, & à celui des mamelons fur lefquels ils font portés : cet objet offre de grandes variétés. Sur les plantes légumineufes & à fleurs en rofe, on trouve des filets cylindriques *h* : fur les Malvacées & les Crucifêres on en voit de figure conique *i* : les poils, en forme de poinçon, des Borraginées font roides & coniques : ils paroiffent fupportés par un mamelon compofé de tiffu cellulaire *k*.

A a

Pl. XII.
Fig. 119.

En examinant les fleurs en mafque, telles que font celles du Mufle-de-veau, des Linaires, on y apperçoit des poils plus larges par leur extrêmité que par le bas : M. Guettard les nomme *Poils en larme batavique* l.

On apperçoit fur les plantes légumineufes, telles que l'Arrête-bœuf, des poils à capfules, c'eft-à-dire, qui font terminés par une petite coupe, à-peu-près femblable à celle d'un gland *m.*

Les Rubiacées portent des poils qui font en quelque façon enfilés par un filet fin & courbe qui part du haut de chaque poil : M. Guettard les a nommés *Poils à aiguille courbe* n.

Les femences des Aigremoines font terminées par un filet courbe, mais qui paroît être la continuité de la partie la plus renflée : M. Guettard les nomme pour celà *Poils en croffe* o.

Les femences de Cynoglofe & de Buglofe font hériffées de filets en hameçon, terminés par quatre crochets en forme de grappins *p.*

Plufieurs plantes à demi-fleurons portent des poils terminés par deux pointes plus ou moins recourbées : M. Guettard les a nommés *Poils à crochet* q.

Les poils en y grec, que l'on voit fur les Cruciféres, fur l'Alyffum, &c. ont leur bout terminé par un, deux, trois, & quatre y grecs, quelquefois pofés perpendiculairement, quelquefois couchés horifontalement r *f.*

On trouve fur le Cornouiller, le Periploca, le Houblon, & fur quelques fleurs légumineufes des filets en navette, qui ont quelque reffemblance avec ceux qui fe terminent en y grecs horifontaux *t t.*

Tous les filets dont je viens de parler ne font point articulés; mais ceux dont nous allons donner le détail, le font. Les Orties portent des filets figurés en alêne *u.* Sur les plantes à fleurs labiées on en apperçoit qui font plus proprement dits *articulés* x. Les Chardons, les fleurs radiées, les fleurs en œillet ont des filets à valvules; c'eft-à-dire, dont les articulations ne forment point de faillie à l'extérieur, mais qui ne paroiffent que fous la forme de diaphragmes ou de valvules *y.*

On apperçoit dans les fleurs des plantes cucurbitacées des

Pl. XII.
Fig. 119.

filets grenus qui femblent être compofés de plufieurs grains qui feroient pofés les uns au-deffus des autres z. Sur la Chélidoine, le *Glaucium*, on apperçoit des filets noueux qui ne different des précédents que par des éminences placées aux points des articulations de ces nœuds *&*.

Le duvet qui recouvre les feuilles du Bouillon-blanc & du Phlomis eft en partie formé par de gros nœuds, d'où fortent des poils très-déliés, & qui font une efpece de goupillon *A*. Les longs poils de la Pilofelle font figurés comme des plumes *B*. Aux Mauves, aux Ciftes, aux Hélianthemes, aux arbres à chattons, les petits filets portent des mamelons, & forment des efpeces de houppes *C*.

Les obfervations que Monfieur Guettard a faites fur les glandes lui ont donné occafion de remarquer qu'affez généralement toutes les plantes d'un même genre portent des glandes, ou des poils qui font auffi de même genre; de forte qu'on pourroit, en fuivant les obfervations de ce favant Botanifte, former une méthode botanique, en quelque façon auffi exactement fuivie que celle que l'on a établie par les calyces ou par les feuilles. Mais en jettant les premiers fondements de cette méthode, M. Guettard a foin d'avertir qu'elle ne mérite cependant pas la préférence fur les autres méthodes connues jufqu'à préfent; & il lui fuffit d'avoir fait remarquer que les plantes d'un même genre fe reffemblent par leurs poils & par leurs glandes. Cette connoiffance n'eft point inutile, puifqu'elle procure un moyen de plus pour former une méthode naturelle; & fi elle peut un jour être établie, ce ne fera qu'après avoir raffemblé quantité d'obfervations fur toutes les parties des plantes, & même fur celles qui ne peuvent être apperçues qu'avec le fecours du microfcope.

Article II. *Des Epines.*

Les Epines font des excroiffances affez fouvent fermes, toujours terminées par une pointe fort aiguë, & qui fe développent avec les autres productions des plantes, mais qui

Pl. XII. ne font point renfermées dans des boutons particuliers ; en forte que la plupart pourroient être regardées comme des poils durs & folides : c'est cette derniere confidération qui m'a engagé à rapporter ici les obfervations qui les concernent.

Les épines fe trouvent répandues fur toutes les parties des plantes : celles de l'Oranger, qu'on nomme *Sauvageon*, fe rencontrent une à une, ou deux à deux, immédiatement à côté des boutons qui font dans l'angle que les pédicules des feuilles font avec la branche (*Fig.* 120.). Les épines du Ro-

Fig. 120.
Fig. 121.

fier (*Fig.* 121.) ne font point toujours auffi droites que celles de l'Oranger ; elles font crochues en deffous ; elles partent de différents points des branches, & fouvent du deffous des boutons : les pédicules des feuilles en font égale-

Fig. 122.
& 123.

ment garnis (*Fig.* 122.). Au faux Acacia (*Fig.* 123.), les pédicules des feuilles font ordinairement accompagnés de deux grandes épines droites : les feuilles de l'Epine-vinette

Fig. 124.

(*Fig.* 124.), & celles du Grofeillier-épineux font accompagnées de trois, & quelquefois de cinq épines affez longues

Fig. 125.

& déliées, qui fe réuniffent par leur bafe. Le *Gleditfia* (*Fig.* 125.) porte, au-deffus des boutons & des jeunes branches, des épines quelquefois fimples, d'autres fois branchues, entre lefquelles il s'en trouve d'une grandeur furprenante ; car j'en ai vu de près de cinq pouces de longueur. La naiffance des

Fig. 126.

jeunes branches du *Paliurus* (*Fig.* 126.) eft accompagnée de deux épines affez courtes, mais très-pointues & fort incommodes, en ce qu'une de ces deux épines qui eft toute droite remonte vers le haut, & l'autre, qui eft ordinairement plus courte & plus groffe, forme un crochet dont la pointe eft vers le bas ; ce qui fait qu'on a beaucoup de peine à fe débarraffer de ces épines. Après ces exemples des diverfes fortes d'épines qui garniffent l'étendue des branches, je vais parler de celles qui les terminent.

Fig. 127.

Les Prunelliers, plufieurs efpeces de Pruniers (*Fig.* 127.), de Poiriers, de Pommiers, de Neffliers, ont leurs jeunes branches garnies de rameaux qui fe terminent par une pointe ou épine, quelquefois très - piquante : ces rameaux pointus ne fe trouvent quelquefois garnis d'aucuns boutons,

Pl. XII.

mais feulement d'épines ; d'autres fois ils font chargés de
boutons, dont il fort des fleurs, des feuilles, & des branches :
dans ce cas, ces nouvelles branches fe terminent encore par
des épines. Le Houx-Frelon (*Rufcus*), qui ne porte point
d'épines fur fes branches, a fes feuilles terminées (*Fig.* 128.) Fig. 128.
par une pointe très-piquante. Le Houx ordinaire (*Fig.* 129.) Fig. 129.
a tous les angles du tour de fes feuilles terminés par des
pointes : les feuilles du Houx-Hériffon font, outre cela, hériffées à leur fuperficie de quantité de pointes.

Si je voulois étendre ces obfervations fur toutes les feuilles, je trouverois des *Solanum*, dont les feuilles font garnies d'épines fur les nervures. Les claffes des Chardons, des
Carlines, des *Cnicus*, des Chauffe-trapes, des Chardons-
roulans me fourniroient quantité d'exemples d'épines différemment placées : les Orties m'en fourniroient d'épines très-
fines, ou de poils durs, qui caufent beaucoup de douleur
lorfqu'on en eft piqué : mais ce détail m'entraîneroit trop
loin ; & je le termine, en faifant remarquer que plufieurs
fruits font également hériffés d'épines.

Il y a des efpeces de glands, dont la coupe eft prefque
épineufe : on connoît une efpece de Pin dont les cônes font
formés d'écailles qui fe terminent par des pointes piquantes : mais où les épines font fur-tout très-apparentes, c'eft
fur les Châtaigniers ordinaires (*Fig.* 130.), fur le Mar- Fig. 130.
ronnier d'Inde (*Fig.* 131.), & fur les fruits du Hêtre (*Fig.*
132.).

Après avoir parcouru les différentes pofitions des épines
fur les arbres & fur les arbuftes, je vais pénétrer dans l'intérieur de ces épines, pour en examiner l'organifation.

On fait que les ongles des animaux font une fubftance
cornée & affez dure, qui paroît être une continuation de la
peau, laquelle devient grenue aux approches de la fubftance
cornée, fans qu'on fache comment s'opere le changement du
tiffu de la peau, pour acquérir la confiftance de la corne.
A confidérer la chofe fous ce point de vue, on peut
comparer aux ongles des animaux les épines des feuilles (*fig.*
128 & 129.), celles des fruits (*Fig.* 130, 131, 132.), &
celles de la Ronce & des Rofiers (*Fig.* 121.), du faux Aca-

Pl. XII. cia (*Fig.* 123.), des Groseilliers épineux, & des Epines-vi-
nettes (*Fig.* 124.); du *Paliurus* (*Fig.* 126.), & d'une infinité d'autres plantes, dont les épines n'ont aucune communication avec le corps ligneux, & ne tirent leur origine que
des couches corticales ; les observations suivantes nous le
confirment.

1°. Si, après avoir fait bouillir dans de l'eau un brin gourmand d'Eglantier, on le dépouille de son écorce aussi-tôt
qu'on l'a tiré de l'eau bouillante, on remarquera que toutes
les épines s'enleveront avec l'écorce, & qu'il n'en reste pas
la moindre impression sur le corps ligneux : bien plus, l'impression de la base de l'épine peut à peine s'appercevoir sur
les couches corticales les plus intérieures : en y prêtant une
singuliere attention, on remarque seulement une tache blanchâtre, où le tissu cortical paroît plus serré qu'ailleurs.

Pl. XIII.
Fig. 133. 2°. Si l'on fend en deux ce même brin gourmand, & de
façon que la section divise en deux parties une des épines,
on y remarquera (*Fig.* 133.) *a* l'épiderme, *b* l'épaisseur de
l'écorce, *c* le corps ligneux, *d* la moëlle; & l'on verra que
l'épine *e* n'a aucune communication, ni avec la moëlle, ni
avec le bois, & qu'il y a même une couche corticale inter-
posée entre la base de l'épine & le bois, en sorte que quoique les couches corticales soient plus minces en cet endroit
qu'ailleurs, on seroit tenté de croire que cette épine ne tire
son origine que de l'épiderme : cependant, après avoir examiné avec attention la coupe de l'épine, on entrevoit qu'elle est formée de plusieurs couches, comme le représente la
Fig. 133 en *e*; mais après que la substance ligneuse *c* s'est endurcie, les épines paroissent dépourvues de liqueur, & leur intérieur devient de couleur brune : ainsi il paroît qu'elles prennent leur entier accroissement dans le temps que la branche
se développe, & qu'elles cessent de croître lorsque le corps
ligneux est endurci.

Ces épines peuvent être comparées à nos ongles : quant
aux cornes des bœufs, aux becs & aux ongles des oiseaux,
&c. cette substance cornée est étendue sur un noyau osseux
qui en occupe l'intérieur, comme on le peut voir dans la *Fig.*
Fig. 134. 134 , où *a* marque le noyau osseux , & *b b* la substance

Pl. XIII.

cornée. On peut confulter un Mémoire que j'ai donné à l'Académie des Sciences en 1751, fur l'accroiffement de ces cornes,
où j'ai dit : 1°, Que le noyau offeux *a* des cornes des bœufs
étoit contigu & adhérent aux os du crâne : 2°, Que les couches cornées *b b* étoient une continuation de la peau qui recouvre la tête : 3°, Que le noyau offeux augmentoit en groffeur & en longueur par l'addition des couches offeufes qui
fe formoient à la fuperficie du cône offeux, à mefure que
les couches cornées s'étendoient : 4°, Que les couches cornées fe formoient à l'intérieur de la corne, de forte que les
couches formées les dernieres, couvroient immédiatement
les couches du noyau offeux, qui avoient été formées en
dernier lieu : 5°, Enfin, que les couches cornées s'étendoient, comme les ongles, par la partie qui tient à la peau.

Les épines des Orangers (*Fig.* 120. Pl. XII.), & celles
des Pruniers fauvages (*Fig.* 127.) font de ce genre. Elles
ont un noyau ligneux qui eft recouvert d'une continuation de
l'écorce, qui fe durcit, & qui devient tranfparente dans quelques efpeces, telles que l'Oranger.

La *Fig.* 135 repréfente une branche de Prunier garnie d'u- Fig. 135.
ne épine, l'une & l'autre dépouillées de leur écorce ; & l'on
voit que les fibres ligneufes de la branche s'écartent pour
laiffer fortir l'épine. La *Fig.* 136 repréfente une coupe lon- Fig. 136.
gitudinale de cette même branche & de l'épine, l'une &
l'autre garnies de leur écorce : *a* eft la moëlle ; *b* les couches
ligneufes qui fe prolongent dans toute la longueur de la
branche ; *c* les couches ligneufes qui fourniffent le noyau de
l'épine ; *d* l'écorce qui recouvre la branche & l'épine.

On remarquera 1°. Qu'à l'Oranger, & à d'autres efpeces
d'arbres épineux, la portion de l'écorce qui excede le noyau
ligneux eft tranfparente : 2°, Que fur les Pruniers, & fur
d'autres arbres, l'épine porte quelquefois des boutons femblables à ceux de la figure 127. (Pl. XII.) : dans ce cas
il arrive ordinairement que la portion de l'épine comprife depuis les boutons jufqu'à la branche eft verte, & que la portion comprife depuis le dernier bouton jufqu'à la pointe eft
feche & morte : 3°, Le bois de ces épines paroît plus dur
que celui des branches qui les portent : 4°, Je n'ai point ap-

Pl. XIII. perçu de moëlle au centre des épines, & je n'ai pu découvrir cette trace médullaire qui traverse les couches ligneuses
vis-à-vis les jeunes branches : 5°, Quoique les épines des
Pruniers paroissent être de vraies branches terminées par une
pointe qui se desseche la même année que l'épine a été formée, on peut néanmoins y remarquer quelque différence ;
car, outre la circonstance de la moëlle qui manque presque
entièrement, les épines s'implantent presque perpendiculairement sur les branches, au lieu que les jeunes branches font
souvent, avec celles qui les portent, des angles plus petits
que 25 degrés. Les boutons que portent les épines ne produisent que des feuilles ou des branches chiffonnes, ou encore
d'autres épines; mais ces productions périssent toutes en peu de
temps, au lieu que les boutons que portent les véritables
branches, produisent des fleurs & des branches vigoureuses.
Les épines sont terminées par une pointe, & les vraies branches par un bouton. Enfin, les épines sont placées ordinairement au bas des branches, & sont plus ou moins grandes,
suivant la force des branches qui les portent ; les jeunes
branches, au contraire, naissent de l'extrêmité des anciennes branches. Comme ces détails sont suffisamment exposés
Fig. 139. dans la *Fig.* 139, il ne nous reste plus qu'à faire remarquer
qu'il y a encore des productions qui sont en quelque façon
mixtes, & qui tiennent de la nature des branches & de
celle des épines.

    Les monstrueuses épines du *Gleditsia* conservent quelque
adhérence avec le bois, lors même qu'on l'a dépouillé de
Fig. 137. son écorce, ainsi qu'on le peut voir dans la *Fig.* 137, quoiqu'il n'y ait cependant pas une continuité parfaite entre le
bois des branches & ces épines, comme on le voit dans la
Fig. 138. *Fig.* 138, où *a* est la moëlle, *b b* le bois, qui ne répond
à l'épine que par une couche fort mince & quelques productions; *c c* l'écorce qui s'étend sur les épines & sur les branches; *d* une branche dont le bois communique très-intimement avec celui de la branche; *e* l'épine dont l'intérieur,
dans une fort grande étendue, est formée d'une substance
médullaire dépourvue de seve, qui se distribue dans l'épine
latérale, sans avoir de communication avec la moëlle de la
branche,

branche, & cette fubftance médullaire eft recouverte d'une couche de bois extrêmement mince, & d'une production de l'écorce; ces deux fubftances ayant acquis beaucoup de dureté, & ayant en quelque façon changé de contexture.

Malpighi a penfé que les épines fervoient à donner une préparation à la feve : quant à moi, j'avoue naturellement que je ne connois pas de quel ufage les épines peuvent être, relativement à l'économie végétale. Il me paroît qu'elles ne font pas effentielles à la végétation, puifque quantité d'arbres n'en font point pourvus. Au refte, comme les griffes, les ongles, les cornes, & le bec des animaux leur fervent de défenfe, les végétaux fe trouvent auffi pourvus du même avantage; nous en tirons d'ailleurs une véritable utilité, puifque nous formons, avec ces arbres épineux, des barrieres auffi fûres que des murailles pour protéger nos terres des atteintes des beftiaux, auffi - bien que des entreprifes des voleurs.

Article III. *Des Mains ou Vrilles particulieres à certaines Plantes.*

Presque tous les arbres & plufieurs plantes ont leurs tiges & leurs branches affez fortes pour pouvoir fe foutenir fans aucun fecours étranger; mais plufieurs plantes, & quelques arbuftes les ont fi fouples, qu'elles font réduites à ramper fur terre : nous pouvons citer, entre les arbuftes rampants, une efpece de Ronce qui fe trouve dans les terres à froment, laquelle eft toujours immédiatement couchée fur la terre.

D'autres plantes, du genre des rampantes, entrelaffent leurs tiges avec les branches des buiffons ou des arbres qui font à leur portée, & les recouvrent tellement de leurs branches & de leurs feuilles, que l'on n'apperçoit quelquefois plus ces mêmes buiffons qui leur ont fourni l'appui fans lequel elles ramperoient à terre. On peut en donner pour exemple les Clématites, la Ronce des haies, le *Solanum* ou *Dulcamara*, &c.

Il y a des plantes rampantes ou farmenteufes (ces deux termes font fynonimes), dont les principales tiges prennent

Bb

Pl. XIII. quelquefois affez de folidité pour fe foutenir d'elles-mêmes, quoique leurs branches veules & fouples reftent pendantes ; les Chevre-feuilles font de ce genre : j'en ai vu dont la tige principale avoit près de 4 ou 5 pouces de circonférence. D'autres plantes farmenteufes s'uniffent aux arbres qui font à leur portée, plus intimement que par un fimple entrelacement de leurs branches. Le *Menifpermum*, l'*Evonymoides*, & entre les plantes le *Convolvulus*, s'entortillent en fpirale autour des tiges & des branches des arbres & des plantes plus fortes qu'elles; mais quand ces points d'appui folides leur manquent, alors leurs branches fe roulent les unes fur les autres, de maniere que formant toutes enfemble une efpece de corde, elles fe fourniffent mutuellement un fecours qui leur donne la force de s'élever jufqu'à une certaine hauteur.

La Vigne, la Fleur de la Paffion ou Grenadille, & entre les plantes, la Couleuvrée, s'attachent aux corps folides qui font à leur portée, par un moyen différent des arbuftes dont nous venons de parler : comme leur farment n'a pas la propriété de s'entortiller autour des corps folides qui font à leur portée, la nature les a pourvus de certaines productions qui, en fe roulant en fpirale, s'entortillent autour des corps folides Fig. 140. qu'elles rencontrent, comme on le voit dans la *Fig.* 140, en *c*.

Nous remarquerons, à l'occafion de ces productions qu'on nomme *Mains*, à raifon de leurs fonctions, ou quelquefois *Vrilles*, parce qu'elles ont la figure d'un tire-bourre, 1°. Qu'à certaines plantes, comme à la Vigne (*Fig.* 140.), elles fortent de la partie oppofée aux feuilles *d* : & à d'autres plan-Fig. 141. tes, comme la Grenadille (*Fig.* 141.), elles fortent d'à côté du pédicule des feuilles : 2°. Qu'il y a de ces mains qui ne font compofées que d'un feul filet, d'autres qui le font de deux ou de trois, comme dans la *Fig.* 140. *c*, *b* : 3°. Que les boutons, ou les pouffes *a* de la Vigne fortent prefque toujours des aiffelles des feuilles, & qu'il eft bien rare d'en trouver aux aiffelles des mains : 4°. Qu'il y en a qui portent leurs mains à l'extrêmité des feuilles : 5°. Quant à l'organifation de ces mains ; celles de la Vigne & celles de la Grenadille font entiérement femblables aux queues des rai-

Pl. XIII.

fins ; ainfi elles font formées d'enveloppes corticales , de fibres ligneufes, de vaiffeaux propres, de trachées & de tiffu cellulaire. On n'en doutera plus, quand on faura que l'on trouve quelquefois au bout de ces mains deux ou trois grains de raifins bien formés.

Dans la *Fig.* 143 , qui repréfente la coupe longitudinale d'un nœud de Vigne garni d'une feuille *a*, & d'une main *b*, on voit la moëlle *e*, le bois *f f*, & l'écorce *g g* : on apperçoit en *h* comme un amas de tiffu cellulaire , mais qui eft endurci. La *Fig.* 142 repréfente la coupe longitudinale d'un brin de Grenadille, d'où part une main *d*, & une feuille *e*: on y voit en *a* la moëlle, en *b b* la fubftance ligneufe, & en *c c* l'écorce.

Fig. 143.
Fig. 142.

Les mains de la Vigne ne fe roulent pas toujours dans le même fens : les unes fe roulent de gauche à droite , & les autres de droite à gauche. Cela s'obferve affez fouvent fur les deux branches d'une même main ; & ce qu'il y a de fingulier, c'eft que cet entortillement en fens contraire arrive prefque toujours, quand une branche, un échalas, ou un farment folide fe trouvent par hafard placés dans la bifurcation d'une main ; en forte qu'en examinant avec attention les mains de la Vigne, il femble qu'elles foient déterminées à fe rouler dans un fens ou dans un autre, par le contaɛt de la branche fur laquelle les mains fe roulent. Ceci mérite bien l'attention des Phyficiens. J'avois commencé fur cela quelques expériences que des occupations indifpenfables m'ont fait abandonner.

Le *Bignonia fraxini folio*, le Lierre, & d'autres plantes s'attachent à l'écorce des arbres & aux murailles, par des efpeces de griffes : celles du *Bignonia* font repréfentées dans la *Fig.* 144; & celles du Lierre dans la *Fig.* 145. La coupe longitudinale (*Fig.* 146.) fait voir, outre la fituation de la moëlle, de la fubftance ligneufe & de l'écorce en *a* , les griffes dans leur fituation; & en *b* un morceau d'écorce détaché du bois, & garni de ces griffes : on voit en *b*, fous ce morceau d'écorce, les petites fibres ligneufes qui entroient dans une partie de ces griffes, ce qui prouve qu'elles ne font pas totalement corticales.

Fig. 144; 145. Fig. 146.

Il m'a paru, en examinant quelques branches de *Bigno-*
nia & du Lierre, que les griffes du *Bignonia* ne font placées qu'auprès des nœuds, & que celles du Lierre occupent
toute la longueur de la branche du côté des murailles ou
des arbres auxquels elles s'attachent. Enfin je crois que prefque toutes les mains & toutes les griffes des plantes fe deffé-
chent, & perdent leur vigueur dans l'année où elles font
produites; mais qu'elles fubfiftent long-temps dans cet état
de deffechement, fans tomber en pourriture.

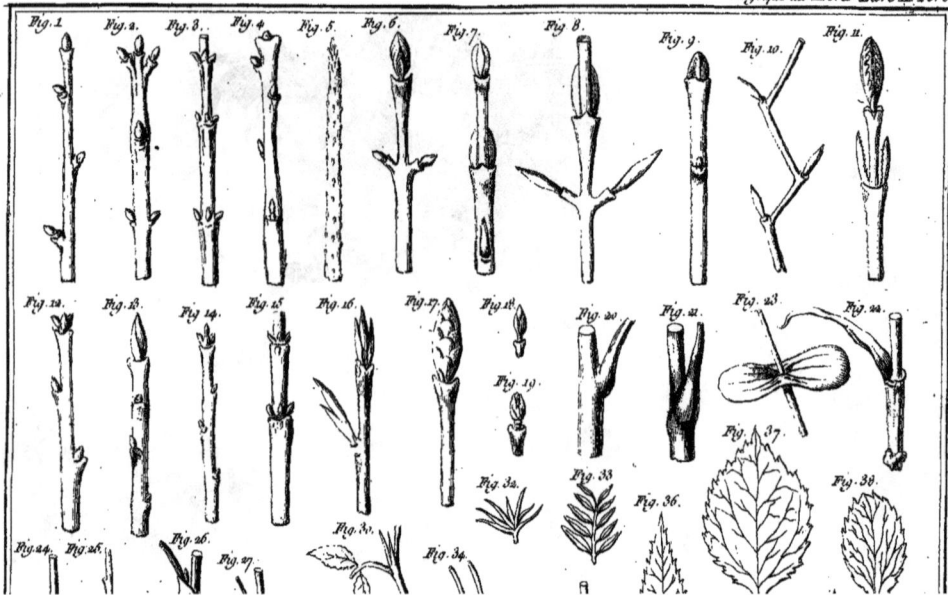

Fig.1. Fig.2. Fig.3. Fig.4. Fig.5. Fig.6. Fig.7. Fig.8. Fig.9. Fig.10. Fig.11.

Fig.12. Fig.13. Fig.14. Fig.15. Fig.16. Fig.17. Fig.18. Fig.20. Fig.21. Fig.23. Fig.24.

Fig.19.

Fig.37.

Fig.32. Fig.33. Fig.36. Fig.38.

Fig.24. Fig.25. Fig.26. Fig.30. Fig.34.

Fig.27.

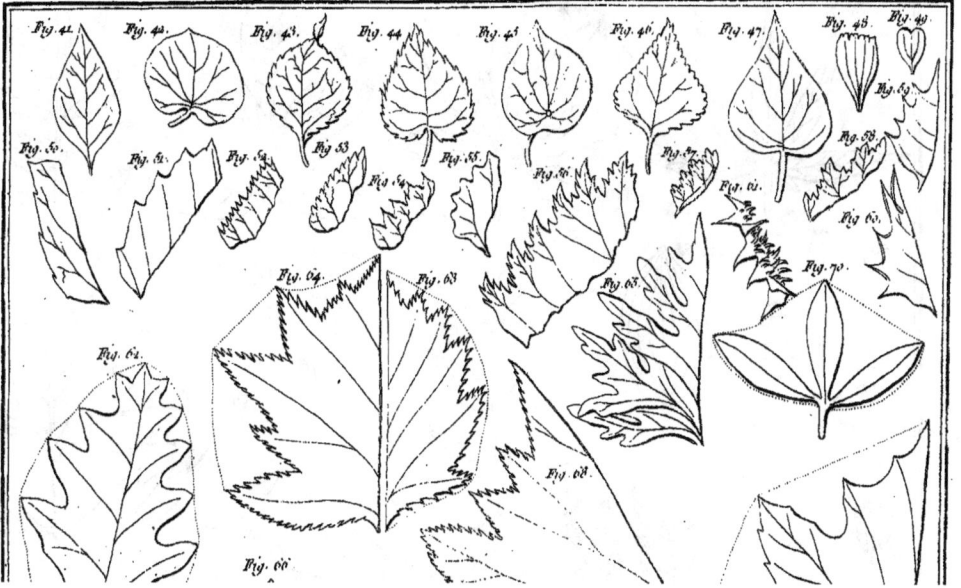

Fig. 41. Fig. 42. Fig. 43. Fig. 44. Fig. 45. Fig. 46. Fig. 47. Fig. 48. Fig. 49.
Fig. 50. Fig. 51. Fig. 52. Fig. 53. Fig. 54. Fig. 55. Fig. 56. Fig. 57. Fig. 58. Fig. 59.
Fig. 60. Fig. 61. Fig. 62. Fig. 63. Fig. 64. Fig. 65. Fig. 66. Fig. 67. Fig. 68. Fig. 69. Fig. 70.

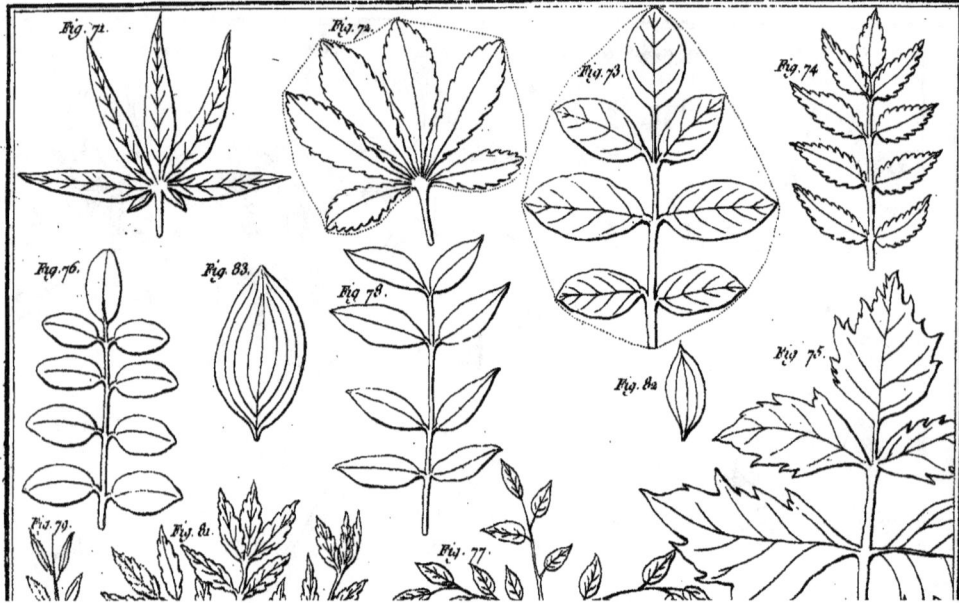

Fig. 71.
Fig. 72.
Fig. 73.
Fig. 74.
Fig. 76.
Fig. 83.
Fig. 78.
Fig. 82.
Fig. 75.
Fig. 79.
Fig. 81.
Fig. 77.

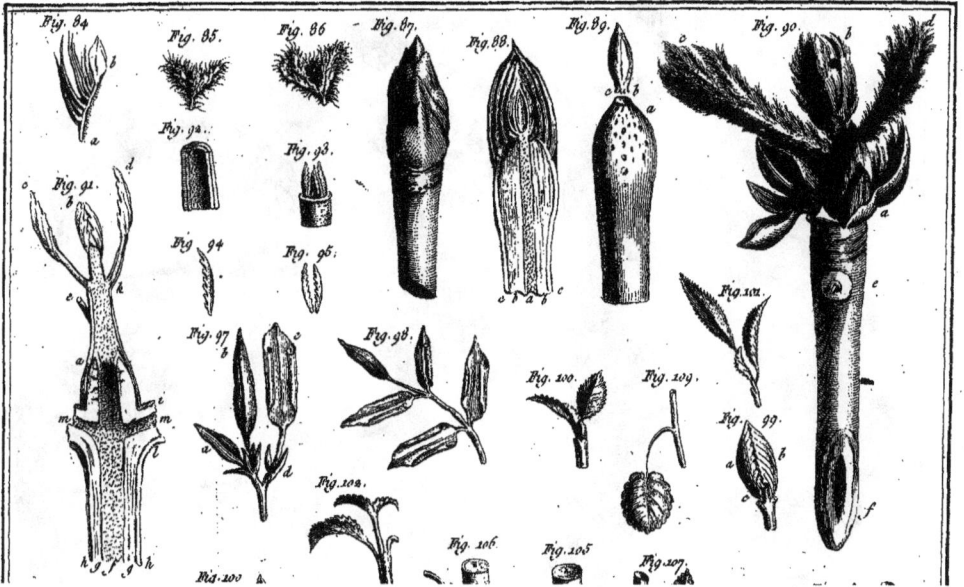

Fig. 84. Fig. 85. Fig. 86. Fig. 87. Fig. 88. Fig. 89. Fig. 90.
Fig. 92. Fig. 93. Fig. 91. Fig. 94. Fig. 95. Fig. 101. Fig. 97. Fig. 98. Fig. 100. Fig. 103. Fig. 99. Fig. 102. Fig. 106. Fig. 105. Fig. 107. Fig. 104.

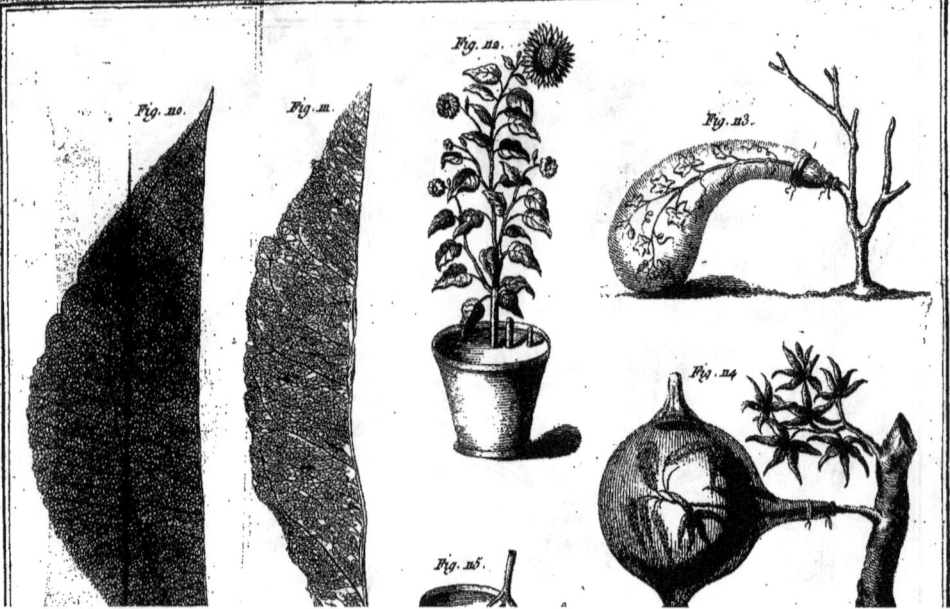

Fig. 110.

Fig. 111.

Fig. 112.

Fig. 113.

Fig. 114.

Fig. 115.

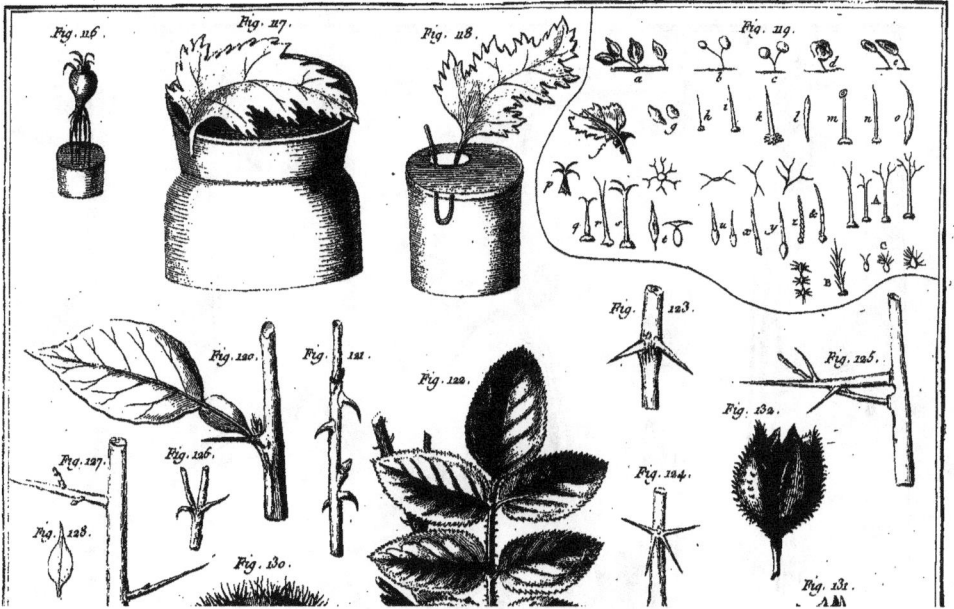

Fig. 116. Fig. 117. Fig. 118. Fig. 119.
Fig. 120. Fig. 121. Fig. 122. Fig. 123. Fig. 125. Fig. 132.
Fig. 127. Fig. 126. Fig. 124.
Fig. 128. Fig. 130. Fig. 131.

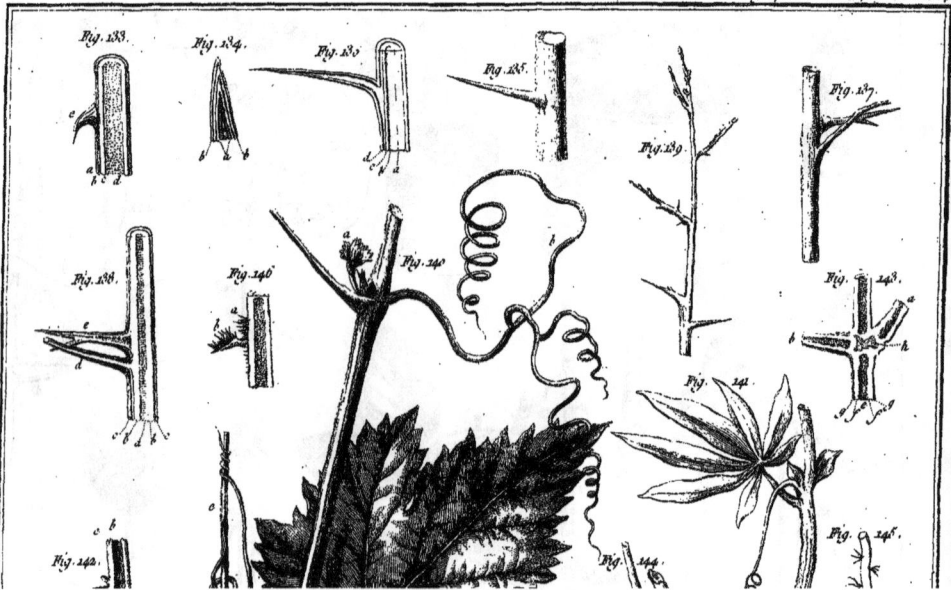

Fig. 133. Fig. 134. Fig. 135. Fig. 136. Fig. 137.

Fig. 139.

Fig. 138. Fig. 140. Fig. 140. Fig. 143.

Fig. 141.

Fig. 142. Fig. 144. Fig. 145.

LIVRE TROISIEME.

DES BOUTONS A FLEURS & A FRUIT, ou des Organes de la fructification; des Fruits; de l'usage des parties des Fleurs & des Fruits.

CHAPITRE PREMIER.

INTRODUCTION.

POUR continuer l'examen des parties qui sont répandues sur les branches, il convient de passer à celui des fleurs; & comme nous nous proposons de prouver dans la suite de cet Ouvrage que les organes, dont les fleurs sont composées, servent à la formation des fruits & des semences, nous n'hésitons point à les annoncer comme organes immédiats de la fructification. Voici l'ordre que nous suivrons dans cet examen.

Comme, dans l'Article sur les boutons, qui se trouve au commencement du second Livre, nous n'avons dit que très-peu de chose de ceux qui contiennent les fleurs, nous suppléerons ici aux omissions que nous avons été obligés de faire, par un Article particulier, où nous rapporterons ce qui regarde les boutons à fruit.

Les différentes parties qui composent les fleurs sont le plus souvent soutenues par une espece de coupe ou de sup-

Pl. I. port, qu'on nomme *Calyce* : il est vrai que cette partie ne peut pas être regardée comme essentielle à la fructification, puisque plusieurs fleurs fournissent des semences bien conditionnées, quoiqu'elles n'aient point de calyce ; néanmoins, puisque tous les Botanistes regardent les calyces comme dépendants des fleurs, nous en parlerons dans un Article séparé.

Après avoir traité de ces parties, que l'on peut simplement regarder comme accessoires, nous passerons ensuite à l'examen de celles qui constituent plus particuliérement les fleurs. Mais avant d'entrer dans le détail des observations qui sont propres à chaque partie, nous croyons devoir dire quelque chose des fleurs considérées en général.

Il y a des fleurs que l'on peut nommer *complettes*, parce qu'elles sont pourvues de tous les organes nécessaires à la fructification : d'autres, que l'on peut appeller *incomplettes*, parce qu'elles ne renferment seulement qu'une partie de ces organes ; & entre celles-ci, les unes sont stériles, & d'autres produisent des fruits. Ce qui regarde ces différentes fleurs sera discuté dans des Articles particuliers. Enfin ce que nous dirons des différentes parties qui composent les fleurs, disposera le Lecteur à nous suivre dans la discussion d'une des plus curieuses questions de l'économie végétale : je veux dire *le sexe des plantes.*

ARTICLE I. *Des Boutons à fruit.*

Tout ce que nous avons dit dans le Livre précédent des enveloppes écailleuses des boutons à bois, a son application aux boutons à fruit : je ne ferai donc que rappeller succinctement ici ce que j'en ai déja dit ; mais la position des boutons à fruit mérite quelque attention. Dans quantité d'especes d'arbres, comme aux Poiriers, les boutons (*Fig. 6.*) Fig. 6. qui fournissent les fleurs, & que les Jardiniers nomment *les Boutons à fruit*, sont situés à l'extrêmité de petites branches particulieres qui ne s'étendent jamais beaucoup, qui sont fort garnies de feuilles, & qui contiennent plus de tissu cellulaire que les branches à bois.

Fig. 1. Aux Pêchers (*Fig. 1.*) & à quantité d'arbres de la même famille, les boutons à fleurs font posés sur les mêmes branches que ceux à bois ; de sorte qu'on voit quelquefois un bouton à fleur à côté d'un bouton à bois, souvent deux boutons à fleurs sont aux deux côtés d'un bouton à bois ; ou bien on voit un bouton à fleur entre deux boutons à bois; de sorte que les boutons à fleurs qui ne sont point accompagnés de boutons à bois, tombent ordinairement sans produire de fruit : *a b* sont les boutons à fleurs, gros & arrondis par le bout : le bouton *c*, qui est plus petit, allongé & pointu, est un bouton à bois : ces trois boutons sont implantés sur un renflement de la branche qui fait une espece de console *d d* : on apperçoit en *e* une espece de cicatrice, qui est l'endroit où étoit attachée la feuille de l'année précédente.

Les branches de quantité d'arbres sont terminées par les fleurs, comme au *Pentaphylloides* : à d'autres, ces fleurs sortent de l'aisselle des feuilles, comme au *Myrthus* : à quelques-uns elles partent de la feuille même, comme au *Ruscus, fructu folio innascente* : d'autres fois les fleurs paroissent, ou en forme de grappes, & partant des aisselles : quelquefois elles restent pendantes, comme au *Pseudo-Acacia*, au *Cytisus* : ou bien en grappes relevées qui terminent les branches, comme au *Rubus*, au *Lilac* : ou, elles sont rassemblées par bouquets au bout des branches, comme au *Coronilla*, au *Diervilla* : ou, attachées aux aisselles des feuilles, comme au *Fagara* : ou, elles forment des épis, comme à l'*Amorpha*, au *Spiræa* à feuilles de Mille-pertuis, au *Clethra* : ou, elles font de vraies ombelles, comme au *Buplevrum* ; ou, des ombelles rameuses, comme au *Sambucus*, à l'*Opulus*. Voyez pour le surplus, le Traité des Arbres & des Arbustes. Ces observations, que l'on pourroit étendre beaucoup plus loin, font connoître qu'ordinairement la position des boutons à fleurs est aussi constamment la même dans tous les arbres d'un même genre que celle des boutons à bois. Sans m'arrêter plus long-temps sur cet Article, je vais pénétrer dans l'intérieur des boutons, afin de faire voir les productions qui se font clandestinement pendant les saisons de l'automne & de l'hiver pour la formation des fleurs ; mais comme je n'ai pas dessein d'étendre mes recher-

Pl. I. ches fur les boutons de tous les différents arbres, je me bornerai aux obſervations que j'ai faites ſur les boutons des Poiriers, ſur ceux des Pêchers, & ſur ceux du *Mezereum.*

Les fleurs du *Mezereum,* qui paroiſſent ſouvent en Janvier, ou au plus tard en Février, peuvent être apperçues dans leurs boutons dès le mois d'Août; de ſorte que par une diſſection qui n'exige pas beaucoup d'adreſſe, l'on apperçoit dès-lors les pétales, les étamines, & les enveloppes des jeunes fruits.

Au commencement du mois de Février j'ai dépouillé de ſes enveloppes écailleuſes un bouton à fleur d'un Pêcher, & j'ai trouvé dans l'intérieur le bouton de la fleur, comme
Fig. 4. dans la *Fig.* 4. J'ai coupé en deux, ſuivant ſa longueur, un bouton garni de ſes enveloppes écailleuſes, & j'y ai apper-
Fig. 2. çu (*Fig.* 2.) que les enveloppes extérieures étoient plus courtes & plus épaiſſes que les intérieures. Entre celles-ci il y en a qui prennent des formes différentes : j'en ai examiné une des plus minces avec le microſcope, elle m'a paru
Fig. 3. garnie de quantité de poils (*Fig.* 3.), & principalement par les bords.

Quand on a détruit toutes les enveloppes du bouton, on voit paroître le calyce de la fleur (*Fig.* 4.) & ſes découpures, qui étant rabattues l'une contre l'autre, renferment & cachent les autres parties de la fleur; mais en écartant ces
Fig. 5. découpures, on découvre les étamines & le piſtil (*Fig.* 5.); on apperçoit même les pétales, quoiqu'ils ſoient fort courts: toutes ces parties paroiſſent moins ſenſiblement dans la *Fig.* 2, où l'on a conſervé les enveloppes écailleuſes du bouton. En écraſant les ſommets des étamines au foyer du microſcope, il en ſortit une liqueur & des grains de pouſſiere.

J'avoue que je ne pus découvrir le noyau à la baſe du piſtil; mais je conclus de ces obſervations que dès le commencement du mois de Février il étoit poſſible de découvrir & de diſtinguer, les unes des autres, les principales parties des fleurs d'un Pêcher. Je terminerai ce que j'ai à dire ſur les boutons à fruit, par le détail des obſervations que j'ai faites ſur ceux des Poiriers; mais je m'étendrai un peu plus ſur ce qui les regarde.

J'ai

Pl. 1.

J'ai examiné, dans le mois de Janvier, les boutons du Poirier d'où fortent les fleurs, & que l'on nomme *Boutons à fruit* (*Fig. 6.*) : ils étoient alors renflés & terminés par une pointe fort obtufe. Une branche affez groffe, par comparaifon à fa longueur, prefque entiérement formée de tiffu cellulaire, fourniffoit un fupport à ces boutons, en forte que cette branche reffembloit plutôt à la queue de certaines poires, qu'à une vraie branche de Poirier : ces boutons font compofés de 25 à 30 écailles creufées en cuilleron ; elles protegent, par cette forte enveloppe, les jeunes fleurs contre les injures de l'hyver.

Fig. 7.

Les écailles les plus extérieures (*Fig. 7.*) font fermes, quelquefois même dures, & toujours auffi brunes que l'écorce des jeunes branches : elles font peu velues à l'extérieur ; mais on apperçoit au fond de chaque cuilleron un toupet de poils jaunes qui réfléchiffent une couleur dorée, quand on les regarde dans un certain fens.

Fig. 8.

Les écailles, ou feuillets intérieurs (*Fig. 8.*) font plus grands que les extérieurs : ils font verdâtres vers le bas ; leur extérieur eft recouvert d'un duvet très-fin, & en dedans ils font entiérement garnis de poils de même couleur que ceux des écailles extérieures. Sous ces feuillets il s'en trouve encore beaucoup d'autres plus petits & plus minces que ceux dont je viens de parler ; ils font velus, & d'un verd blanchâtre.

Fig. 10.

Quand on a détruit toutes ces enveloppes, on apperçoit les embrions des fleurs au nombre de 8 ou 10 (*Fig. 10.*) : ils font groupés fur une queue commune, d'environ une demiligne de longueur, & ils y font attachés par de petites queues particulieres fort courtes en premier lieu, mais qui s'allongent plus ou moins par la fuite, felon les différentes efpeces de poires.

Fig. 9.

Entre les embrions de ces fleurs qui font alors prefque fphériques, on diftingue plufieurs petites feuilles velues (*Fig. 9.*) fort minces, de différentes formes, & d'un verd pâle : elles rempliffent tous les vuides ; & probablement elles ne contribuent pas peu à garantir les jeunes fleurs des injures de l'hiver : peut-être auffi fervent-elles à ranimer le mouve-

C c

ment de la feve dans ces jeunes productions; car on verra
dans la fuite de cet Ouvrage, qu'une des propriétés des
feuilles eft d'exciter le mouvement de la feve dans les différentes parties des arbres.

    J'ai examiné au microfcope quelques-uns de ces embrions:
Fig. 11. ils reffemblent extérieurement à un bouton de rofe (*Fig.* 11.);
mais en ayant ouvert d'autres au foyer même de la lentille,
Fig. 13. je les vis (*Fig.* 13.) tout chargés de poils; & j'apperçus
dans l'intérieur plufieurs étamines dont les fommets étoient
encore blancs : on ne pouvoit diftinguer fi ils étoient formés de la réunion de deux corps en forme d'olive : les pétales n'étoient guere apparents, & les piftiles m'échapperent
entiérement : il eft vrai qu'il étoit aifé de les confondre
avec les pédicules des étamines qui étoient privés de leurs
fommets.

    J'ai examiné d'autres embrions au mois de Mars, ils
étoient alors confidérablement groffis, quoiqu'ils fuffent encore entiérement recouverts des enveloppes écailleufes; car
à mefure que les embrions des fleurs groffiffent, les écailles
intérieures s'étendent, & par ce moyen les embrions fe forment clandeftinement, n'étant pas expofés à l'air dans une faifon
auffi peu avancée, & où il gele quelquefois affez fort.

    Le microfcope me fit alors appercevoir ces embrions mieux
Fig. 12. formés (*Fig.* 12.) : les fommets des étamines étoient rouges,
les pétales s'appercevoient clairement, & on commençoit à
découvrir les piftils.

    Dans l'année où je faifois ces obfervations, les boutons
commençoient à s'ouvrir vers la fin du mois de Mars : on
voyoit alors plus diftinctement la différente forme des filets,
ou petites feuilles (*Fig.* 9.) qui accompagnent les embrions,
tels que la *Fig.* 11 les repréfente. Plufieurs filets enveloppent
donc immédiatement les embrions auxquels ils font collés
par une humeur gommeufe fort claire : les boutons des Peupliers & des Marronniers d'Inde font abondamment pourvus
de cette fubftance vifqueufe.

    Vers la fin de Mars, on peut appercevoir les deux corps
olivaires qui forment par leur réunion les fommets des étamines; car ayant dans ce temps-là coupé tranfverfalement

quelques piftils, ils me femblerent remplis d'une fubftance cellulaire, ou du moins, je crus appercevoir fenfiblement qu'ils n'étoient pas creux : les pétales s'appercevoient auffi, quoiqu'ils fuffent encore verds, & plus courts que les étamines : enfin je commençai à découvrir les jeunes pepins qui étoient raffemblés deux à deux dans un épanouiffement de la bafe des piftils. Je ne prétends pas donner lieu de penfer qu'on ne les eût pu découvrir plutôt ; je fuis même perfuadé qu'ils étoient déja formés depuis long-temps ; mais je crois qu'il n'eft pas aifé de parvenir à diftinguer des parties auffi délicates que celles-là, qui fe trouvent confondues avec un nombre d'autres organes qui ne font que commencer à fe développer, & qui, outre cela, font empâtées d'une efpece de glu qui en rend la diffeétion très-difficile.

Quoi qu'il en foit, l'époque de l'exiftence des pepins peut être fixée pour une année qui feroit affez tardive, à la fin du mois de Mars ; & le lieu de leur formation fe trouve déterminée à la bafe des piftils, lieu qu'on peut par conféquent appeller à jufte titre *l'Ovaire de la poire.* Ces pepins étoient, dans le temps que je les ai obfervés, fort blancs & d'une forme affez approchante de celle de ces nymphes que l'on nomme ordinairement *Œufs de fourmi.* Ils n'étoient pas alors fenfiblement adhérents aux parois intérieures de la loge que leur fournifloit la bafe des piftils ; ils paroifloient ne tirer leur nourriture que d'un vaiffeau, qu'on peut nommer *Ombilical,* & dont je parlerai dans la fuite. Ainfi l'on peut dire avec Grew que les fleurs qui fe montrent au printemps, étoient réellement formées dès l'année précédente. Je crois en avoir affez dit fur les boutons & fur les parties qu'ils contiennent. Je vais maintenant parler des fleurs, lorfqu'elles font dans leur état de perfeétion ; & je commencerai par celles que j'ai nommées *Complettes,* parce qu'elles contiennent tous les organes de la fruétification.

Art. II. *Des Fleurs complettes.*

Pour qu'une fleur foit complette, il eft effentiel qu'elle contienne 1°, des *Filets* terminés par certains corps ordi-

Pl. I. nairement plus renflés que le filet qui les porte, différemment figurés & colorés, & que l'on nomme *Etamines* : 2°; D'autres filets différents des précédents, & qui font ordinairement en petit nombre : les Botaniftes ont nommé ceux-ci *Piftils* : 3°, Outre ces parties effentielles, la plupart des fleurs font ornées de feuilles colorées, que l'on nomme *Pétales* : 4°, Quelques fleurs contiennent encore d'autres parties que l'on peut regarder comme furnuméraires, parce qu'elles ne fe rencontrent point dans quantité d'autres fleurs. M. Linnæus a nommé ces fortes de parties *Nectarium* : 5°, Tous ces organes font fouvent foutenus par une efpece de coupe qui paroît être une continuation de la branche qui les porte; c'eft ce qu'on nomme le *Calyce.* Quantité de fleurs, même complettes, font cependant privées de *Nectarium*, de calyces, & même de pétales. Nous allons examiner chacune de ces parties dans autant d'Articles particuliers; mais avant d'entrer dans ce détail, au moyen duquel je pourrai faire connoître exactement ces différentes parties, je vais, pour en donner une légere idée, mettre fous les yeux du Lecteur la repréfentation d'une fleur, où elles font exprimées en grand & d'une maniere très-fenfible. C'eft dans la Fig. 14. *Fig.* 14 où l'on peut voir les pétales, ou feuilles colorées de la fleur *a*, les étamines *b*, le piftil *c*.

ART. III. *Des Calyces.*

LES Calyces des fleurs font formés par un épanouiffement, ou un renflement des pédicules ou des branches qui foutiennent les fleurs. On ne peut pas, comme nous l'avons déja dit, regarder les calyces comme une partie effentielle des fleurs puifqu'on en voit, telles que font celles de la Clématite, qui n'ont point de calyce, & qui néanmoins produifent des fruits ou des femences bien formées; circonftance qui prouve que ces fleurs fans calyce font pourvues des parties effentielles à la fructification; mais les fleurs de prefque tous les arbres & arbuftes font garnies d'un calyce qui, après avoir formé avec les écailles des boutons une enveloppe capable de protéger les fleurs, fe gonfle quelquefois pour former les fruits; d'autres fois tombe, après avoir fourni une attache, & même la nourriture aux étamines & aux pétales, qui font les parties les plus brillantes des fleurs. Voyez l'Abricotier (*Fig.* 19.), & la *Fig.* 26, où l'on voit le calyce détaché, & qui est encore enfilé par le pistil.

Quand on examine avec attention les calyces des fleurs, on apperçoit de grandes différences dans leurs formes : 1°, Il y a des calyces d'une seule piece ; ceux des Poiriers(*Fig.* 25.), des Coignassiers, des Pêchers, des Abricotiers (*Fig.* 26.) en fourniffent des exemples : 2°, D'autres font composés de plusieurs pieces qui forment des especes de feuilles : il y en a six au calyce des Épine-Vinettes, quatre à celui du Caprier (*Fig.* 16.). 3°, Entre les calyces d'une seule piece, il s'en trouve dont la base se gonfle & devient le fruit : les Pommiers, les Coignassiers, les Grenadiers (*Fig.* 17.), les Poiriers font de ce genre; alors les échancrures du calyce restent desséchées au bout du fruit; & ces calyces qui deviennent des fruits ne tombent point. 4°, A d'autres arbres, comme aux Amandiers & aux Pêchers (*Fig.* 15. & 18.), aux Abricotiers (*Fig.* 19.), les calyces qui font également d'une piece, servent seulement de support aux étamines, d'enveloppes aux jeunes fruits; mais ils tombent dès que les fruits font noués. Il y a donc des calyces qui subsistent jusqu'à la maturité des fruits ou des semences, & d'autres calyces qui tombent en même temps que les autres parties des fleurs.

Le calyce de plusieurs fruits & de la plûpart des fleurs légumineuses subsiste jusqu'à la maturité des semences, ou au-dessous des fruits, comme au *Bella-dona* (*Fig.* 20.), ou à la naiffance des siliques, comme à l'*Anagiris* (*Fig.* 21.) A l'égard des fleurs labiées, telles que celles du Romarin (*fig.* 34.), les femences n'ont point d'autre enveloppe que le calyce. 5°, Entre les calyces composés de plusieurs pieces, la plupart, comme celui du Caprier, tombent avant la maturité des fruits, & quelques-uns, comme celui de la Grenadille, subsistent. 6°, Il y a des calyces qui font communs à un grand nombre de fleurs, de fleurons ou de demi-fleurons; je me contenterai d'en donner pour exemple le calyce des fleurs de l'Aurone (*Fig.* 22.) & de la Globulaire (*Fig.* 23.) Ces ca-

Pl. I.

Fig. 19, 26.

Fig. 25.

Fig. 26.

Fig. 16.

Fig. 17.

Fig. 15, 18 & 19.

Fig. 20.

Fig. 21.

Fig. 34.

Fig. 22 & 23.

Pl. I. lyces, communs à plufieurs fleurs, fubfiftent jufqu'à la maturité des fruits. 7°, Quelques fleurs de ce même genre,
telles que celles de la Globulaire, ont, outre le calyce commun dont nous venons de parler, un autre calyce particu-
Fig. 24. lier qui appartient à chaque fleuron. Voyez *Fig.* 24.

Indépendamment des différences effentielles que nous venons de faire remarquer, il y en a une infinité d'autres qui
peuvent être d'un grand fecours pour la connoiffance des
plantes. Comme nous ne pouvons pas entrer dans un détail
auffi grand, nous nous contenterons feulement de les indiquer.

La forme des calyces varie beaucoup ; les uns font en cornet, les autres en cloche, d'autres en tuyaux, d'autres en
foucoupes, d'autres en forme de rofes ; les uns font fort
grands, d'autres font très-petits ; prefque tous font plus ou
moins profondément découpés par les bords ; ces découpures font, ou arrondies, ou pointues, ou dentelées, ou épi-
neufes ; elles forment quelquefois des appendices confidérables. Les parties qui compofent les calyces formés de plufieurs pieces, font grandes ou petites, rondes ou ovales,
ou pointues, plates ou creufées en cuilleron, unies ou dentelées, très-minces, ou épaiffes & fucculentes. Il y a des calyces unis & liffes, d'autres raboteux, d'autres velus, d'autres épineux, d'autres écailleux. Leur difpofition, relativement aux
fruits, offre encore bien des variétés dignes d'attention : par
Fig. 28. exemple, les calyces des Chênes (*Fig.* 28.), ceux des Noifettiers
Fig. 27. (*Fig.* 27.) forment une coupe charnue qui reçoit la bafe des
femences. Les calyces des fleurs incomplettes, qu'on nomme
ordinairement *Chatons*, forment des écailles, fous lefquelles
on trouve, ou les étamines ou les femences : l'Aune, par
Fig. 29. exemple (*Fig.* 29.), en porte de cette nature.

Enfin, quoique prefque tous les calyces foient verds, il y
en a néanmoins qui font colorés : les uns font rayés de
blanc & de verd, d'autres font verds en dehors & blancs en
dedans, ou entiérement blancs, ou totalement jaunes ; quelques-uns font bordés de rouge, en forte qu'on eft quelquefois embarraffé à décider fi certaines fleurs font privées de
pétales ou de calyce. Céfalpin dit que les calyces font verts,

parce qu'ils font une prolongation de l'écorce des branches : cependant cette couleur verte ne peut fervir à diftinguer les calyces d'avec les pétales, puifqu'il y a des pétales verts, & des calyces de différentes couleurs.

Ray établit, pour diftinguer les calyces d'avec les péta-les, que ceux-ci tombent fi-tôt que le fruit eft formé, au lieu que les calyces fubfiftent ; mais il y a quantité de calyces qui tombent quand les fruits font noués. Ray ajoute que les pétales font minces ; mais il y en a d'épais, & l'on voit auffi les feuilles de certains calyces être très-minces. Com-me nous n'avons encore pu trouver de caractere affez dif-tinctif, nous avons été obligés de laiffer cette queftion indécife dans le Traité des arbres & arbuftes, aux Arti-cles de l'Orme & de l'*Elæagnus*. Au refte, comme cette in-certitude ne tombe que fur un fort petit nombre de plantes, il paroît que la forme des calyces a mérité à jufte titre l'at-tention des Botaniftes qui fe font appliqués à ranger les plan-tes fous un ordre méthodique. Nous ferons encore remar-quer en paffant que les pétales n'étant pas plus effentiels à la fructification que les étamines, cette indécifion ne porte pas fur un Article fort important.

En examinant l'organifation des calyces, on voit qu'ils font pour la plus grande partie formés par le tiffu cellulaire ; mais quand on y prête un peu d'attention, on ne laiffe pas d'y appercevoir des vaiffeaux lymphatiques, & des vaiffeaux propres : le tout eft recouvert d'une épiderme. Nous allons maintenant parler des pétales, pour fuivre par ordre l'exa-men des parties qui forment les fleurs.

ARTICLE IV. *Des Pétales.*

QUELQUES fleurs, qu'on nomme *Fleurs Apétales*, n'ont point de feuilles colorées ; on peut citer pour exemple l'*E-phedra*, le *Chenopodium*, le *Cafia*, le Carrouge ; & comme ces fleurs donnent des femences bien conditionnées, on en peut conclure que les pétales ne font point abfolument né-ceffaires pour la fructification. Mais ces exceptions font en fi petit nombre, que l'on peut dire que les feuilles colorées

Pl. I. des fleurs, que les Botaniftes nomment les *Pétales*, forment prefque toujours la partie la plus frappante des fleurs. Leurs couleurs, prefque toujours très-vives & infiniment variées, attirent les regards de tout le monde. Je ne parlerai point de cette couleur que les Fleuriftes appellent *noir* dans les fleurs, parce qu'elle n'eft qu'un brun ou un violet très-foncé ; mais dans les unes les pétales font verts , dans d'autres ils font de différents jaunes, ou vif , ou orangé , ou citron. Plufieurs fleurs ont leurs pétales d'un rouge plus ou moins foncé, ou pourpre, ou violet, ou gris-de-lin : il y en a beaucoup de bleus ou de blancs ; & de la différente combinaifon de ces couleurs, il naît une infinité de nuances & de teintes des plus agréables. Si un même pétale fe trouve chargé de ces différentes couleurs, & de maniere que chacune conferve toute fa pureté & fon intenfité, alors on nomme les fleurs auxquelles ils appartiennent , *Fleurs panachées* , & il en réfulte fouvent des effets admirables. C'eft ce qui engage les Fleuriftes à cultiver avec tant de foin & de dépenfe les Oreilles d'ours, les Primeveres, les Jacinthes, les Tulipes, les Anémones, les Semidoubles, les Oeillets, & quantité d'autres plantes qui fourniffent des variétés infinies de couleurs. C'eft cette facilité que les plantes de certains genres ont à changer de couleur, & qui les a fait tant eftimer des Fleuriftes, qui a détourné les Botaniftes d'établir leurs méthodes fur un fondement qui eft fujet à trop de changements.

La forme des pétales eft auffi variée que leur couleur , mais elle eft plus conftante dans chaque genre ; c'eft pour cela que plufieurs Méthodiftes , & entre autres Ray & Tournefort, ont étudié ces formes, afin d'établir leurs méthodes fur une partie qui eft ordinairement très-apparente, & qui fixe d'abord les regards des Obfervateurs les moins attentifs. Je vais effayer de donner, le plus briévement qu'il me fera poffible, une idée des différentes formes que l'on obferve dans les pétales.

Fig. 32. L'*Amorpha* (*Fig.* 32.) n'ayant pour pétale qu'un feul feuillet *b* , qui n'enveloppe point toute la fleur, on pourroit dire que cette fleur n'a qu'un demi-pétale : je ne connois que

cet

cet arbuste qui soit de ce genre, & je serois tenté de nommer
ses fleurs, *semi-pétales.* Pl. I.

Il y a quantité de fleurs qui n'ont qu'un seul pétale : les
Botanistes les nomment *Monopétales*; d'autres qui en ont plusieurs, sont appellées *Polypétales.* Il n'est pas toujours aisé de
décider si les fleurs sont, ou monopétales, ou polypétales;
car lorsqu'un pétale unique est divisé presque jusqu'à sa base,
il semble alors être l'assemblage de plusieurs pétales : on est
dans cet embarras à l'égard de la fleur du Laurier (*Fig.* 30.), Fig. 30.
où l'on voit que les découpures s'étendent jusqu'à la base.
Cet embarras cesse quand le pétale se détache tout d'une
piece, & qu'il reste seulement une ouverture au fond de la
fleur, comme le montre la *Fig.* 31.; mais quelquefois aussi Fig. 31.
le pétale n'est point percé par en-bas, comme on le voit au
Thymelæa (*Fig.* 35.) Fig. 35.

Les fleurs monopétales sont quelquefois divisées réguliè-
rement par les bords, de la même maniere que le sont celles
représentées par les *Fig.* 36 & 37 on les nomme alors *Monopé-* Fig. 36 & 37.
tales régulieres : les *Monopétales irrégulieres* ont leurs bords divisés
inégalement, comme au Chevrefeuil (*Fig.* 33.) Fig. 33.

Quelques-unes de ces fleurs monopétales irrégulieres sont
divisées en deux grandes levres, lesquelles se subdivisent en
plusieurs autres petites; on les nomme *Fleurs labiées :* l'Hysope (*Fig.* 34.) en est un exemple. Nous en parlerons en par- Fig. 34.
ticulier, aussi-bien que des fleurs en *gueule* ou en *masque,*
quand nous aurons achevé de parcourir les fleurs monopétales régulieres. Lorsque le pétale unique forme un tuyau fort
court & qui s'évase beaucoup, il représente quelquefois une
rosette divisée en cinq, comme dans le Sureau (*Fig.* 36. *a*), Fig. 36.
& en quatre dans le *Burcardia* (*Fig.* 36. *b*) Si la partie postérieure du pétale forme un tuyau un peu plus allongé, &
que ses découpures soient évasées, cette fleur est nommée
Fleur en soucoupe; de ce genre sont le Houx (*Fig.* 37.), qui Fig. 37.
a quatre découpures, & le *Kalmia* (*Fig.* 38.) qui est divisé Pl. II. Fig. 38.
en cinq parties. Le *Gualteria* (*Fig.* 39.) porte un pétale en Fig. 39.
forme de gros tuyau droit, & divisé en cinq. Le *Dirca*
(*Fig.* 40.) présente aussi un gros tuyau, en forme de cor- Fig. 40.
net recourbé; mais à l'un & à l'autre les découpures ne s'é-

Pl. II. vafent point en pavillon. Le *Periclymenum* forme auffi un
tuyau, mais il eft plus long & terminé par cinq découpu-
Fig. 41. res (*Fig.* 41.) Les découpures de l'*Azalea* font beaucoup
Fig. 42 & 43. plus grandes (*Fig.* 42.); l'Olivier (*Fig.* 43.) a le tuyau bien
moins long, & les découpures proportionnellement plus gran-
Fig. 44. des. Les découpures du *Chionanthus* (*Fig.* 44.) font prefque
filamenteufes. On appelle *Fleurs en entonnoir*, celles dont le
pétale forme, par fa partie poftérieure, un tuyau affez
menu, lequel fe termine le plus fouvent par cinq découpures larges & renverfées en dehors, comme au *Jafmin* &
Fig. 45. au *Lilac* (*Fig.* 45.) On nomme *Fleurs en cloche*, celles dont
le pétale s'évafe un peu depuis fa partie poftérieure juf-
Fig. 46. qu'aux découpures; voyez *Bella-dona* (*Fig.* 46.) Les fleurs,
dont le pétale fe retrécit par en-haut, fe nomment *Fleurs en*
grelot; la Bruyere (*Fig.* 47.), l'Arboufier (*Fig.* 48.) & le
Guaiacana (*Fig.* 49.), en font des exemples. En voilà, je
penfe, affez fur les fleurs monopétales régulieres, pour faire concevoir comment, conformément aux vues de Tournefort, on peut donner une idée de leur forme, en les comparant à des chofes affez généralement connues.

Nous avons déja dit qu'on appelle *Fleurs monopétales irré-*
gulieres, celles qui n'ont qu'un pétale découpé inégalement,
quoique fouvent fimétriquement par les bords; nous en
avons déja donné pour exemple la fleur du Chevrefeuille
(*Fig.* 33.): nous nous contenterons d'y ajouter le *Chamæce-*
Fig. 50 & 51. *rafus* (*Fig.* 50.) & le *Diervilla* (*Fig.* 51.): quoique ces fortes de fleurs offrent encore beaucoup de variétés par la profondeur, la largeur, & les différents contours de leurs découpures; mais avant de finir ce que j'avois à dire fur les
fleurs monopétales irrégulieres, j'ajouterai un mot fur les *la-*
biées, dont on a vu un exemple dans la *Fig.* 34. Les fleurs
labiées fe diftinguent des autres monopétales irrégulieres en
ce qu'elles ont quatre étamines attachées au pétale, dont deux
font plus courtes que les deux autres, & quatre femences qui
n'ont pour enveloppe que le calyce qui fubfifte jufqu'à la maturité du fruit. Elles font formées d'un tuyau ordinairement un
peu recourbé, qui fe divife en deux levres principales, lefquelles fe fubdivifent en plufieurs autres pieces; & comme ces fub-

Pl. II.

divisions sont assez constamment les mêmes dans toutes les plantes d'un même genre, les Botanistes en ont fait usage pour l'établissement des caracteres. Je me contenterai d'en rapporter quelques exemples. La fleur d'Hysope (*Fig. 52.*) a la levre supérieure *b* de moyenne grandeur, plate & échancrée dans le milieu; la levre inférieure *a* est divisée en trois; la division du milieu plus grande que les autres, est creusée en cuilleron, & est subdivisée en deux parties qui se terminent en pointe. Le pétale de la Lavande (*Fig. 53.*) est divisé en deux levres principales : la supérieure est relevée, arrondie & échancrée dans son milieu; l'inférieure est divisée en trois parties qui sont presque égales & arrondies. Le pétale des fleurs du *Chamædris* & celui du *Teucrium* (*Fig. 54.*) sont divisés en deux levres principales; mais la supérieure est subdivisée en deux dans toute sa longueur, ce qui a·fait croire qu'elle manquoit : la levre inférieure est divisée en trois; la piece du milieu est plus grande que les autres, & elle est creusée en cuilleron. C'est de cette façon que l'on distingue les genres des fleurs labiées.

Fig. 52.

Fig. 53.

Fig. 54.

Quoique Tournefort ait placé les *Bignonia* au rang des fleurs en masque, cependant, comme ces fleurs ne caractérisent pas assez la figure de celles que l'on nomme ainsi, j'employerai, pour en donner une légere idée, le Mufle-de-veau (*Fig. 55.*), & j'y joindrai la Linaire (*Fig. 56.*), pour donner un exemple de l'éperon ou du capuchon qui se trouve à la partie postérieure du pétale de plusieurs fleurs.

Fig. 55.

Fig. 56.

Toutes les fleurs dont nous venons de parler sont solitaires; c'est-à-dire, que chacune renferme séparément un appareil complet des organes qui sont reconnus nécessaires pour la fructification, savoir les étamines, les pistils, souvent même les pétales & le calyce. Il convient maintenant de dire quelque chose des fleurs rassemblées en forme de tête, ou qui sont formées par l'aggrégation d'un nombre de petites fleurs, lesquelles renferment, chacune en particulier, tous, ou partie des organes nécessaires à la fructification. Ces petites fleurs sont toutes réunies dans un calyce commun : mais comme elles se trouvent rarement sur les arbres & sur les arbustes, nous n'en dirons qu'un mot en passant.

Pl. II.
　　　　Je place ici ce que j'avois à dire sur ces sortes de fleurs;
par la raison que les petites fleurs, dont elles sont composées, ont toujours leur pétale d'une seule piece. Si ce pé-
Fig. 57. tale est régulier, comme dans la *fig.* 57, ces petites fleurs
se nomment *Fleurons*; si au contraire leur pétale est irrégu-
Fig. 58. lier, comme dans la *fig.* 58, on les appelle *Demi-fleurons*:
mais il est essentiel à ces sortes de fleurs d'être renfermées
dans un calyce commun; & c'est ce qui les distingue des
fleurs *en bouquet* : en voici des exemples. La fleur de l'Absyn-
Fig. 60. the (*Fig.* 60.) qui est composée de fleurons, tels que celui
de la *fig.* 59. Celle du *Baccharis* (*Fig.* 62.) qui est formée
de fleurons rassemblés dans un calyce commun, pareils à
Fig. 61. celui de la *fig.* 61, ainsi que celle de l'Aurone (*Fig.* 22.)
& celle du *Globularia* (*Fig.* 23.) se nomment *Fleurs à fleurons*. On pourroit encore rapporter à ce genre le *Cephalanthus*, dont la fleur est formée d'un amas de fleurons rassemblés en maniere de tête dans un calyce commun.

　　　　On appelle *Fleurs à demi-fleurons*, celles qui sont formées
d'une certaine quantité de demi-fleurons, c'est-à-dire, de petites fleurs monopétales irrégulieres, terminées par une levre, & renfermées dans un calyce commun. Comme je ne
connois point d'arbre ni d'arbuste qui portent de ces sortes
de fleurs, je donnerai seulement pour exemple celle du Lai-
Fig. 63. tron (*Fig.* 63.) Il y a aussi des fleurs dont le milieu est occupé par des fleurons, & le pourtour par des demi-fleurons,
qui forment des especes de rayons, ce qui les a fait nommer
Fig. 64. *Fleurs radiées*. L'*Othonna* (*fig.* 64.) nous en fournit un exemple. Je passe aux fleurs *polypétales*.

　　　　Les fleurs composées de plusieurs feuilles se peuvent distinguer en *polypétales régulieres* & en *polypétales irrégulieres*.
Les fleurs polypétales régulieres sont, comme celles du Pru-
Fig. 65. nier (*fig.* 65.), garnies de plusieurs feuilles, de figure à-
peu-près semblable, & rangées assez réguliérement en rond
autour de la fleur.

　　　　Les feuilles des polypétales irrégulieres sont très-différentes les unes des autres par leur forme & par leur posi-
Fig. 66. tion; j'en donne pour exemple le Genêt (*fig.* 66.) Quant
au nombre, on pourroit dire que l'*Amorpha* (*fig.* 32.) n'a

Pl. II.

qu'un pétale, fans être pour cela du genre des monopétales ; parce que ce feul pétale n'enveloppe pas entiérement
les parties qui font effentielles à la fleur. Le Bouis a deux
pétales ; le *Chamelæa*, l'*Empetrum* ont trois pétales ; le Caprier, le *Gleditfia*, la Rue, l'*Hamamelis*, & fouvent la *Clematite* ont quatre pétales. Les fleurs du Pêcher, de l'*Hypericum*, de l'*Azedarach*, du *Ceanothus*, du Cifte, du *Clethra*,
de l'*Evonymoides*, du *Grewia*, & de quantité d'autres ont
cinq pétales. Les fleurs de l'Afpèrge, de l'Epine-vinette,
de l'*Anona* en ont fix : celles du Grenadier en ont huit :
enfin celles du *Magnolia*, & fouvent du *Tulipifera*, en ont neuf.
Je termine ici le détail du nombre des pétales, parce qu'il
ne s'agit pas encore des fleurs doubles. On pourra examiner
toutes les fleurs que je viens de nommer dans les vignettes du
Traité des arbres & des arbuftes que j'ai déja mis au jour.

A l'égard des endroits où les pétales font attachés aux
fleurs, ceux du Caprier, du Mille-pertuis (*fig.* 67.), de l'*A-*
nona, du Cifte, de l'*Evonymoides*, du *Grewia* font attachés
au fond du calyce, ou au-deffous de l'embrion. Ceux des
Poiriers, de l'*Hydrangea*, de l'Amandier (*fig.* 68.), &c.
font attachés aux angles rentrants, formés par les découpures
du calyce. Enfin, ceux du *Ceanothus* (*fig.* 69.) font attachés
à l'angle faillant, ou à la pointe des découpures du calyce.

Fig. 67.

Fig. 68.

Fig. 69.

Pour ce qui eft de leur difpofition réciproque, je ne connois point de fleurs d'arbres ou d'arbuftes qu'on puiffe rapporter aux *Cruciféres*, ni aux *Liliacées*; ainfi les pétales de prefque toutes les fleurs régulieres des arbres & des arbuftes font
difpofés en forme de rofe : au furplus, les uns font larges
& arrondis, comme au *Ciftus*; d'autres font ovales, comme
à l'*Afcyrum*; d'autres font très-longs, relativement à leur
largeur, comme à l'*Hamamelis*; plufieurs font très-petits,
ainfi qu'à l'Alaterne : il y en a de plats ; beaucoup font creufés en cuillerons : enfin quelques-uns font échancrés, ou
même dentelés par les bords, comme ceux de la Rue. Toutes ces circonftances fervent à diftinguer les plantes de différents genres ou de différentes efpeces. Pour ne point trop
multiplier ici les figures, nous renvoyons encore au Traité
des arbres & arbuftes.

Pl. II.

Il y a quelques fleurs, telles que celles du *Pavia*, que l'on peut regarder comme irrégulieres, à caufe de la difpofition bifarre de leurs pétales ; mais le plus grand nombre des polypétales irrégulieres font du genre de celles qu'on nomme *légumineufes* ou *papillonacées* (*fig.* 66.). Ces fortes de fleurs font compofées de quatre ou de cinq pétales, auxquels on a donné des noms différents. Le pétale *a* qui occupe la partie fupérieure de la fleur, & qui eft ordinairement plus grand que les autres, fe nomme le *pavillon* : il eft étendu & renverfé en arriere, comme au Faux-Acacia, au Genêt, au *Colutea*, au *Barba-Jovis* (*fig.* 79.) : il eft rabattu fur les autres pétales qu'il enveloppe en partie, comme dans l'*Anagyris* (*fig.* 72.) : quelquefois il eft tout uni ; d'autres fois il eft échancré dans fon milieu : certaines fleurs ont ce pétale fort grand, d'autres l'ont affez petit.

Fig. 66.

Fig. 79.

Fig. 72.

Le bas des fleurs légumineufes eft formé par la *nacelle* *b* (*fig.* 66.) : cette partie eft ordinairement recourbée ; quelquefois elle eft figurée comme une efpece de fabot ; & quoique la nacelle foit compofée d'une feule piece ou de deux immédiatement appliquées l'une contre l'autre, elle forme prefque toujours une convexité en dehors, & une concavité en dedans. Je n'entreprendrai pas de détailler les différentes formes de cette partie dans les fleurs de divers genres.

Entre le *pavillon* & la *nacelle*, & vers les côtés on apperçoit les *aîles* c (*fig.* 66.), qui font quelquefois pointues, d'autres fois plus ou moins arrondies, & plus ou moins écartées de l'axe de la fleur. Comme il feroit ennuyeux de détailler toutes les formes de ces pétales dans les différents genres, je me contenterai de renvoyer aux *Fig.* 73 *Emerus*, 74 *Cytifus*, dont la nacelle eft cachée par les aîles : au *Coronilla* (*fig.* 75.) on n'apperçoit point la nacelle ; à l'*Anonis* (*fig.* 76.) le pavillon & les aîles font rabattues fur la nacelle.

Fig. 73 & 74.

Fig. 75 & 76.

Après avoir parlé de la couleur, des différentes formes & des différentes pofitions refpectives des pétales, il convient de dire quelque chofe de leur organifation ; on ne peut y méconnoître le tiffu cellulaire. Quand on a laiffé tremper un pétale dans l'eau pendant quelques jours, on y apperçoit très-fenfiblement des faifçeaux de vaiffeaux qui fe diftribuent

Pl. II.
Fig. 77.

en forme de ramification, comme on le peut voir dans la *fig.* 77. On peut féparer ces vaiffeaux les uns des autres, au moyen d'une plus longue macération, & alors ces faifceaux paroiffent n'être formés que par des vaiffeaux en fpirale. Cette obfervation juftifie le fentiment de Malpighi, qui dit que les pétales tirent leur origine du corps ligneux ; car ces fortes de vaiffeaux ne fe trouvent point dans l'écorce. L'odeur de certains pétales fait penfer qu'ils contiennent un fuc propre : enfin toutes ces parties font recouvertes d'un épiderme.

Pour ce qui eft des ufages des pétales, quoique quelques Botaniftes aient penfé qu'ils pouvoient être regardés comme un fimple ornement, il eft cependant probable qu'ils ont un ufage plus relatif & plus utile à la plante, & indépendant des idées que le vulgaire y attache. Plufieurs Auteurs ont cru qu'ils fervoient uniquement d'enveloppe aux organes de la fructification : cela peut être ; mais cependant, fi l'on fe rappelle que dans le bouton ces pétales ne fe forment ordinairement qu'après les étamines & les piftils, on fera obligé de convenir qu'ils ne rempliffent pas cette fonction, puifque les écailles des boutons peuvent y fuffire; mais dès que les écailles s'ouvrent, les pétales paroiffent prefque toujours avant les étamines & les piftils, & l'on ne peut nier qu'alors elles ne puiffent fervir à protéger ces parties ; mais cela ne dure que pendant un temps fort court, car bientôt les pétales s'ouvrent, & les autres parties de la fleur reftent expofées aux gelées du printemps.

Comme les pétales font les feuilles des fleurs, on peut foupçonner qu'ils fervent à leur égard aux mêmes ufages que les feuilles des arbres fervent aux arbres mêmes ; & qu'ainfi dans ces parties, où il y a beaucoup d'organes, & où la feve doit fubir de grandes préparations, les feuilles y font l'office d'organes fecrétoires, & y operent la tranfpiration qui ranime le mouvement de la feve en cet endroit. Je n'ai garde cependant de reftraindre l'ufage des pétales à ces feules fonctions ; il eft même probable qu'ils en ont encore de plus importantes, quoiqu'il foit bien prouvé que ces parties ne font pas abfolument effentielles à la fructification, puifque, comme nous l'avons déja dit, on connoît plufieurs fleurs qui fourniffent des fruits ou des femences bien conditionnées, quoiqu'elles n'aient point de pétales.

Je terminerai cet Article, en faifant remarquer avec Grew, que les pétales font très-artiftement pliés dans les boutons, & que chaque genre affecte une façon particuliere de fe plier. En effet, on peut voir dans les boutons de rofes que les pétales font fimplement couchés & preffés les uns fur les autres. Dans la *Blattaria* à fleurs blanches, ils font concaves & pofés les uns dans les autres. Les pétales des fleurs légumineufes font pliés en un feul pli : le pétale du Bluet a deux plis. Dans le Souci, la Marguerite, &c. ils font pliffés & couchés les uns fur les autres. Ils font roulés dans une efpece de Clématite : dans la Mauve ils font tournés en fpirale. Enfin les pétales font pliffés & tournés en fpirale dans le Lizeret & la Doronique.

ART. V. *Des Etamines.*

LES étamines occupent ordinairement le difque intérieur des pétales des fleurs : ces étamines font des filets furmontés d'un petit bouton coloré. Cette partie, qui eft effentielle à la fructification, mérite une attention finguliere. En effet, comme le dit M. Geoffroy, dans les Mémoires de l'Académie de 1711, il y a une infinité de variétés à obferver, foit fur la forme des fommets, foit fur la maniere dont ils s'ouvrent, foit fur le nombre des étamines : & comme elles font conftantes dans chaque genre, on ne doit point les négliger dans les caracteres des plantes tirés des fleurs, puifque de toutes les parties des fleurs celle-là eft une des plus effentielles.

Pour donner une idée jufte des étamines, je vais commencer par rapporter les obfervations que j'ai faites avec le microfcope fur les étamines du Cerifier, fur celles du Pêcher, du Poirier & du Pommier : je rapporterai enfuite les différences les plus fenfibles que l'on remarque, en obfervant les étamines des fleurs des différents arbres & arbuftes ; différences qui dépendent de leur pofition, de leur nombre & de leur forme.

§ I.

Pl. III.

§ I. *Examen des Etamines des fleurs du Pêcher, du Cerisier, du Poirier & du Pommier, vues à la loupe & au microscope.*

Comme les étamines des fleurs de ces différents arbres se ressemblent beaucoup, il me suffira d'en décrire une, en faisant remarquer les légeres différences que j'ai apperçues entre les unes & les autres. Les étamines des fleurs dont nous parlons prennent naissance du calyce ; celles du Poirier partent du fond du calyce, & celles du Pêcher de ses parois intérieures. Quand on se contente d'examiner ces étamines à la vue simple, on apperçoit un filet terminé par deux petits corps colorés (*fig.* 80.) ; mais avec le secours d'une loupe on voit sensiblement (*fig.* 81.) qu'elles sont formées par un filet ou pédicule *a*, qui porte à son extrêmité deux capsules *b* figurées en olive, & divisées suivant leur longueur par une rainure. Ces observations doivent être faites dans le temps que la fleur n'est pas encore épanouie, ou quand elle l'est nouvellement : car dans la suite la forme de ces capsules change. Ces capsules de figure olivaire se nomment *les sommets des étamines* ; elles sont plus allongées dans les Poiriers & les Pommiers, que dans les Cerisiers & les Pêchers. Ces sommets sont rouges dans les fleurs de la plupart des Pêchers & des Poiriers, jaunes dans celles des Cerisiers & des Pommiers ; mais en les examinant à la loupe ou au microscope, on apperçoit que la couleur générale de ces sommets est seulement d'un rouge ou d'un jaune-pâle, mais tiqueté ou marbré d'un rouge ou d'un jaune plus foncé qui augmente la vivacité de leur couleur.

Fig. 80.
Fig. 81.

A l'égard des pédicules ou filets, ils sont ordinairement blancs, tiquetés de rouge dans quelques especes de Pêchers ; mais dans la plupart des Cerisiers, au lieu de ces taches colorées dont nous venons de parler, on n'apperçoit que des marques plus brillantes que le reste. Les filets sont couleur de rose dans le Nefflier ordinaire.

E e

Pl. III.   Quelque temps après que les fleurs sont épanouies, les sommets des étamines s'ouvrent par cette rainure longitudinale que l'on apperçoit sur la *fig.* 81 ; & les capsules étant ouvertes, représentent deux écussons collés l'un contre l'autre par leur partie postérieure (*fig.* 82.) ; ils sont attachés Fig. 82. l'un à l'autre par le pédicule (*fig.* 83.) Ces sommets ren-Fig. 83, ferment une poussiere très-fine, qui paroît sur les écussons quand les capsules sont ouvertes. Un rayon de soleil un peu vif accélere l'ouverture de ces sommets ; & je pense que cette ouverture s'opere par un raccourcissement subit des fibres qui forment les capsules, & par une méchanique presque semblable à celle qui fait jaillir les semences de la Balsamine & du Concombre sauvage. Ce qu'il y a de certain, c'est que ces sommets s'ouvrent ordinairement par une secousse qui fait jaillir beaucoup de poussiere : on la peut voir comme un brouillard au lever du soleil, sur des champs de bled qui entrent en fleur ; & elle sort en si grande abondance des Cyprès, qu'on l'a quelquefois prise pour de la fumée. Il en reste cependant assez sur les capsules ouvertes, pour leur donner la couleur qui est propre à ces poussieres. Cette couleur est souvent jaune, quelquefois violette, ou de toute autre couleur, suivant les différentes especes de plantes. On voit dans la *fig.* 82 que les écussons sont relevés vers leur milieu d'une éminence ; ils sont encore bordés d'une espece d'ourlet. Ces écussons, dans les especes dont nous parlons, sont ordinairement ovales ; mais en se desséchant ils prennent des formes très-bizarres.

J'ai dit que les sommets contenoient beaucoup de poussiere très-fine, c'est relativement à l'extrême finesse de ses grains que je l'ai nommée *Poussiere* ; car le microscope nous Fig. 84. la fait voir dans les especes dont il s'agit, ovale (*fig.* 84.), transparente, sans doute à cause de son extrême finesse ; & il semble que chacun de ses grains soit divisé par des lobes, ou par des especes de ramifications plus obscures que le reste. Je soupçonne que cette poussiere est attachée dans ces sommets par des filets extrêmement déliés & faciles à rompre, ce qui fait qu'elle se détache aisément ; mais je n'ai pu découvrir clairement ces attaches que sur des poussieres de certaines especes de fleurs.

Voilà tout ce que les microfcopes m'ont pu faire apper-cevoir fur les étamines dont il eſt queſtion. Je vais parler maintenant des différences que l'on obferve entre les éta-mines des plantes de différents genres.

§ II. *Du nombre des Etamines.*

Le nombre des étamines varie dans les différents genres; mais il a paru être aſſez conſtamment le même dans chaque genre, pour déterminer M. Linnæus à en faire la baſe de ſa méthode. Il faut avouer qu'on trouve quelquefois que le nom-bre des étamines varie dans les plantes d'un même genre, & même quelquefois fur un même individu; mais comme il n'y a point de méthode connue qui ſoit entiérement exemp-te de pareilles incertitudes, je crois qu'à l'imitation de ce célebre Botaniſte, le nombre des étamines doit être em-ployé dans l'établiſſement des méthodes; & on luì a de gran-des obligations des obfervations qu'il a faites fur ce ſujet: car tout bien confidéré, il eſt plus sûr de s'arrêter à ce qui arrive le plus fréquemment, & de n'avoir aucun égard aux accidents rares, que l'on ne doit regarder que comme des jeux de la nature. C'eſt fur ce fondement que nous difons que les fleurs du Lilac, du Jaſmin, du Troëne, du *Philly-ræa* ont deux étamines; que la fleur du *Chamelæa* & du Ro-ſeau en a trois; qu'on en trouve quatre dans les fleurs du *Burcardia*, de l'*Elæagnus*, du Houx, du Cornouiller, & de toutes les fleurs labiées; cinq dans les fleurs du Sureau, du *Periclymenum*, de la Pervenche, du Nerprun, de la Vigne; ſix dans celles de l'*Yucca* & de l'Epine-vinette; ſept dans le *Pavia* & le Marronnier d'Inde; huit dans la Bruyere, le *Guaiacana*, la Rue; neuf dans le Laurier; dix dans le *Chamæ-rhododendros*, l'Arbouſier, & dans les fleurs légumineuſes. Enfin d'autres fleurs, comme celles du Pêcher, du Poirier, du Roſier, du Mille-pertuis, du Caprier, du Ciſte, contiennent un plus grand nombre d'étamines.

Pl. III.

§ III. *Des différentes figures des Pédicules ou Filets des Étamines, de la forme de leurs sommets ; & de leur position dans les fleurs.*

JE NE prétends pas entreprendre une énumération exacte des différentes formes que prennent les pédicules ou filets, non plus que les sommets des étamines ; je me contenterai d'en faire remarquer les différences les plus sensibles.

Dans plusieurs plantes, comme dans le *Ketmia*, les filets des étamines sont réunis par le bas en une masse ; d'autres fois ces pédicules se réunissent seulement par paquets qui forment des corps séparés, comme dans le Mille-pertuis. Dans presque toutes les fleurs légumineuses, les pédicules sont réunis, & forment une gaîne dans laquelle passe le pistil, en sorte qu'un des bouts de cette gaîne s'attache à la base du pistil ou au fond de la fleur, & que l'autre bout porte les sommets.

Le plus souvent chaque étamine a son pédicule séparé des autres dans toute sa longueur : dans le Caprier, & dans quantité d'autres plantes ces étamines sont attachées à la base du pistil : elles le sont au pistil même dans la Grenadille. Dans quantité de fleurs, telles que celles de l'Amandier, du Pêcher, du Rosier, &c. les étamines sont attachées aux parois intérieures du calyce : les étamines de l'Alaterne ont leur attache aux mêmes points que les pétales. Dans beaucoup de fleurs les étamines partent du pétale : à la *Bella-dona* l'attache des étamines est tout près de la base du pétale, pendant que cette insertion est à différentes hauteurs dans l'intérieur du pétale des fleurs du *Bignonia*, du Chevrefeuille, du *Cephalanthus*, du *Jasminoides*. Les sommets sont immédiatement attachés aux pétales dans le Guy (*fig.* 101.), sans qu'on puisse appercevoir aucuns filets qui les soutiennent. Les pédicules sont quelquefois si courts, que les étamines n'excedent point le pétale ; on peut en donner pour exemple le *Cephalanthus* (*fig.* 88.), le *Guaiacana* (*fig.* 93.), & le *Gualteria* (*fig.* 94.) ; & au contraire les filets des étamines

Fig. 101.

Fig. 88 , 93 & 94.

font quelquefois fi longs, qu'ils excedent de beaucoup les pétales, comme dans le Caprier (*fig.* 87.) : les pédicules des étamines du *Diervilla* (*figure* 91.) , & de la Pervenche (*fig.* 98.) font garnis de poils : enfin dans les fleurs de la Sauge on voit deux fommets attachés enfemble , & d'une façon finguliere, par un filet fourchu (*fig.* 99.)

Les fommets offrent auffi beaucoup de variétés, tant par rapport à leur couleur, qui eft fouvent d'un jaune-rouge, comme au *Pavia*; violet-foncé, comme à l'Aubépine, que par le nombre de leurs capfules & par leur configuration : par exemple, les étamines de la Mercurielle n'ont qu'une capfule : celles des Pêchers en ont deux : celles des *Orchis* trois , & celles de la Fritillaire quatre. Dans les arbres, les fommets font le plus fouvent formés de deux capfules en forme d'olive (*fig.* 80.) : ces capfules font quelquefois prefque rondes ; d'autres fois elles forment par leur affemblage une maffe quarrée, ou elles font allongées, comme au *Periclymenum* (*fig.* 97.) Les étamines des Arundinacées (*fig.* 86.) pendent à un filet délié : quelquefois les fommets font fermement foutenus par le pédicule, ou figurés en maniere d'un T, dont le montant feroit plus d'un côté que de l'autre, comme au *Cephalanthus* (*fig.* 88.) Les étamines du *Clethra* (*fig.* 90.) font compofées d'un fommet *a* formé de deux capfules, lefquelles s'écartent par le haut *b*, quand les étamines approchent de leur maturité, tandis qu'à d'autres étamines (*fig.* 90*.) c'eft le bas des capfules *c* qui s'écarte : celles du *Gualteria* (*fig.* 94.) font implantées droites fur leur pédicule ; & comme elles s'écartent par le haut, & qu'elles fe terminent en pointe, elles forment deux efpeces de cornes.

La fleur de la Paffion (*fig.* 92.) a de gros fommets qui femblent attachés au pédicule comme un marteau eft affemblé à fon manche : les fommets des étamines du *Tulipifera* (*fig.* 100.) font très-allongés : les étamines du *Magnolia* (*fig.* 95.) font applaties & bordées par les fommets : les étamines du *Nérion* (*fig.* 96.) font fingulieres, en ce que leurs fommets reffemblent à un fer de lance, dont la pointe eft terminée par un filet garni de dents, comme la barbe d'une plume : les étamines des fleurs à fleurons & à demi-fleu-

Pl. III.
Fig. 87.
Fig. 91.
Fig. 98.

Fig. 99.

Fig. 97 & 86.

Fig. 90 & 90.*

Fig. 94.

Fig. 9:.

Fig. 100.
Fig. 95.
Fig. 96.

Pl. III. rons fe terminent affez fouvent comme un tuyau enfilé par le piftil.

Les capfules s'ouvrent auffi diverfement : fouvent elles s'ouvrent fuivant leur longueur; c'eft ce qu'on voit à celles du Pêcher; ou à leur bafe, comme à l'*Epimedium* : dans d'autres plantes ils s'ouvrent à la pointe, comme au *Galanthus*, ou par deux endroits, comme à la Bruyere.

Comme il n'eft pas poffible d'entrer dans un détail exact des différences qui font particulieres à chaque efpece de plantes, il fuffira, pour en prendre une idée générale, de jet- *Fig.* 102, ter les yeux fur les *fig.* 102, 103, 104, 105, 106, où les 103, 104, étamines font repréfentées fort en grand, & dans différentes 105, 106. fituations, afin de donner une idée plus exacte des fommets *Fig.* 107 & ou capfules, & de leur pédicule. Les *fig.* 107 & 108 repré- 108. fentent les étamines du Plantain, & font voir que les cap- fules ne font quelquefois qu'un renflement du pédicule. Les *Fig.* 109 & *fig.* 109 & 110 repréfentent les étamines de l'*Epimedium*, & 110. elles font voir que les capfules s'ouvrent quelquefois de bas *Fig.* 111, en haut. Enfin j'ai cru devoir encore repréfenter (*fig.* 111.) les étamines des fleurs mâles du Potiron, où les pouffieres font contenues dans des capfules longues, attachées, ainfi qu'un ruban, fur une tête qui a la figure d'une demi-ellipfe.

Comme les étamines font formées des mêmes parties or- ganiques que les pétales, il n'eft pas furprenant qu'elles fe changent quelquefois en tout ou en partie en pétales, ce qui, dans certaines circonftances, fait des fleurs doubles ftériles. Nous en parlerons ailleurs.

§ IV. *De la Pouffiere contenue dans les fommets.*

QUAND on examine au microfcope les pouffieres des éta- mines de différents genres de plantes, on apperçoit qu'il y a entre elles des différences dans leur couleur, leur groffeur, & même leur figure : les unes font tranfparentes, comme dans l'Erable, d'autres font blanches, d'autres pourprées, d'autres couleur de chair, d'autres bleues ou brunes; mais

Pl. III.

la plus grande partie de ces pouſſieres eſt d'un jaune plus ou moins foncé.

Quoique ces pouſſieres ne ſemblent être qu'une vapeur, qu'on a quelquefois (comme je l'ai dit) priſes pour une fumée, on ne laiſſe pas d'appercevoir, à l'aide du microſcope, que celles des plantes de différents genres ont quelquefois des formes très-différentes les unes des autres. On en voit d'ovales, & entre celles-là il y en a qui portent des canelures; comme elles ſont plus ou moins allongées, & plus ou moins pointues par les bouts, on pourroit les comparer, tantôt à un grain de bled, tantôt à un grain d'orge, ou à un grain de caffé, ou à un noyau de datte, ou à une olive : de plus, il s'en trouve de cylindriques, de priſmatiques; d'autres ſont de la figure d'un boulet ramé; d'autres ont la forme d'un rein; enfin les unes ſont liſſes & unies, & d'autres paroiſſent chagrinées : la *fig.* 113 pourra donner l'idée de ces différentes formes. Il eſt hors de doute que cette pouſſiere contient beaucoup de ſubſtance ſulfureuſe, puiſqu'elle brûle à la flamme d'une bougie comme de la réſine pulvériſée ; néanmoins elle ne fond point dans l'eau, même bouillante: l'eſprit-de-vin en tire quelquefois une légere teinture, mais il ne la diſſout pas; peut-être n'y a-t-il que la liqueur qu'elle contient qui ſe mêle à l'eſprit-de-vin; peut-être auſſi eſt-ce une réſine, ou une ſubſtance mucilagineuſe dont quelques pouſſieres ſont humectées, ou bien une réſine concrete réduite en poudre très-fine, qui ſe trouve avec elles.

Fig. 113.

Nous avons dit que les grains de cette pouſſiere ſont organiſés : on peut s'en aſſurer avec le microſcope, & ſe procurer en même temps un très-joli ſpectacle ; car ſi l'on met certaines pouſſieres d'étamines, de la Valériane, par exemple, ſur une glace poſée au foyer d'une forte lentille, on en appercevra quelques-unes qui creveront par le bout comme une petite bombe, & l'on en verra ſortir une liqueur qu'on peut comparer à de la ſalive, dans laquelle on découvre obſcurément de petits grains, voyez *fig.* 85. Je me ſouviens qu'il y a plus de dix ans que M. Bernard de Juſſieu me fit voir, qu'en mettant des grains de certaine pouſſiere ſur de l'eau, on en voyoit ſortir un jet de liqueur qui nageoit &

Fig. 85.

Pl. III. s'étendoit sur la surface de ce fluide comme une goutte d'huile. Le même Botaniste, en examinant au microscope les poussieres de l'Erable , les apperçut de forme ronde, & il les vit s'ouvrir en quatre ; alors elles ressembloient à de petites croix : c'est ce qui a fait penser à quelques Observateurs que les poussieres des Erables avoient effectivement cette figure. Si l'on s'en rapporte aux observations microscopiques de Malpighi, de Grew, de Marilan & de M. Geoffroy, on sera tenté de croire que les poussieres offrent autant de figures différentes qu'on en peut observer dans les semences.

ART. VI. *Des Pistils.*

ON APPERÇOIT au centre des fleurs un ou plusieurs filets qui se distinguent aisément des étaminés par leur forme : ces filets ne sont point terminés par des capsules remplies de poussiere ; & de plus ils sont toujours implantés sur l'embrion, ou du moins ils y adherent en faisant un petit crochet. Les Botanistes ont appellé cette partie *le Pistil.* Ces organes sont très-différents dans les plantes de différents genres ; mais avant que d'entrer dans ces détails , je vais , afin de donner une idée des pistils considérés en général, rapporter les observations particulieres que j'ai faites sur les pistils de quelques arbres : je prends pour exemple l'Amandier & le Poirier.

§ I. *Examen du Pistil de l'Amandier & du Poirier.*

Fig. 114. LE PISTIL de la fleur de l'Amandier (*fig.* 114.) s'évase par son extrêmité supérieure *a*, & représente l'extrêmité d'un cors de chasse ; il paroît grenu en cet endroit, & comme formé de corps glanduleux , ou de vessies remplies d'un suc visqueux : on nomme cette partie le *Stigmate.* Malpighi dit avoir observé que cette partie est enduite d'une térébenthine très-fine. Depuis *a* jusques vers *b* est un filet que les Botanistes nomment le *Style* : ce filet aboutit à un renflement *c* , qui est l'embryon dans lequel on apperçoit le noyau & l'amande

l'amande qui est la partie utile des fruits, relativement à la
multiplication des especes. On trouve des pistils.(*fig.* 116.)
dont le stigmate, au lieu d'être glanduleux, semble velu;
quelquefois il est recouvert de poils très-déliés, & il semble
velouté (*fig.* 123.); d'autres fois les petits filaments sont
disposés en panache ou en aigrette (*fig.* 124 & 125.) : ces
poils semblent être quelquefois fistuleux. On prétend que l'é-
piderme ne s'étend point sur les stigmates, & qu'il est remplacé par une humeur visqueuse; c'est sur quoi je n'oserois
prononcer.

Pl. IV.
Fig. 116.

Fig. 123.
Fig.124, 125.

Dans les Pêches velues, ainsi que dans les amandes, une
partie du style & la totalité de l'embryon sont garnis de poils;
mais on en apperçoit fort peu sur les pistils des brugnons,
des pêches violettes & des abricots : *e* (*fig.* 114 Pl. III.)
représente la queue du fruit qui supporte dans le temps de
la fleur, outre le pistil, le calyce *g* chargé des pétales &
des étamines *f*.

Le Poirier & le Pommier dont les fruits renferment cinq
loges, ont leur pistil formé de cinq filets terminés par autant de stigmates, ou cinq pistils; comme on le peut voir
dans la *fig.* 115. Pl. III. Les Rosiers, les Cistes, les Mûriers, qui ont leurs fruits remplis de quantité de semences rassemblées en maniere de tête, ont autant de pistils que d'embryons; mais on ne doit pas regarder comme une regle générale que le nombre des pistils égale celui des semences,
ni même des capsules remplies de semences. La fleur de
l'Oranger n'a qu'un pistil; on trouve cependant des oranges
qui contiennent plus de quinze pepins : le Poirier qui n'a
que cinq styles, doit contenir dans son fruit dix pepins : la
grenade qui contient tant de pepins, n'a qu'un pistil : le *Cha-*
mærhododendros dont le fruit est une capsule à cinq loges,
dans lesquelles il y a un grand nombre de semences, n'a
non plus qu'un pistil. Dans plusieurs fleurs, le stigmate se partage en autant de parties que l'embryon contient de loges;
par exemple, le stigmate de la Tulipe & de presque toutes
les *Liliacées* se divise en trois parties, & l'embryon contient
autant de cellules. Les *Ombelliferes* qui portent deux semences, ont leur stigmate double; & l'on pourroit citer des plan-

F f

tes dont les fruits ont quatre loges, lesquelles ont quatre stigmates; d'autres six loges & six stigmates; d'autres dix loges & dix stigmates. Si ces observations s'étendoient sur toutes les plantes, on pourroit penser que les *Liliacées*, par exemple, ont trois pistils, dont les styles se réunissent en un, ainsi que les trois capsules, qui ne font qu'un fruit. Nous aurons occasion de suivre encore cette idée; mais revenons au Poirier.

On apperçoit au milieu de la fleur (*fig.* 115.) cinq styles terminés par des stigmates qui s'évasent à-peu-près comme celui de l'Amandier : ces cinq styles paroissent implantés sur un seul embryon; mais par la dissection on voit qu'ils passent dans un trou ou canal glanduleux, sans contracter aucune adhérence avec ce canal; & dans l'intérieur de la poire il y a une cavité bordée de cinq arrêtes qui font la prolongation des pistils : chacune de ces arrêtes répond à une capsule, dans laquelle doivent être deux pepins. Si l'on veut considérer chaque capsule comme un embryon séparé, on peut dire que la fleur du Poirier a cinq pistiles; mais si l'on s'en tient à la simple inspection, sans pénétrer dans l'intérieur du fruit, se contentant de regarder la petite poire comme un embryon unique, on pourra dire que le pistil de la fleur du Poirier est formé d'un embryon de cinq styles, & d'un pareil nombre de stigmates.

Les fleurs de l'Amandier & celles du Poirier, que nous avons choisies pour donner une idée détaillée des pistils, nous mettent à portée de faire remarquer la différente position des embryons, dont les uns, soutenus par un pédicule, font seulement contenus dans le calyce (*fig.* 114.) & les autres font partie du calyce (*fig.* 115.)

§ II. *Des Pistils en général.*

QUOIQUE nous ayons dit que les pistils font formés de trois parties différentes; savoir, de l'embrion, du style & du stigmate : il y a néanmoins des pistils bien organisés, où l'on n'apperçoit que l'embryon & le stigmate : celui du *Thymelæa* est applati & posé immédiatement sur l'embryon. Il

y a peu de différence dans le *Toxicodendron* : on n'apperçoit   Pl. IV. fig.
au *Ptelæa* que trois stigmates pointus sans style : il en est   117.
presque de même au *Sumac* ; on en peut dire autant du *Mol-*
le , du *Nérion* & du Noyer ; d'où l'on peut conclure , ou
que le style n'est pas une partie essentielle pour rendre
un pistil parfait , ou que dans les exemples que je viens de
citer , le style est si court qu'on a tout lieu de douter de son
existence.

Il y a des pistils , comme ceux du Caprier (*fig.* 16. Pl. I.) ,
dont le style paroît sortir du fond de la fleur : il porte à son
extrémité l'embryon sur lequel le stigmate est immédiatement
posé. D'autres styles , tels que ceux de la *Bella-dona* & du Jas-   Fig. 118.
min (*fig.* 118.), sont simples & droits : les styles de plusieurs
fleurs , sur-tout des fleurs en gueule , ainsi que ceux de presque
toutes les fleurs légumineuses , sont courbes ; d'autres sont fourchus , comme à l'Aurone , l'Erable , le *Baccharis* , le Lilac
(*fig.* 119.) Le style du *Guaiacana* se divise en quatre ; celui   Fig. 119.
du *Ketmia* en cinq (*fig.* 120.) : à la fleur de la Passion , il   Fig. 120.
part de l'embryon trois styles qui se terminent par de gros
stigmates , & ressemblent à des clous.

Il y a dans les fleurs des Clématites cinq à six pistils qui
répondent à autant d'embryons. Cette multiplicité de pistils
s'observe dans plusieurs fleurs dont les semences sont rassemblées en maniere de tête ; mais il y a cela de singulier au
Clématite , que les styles s'allongent , & ils sont garnis de
poils semblables à la barbe d'une plume. Si nous examinions
les pistils de toutes les plantes , nous en trouverions de filamenteux , de ronds , de quarrés , de triangulaires , d'ovales ,
de ressemblants à un fuseau , à un pilon , à une colonne.

Les stigmates offrent aussi bien des sujets d'observation.
Quelquefois le stigmate termine le style par un évasement
qu'on peut comparer à l'extrêmité d'un cor de chasse , comme
nous l'avons déja fait remarquer (*fig.* 114.) ; ou bien le style se
renfle vers l'extrêmité qui porte le stigmate *b* (*fig.* 122.) Beau-   Fig. 122.
coup d'autres plantes ont leur style terminé par un très-petit bouton comme un Jasmin (*fig.* 118.) Les styles fourchus (*fig.* 119.)
sont souvent terminés par des stigmates peu apparents , qui
garnissent les cornes du style : ces stigmates sont quelquefois

Pl. IV. frangés ; d'autres fois ces ftyles fourchus font terminés par de gros ftigmates, comme au *Ketmia* (*fig.* 120.)

Il y a des ftyles dont les ftigmates font velus : on en peut donner pour exemple le *Smilax* , le Térébinthe , le Lentifque : le *Grewia* & le *Clethra* ont leur ftigmate divifé Fig. 121. en quatre (*fig.* 121.) Le ftigmate du Tilleul eft pentagonal. Les embryons du Noifettier, du Chêne, &c. font furmontés de quantité de filets qui forment une efpece de houppe : le ftigmate de la Pervenche a une forme finguliere ; il termine le ftyle en forme d'une maffe bordée d'une lame plate : au Laurier - Thim l'embryon eft furmonté d'une efpece de glande qui forme trois ftigmates : le ftyle du *Phafeoloides* eft roulé en fpirale.

Les embryons affectent auffi plufieurs formes particulieres : les uns font ronds, d'autres font ovales , d'autres cylindriques, d'autres fort menus & allongés, d'autres ont la forme d'une piramide, d'autres au contraire font comprimés & applatis : mais comme leurs différentes formes ont quelque rapport avec celles de leurs fruits, dont nous nous propofons de parler dans la fuite de cet Ouvrage , nous nous bornons ici aux généralités que nous venons d'indiquer.

Je crains de m'être déja trop étendu fur les différentes formes des piftils , & fur celles de fes parties ; j'aurois cependant encore bien des formes à expofer , fi je voulois étendre mes vues fur toutes les plantes ; ainfi, pour abréger, je me bornerai à renvoyer aux *fig.* 122 , 123, 124, 125 & 128.

Quelque forme qu'aient les ftyles, on apperçoit fenfiblement à quelques-uns, qu'il y a dans leur intérieur une ouverture qui pénetre jufqu'à leur bafe, ou jufqu'aux embryons Fig. 127. des femences. On voit (*fig.* 127.) la coupe du ftyle de la *fig.* Fig. 129. 122. par la ligne *d* , *e* ; & dans la *fig.* 129. la coupe d'un autre ftyle creux de la *fig.* 128. Il y a quantité de piftils où je n'ai pu diftinguer cette ouverture ; & dans ceux où elle eft très-fenfible à la vue, on pourroit concevoir, par exemple , comme dans la *fig.* 122 , qu'il y a un faifceau de vaiffeaux qui s'étendroit depuis chaque divifion du ftigmate *b* jufqu'à chaque loge de l'embryon, & que chacun de ces faifceaux laifferoient entre

Pl. IV.

Fig. 130.

eux un vuide, quoiqu'ils fuffent tous renfermés par des enveloppes communes, ce qui donneroit l'apparence d'un feul
ftyle, quoiqu'effectivement il y en eût trois : cette idée qua-
dreroit à merveille avec ce qui s'obferve dans la pomme &
dans la poire (*fig.* 130.) : car fi on fuit par la diffection l'un
des ftyles de ces fruits, on appercevra qu'il fe divife aifément
en deux par le bas, & que chaque portion, comme aux lettres
g , *h* , répond à un pepin : ainfi il pourroit bien fe faire qu'un ftyle unique fe diviferoit dans l'intérieur de l'embryon, pour fournir des portions de lui-même à chaque fruit ou à chaque loge.

Quand les fruits font noués, la plupart des ftyles & des
ftigmates fe deffechent, ainfi que les étamines, & il n'y a
plus que les embryons qui fubfiftent.

Je ne parle point ici de l'ufage des piftils ; il faut cependant qu'ils foient une partie bien effentielle à la formation
des fruits, puifqu'auffi-tôt que les ftyles ont été endommagés, foit par la gelée, foit par les infectes ou par quelque
autre caufe, les fruits périffent immanquablement, lors même que l'on n'apperçoit pas qu'aucune de ces caufes ait pu
endommager les embryons.

J'ai une efpece particuliere de Cerifier, dont prefque toutes les fleurs font pourvues de 3, 4, 5, 6 & 7 piftils ; elles
produifent un égal nombre de fruits raffemblés en maniere
de tête à l'extrêmité d'une queue unique : j'ai une autre efpece de Cerifier, dont chaque fleur contient deux piftils :
prefque tous fes fruits font doubles ; mais il arrive affez fouvent à cette efpece, que les piftils, au lieu d'être organifés,
comme je l'ai expliqué ci-devant, s'épanouiffent, & forment
deux petites feuilles ; alors les fleurs reftent ftériles, & elles
ne donnent aucun fruit. Ces faits conftatent de quelle importance font les piftils pour la formation des fruits : je
parlerai dans la fuite de leurs ufages ; mais je veux auparavant dire quelque chofe des fleurs incomplettes.

Article VII. *Des Fleurs incomplettes.*

Les Fleurs dont j'ai parlé dans les Articles précédents
étant pourvues pour la plupart des étamines & du piftil, qui

font reconnus par tous les Botaniftes pour autant de parties néceffaires à la fruĉtification, on peut les regarder comme des fleurs complettes.

Il y en a de deux efpeces, que nous appellons *incomplet-tes* : les unes renferment des étamines bien formées, pourvues de fommets & de poufliere, mais elles manquent de piftils ; & comme ces fleurs ne portent point de fruits, elles ont été nommées *Fleurs ftériles*, ou *fauffes fleurs*, non-feulement par les Jardiniers, mais encore par de très-célebres Botaniftes : ceux-ci les ont auffi nommées *Fleurs à étamines*.

L'autre efpece de fleurs incomplettes, quoique pourvues de piftils bien conditionnés, manque d'étamines : celles-ci font capables de produire des fruits; & c'eft pour cela qu'on les nomme *Fleurs vraies* ou *Fleurs nouées*. Nous ne faifons ici aucune mention, ni de leurs calyces, ni de leurs pétales, parce que quand ces parties, qu'on ne peut regarder comme abfolument néceffaires à la formation des fruits, fe trouvent dans les fleurs incomplettes, elles font femblables à celles qui fe trouvent dans les fleurs complettes.

Le Noyer, le Noifettier, le Charme, le Chêne, le Hêtre, le Pin, le Sapin, l'Aune, le Cyprès, le *Thuya*, le Bouleau, l'If, le Mûrier, le Platane, quelques efpeces de Genevrier, une efpece de Lentifque, tous ces arbres portent fur le même individu, mais féparément, des fleurs à étamines & des fleurs à piftil. Il en eft de même de quantité de plantes, telles que les *Cucurbitacées*, le Bled de Turquie, la Larme de Job, &c. Quelques efpeces de Palmier, les *Saules*, les Peupliers, le Lentifque, le Térébinthe, l'arbre de Cire; quelques efpeces de Genevrier, la Sabine ; & dans les plantes, l'Epinard, le Chanvre, l'Ortie, &c. ont des pieds qui ne produifent que des fleurs à étamines, & qui ne fourniffent jamais de fruit, pendant que d'autres pieds, qui n'ont que des fleurs à piftil, donnent du fruit.

On trouve auffi quelques arbres qui donnent fur un même pied des fleurs complettes, c'eft-à-dire, pourvues d'étamines & de piftils; & des fleurs incomplettes, dont les unes font avec des étamines, & les autres avec des piftils. Enfin quel-

Pl. V.

ques fleurs, telles que celles de l'*Opulus flore globoso*, font dépourvues d'étamines & de piftils, & l'on peut les nommer à jufte titre *Fauffes fleurs*, puifqu'elles ne produifent d'autre avantage que celui de former par leur pétale un effet affez agréable à la vue, étant d'ailleurs tout-à-fait inutiles à la fructification.

Pour terminer ce qui regarde les fleurs incomplettes, je rapporterai quelques obfervations que j'ai faites fur les fleurs à étamines & fur les fleurs à piftil du Noifettier.

La *fig.* 148. Pl. V. repréfente le bouton d'une fleur à éta- Fig. 148.
mines, ainfi qu'on le voit en automne : on apperçoit vers le bas quelques écailles en cuilleron, & le refte ne paroît être qu'une maffe herbacée & confufe.

La *fig.* 149 repréfente le même bouton, comme il paroît Fig. 149.
dans le mois de Janvier : on voit à fa bafe les écailles du bouton dont je viens de parler, le refte commence à fe mon- trer écailleux ; mais les écailles font bien autrement fenfibles au printemps, comme on le peut voir dans la Pl. IV. *fig.* Fig. 134.
134. On a repréfenté (*fig.* 150.) une de ces écailles déta- Fig. 150.
chée du filet, & vue au microfcope par la face extérieure : elle paroît recouverte d'un duvet très-fin. La *fig.* 151 mon- Fig. 151.
tre la même écaille vue par fa face intérieure : cette partie eft garnie de quantité de poils, & l'on y apperçoit les éta- mines ; une de ces étamines *fig.* 152 ; & *fig.* 153, la même Fig. 152 & 153.
étamine écrafée au foyer d'un microfcope, & du fommet de laquelle on voit fortir beaucoup de poufliere accompagnée d'une liqueur vifqueufe.

La *fig.* 154 repréfente le bouton d'une des fleurs d'où for- Fig. 154.
tent les fruits. Ce bouton eft gros, arrondi, & couvert d'é- cailles creufées en cuilleron.

La *fig.* 155 eft une des écailles extérieures, brune en de- Fig. 155.
hors, & chargée de poils en dedans.

La *fig.* 156 repréfente une des écailles intérieures, plus Fig. 156.
grande & moins épaiffe que les précédentes : elle eft éga- lement velue en dedans.

La *fig.* 157 eft une autre écaille encore plus intérieure : Fig. 157.
celle-ci eft épaiffe & difficile à détacher.

La *fig.* 158 fait voir un corps que l'on trouve au centre Fig. 158.

Pl. V. du bouton : c'eſt le calyce de la fleur, des échancrures duquel ſortent des filets ; je n'oſerois décider ſi ce ſont des pétales ou des piſtils.

Ces obſervations ſur les fleurs à piſtil ont toutes été faites dans le mois de Janvier ; j'ai cru devoir les rapporter, pour donner une idée de la ſtructure des fleurs incomplettes.

Quant à la diſtinction des arbres qui portent ces différentes eſpeces de fleurs, on peut conſulter les tables méthodiques qui ſe trouvent après la Préface du *Traité des arbres & arbuſtes*, que nous avons mis au jour en 1755.

Il nous reſte peu de choſe à ajouter à ce que nous avons dit des étamines ; ainſi nous n'inſiſterons ſeulement que ſur la façon dont les fleurs à étamines ſont groupées ſur les arbres qui les portent.

Fig. 136. Le plus ſouvent un nombre d'écailles ſemblables à *a*, *b*, ou *c*, *d* (*fig.* 136.), ſont toutes attachées ſur une branche ſouple & filamenteuſe, & ces écailles recouvrent les étamines *e* raſſemblées, comme on le voit en *d*. Le Noiſettier (*fig.* Fig. 133, 133.), le Bouleau (*fig.* 134.), le Châtaignier (*fig.* 135.), 134 & 135. ſont de ce genre. On a appellé *Chatons* ces menues branches chargées de fleurs à étamines.

Quelquefois ces chatons ſont plus courts, & alors ils ne ſont point pendants ; tels ſont ceux du Sapin (*fig.* 136.), de Fig. 138. la Méleze (*fig.* 138.) On voit ſur Pin pluſieurs chatons aſſez ſemblables à ceux du Sapin & qui ſont groupés autour d'une branche qui continue à pouſſer & à ſe garnir de feuilles au Pl. VI.
Fig. 137. deſſus des chatons, comme en *a* (*fig.* 137.) Ceux du Ge-Fig. 139. nevrier (*fig.* 139.) ſont fort petits. Le Térébinthe, le Len-Fig. 140. tiſque (*fig.* 140.) ont leurs fleurs à étamines raſſemblées par bouquets, ou en forme de grappe. Pluſieurs arbres & arbuſtes, ainſi que l'Alaterne & le *Fagara*, portent leurs fleurs à étamines, ſolitaires ou ſéparées les unes des autres.

Les fleurs à piſtil ſont auſſi quelquefois attachées à une branche filamenteuſe qui les ſoutient, & elles forment toutes enſemble une eſpece de chaton, comme au Charme Fig. 141. (*fig.* 141.): cette branche chargée de piſtils s'étend par la Fig. 142. ſuite, & forme des eſpeces de guirlandes (*fig.* 142.) Les Fig. 143. fleurs à piſtil du Saule, du Peuplier & du Bouleau (*fig.* 143.)

forment

forment des especes de chatons plus réguliers : celles du Sa- Pl. V.
pin (*fig.* 144.) ne s'écartent pas beaucoup de cette forme.; Fig. 144.
mais elles se soutiennent fermement , & elles représentent
un petit cône écailleux. Les fleurs de l'Aune (*fig.* 145.) sont Fig. 145.
aussi groupées, de façon qu'elles représentent un cône écailleux. Les fleurs à pistil du Platane forment par leur assemblage des boules très-rondes. Enfin au Noyer (*fig.* 146.) & Fig. 146.
au Châtaignier (*fig.* 147.) ces fleurs qui ont des formes sin- Fig. 147.
gulieres, sont séparées les unes des autres , & chacune ne
contient pour l'ordinaire que 2 ou 3 pistils, & un pareil nombre de fruits.

Chaque arbre affecte donc dans la disposition de ses fleurs
soit à étamines, soit à pistils, des formes particulieres. Il seroit trop ennuyeux de s'étendre davantage sur ce point ; les
exemples que nous venons de rapporter sont suffisants pour
aider à discerner au premier coup d'œil les fleurs *incomplet-*
tes d'avec. les fleurs *complettes*, & les fleurs à étamines d'a-
vec les fleurs à pistils.

Art. VIII. *De quelques parties surnumé-*
raires qui se trouvent dans l'intérieur, ou
à l'extérieur de quelques fleurs.

On trouve au fond de plusieurs fleurs une liqueur su-
crée que les abeilles ramassent avec soin. On apperçoit au
fond de certaines fleurs des corps qui paroissent glanduleux ;
& comme l'on a jugé qu'ils pouvoient servir à la séparation
de ce suc mielleux que quelques Botanistes appellent *Nec-*
tar, on les a nommés *Nectarium*. On découvre par exemple
dans les fleurs du Laurier , près de l'embryon , trois tubercules colorées , & deux petits corps arrondis qui sont attachés à la base des étamines. Les fleurs de la Pervenche renferment de la même façon deux corps glanduleux.

Ces observations ont engagé les Botanistes à appeler aussi
Nectarium toutes les parties des fleurs qui ne sont, ni le pistil, ni les étamines, ni les pétales. Dans la fleur de la Passion c'est une triple couronne de filets qui partent de la base

G g

du piſtil. On voit au fond de la fleur du *Gualteria* dix corps pointus, ſoutenus par des pédicules très-déliés. On apperçoit dans la fleur de l'*Hamamelis* quatre petits onglets : à chaque diviſion du pétale de la fleur du *Nerion*, on voit un appendice frangé : au *Periploca*, ce ſont des filets qui partent de la baſe du pétale : à l'*Azedarach*, c'eſt un cornet.

Outre ces parties qu'on déſigne toutes par le nom générique de *Nectarium*, on apperçoit au dehors de certaines fleurs des parties, ſouvent colorées, qui manquent aux autres fleurs. Il y a par exemple une eſpece de Cornouiller qu'on appelle *Cornus mas, involucro maximo*, parce que les boutons à fleur de cet arbre ſont contenus dans des feuilles colorées qui reſſemblent à une tulippe : le *Cornus herbacea* a un *involucrum* qu'on prendroit pour un pétale blanc : la Noix blanche de Virginie a ſes boutons renfermés dans des *involucrum*, comme ceux du Cornouiller : les fleurs de pluſieurs eſpeces de Thytimale ſont accompagnées de deux feuilles colorées qui forment un *involucrum* : enfin les fleurs du Charme ſont accompagnées de pluſieurs feuilles; & celles du Tilleul partent d'une feuille qui eſt d'une forme, & qui a une organiſation très-ſinguliere.

Ces *involucrum* ſervent probablement, ou à former des enveloppes qui protegent les jeunes productions qui en ſont recouvertes, ou à ranimer par la tranſpiration le mouvement de la ſeve dans ces parties.

A l'égard de cette liqueur mielleuſe dont nous avons déja parlé, Pontedera* a ſoupçonné qu'elle pouvoit ſervir à enduire les graines d'une eſpece de vernis, capable de les maintenir en état de germer, tant que ce vernis ſe conſervoit ſans altération. On auroit peine à faire l'application de cette idée à toutes les ſemences ; & l'on apperçoit d'autres ſujets d'altération.

Quelques Phyſiciens ont penſé que les inſectes attirés par cette liqueur, occaſionnoient par leurs piqûres la diſperſion de la pouſſiere des ſommets des étamines. Nous en parlerons dans la ſuite.

Ce qui paroît de plus certain, c'eſt que les plantes ne ſemblent point ſouffrir du larcin que leur font tant d'inſec-

* *Pontedera Anthologia, & Diſſertationes.*

tes; il fe peut même que ce miel ou neɛtar ne foit qu'un
excrément des végétaux.

Pl. V.

CHAPITRE II.

DES FRUITS.

Les Pétales, les étamines, les piftils, & fouvent les calyces fe deffechent & tombent : les embryons font la feule
partie des fleurs qui reftent; & quand les fruits font noués,
comme difent les Jardiniers, on voit les embryons acquérir
de la groffeur, prendre la forme que les fruits doivent avoir,
& parvenir peu-à-peu à l'état de maturité, qui eft le terme
de leur exiftence : ce temps paffé, les uns fe deffechent,
& d'autres tombent en pourriture. La nature a tellement varié la forme des fruits, que nous ferons forcés de nous reftraindre à ne préfenter ici que des idées générales, qui cependant pourront encore nous conduire plus loin que nous
ne defirerions.

Plufieurs arbres ou arbuftes produifent des fruits fecs qui
contiennent fous des écailles un certain nombre de femences : on les nomme *Cônes*, au Pin, à la Meleze, au Sapin
(*fig.* 159.) : on pourroit auffi donner ce nom aux fruits de
l'Aune & du Bouleau (*fig.* 160.) Comme les fruits du Cyprès font ronds, on les nomme *Noix* (*fig.* 161.) Les fruits
du Laurier-Tulipier font formés de capfules, tellement raffemblées qu'elles imitent affez la forme d'un cône : les fruits
du Liquidambar font fphériques, & les femences font contenues dans des alvéoles : les femences du Tulipier font nues,
mais elles font tellement arrangées autour d'un poinçon commun, qu'elles reffemblent affez à un cône écailleux. Le
Platane & le *Cephalanthus* (*fig.* 162.) ont auffi leurs femences nues, mais elles forment par leur affemblage des boules
affez régulieres. Dans tous ces fruits le poinçon du milieu,
les écailles, les alvéoles, ou les feuillets qui fe trouvent entre les femences, étant néceffairement chargés de leur tranf-

Fig. 159.
Fig. 160.
Fig. 161.

Fig. 162.

Pl. VI. mettre la nourriture, & peut-être même de donner à cette seve certaines préparations; on peut regarder toutes ces parties comme un *Placenta* commun à toutes les semences.

D'autres arbres ou arbustes portent des fruits plus ou moins charnus qui contiennent des semences, recouverts d'une enveloppe coriacée : on les nomme *Pepins.* Les poires, les pommes, les coings (*fig.* 163 & 164. Pl. VI.) ont leurs pepins *a* (*fig.* 164.) renfermés au centre d'une grande épaisseur de chair succulente : les pepins du Châtaignier, du Hê- Fig. 165. tre, du *Pavia,* du Marronnier d'Inde (*fig.* 165.) sont recouverts d'une enveloppe charnue peu succulente, presque seche, que l'on appelle *Brou.* L'enveloppe du pepin des Fig. 168. Chênes, des Lieges (*fig.* 168.) est aussi un brou, mais qui ne forme qu'une coupe *a* dans laquelle le pepin est enchassé, comme une Pierre l'est dans son chaton.

Pour terminer ce qui regarde les fruits à pepins, il y en Fig. 169. a, tels que la figue, la grenade & la grenadille (*fig.* 169.), Fig. 170. qui ont beaucoup de pepins renfermés dans une chair (*fig.* 170.) plus ou moins succulente. Cette chair, & même ce brou des fruits, dont nous venons de parler, sont l'assemblage d'un grand nombre d'organes. Nous aurons occasion d'y faire remarquer de gros troncs de vaisseaux, une quantité prodigieuse d'autres vaisseaux qui sont très-fins, des glandes, des membranes, &c.

Plusieurs arbres & arbustes ont leurs amandes contenues dans une boîte ligneuse : on les nomme *Fruits à noyaux.* Le Fig. 171. Pêcher, l'Abricotier, le Prunier & le Cerisier (*fig.* 171.) por- Fig. 172. tent des fruits *a* dont le noyau (*fig.* 172.) est recouvert d'une chair succulente. L'Olivier, l'*Elæagnus,* le Jujubier, le Cornouil- Fig. 173. ler, le Micocoulier, le Laurier, & le Laurier-Cerise (*fig.* 173.) ont aussi leur noyau enveloppé d'une chair succulente; mais le Fig. 174. noyau *a* (*fig.* 174.) contient, ou doit contenir deux amandes : Fig. 175. les noyaux des Noyers & des Amandiers (*fig.* 175.) sont cou- Fig. 176. verts d'un brou; & celui de la noisette (*fig.* 176.) est seulement enchassé dans le brou.

Beaucoup d'arbres & d'arbustes portent des petits fruits charnus, succulents ou non, que l'on nomme *Baies.* Celles du *Chionanthus,* du Fustet, de l'*Oxyacantha,* du *Menisper-*

Pl. VII.

mum, de l'Obier, du *Phylliræa*, du *Rhamnoides*, du *Sydero-xilon*, du *Daphne*, du Thym, de la Viorne, du Guy & du *Thymelæa* (*fig.* 177.) font fucculentes, & elles ne renferment qu'une feule femence (*fig.* 178.) Dans l'If, le noyau n'eft pas entiérement recouvert par la chair : la baie de l'*Azeda-rach* (*fig.* 179.) qui eft fucculente, renferme un noyau & cinq amandes (*fig.* 180, 181.) Les baies du *Dirca*, du *Gale*, du *Molle*, du *Sumac*, du *Toxicodendron*, du *Pafferina*, du Len-tifque, & du Térébinthe (*fig.* 182.) font peu charnues, & ne renferment qu'une femence (*fig.* 183, 184.)

Fig. 177.
Fig. 178.
Fig. 179.
Fig. 180,181.
Fig. 182.
Fig. 183,184.

D'autres arbres ou arbuftes portent des baies fucculentes ou non fucculentes, qui renferment deux femences : telles font les baies du Chevrefeuille, du *Periclymenum*, de l'Ali-zier, du Jafmin, du *Smylax*, du *Styrax*, du *Xylofteon*, de l'Afperge, de l'*Ephedra* (*fig.* 185.), de l'Epine-vinette (*fig.* 186.) & de la Bourdaine (*fig.* 187.) On trouve trois femen-ces dans les baies du Sureau, du petit Houx, du Genevrier, de la Sabine, du Cedre, du Nerprun (*fig.* 188.) & de l'A-laterne (*fig.* 189.), où l'on n'a repréfenté que les noyaux.

Fig. 185,
186 & 187.
Fig. 188.
Fig. 189.

Il y a quatre femences dans les baies du *Burcardia*, du Troëne, du *Vitex*, du Houx (*fig.* 190, 191.) : on en trou-ve ordinairement cinq dans les raifins, dans les baies de l'*Uva-urfi*, de l'Airelle, de plufieurs efpeces de Neffliers, & dans celles du Lierre (*fig.* 192, 193.) Enfin on en voit un plus grand nombre dans les baies de la *Bella-dona*, du *Jaf-minoides*, du Myrthe, du *Solanum*, du *Vitis - Idæa*, de la Rofe, du *Butneria*, de l'Arboufier (*fig.* 194 & 195.), du *Guaiacana* (*fig.* 196.), du Grofeillier (*fig.* 197 & 198.), & du Caprier (*fig.* 199 & 200.) Si l'on examine avec atten-tion toutes ces baies, on appercevra qu'elles forment diffé-rents *placenta* qui fourniffent la nourriture aux femences.

Fig. 190,191.
Fig. 191,19?.
Fig. 194,
195, 196,
197, 198,
199, & 200.

Ces dernieres parties font quelquefois contenues dans des efpeces de boîtes, qui fe deffechent après être parvenues à leur maturité : on les nomme des *Capfules*. Les fruits capfu-laires du Charme (*fig.* 201.) n'ont qu'une feule cavité, & ne contiennent qu'une femence. L'Orme, le *Ptelæa*, le *Po-lygonum*, l'*Atriplex* (*fig.* 202.) ont une ou deux femences renfermées dans une cavité formée de deux membranes min-

Fig. 201.
Fig. 202.

Pl. VII. ces. Les capfules de l'*Itæa* n'ont qu'une cavité, mais qui contient quantité de femences.

Fig. 203,204. Le *Fagara* (*fig.* 203.) & l'Erable (*fig.* 204.) ont leurs fruits compofés de deux capfules qui ont chacune une cavité, dans laquelle une femence eft renfermée. Le Saule, le Peuplier, le Tamarifque ont pareillement deux capfules, qui ont chacune une cavité, mais qui contiennent plufieurs fe-
Fig. 205. mences. L'*Hamamelis* & le Lilac (*fig.* 205.) ont deux cap-fules qui ont chacune deux cavités, dont chacune contient une femence. Le *Paliurus*, le *Ceanothus*, & le *Chamelæa*
Fig. 206. (*fig.* 206.) ont trois cavités qui contiennent chacune une femence. Le *Clethra*, l'*Evonymoides*, le Thytimale, l'*Yucca*,
Fig. 207. l'*Androfæmum* & l'*Hypericum* (*fig.* 207.) ont auffi leurs fruits compofés de trois cavités qui contiennent beaucoup de fe-
Fig. 208. mences : le *Stewartia*, le *Grewia*, & l'*Evonymus* (*fig.* 208.) ont leur fruit formé de quatre ou cinq cavités, dans chacu-ne defquelles eft contenue une femence : la capfule du Til-leul a auffi cinq cavités, & elle devroit contenir cinq fe-mences ; mais il n'y en a ordinairement qu'une feule qui réuffiffe : la Rhue, le *Syringa*, la Bruyere, & la *Diervilla*
Fig. 209. (*fig.* 209.) ont également quatre ou cinq cavités ; mais ces cavités contiennent beaucoup de femences : les fruits de l'*Af-cyrum*, de l'*Azalea*, du *Gualteria*, du *Kalmia*, du *Spiræa*,
Fig. 210,211. du *Ketmia* (*fig.* 210.), & du *Chamærhododendros* (*fig.* 211.) font auffi des capfules à cinq loges, mais dans lefquelles on trouve quantité de femences : enfin les capfules qui forment
Fig. 212. les fruits des *Ciftes* (*fig.* 212.) ont un nombre indéterminé de loges qui contiennent quantité de femences.

Sans vouloir entrer dans un trop grand détail anatomique de ces capfules, nous remarquerons feulement que, jufqu'à la parfaite formation de leurs femences, elles font très-fuc-culentes, formées de quantité de vaiffeaux, dont les princi-paux forment des arrêtes, où les femences font attachées par un vaiffeau qui leur porte la nourriture : de plus, la plupart de ces capfules que l'on trouve vuides après leur defféche-ment, étoient, dans le temps de leur verdeur, remplies d'une pulpe fucculente qui doit certainement être très-utile aux femences. Nous nous en tiendrons pour le préfent à ces

idées générales; & quoique nous ne nous propofions pas de
fuivre exactement l'anatomie de tous les fruits, nous pourrons avoir occafion dans la fuite d'entrer dans un plus grand
détail fur cette matiere.

Pl. VIII.

Les fruits qui fuccedent aux fleurs légumineufes font des
capfules allongées, auxquelles on a donné le nom de *Siliques*, quand elles ont une certaine étendue; & que l'on nomme *Silicules*, lorfqu'elles font petites. Nous allons faire remarquer les principales différences qu'on trouve entre celles
que produifent les différents arbres ou arbuftes. Les fruits du
Spartium, de l'*Amorpha* (*fig.* 213.), & du *Barba - Jovis*
(*fig.* 214.) ne font que des *filicules* fans cloifon, & qui ne con-
tiénnent qu'une feule femence. Les filicules du *Tragacantha*,
du *Genifta-fpartium*, & de l'*Anonis* (*fig.* 215.) font auffi affez
petites; mais elles contiennent plufieurs femences : d'autres, longues & fans cloifon, font comprimées entre
chaque femence, comme dans le *Coronilla fig.* 216 : celles de
la Pervenche, de l'*Anagyris*, du Gainier, du *Gleditfia*, du
Faux-Acacia, du *Cytifo-Genifta*, du Cytife (*fig.* 217.) & du
Genêt (*fig.* 218.) font affez grandes, fans cloifon, & elles ne
contiennent point de pulpes. Les filiques du Carouge, du
Bonduc & de l'*Acacia* (*fig.* 219.) ne font point divifées par
des cloifons; mais les femences y font environnées de toutes parts d'une pulpe.

Fig. 213.
Fig. 214.

Fig. 215.

Fig. 216.

Fig. 217.
Fig. 218.

Fig. 219.

Quantité de plantes ont leurs filiques partagées en deux
par une cloifon qui s'étend dans toute leur longueur : cette
cloifon fe remarque dans les filiques du *Phafeoloides* & dans
les fruits du *Bignonia* : les fruits du *Nerion*, du *Periploca* approchent de la forme des filiques, fans en avoir cependant
le caractere : l'*Anona* produit des fruits charnus, dans lefquels on trouve des femences affez groffes, rangées comme
dans les filiques : le *Staphylodendron* & le *Colutea* portent des
veffies membraneufes, remplies d'air, & dans lefquelles on
trouve les femences attachées à une nervure principale qui
s'étend dans toute la longueur des veffies. Comme les filiques font de vraies capfules, on peut leur appliquer ce que
nous avons déja dit des capfules ordinaires; nous ferons feulement remarquer qu'un côté de la filique eft toujours garni

Pl. VIII.

dans toute ſa longueur de gros vaiſſeaux qui portent la nourriture aux ſemences qui y ſont attachées, chacune en particulier, par un vaiſſeau qui lui eſt propre.

Fig. 220.

Les ſemences de toutes les plantes en ombelles, telles
que le *Buplevrum* (*fig.* 220.), ſont nues; ainſi il faut néceſſairement qu'elles tirent leur nourriture du filet qui les ſou-

Fig. 221.

tient. On en peut dire autant de la Clématite (*fig.* 221.),
dont les ſemences n'ont aucune enveloppe, & encore du
Chenopodium, dont la ſemence unique eſt recouverte par le
calyce, ſans cependant avoir aucune adhérence avec lui : il
en eſt de même de toutes les fleurs labiées qui ont quatre
ſemences recouvertes par le calyce; ſavoir, l'Hyſope, la Lavande, le *Stœchas*, le *Phlomis*, le Romarin, la Sauge, le

Fig. 222.

Thym, le *Chamædris*, le *Teucrium* (*fig.* 222.), le *Coriaria* a
auſſi cinq ſemences renfermées dans le calyce. Il faut croire que
les ſemences de toutes ces plantes tirent leur nourriture par la
partie qui eſt adhérente au calyce; & l'on en peut dire autant
des ſemences des fleurs à fleurons, à demi-fleurons, ou des
fleurs radiées qui ſont raſſemblées dans un calyce commun :
telles ſont l'Aurone, l'Abſynthe, la Santoline, le *Baccharis*,
l'*Othonna*, la Globulaire & le *Pentaphylloides*.

Les différences infinies qu'on remarque dans la forme des
fruits, dont nous ne nous ſommes propoſés que de donner
une ſimple idée, ont été employées utilement par les Botaniſtes Méthodiſtes pour l'établiſſement des caractères. Pénétrons maintenant dans l'intérieur des fruits, & diſons quelque choſe de leur organiſation.

Art. I. *Récapitulation ſommaire des chan-*
gements qui arrivent aux fleurs du Poirier
& de l'Amandier, depuis qu'on commence
à les appercevoir dans les boutons, juſ-
qu'au temps où les fruits ſont noués.

Quand nous avons fait l'examen des boutons; nous
avons dit que les parties des fleurs ſe formoient dans l'intérieur

térieur des boutons pendant l'automne & pendant l'hiver. Comme les embryons font partie des piftils, & que les piftils font partie des fleurs, on peut dire que les embryons, ou, ce qui revient au même, que les jeunes fruits commencent à fe former dans les boutons, ainfi que les autres parties des fleurs : aufli avons-nous dit qu'on appercevoit, avant que les boutons fuffent ouverts, les pepins des poires, les noyaux des amandes, &c. Mais tous ces organes deviennent bien plus fenfibles quand les boutons font ouverts. Les queues qui portent les fleurs s'allongent confidérablement ; les boutons des fleurs groffiffent, ils écartent les écailles qui forment les boutons des arbres ; les pétales fe montrent entre les échancrures du calyce ; bientôt ces pétales qui étoient repliés dans le bouton s'étendent. J'ai déja dit plus haut que les pétales de la fleur du Poirier font attachés à l'angle rentrant que forment les découpures du calyce, & qu'étant difpofés en rond, ils reffemblent, lorfque la fleur eft épanouie, à de petites rofes.

Alors les étamines fe redreffent, & montrent leurs fommets bien formés. Quelque temps après, les capfules des fommets s'ouvrent ; & la pouffiere qu'elles contenoient fe répand de tous côtés. A l'occafion de ces étamines, je dois faire remarquer que celles du Pêcher (Pl. IX. *fig.* 247.) prennent leur origine d'une fubftance grenue *d* qui revêt les parois intérieures du calyce ; & que celles du Poirier (Pl. III. *fig.* 115.), qui partent du fond de la fleur, étant ordinairement au nombre de quatre entre l'attache de chaque pétale, font implantées fur une fubftance particuliere qui paroît grenue, en quelque façon glanduleufe, & placée à l'œil de la poire entre les découpures du calyce. Cette fubftance grenue s'endurcit peu-à-peu, & forme ce tas de pierres qu'on trouve vers la tête de prefque toutes les poires : nous en parlerons dans la fuite. Les piftils qui occupent le centre de la fleur paroiffent fortir d'un canal auquel ils n'ont nulle adhérence. Après un temps affez court les pétales tombent, les étamines fe deffechent & perdent leurs fommets ; les ftyles ne tardent pas aufli à perdre leur verdeur.

Dans l'amande, l'embryon groffit & détache le calyce qui

H h

Pl. VIII. tombe: dans la poire le calyce subsiste; ses découpures se desse-chent en partie; mais il se forme au dessous un gonflement, & c'est alors que l'on dit que les poires sont nouées, & peu-à-peu ces fruits parviennent à leur grosseur. Mais pour pou-voir bien connoître leur organisation intérieure; il faut disse-quer ces fruits dans tous les différents âges, depuis qu'ils sont noués jusqu'à leur maturité, comme je l'ai fait avec toute l'atten-tion dont je suis capable. Je vais détailler mes observations, & je commencerai par la Poire.

Art. II. *Examen anatomique de la Poire.*

Fig. 223. La Poire (*fig.* 223.) est un fruit charnu, plus menu or-dinairement du côté de la queue *b* que vers l'autre bout *a*, lequel est garni d'un umbilic formé des découpures du calyce: on trouve dans l'intérieur de ce fruit cinq loges qui contien-Fig. 237. nent chacune deux pepins ou semences (*fig.* 237.), recouvertes d'une peau coriacée: ainsi l'on peut distinguer dans cette poi-re sa tête ou umbilic *a*, sa queue ou pédicule *b*, enfin le corps *c c*; mais quand on veut en examiner les organes par le secours de la dissection, on doit considérer séparément, 1°, les téguments: 2°, les vaisseaux principaux: 3°, la substance charnue.

En examinant avec attention les poires pourries, sur-tout quand elles ont resté quelque temps dans l'eau, on apper-çoit aisément que ce que l'on enleve avec le couteau, quand on pele une poire, se peut diviser en quatre sub-stances distinctes; savoir, 1°, l'épiderme: 2°, le corps mu-queux: 3°, le tissu pierreux ou glanduleux: 4°, un entre-lacement de vaisseaux que je nomme la *Peau*; car j'ai cru devoir employer, pour distinguer ces substances, les mêmes termes que les Anatomistes emploient à l'égard des animaux; parce qu'il y a effectivement quelque ressemblance entre les parties correspondantes du regne animal & celles du regne végétal.

L'épiderme s'enleve le premier; il est assez semblable à celui qui recouvre les jeunes branches & les feuilles: com-me j'ai parlé de celui-ci dans un Article particulier, le Lec-

Pl. VIII.

teur pourra y avoir recours. Quand on est parvenu à emporter un morceau d'épiderme seul, on apperçoit ensuite une
membrane très-mince & très-délicate qui reste attachée au
tissu pierreux qu'elle recouvre immédiatement & dans toute
l'étendue de la poire : en passant le doigt sur cette membrane, on remarque une certaine onctuosité, & une viscosité qui nous l'a fait appeller le *Corps muqueux* ; nom qui lui
convient encore par la place qu'elle occupe entre l'épiderme & cet entrelacement de vaisseaux que je nomme la
Peau.

En enlevant l'épiderme, le corps muqueux y reste quelquefois adhérent, & les pierres restent nues, ou bien ce corps
quitte l'épiderme, & reste adhérent aux pierres qu'il recouvre.
Ce fait prouve bien l'existence du corps muqueux & son caractere de membrane. Un petit morceau de ce corps muqueux
présenté au foyer d'un microscope, m'a paru transparent, &
j'y ai vu quelques points plus transparents que le reste. On remarque la même chose à l'épiderme ; néanmoins je crois qu'on
pourroit le comparer à l'enveloppe cellulaire dont j'ai déja parlé
dans le premier Livre ; & quoique je n'aie rien de bien assuré sur
la nature de cette membrane muqueuse, je soupçonne qu'elle est
formée par un entrelacement de vaisseaux infiniment fins, abreuvés d'une liqueur mucilagineuse qui lui communique son caractere. Pour ce qui est de ses usages ; la maniere dont elle
embrasse les pierres ou les glandes, indique qu'elle peut agir
de concert avec ces organes pour produire quelque effet relatif à l'économie végétale : par exemple, à la transpiration
des fruits, à la régénération de l'épiderme, &c. Plusieurs infectes font leur nourriture de ce corps muqueux ; & alors on
voit les pierres découvertes, dessechées & rembrunies, former
au fruit une surface chagrinée. Il est encore quelquefois
meurtri par des coups de grêle, ou brûlé par le soleil ; ce
qui altere sa couleur.

Après que les deux enveloppes dont je viens de parler ont
été détruites, on trouve une grande quantité de petits corps
solides, arrangés sur toute la superficie des poires, ainsi
qu'on le peut voir dans la *fig.* 224. Cette disposition m'engage à dire que ces petits corps forment une enveloppe gé-

Fig. 224.

PI. VIII. nérale, que je nomme l'*enveloppe pierreuse*, parce qu'on a coutume de les regarder comme de véritables pierres. Ces subſtances n'ont point échappé à la ſagacité de Malpighi & de Grew. Ruyſch les a nommées *corps aciniformes*. On trouve encore de pareilles pierres en d'autres endroits que ſous le corps muqueux : je vais eſſayer de donner une idée de leur continuité, c'eſt-à-dire, de la ſituation qu'elles ont les unes à l'égard des autres. Ces pierres qui ſont répandues dans toute la ſubſtance de la poire, n'y ſont cependant pas jettées au haſard : elles ſont amoncelées auprès de l'umbilic, où elles for-

Fig. 224. ment une eſpece de roche *b* (*fig.* 224.) : elles ſont arrangées aſſez régulierement ſous le corps muqueux, à côté les unes des autres *a a.* C'eſt, comme je l'ai déja dit, cet arrangement qui m'engage à nommer cet aſſemblage de pierres le *tiſſu*, ou l'*enveloppe pierreuſe* : le long de l'axe du fruit, excepté vers le cen-tre, elles forment par leur diſpoſition une eſpece de canal que je nommerai le *canal pierreux* (c). Il n'y a point d'endroit dans la partie charnue des poires, où les pierres ſoient plus groſſes qu'aux environs des pepins : elles y ſont un peu écartées les unes des autres, & unies par une ſubſtance qui ſe diſtingue du reſte de la chair de la poire à la vue, & ſur-tout au goût ; mais elle eſt aſſez ſemblable à celle qui unit les pier-res du tiſſu pierreux. Comme ces pierres enveloppent les pe-pins, je les conſidérerai toutes enſemble, comme formant une capſule, ou boîte pierreuſe *d* qui équivaut au bois des noyaux. Il faut donc concevoir que la roche *b* diminuant de groſſeur, forme le canal pierreux *c*, qui en s'élargiſſant fait une eſpece d'enveloppe aux pepins *d* : je la nommerai la *cap-ſule pierreuſe.* Ces pierres ſe rapprochent au deſſous des pe-pins, & elles forment une gaîne *e* dans laquelle paſſent les vaiſſeaux de la queue ; c'eſt pourquoi je la nommerai la *gaîne pierreuſe.*

On apperçoit maintenant la continuité qu'il y a entre l'enveloppe pierreuſe auprès de l'umbilic, la roche, le canal pierreux, la capſule pierreuſe, la gaîne pierreuſe qui va ſe joindre à l'enveloppe pierreuſe auprès de la queue. Si main-tenant on conçoit que depuis la capſule pierreuſe *d* juſqu'à l'enveloppe pierreuſe *a*, il ſe trouve çà & là des pierres ré-

pandues dans la substance de la poire, qui diminuent en
quantité & en grosseur depuis le centre *d* jusqu'à la circonférence *a*, on aura une idée assez juste de la disposition des
pierres dans le fruit dont nous parlons, lorsqu'il est parvenu
à sa grosseur. Pl. VIII.

J'ai dit que le canal pierreux se terminoit à l'umbilic;
c'est aussi à cet endroit que vient finir l'enveloppe pierreuse,
& la réunion de l'un & de l'autre y vient former ce que
nous avons appellé la *roche* (*fig.* 226.) Cette roche a la fi- Fig. 226.
gure d'un cône renversé, de maniere que la base répond à
l'umbilic, & la pointe qui est tronquée regarde les pepins :
elle ne paroît d'abord composée que d'un amas de pierres
soudées fort irréguliérement ensemble; néanmoins elle se divise d'une maniere très-distincte en deux parties. L'intérieure
(*fig.* 228.) a aussi la figure d'un cône tronqué, & elle est Fig. 228.
la continuation du canal pierreux (*fig.* 230.) qui en s'épanouis- Fig. 230.
sant à son extrêmité comme une trompe, forme à l'endroit de
l'umbilic la base du cône. Pour ce qui est de la partie extérieure
de la roche (*fig.* 226.), c'est un prolongement de l'enveloppe pierreuse qui, accompagnant le canal pierreux, com-
munique avec la capsule pierreuse (*fig.* 225.): la *fig.* 229. *b* Fig. 225,229.
est la *fig.* 228 *a* coupée en deux, pour faire voir que ce ca-
nal est creux; ce qui paroît encore par les stilets qui traversent les *Fig.* 226, 228, 230.

Après avoir pris une idée de la situation des pierres dans
les poires, il convient de les examiner en particulier pour
connoître leur organisation. Cet examen nous conduira peut-
être à découvrir leurs usages.

Suivant mes observations il seroit inutile de chercher des
pierres dans les fruits nouvellement noués. Cette partie du
fruit qui doit s'endurcir, ne m'a paru dans ce temps qu'une
masse blanche, compacte à la vérité, mais qui n'a point la
dureté qu'elle acquerra dans la suite. Cette substance paroît
se diviser par grains blancs, qui n'ont encore que peu de solidité, & qui font presque toute la substance intérieure du
fruit. Enfin ces grains grossissent & durcissent peu-à-peu; de
sorte que les fruits, lorsqu'ils sont encore fort petits, font
entiérement remplis de ces pierres, qui ne font cependant

Pl. VIII. pas encore auſſi dures que dans les fruits parvenus à leur maturité, & elles conſervent une légere tranſparence qui permet de remarquer quelques vaiſſeaux qui vont ſe ramifier dans leur ſubſtance. A meſure que les poires approchent de leur maturité, les pierres diſparoiſſent, & il ſemble que la plupart ſoient détruites : nous verrons néanmoins dans la ſuite qu'elles ne diminuent, ni en nombre, ni en groſſeur, & qu'au contraire elles deviennent plus dures & plus opaques, ſur-tout celles de la capſule pierreuſe. .

C'eſt avant le temps de leur parfait endurciſſement, qu'ayant examiné au microſcope pluſieurs de ces pierres, elles ne m'ont point paru formées par couches, ou par l'union de pluſieurs lames pierreuſes, mais ſeulement par l'aſſemblage de quantité de grains, ou ſi l'on veut, par la réunion de pluſieurs pierres fort petites, leſquelles communiquent les unes avec les autres par des vaiſſeaux, dont pluſieurs même paroiſſent avoir pris la conſiſtance des pierres. Ces pierres jettées dans le feu y brûlent, & répandent une odeur de pain grillé : celles qui ne ſont pas fort endurcies, ſe peuvent diſſoudre par une forte ébullition.

Pour obſerver la connexité des vaiſſeaux avec les pierres, il eſt à propos d'expoſer au microſcope de groſſes pierres flottantes dans un petit baſſin formé d'une glace bordée de cire, & rempli d'eau. Par ce moyen, & en choiſiſſant pour mes obſervations des pierres que j'avois tenues long-temps en macération, j'ai vu un nombre prodigieux de fi-
Fig. 227. bres *a* (*fig.* 227.) qui étoient diſpoſées en maniere de chevelure autour de chaque pierre. Quelques vaiſſeaux *b* beaucoup plus gros, venoient quelquefois y aboutir, ou ſe perdre, pour ainſi dire, dans une autre pierre ; d'autres fois ils en ſortoient, ſoit ſans s'être diviſés, & preſque de la même groſſeur qu'ils y étoient entrés, ſoit après s'y être diviſés en
Fig. 231. trois ou quatre branches. La *fig.* 231 qui repréſente une petite tranche de poire expoſée au microſcope, ſert à donner une idée de la poſition des vaiſſeaux capillaires & des gros vaiſſeaux qui forment la chair des poires. Ces obſervations ne ſe peuvent faire ſur de jeunes fruits, parce que les pierres ſont alors trop près les unes des autres ; mais à meſure que

les poires approchent de leur maturité, les vaisseaux se remplissent de liqueur, ils s'émincissent, ils s'allongent, ils s'attendrissent & blanchissent : les pierres au contraire durcissent, elles rougissent, deviennent opaques ; & ces différentes parties en sont plus aisées à distinguer les unes d'avec les autres.

Il ne faut pas croire que ce que je viens de dire de ces pierres, ne se rencontre que dans quelques especes de poires, où elles sont ordinairement plus grosses & plus dures que dans d'autres especes, dont la chair est fine & fondante. En effet, quoique ces pierres soient moins grosses & moins dures dans la Madeleine d'été, la Virgouleuse & le Beurré, que dans le saint Germain, la Bergamote, la Cresane, le Messire-Jean, je les ai toujours apperçues très-distinctement dans les unes & dans les autres : cependant je conseille à ceux qui voudront faire des observations sur ce point, de s'attacher aux especes où ces pierres sont plus sensibles, par exemple, le Saint-Germain.

Nous avons déja averti que nous n'appellions *pierres*, ces petits corps durs qui se trouvent dans les fruits, que pour nous conformer à l'usage assez généralement reçu. Il ne faut pas les confondre avec les pierres minérales & fossiles, ni même avec les concrétions pierreuses que l'on trouve dans les reins, la vessie, la vésicule du fiel, &c. des animaux.

Les pierres minérales ne sont point des corps organisés ; ils ne reçoivent point de nourriture par le ministere d'aucuns vaisseaux qui leur soient propres. Un suc pétrifiant, peut-être de la nature des pierres transparentes du cristal de roche, de la sélénite, ou de la stalactite, pénetre des terres argilleuses, bolaires ou autres, du bois, des coquillages ; & ces corps deviennent pierres, pour ainsi dire, par imprégnation. Ces sucs pétrifiants entraînent avec eux différentes substances, dont ils recouvrent les pierres déja formées, & ces pierres grossissent par incrustation. Voilà en gros l'histoire des pierres fossiles.

Des matieres visqueuses capables d'endurcissement, couvrent d'une espece de sédiment des substances déja dures, qui se trouvent dans les reins & dans la vessie : il se forme

des couches de ce fédiment endurci, qui groffiffent proportionnellement au nombre des couches. Voilà à-peu-près
comme fe forment les pierres des reins, de la veffie, &c.
qui néanmoins different beaucoup des pierres minérales &
calcaires, puifqu'elles brûlent & qu'elles fe réfolvent prefque toutes en huile empyreumatique, en fel volatil, & en
charbon.

Pour peu qu'on faffe attention aux obfervations que nous
avons rapportées fur les pierres des végétaux, on s'appercevra qu'elles ne groffiffent point par incruftation, mais par
des fucs que leur charrient le nombre prodigieux de vaiffeaux qui viennent y aboutir, d'autant plus qu'on obferve
affez conftamment qu'un gros vaiffeau va toujours aboutir à
une groffe pierre : je n'ai jamais pu appercevoir les lames
qui les compofent; mais j'ai remarqué une aggrégation très-
fenfible de plufieurs grains ou de petites pierres ; en un
mot, il me paroît probable que ces pierres végétales réfultent de l'endurciffement d'un corps organifé.

Il refte encore à fatisfaire à deux queftions auffi curieufes
& auffi embarraffantes l'une que l'autre. Comment ces pierres ont-elles été formées? Pour quelle fin l'ont-elles été?
Nous avons remarqué que les poires, immédiatement après
être nouées, n'avoient point de pierres ; que peu de temps
après elles en étoient remplies ; & qu'enfin lorfqu'elles
étoient parvenues à leur groffeur & à leur maturité, il fem-
bloit que ces pierres difparoiffoient. Ces circonftances rendent la premiere queftion embarraffante : car, enfin, d'où
proviennent ces pierres quand elles commencent à paroître?
& que deviennent-elles quand leur nombre en paroît diminué? D'un autre côté, & quant à leur ufage relatif à l'économie végétale, un corps qui change fi vifiblement de confiftance & de nature, doit-il produire les mêmes effets?

Pour effayer de fatisfaire à l'une & l'autre queftion, je
commence par examiner les pierres dès leur origine, & dans
le temps qu'elles n'ont pas encore acquis cette folidité qui
les rend fenfibles & faciles à reconnoître, lorfqu'on ne les
peut diftinguer encore que parce qu'elles font d'une fubftance compacte & d'un tiffu ferré ; en un mot, telles qu'elles

paroiffent

paroiſſent dans les fruits nouvellement noués. Je les regarde
alors comme des pelotons de vaiſſeaux ou comme des glandes : leur diſpoſition & leur tiſſu ſemblent en être des caracteres bien marqués , auſſi-bien que leur ſituation , par rapport aux autres vaiſſeaux. Mais de plus , les différentes liqueurs qui doivent ſervir à la formation de la ſemence, ſemblent exiger des organes propres à leur préparation , & cela
eſt en général du reſſort des glandes : j'ajouterai encore , s'il
eſt permis d'employer ici l'anatomie comparée , que le viſ-
cere , où les fœtus des animaux prennent leur croiſſance , eſt
tapiſſé de glandes.

Il eſt donc probable que cette ſubſtance grenue qui fait la
plus grande partie des fruits nouvellement noués, eſt glanduleuſe & formée de vaiſſeaux très - fins , dans leſquels les ſucs
doivent recevoir des préparations néceſſaires à la formation
des ſemences qui font alors les plus grands progrès ; car c'eſt
la partie des fruits qui ſe forme la premiere : la chair d'une
poire qui doit devenir fort groſſe , n'eſt encore rien quand
les pepins ſont preſque parvenus à leur groſſeur.

Ces ſucs ſont peut-être viſqueux & tartareux , & les vaiſſeaux dans leſquels ils doivent paſſer , peuvent être d'une
telle fineſſe , & tellement repliés qu'un ſédiment analogue au
tartre , en s'attachant peu-à-peu aux parois intérieures de ces
petits vaiſſeaux , en diminue le diametre , & qu'il commence
à leur procurer cette ſolidité que nous remarquons dans les
jeunes fruits , lorſqu'on dit qu'ils ſont tout remplis de pierres ; pour lors les liqueurs qui ne peuvent ſe filtrer en auſſi
grande abondance qu'avant l'endurciſſement des glandes , re-
fluent en quelque maniere ſur elles-mêmes ; elles dilatent les
vaiſſeaux qui ſont entre les pelotons glanduleux , & elles ſe
forment de nouvelles routes par des vaiſſeaux latéraux qu'elles
étendent , en leur donnant plus de volume en longueur & en
diametre ; ce qui fait que ces petits corps durs s'écartent
les uns des autres , qu'il s'interpoſe entre eux une ſubſtance
ſucculente , & que la chair de la poire fait ainſi des progrès.
A meſure que les fruits groſſiſſent , ces pierres , qui s'écartent les unes des autres , deviennent moins ſenſibles , quoiqu'elles ſoient en auſſi grand nombre , & auſſi dures qu'auparavant.   I i

Les pierres des fruits n'acquierent pas toutes une égale dureté, ni une même groffeur : dans certaines efpeces de poires elles font, & beaucoup plus groffes, & bien plus dures que dans d'autres. On peut obferver dans un même fruit cette différence : il y a même dans l'un & l'autre cas des pierres qui confervent leur molleffe jufqu'à la maturité des fruits : j'ajoute encore que le même fruit, une poire de faint Germain par exemple, devient toujours plus pierreux fur un arbre planté dans un terrein maigre & fec, que dans un qui eft fort gras & humide ; mais auffi, dans cette pofition, les fruits ont moins de goût, ce qui femble juftifier que l'endurciffement des pierres vient d'un fuc concret, qui doit tendre d'autant plus à l'endurciffement, qu'il fera plus concentré.

Les poires d'été font moins pierreufes que celles d'hiver, parce que fans doute les fucs y font trop en mouvement pour permettre aux fucs tartareux de fe fixer. Les coups de grêle occafionnent fur les poires des taches noires, fous lefquelles on trouve ordinairement de groffes pierres ; parce que l'obftruction étant une fois commencée, le tartre s'y arrête plus aifément.

J'ai confidéré ces pierres dans deux états, favoir, lorfqu'elles font encore molles ; & dans cet état il y a lieu de foupçonner qu'elles font la fonction de glandes : l'autre état eft quand elles commencent à s'endurcir ; & j'ai dit qu'alors il eft probable qu'elles occafionnent un reflux qui fert beaucoup à augmenter le volume des fruits. J'aurai occafion, quand je parlerai de l'ufage des vaiffeaux, de confirmer ce que je viens d'avancer fur les pierres confidérées dans l'un & l'autre état, mais on peut les envifager encore dans un troifieme état, favoir, lorfqu'elles font endurcies ; je ne crois pas qu'elles foient alors tout-à-fait inutiles à ces fruits ; & il me paroît, qu'après avoir fait l'office de glandes dans les jeunes fruits, elles deviennent, en s'endurciffant, de petits offelets, & qu'alors elles fourniffent des points d'appui aux fibres, qui fans cela n'auroient point eû de foutien, à caufe de leur longueur. C'eft peut-être pour cette raifon que la chair des pêches & des abricots n'a pas autant de fermeté

Liv. III. Chap. II. *Des Fruits, &c.* 251

Pl. VIII.

que celle des poires, même fondantes; & celles-ci, dont
la chair est quelquefois assez tendre, n'ont leurs pierres, ni
si grosses, ni si dures que les poires cassantes. Voici encore
une remarque qui mérite attention; c'est que dans le temps
que l'arbre est occupé de la formation du pepin, peu après
que les fruits sont noués, ces fruits sont presque entiérement remplis de glandes molles, qui ne s'endurcissant que
peu-à-peu, n'acquierent leur parfaite dureté que lorsque le
pepin est parvenu à sa grosseur naturelle : c'est alors que le
suc nourricier est employé à la formation de la chair, &
que les fruits grossissent considérablement. Je ne prétends pas
dire que les liqueurs ne passent plus dans les pierres, quand
elles sont une fois endurcies; elles traversent bien les os
qui sont infiniment plus durs : j'employerai même cette introduction des sucs dans les pierres endurcies, pour expliquer la formation de certaines grosses pierres, qu'on peut
regarder comme des especes d'exostoses, qui viennent peut-
être d'une trop grande affluence de ce suc tartareux auquel
nous attribuons l'endurcissement des pierres. Si les corps
dont nous parlons sont glanduleux, ils doivent opérer des
secrétions particulieres, selon la place qu'ils occupent dans
la poire. L'enveloppe pierreuse peut séparer la liqueur de
la transpiration; & les glandes de la capsule pierreuse, les liqueurs qui servent à la formation du pepin : mais il me semble plus à propos de remettre à en parler lorsque je vien-
drai à l'examen des parties auxquelles elles sont jointes le
plus immédiatement.

Art. III. *Des échancrures du Calyce.*

Le Calyce de la fleur du Poirier a, comme je l'ai dit,
à la circonférence de son bord, cinq échancrures ou découpures, qui subsistent ordinairement aussi long-temps que le
fruit : elles forment à son extrêmité *a* (*fig.* 223.) opposée à
la queue une espece de couronne à l'antique, qui entoure
& borde en quelque maniere la partie du fruit que j'ai ap-
pellée l'*umbilic*. Assez souvent on apperçoit à la partie la plus
épaisse & la plus large de ces appendices plusieurs pierres

Fig. 223.

Pl. VIII. qui font recouvertes par le corps muqueux & par l'épiderme : les duplicatures de ces membranes forment la pointe des appendices dont nous parlons.

Si l'on admet que les pierres des fruits ont pu être originairement des glandes, la grande quantité de pierres qu'on trouve à l'umbilic des poires parvenues à leur maturité, indique qu'il y avoit donc quantité de glandes en cet endroit lorfque les fruits étoient encore fort jeunes : on n'en fera pas furpris, fi l'on fait attention qu'au temps de la fleur, c'eft à cet endroit que les étamines & les pétales, qui font des organes de la fructification, étoient attachés ; mais après que la fleur eft paffée, les glandes devenues plus dures, font des efpeces d'os qui communiquent leur folidité aux appendices : quelquefois même les téguments deviennent fort-adhérents aux pierres ; & comme ils font en quelque façon calleux, on peut en un fens les comparer aux ongles des animaux. Quelquefois cet endurciffement fe communique au pédicule des étamines, qui alors fubfifte jufqu'à la deftruction du fruit.

ARTICLE IV. *Du Tiffu fibreux de la peau.*

QUAND on a enlevé l'épiderme d'une poire fondante que l'on a tenue en macération, que l'on a féparé le corps muqueux & l'enveloppe pierreufe ; la fubftance qui fe préfente enfuite, paroît avoir plus de folidité que la chair plus intérieure de la poire. Je fuis venu à bout de reconnoître la ftructure de cette fubftance, en feringuant de l'eau fur une de ces poires que je tenois plongée dans d'autre eau, de façon qu'elle n'en fût recouverte que d'une lame très-mince : le fluide lancé avec force détachoit la partie parenchymateufe, ou les vaiffeaux les plus capillaires ; & fi l'on agit avec affez de précaution pour ne point rompre les gros vaiffeaux, on découvre un rézeau ou lacis, compofé d'affez gros *Fig. 233.* vaiffeaux qui s'anaftomofent les uns avec les autres (*fig.* 233.), ce qui empêche qu'on ne puiffe les défunir pour fuivre féparément toutes les ramifications d'un même tronc, comme on verra dans la fuite qu'on le peut faire dans la chair de la poire.

Par le moyen que je viens d'indiquer, on reconnoît donc dans cette fubftance une ftructure affez particuliere pour être diftinguée du refte de la poire. J'ai cru pouvoir la comparer à la peau proprement dite des animaux, qu'on fait être un entrelacement très-ferré de vaiffeaux, avec cette différence que les poires n'étant pas formées d'un auffi grand nombre de vaiffeaux de différentes efpeces que le font ceux des animaux, le tiffu fibreux de la peau des fruits ne peut être, ni auffi fort, ni auffi diftinct que celui des animaux. Ainfi fans trop s'attacher à la comparaifon que je viens de faire, il fuffit de favoir que l'extrêmité des vaiffeaux de la poire forme fous l'enveloppe pierreufe une efpece de rézeau ou tiffu réticulaire, que je nomme la *peau*. J'aurai occafion d'en parler encore dans la fuite. Mais avant de terminer cet Article, je dois prévenir que quand j'ai dit que ces pierres pouvoient être appellées glandes, je n'ai point prétendu employer ce terme dans toute fon étendue, mais feulement indiquer que ces pierres, avant leur endurciffement, peuvent faire en quelque façon l'office des glandes.

Art. V. *Des Vaiffeaux.*

Si l'on ne fe propofoit que de prouver que la fubftance de la poire eft formée d'un nombre prodigieux de vaiffeaux, qui en s'entrelaçant les uns dans les autres, s'anaftomofent & vont aboutir aux pierres dont nous avons parlé, & qu'on peut regarder comme des efpeces de ganglions, il fuffiroit de prendre une poire fondante, prête à devenir molle; une poire Madeleine, par exemple, & après l'avoir pelée un peu épais pour emporter l'épiderme, l'enveloppe pierreufe, & le tiffu fibreux, on couperoit avec adreffe les gros vaiffeaux qui aboutiffent à la roche, qu'on emporteroit avec une partie du canal pierreux : alors mettant cette poire macérer dans l'eau, & introduifant le doigt *index* à la place de la roche, en preffant légérement avec le pouce, fecouant doucement dans l'eau, pour défunir & détacher les plus petits vaiffeaux, aidant cette féparation avec la pointe d'un cure-dent, renouvellant l'eau, & interrompant de temps en temps

Pl. VIII.

Fig. 234.

ce travail, pour laisser agir la macération, on parviendroit à dégager un prodigieux épanouissement de vaisseaux, dont la *figure* 234 ne peut donner qu'une légere idée. On y voit que la queue de la poire est composée d'un assemblage de vaisseaux qui, à mesure qu'ils s'enfoncent dans le corps du fruit, se divisent & s'épanouissent toujours de plus en plus, & qui deviennent en même temps de plus en plus tendres, jusqu'à ce qu'enfin ils soient convertis en une pulpe humide, qui renferme cette liqueur douce & agréable qu'on reconnoît dans les bonnes poires ; ce qui fait qu'on peut assez bien comparer cette pulpe au parenchyme de certains visceres des animaux, comme par exemple, le foie ou la ratte. Mais comme nos connoissances s'étendent au-delà de ces généralités, il faut faire voir l'ordre constant & régulier suivant lequel les vaisseaux de la poire sont disposés dans ce fruit.

Fig. 137.

Quand on coupe transversalement une poire, de façon qu'on divise en deux les pepins, ou les loges qui les renferment, on apperçoit au centre (*fig.* 137.) les loges & les pepins, autour desquels sont placées les pierres qui forment la capsule pierreuse, en dehors de laquelle on voit dix points de différente couleur que celle de la chair de la poire, & qui sont la section d'autant de gros troncs de vaisseaux ; mais pour en donner une idée juste, il faut commencer l'examen des vaisseaux, à commencer par la queue de ce fruit.

Fig. 232.

On découvre aisément dans les queues des poires un assez grand nombre de faisceaux de vaisseaux, qui s'étendent suivant la longueur de cette partie, sans former de ramifications sensibles (*fig.* 232.) Ces vaisseaux sont tendres & flexibles dans les jeunes fruits, mais ils s'endurcissent à mesure que les fruits grossissent, & dans les fruits murs ils sont fermes & ligneux. Ils forment dans cette partie une espece de tuyau, dans lequel on trouve, lorsque les fruits sont jeunes, une substance tendre & succulente, mais qui s'endurcit peu-à-peu, de même que les vaisseaux. Cette substance se prolonge avec les vaisseaux, selon la direction de l'axe du fruit dans la gaîne pierreuse, jusqu'au dessous de la capsule pierreuse dans laquelle sont les pepins : ils ne se divi-

Pl. VIII.

sent presque point dans cette route ; on apperçoit seulement quelques foibles rameaux qui s'épanouïssent dans la substance charnue qui les environne. On conçoit cependant que pour former la chair des poires, que l'on regarde comme la principale partie de ce fruit, parce qu'elle est la plus agréable au goût, il faut qu'une partie des vaisseaux de la queue (*fig.* 232.) se répande de côté & d'autre pour lui fournir de la nourriture : d'un autre côté, on ne peut s'empêcher de convenir que les poires sont formées pour renfermer les pepins qui doivent servir à la multiplication de l'espece ; & l'on conclura de cette considération, qu'il doit y avoir des vaisseaux particuliérement destinés à leur fournir la nourriture qui leur est nécessaire.

Tout cela s'exécute, mais d'une façon bien singuliere : car 1°, Quelques vaisseaux *b*, que j'appelle *vagues*, s'épanouïssent dans la chair aussi-tôt qu'ils ont quitté le faisceau de l'axe (*fig.* 235.) ; & comme il m'a paru que ces vaisseaux n'offrent rien de régulier, ni par leur nombre, ni par leur distribution, ils me semblent être uniquement destinés à fournir de la nourriture à la partie charnue des fruits : 2°, Outre ces vaisseaux, on en apperçoit constamment dix autres plus gros *a* (*fig.* 235 & 236.), qui après avoir quitté le faisceau de l'axe un peu au dessous de la capsule pierreuse, vont en serpentant & en décrivant un arc autour de cette capsule, aboutir à la roche, comme à un rendez-vous commun. La *fig.* 235 représente d'un côté l'un de ces vaisseaux séparé de la chair, & on le voit d'un autre côté encore engagé en partie dans cette chair. La *fig.* 236 fait voir très-sensiblement comment les pétales *d* & les étamines *e* s'implantent sur les glandes qui forment la roche. On y distingue le canal par lequel passent les pistils : on y apperçoit aussi cinq de ces gros vaisseaux *a* dont nous venons de parler, qui aboutissent à la roche.

Fig. 235.

Fig. 236.

Cette disposition d'organes étant une fois connue, il est aisé d'entrevoir les vues de l'Auteur de la nature : car dans le temps que la roche étoit une substance glanduleuse, dans laquelle s'implantoient les pétales & les étamines, les dix gros vaisseaux dont nous venons de parler, fournissoient à la fleur la nourriture qui lui étoit néceffaire; mais quand les fleurs font paffées, les glandes venant à s'obftruer & à s'endurcir dès que les pétales & les étamines n'ont plus befoin de nour- riture, les liqueurs conduites par les dix gros vaiffeaux n'é- tant plus admifes dans les glandes, font obligées alors de refluer fur elles-mêmes d'une maniere bien avantageufe pour l'accroiffement du fruit, puifque pour fe former de nouvel- les routes, elles font obligées de refluer par les branches latérales dans la fubftance charnue de ces fruits. Ainfi, fui- vant cette idée, il arrive dans cette occafion quelque chofe d'approchant de ce qui fe paffe après l'opération de l'aneu- vrifme, où le fang eft obligé de dilater les vaiffeaux latéraux pour fe frayer de nouvelles routes : au refte, quoique je penfe qu'il y ait des parties de la poire qui changent d'orga- nifation & d'ufage, je crois cependant que ce changement eft bien plus fimple que celui qui arrive aux organes des ani- maux qui fe métamorphofent. Mais, comme ce raifon- nement n'eft fondé que fur la convenance, il ne fera pas inutile d'y en joindre un qui me paroît plus convaincant : je le tire de quelques obfervations que j'ai faites fur le pro- grès & l'accroiffement du fruit.

Il paroît que dans le temps de la fleur la nature femble ne s'occuper que de la formation des pepins. Alors le ca- lyce qui doit devenir le fruit, ne groffit prefque que pro- portionnellement à l'augmentation du volume des pepins. Après que la fleur eft paffée, & lorfque les fruits font noués, ils reftent encore quelque temps fans augmenter fen- fiblement de volume, & cela dure jufqu'à ce que les pe- pins foient parvenus prefque à leur groffeur naturelle; pour lors la fubftance charnue des poires manque prefque entié- rement, & les dix gros vaiffeaux rampent entre les tégu- ments & la capfule pierreufe ou glanduleufe, qui touche prefque à ces téguments; car alors cet entrelacement, que je nomme la *peau*, ne fe peut diftinguer; mais quand les pepins font parvenus à-peu-près à leur groffeur, & que les glandes commencent à s'endurcir, alors la fubftance charnue fe forme fenfiblement, & les poires groffiffent à vue d'œil.

On peut auffi avoir remarqué que ce n'eft pas dans les
plus

plus belles poires, que les pépins font les plus beaux : ils
font prefque tous avortés dans le Bon-chrétien d'Auch, pendant qu'ils font ordinairement bien conditionnés dans les
poires fauvages. Il eft probable que cette différence que l'on
remarque dans les poires d'Auch, vient de ce que les pépins ne tirant aucune nourriture, toute la fubftance s'emploie à la formation de la chair. Ceci peut être confirmé
par un accident très-connu qui fait tomber beaucoup de poires. Dans le temps que les Poiriers font en fleur, il arrive
fouvent qu'une petite mouche fait fon nid dans les fleurs
épanouies, & y dépofe fes œufs, d'où il naît un petit ver
qui a fix pattes à la tête : ce ver entre dans la poire par le
canal pierreux, & il s'y nourrit de ce qu'il trouve à fon
goût : il dérange ainfi l'organifation des glandes, & il pré-
cipite le reflux de la feve : auffi ces poires endommagées
groffiffent-elles beaucoup plutôt que les autres ; mais cet
accroiffement précipité n'étant point dans l'ordre de la nature, du moins à l'égard des fruits, ces poires devenues
monftrueufes tombent en peu de temps.

Les preuves que j'ai données du reflux des liqueurs, &
l'obfervation que j'ai fait des changements qui en réfultent,
m'ont empêché de continuer l'examen des vaiffeaux, & de
fuivre leur divifion, leur épanouiffement, & la route qu'ils
tiennent. Comme ces points font importants pour connoître
l'économie de la poire, j'y reviens.

Pour pouvoir donc fe former une idée nette de la diftribution des vaiffeaux, il faut fe fouvenir qu'il y en a un gros
faifceau qui s'étend, fans fe féparer, depuis l'extrêmité de
la queue jufqu'à la capfule pierreufe : c'eft là où ces vaiffeaux
fe divifent, pour remplir dans le fruit différentes fonctions :
les uns, que j'ai appellés *vagues*, s'épanouiffent tout-à-coup
dans la fubftance charnue ; d'autres que je nomme *fpermatiques*, pour les raifons que j'expliquerai dans la fuite, vont
fe rendre circulairement à la roche, pour fournir dans le
temps de la fleur, la nourriture propre aux étamines & aux
pétales, & enfuite fervir, de concert avec les vaiffeaux vagues,
à la formation de la chair. C'eft fans doute pour cela que
les principales ramifications de ces vaiffeaux font portées du

Pl. VIII. côté de la peau fous laquelle ils s'épanouiffent, s'anaftomofent, & forment par leur entrelacement ce que j'ai appellé
la *peau* de la poire. Je dois encore faire remarquer qu'il fe
détache de chacun des vaiffeaux fpermatiques un rameau confidérable qui defcend vers la queue pour nourrir la chair qui
fe trouve en cet endroit, comme on le peut voir dans les
Fig. 235 & 236, à la lettre *c* : d'autres enfin, que je nomme
Vaiffeaux nourriciers, parce qu'ils me paroiffent particuliérement deftinés à la nourriture des femences, s'épanouiffent
aux environs des pepins, comme nous le dirons, après
avoir parlé du parenchyme qui conftitue la partie principale
de la chair de notre fruit.

Suivant ce que nous avons dit de la diftribution des vaiffeaux vagues & des vaiffeaux fpermatiques, on peut, pour
fe former une idée de la charpente d'une poire, fe repréfenter un Pommier à mi-tige dépouillé de fes feuilles, &
chargé de fruits. La tige de ce Pommier repréfente le gros
faifceau de vaiffeaux qui forme la queue, & qui s'étend jufqu'à la capfule pierreufe : enfuite imaginons que cette tige
fe divife en dix branches, qui repréfenteront les dix vaiffeaux
que nous avons nommés fpermatiques ; les fruits ferviront
à donner une idée de la pofition des glandes : fuppofons
maintenant qu'on entrelace les branches de l'extrêmité les
unes dans les autres ; fuppofons encore qu'elles fe foient
mutuellement greffées, & l'on aura à-peu-près l'idée de l'entrelacement que forment les vaiffeaux fous les téguments. Au
moyen de cette comparaifon, toute groffiere qu'elle eft, on
pourra fe repréfenter la charpente d'une poire : mais il y a
encore bien des vuides à remplir ; ces vuides le font par
une fubftance utriculaire ou cellulaire, ou, fi l'on veut, par
un parenchyme qui entoure les gros troncs & toutes les
glandes, en forme de duvet. (Voyez les *Figures* 233, 234
& 235.) Ces fibres rayonnées qu'on voit à la *figure* 231 ;
ce duvet qu'on apperçoit aux *Fig.* 227 & 235, forment une
prodigieufe quantité d'entrelacements & d'anaftomofes. Des
lentilles de mon microfcope, qui forcent beaucoup, m'ont
fait appercevoir que ces fibres étoient encore hériffées de
duvet ; & qui fait fi ce duvet n'eft pas lui-même entouré d'un

autre duvet encore plus fin ? Quoi qu'il en foit, je n'affure point que ces filaments foient vafculeux : je ne nie pas non plus qu'ils ne forment des utricules dont le microfcope ne m'a fait appercevoir que la coupe ; en un mot, je renvoie à cet égard, & fur ce qui concerne le parenchyme de la poire , à ce que j'ai dit de ces mêmes parties dans le pre-mier Chapitre, à l'Article du tiffu cellulaire.

Aʀᴛ. VI. *Des Pepins & des organes qui fervent à leur formation.*

Cᴏᴍᴍᴇ j'ai déja examiné les boutons à fruit des Poiriers, il me fuffit de rappeller ici que les pepins s'apperçoivent à la bafe du piftil, long-temps avant que les fleurs foient épanouies : quand les fleurs font ouvertes on diftingue dans leur centre (*fig.* 115. Pl. III.) cinq ftyles terminés par leur ftigmate : cha-que ftyle répond à une capfule de pepins qui en contient deux. En partant du ftigmate, chaque ftyle defcend jufqu'à la par-tie fupérieure de cette fubftance glanduleufe qui donne naif-fance aux étamines ; & il conferve jufques-là une groffeur à-peu-près uniforme : après quoi il diminue un peu de grof-feur, & traverfe la roche & le canal pierreux, avec lequel il ne contraéte aucune adhérence. Une bonne partie de ce ftyle paroît fuivre fa route felon l'axe de la poire, jufqu'à la bafe des pepins , mais cette portion fe fépare aifément en deux, fuivant fa longueur, de forte que chacune de ces parties appartient à chacun des pepins (*fig.* 238 & 241.) Une autre portion du ftyle s'épanouit fur la partie extérieure des capfules des pepins, comme en *b fig.* 239. Nous aurons encore occafion de parler de ces organes ; mais l'ordre que je me fuis prefcrit exige que je paffe à l'examen d'autres parties.

Fig. 238 & 241.

Fig. 239.

Quand on coupe une poire fuivant fa longueur (*fig.* 238.), on apperçoit du côté de la queue un gros faifceau de vaif-feaux qui fe prolonge, fuivant l'axe du fruit, dans la gaîne pierreufe, laquelle renferme dans fon milieu une fubftance tendre & délicate qui va aboutir, auffi bien que le faifceau,

Pl. IX.
Fig. 238. à un amas d'une substance particuliere qui est à la base des pepins. Cette substance *a* (*fig.* 238.) que je crois pouvoir appeller le *Placenta*, pour des raisons que je dirai dans la suite, est assez facile à distinguer du reste dans quelques especes de poires; car elle est d'un tissu plus fin & plus serré que le reste de la chair, & quelquefois elle se termine en forme d'un gros mamelon, ou comme une petite houpe dans une cavité plus ou moins grande qui est entre les loges des pepins, & que je nomme le *sinus central* b (*fig.* 238.) Les côtés de ce sinus sont formés par les loges des pepins: son extrêmité qui est du côté de la queue, est terminée par le *placenta*; celle qui répond à l'umbilic est ouverte, & ses parois intérieures sont ordinairement relevées de cinq arrêtes principales qui s'étendent suivant sa longueur, & se terminent par une de leur extrêmité au style *c* dont elles sont une continuation, & par l'autre extrêmité au *Placenta a.*

On trouve dans chaque poire cinq capsules à pepins (*fig.* 237.), & chaque capsule renferme deux pepins qui sont situés de façon que le gros bout est du côté de l'umbilic, &
Fig. 241. le petit bout du côté de la queue (*fig.* 241.) Les parois intérieures de chaque capsule sont formées par une mem-
Fig. 240. brane (*fig.* 240.) qui est d'un tissu très-serré; cette membrane est fort polie, & elle ressemble assez bien à du parchemin : je lui conserverai ce nom sous lequel on a coutume de la connoître. On ne laisse pas d'appercevoir que les fibres qui composent cette membrane ont une direction oblique : on peut remarquer un petit onglet *e* (*fig.* 240.) de la même substance en forme de faux qui sépare les deux pepins l'un de l'autre seulement par le gros bout; & de plus, que les pepins ne sont presque jamais adhérents à cette membrane : je dis *presque jamais*, parce que j'ai quelquefois trouvé un peu d'adhérence, mais cela est fort rare; & ce cas paroît être la suite d'une maladie particuliere. Ainsi les pepins ne peuvent recevoir de nourriture que par un vaisseau *d* (*fig.* 240 & 241.) que je nommerai *umbilical* d'après plusieurs Auteurs.

Chaque pepin a son vaisseau umbilical particulier, qui prend son origine du *placenta* a (*fig.* 238.), ou d'une subs-

tance un peu compacte qui est formée de la réunion des
vaisseaux du pistil, & de ceux dont nous parlerons dans la
suite : l'autre extrêmité du vaisseau umbilical traverse le parchemin, ainsi que l'enveloppe noire du pepin, pour se rendre à ce qu'on appelle proprement l'*Amande* (*fig.* 246.),
comme je l'expliquerai dans la suite. Les capsules des pepins laissent ordinairement entre elles un espace plu ou moins
grand, qui est rempli d'une substance particuliere (*fig.* 243.)
que j'appellerai avec Grew *substance acidule* : elle est blanche, succulente, d'un tissu fin & serré, d'un goût relevé &
ordinairement aigrelet ; & elle me paroît semblable, à en
juger par le goût, à une substance qui se trouve entre toutes les glandes, soit du tissu de la peau, soit de la capsule
pierreuse ; ce qui pourroit faire soupçonner qu'elle est en
grande partie formée de vaisseaux excrétoires très-fins : enfin
cette substance acidule est en quelque façon renfermée par
la capsule pierreuse (*fig.* 239.)

    Entre la substance acidule & le parchemin qui forme les
loges des pepins, on découvre le *plexus réticulaire* (*fig.* 242.).
Pour s'en former une idée juste, il faut se représenter exactement la figure des loges (*fig.* 244.) : elles se terminent d'un côté
par une espece de tranchant, comme un quartier de pom-
me ; & du côté opposé qui a plus d'épaisseur, elles sont
arrondies & bordées (*fig.* 239.), tant sur le côté arrondi,
que sur le tranchant de deux faisceaux de vaisseaux qui s'é-
tendent de l'extrêmité de chacun des pistils jusqu'au *placenta*
c. Pour distinguer ces faisceaux, j'appellerai l'un *a, la portion
interne du style*, & l'autre *b, la portion externe.* Celle-ci fait
un demi-cercle autour des pepins, & jette quelques-uns de
ses rameaux dans la substance pierreuse *d* : l'autre va tout
droit du *placenta c* au style *e* ; en sorte que les deux portions
se réunissent au dessus des capsules. Ceci bien entendu, je
reviens à la position du *plexus* (*fig.* 239 & 242.) qui prend
son origine du *placenta c* par trois ou quatre troncs de vaisseaux ; lesquels, après s'être divisés en plusieurs branches, &
s'être anastomosés plusieurs fois ensemble, vont se perdre à
la partie supérieure de la capsule, n'y ayant, à ce qu'il m'a
paru, que quelques branches qui se joignent à la portion

Pl. IX.

Fig. 246.

Fig. 243.

Fig. 239.

Fig. 242.

Fig. 244.

Fig. 239, 242.

Pl. IX.
Fig. 242.

externe du ftyle; mais tous les rameaux jettent quantité de
branches dans la fubftance acidule. La *fig.* 242 repréfente d'un
côté le plexus entiérement détaché du parchemin, & de l'autre le parchemin, fur l'extérieur duquel on apperçoit quelques vaiffeaux du rézeau.

Il ne refte plus à parler que de quelques vaiffeaux (*fig.*
239.) qui partent auffi du *placenta*, & qui vont tout de fuite
s'épanouir dans la capfule pierreufe; laquelle, comme nous
l'avons dit, eft une efpece de boîte glanduleufe & elliptique,
qui renferme toutes les parties dont je viens de parler. On
defireroit fans doute connoître quel eft l'ufage immédiat
de ces organes; mais je me bornerai ici à dire en général
qu'ils doivent être relatifs à la formation des pepins, parce
que j'en remettrai le détail après l'Article, où je me propofe de difcuter l'importante queftion du fexe des plantes.
Je crois cependant devoir dire maintenant quelque chofe
des fruits capfulaires & de ceux à noyau, ce qui me fournira
l'occafion de parler de la formation des femences. Comme
ces parties font plus fenfibles dans les fruits à noyau que
dans ceux à pepins, l'expofition en deviendra plus aifée:
d'ailleurs, après avoir donné, par l'anatomie de la poire, un
exemple de l'organifation des fruits charnus qui dans leur
origine font partie du calyce, il convient de donner une
idée des fruits charnus dont les embryons font fimplement
renfermés dans le calyce: les amandes, les pêches, les abricots, les prunes font de ce genre.

ARTICLE VII. *Anatomie des Fruits à noyau.*

ON SE rappellera que dans les fleurs des Pêchers, des
Abricotiers, des Pruniers, &c. les étamines & les pétales font
attachés aux calyces qui tombent quand les fleurs font paffées: donc ces calyces ne deviennent point charnus comme dans les poires; d'où il fuit que les organes qui fervent
à former la chair de ces fruits, n'ont aucun rapport avec le
calyce; & comme les calyces doivent tomber auffi-tôt que

les fruits font noués, il femble que l'Auteur de la nature
ne les ait pourvus que des organes qui font indifpenfablement néceffaires aux pétales & aux étamines.

Pl. IX.

En jettant les yeux fur la *fig.* 247, on y verra que les pétales *a* font attachés par un appendice fort mince aux angles
rentrants *b* que forment les échancrures du calyce, & que les
pédicules des étamines *c* prennent leur origine des parois intérieures de ce calyce. Il eft vrai que l'intérieur du calyce eft
tapiffé aux endroits où s'attachent les étamines, d'une fubftance fucculente *d* qui eft d'un jaune vif dans la plupart des
efpeces de Pêchers, & fréquemment chargée d'une humeur
mielleufe qui paroît extravafée. Cette fubftance jaune feroit-
elle glanduleufe ? équivaudroit-elle à ces glandes du calyce
de la poire qui fupportent les étamines? C'eft ce que je n'o-
ferois décider.

Fig. 247.

Le bas du piftil *e*, cette partie plus renflée que le refte
qu'on nomme *l'embryon*, étant ifolée dans le calyce des
fruits à noyau, ne doit être pourvue que des organes qui
fervent à la formation du pepin & à la production de la
chair. Nous allons effayer d'en donner une idée affez jufte,
quoique concife.

Nous avons déja dit que chaque pepin de la poire avoit
auprès de fa partie pointue un vaiffeau umbilical *a* (*fig.* 245.);
nous avons ajouté que ce vaiffeau traverfoit la peau brune
du pepin, & qu'il alloit fe perdre vers le gros bout fous les
envelopppes (*fig.* 246.) On obferve quelque chofe à-peu-près
femblable dans les noyaux des amandes, des abricots, des
prunes, des pêches (*fig.* 248.)

Fig. 245.

Fig. 248.

Les noyaux des abricots & des prunes font relevés par
un de leurs côtés d'une arrête tranchante, & de l'autre ils
font creufés d'un fillon. Les noyaux des pêches (*fig.* 249.)
en place de cette arrête tranchante, ont un fillon peu régulier ; & de l'autre côté ils ont une rainure plus profonde &
plus réguliere (*fig.* 250.) qui eft bordée de deux levres faillantes. Si en introduifant dans cette rainure le tranchant
d'un couteau, on fend le noyau en deux, on apperçoit une
gouttiere (*fig.* 251.) creufée dans le bois; il y a lieu de
croire qu'elle étoit deftinée à recevoir le vaiffeau umbilical.

Fig. 249.

Fig. 250.

Fig. 251.

Pl. IX.

J'ai dit encore, en parlant des pepins des poires, que ce vaiſſeau pénétroit leur écorce brune, & qu'entre cette écorce & les enveloppes intérieures de l'amande il alloit gagner le gros bout, où il s'uniſſoit à ces enveloppes. Il en eſt à-peu-près de même dans les fruits à noyau, leſquels, indépendamment de la boîte ligneuſe, ont encore leurs amandes recouvertes de pluſieurs enveloppes, dont je me propoſe de parler dans la ſuite. Cependant il y a, ſi je ne me trompe, une différence aſſez conſidérable dans la route que tient ce vaiſſeau umbilical dans les fruits à noyau, d'avec celle qu'il obſerve dans les fruits à pepins. Pour la comprendre, il faut être prévenu qu'il y a lieu de croire que la boîte ligneuſe des fruits à noyau a commencé par être glanduleuſe, ce qui me fait penſer qu'elle peut tenir lieu dans ces eſpeces de fruits, de ce corps que j'ai appellé *la capſule pierreuſe* dans les poires. Je rapporterai tout-à-l'heure les raiſons qui m'ont engagé à former cette conjecture; mais ſi elle ſe trouve fondée, pourquoi le vaiſſeau umbilical, qui ne traverſe pas dans la poire la capſule pierreuſe, ſuit-il dans la boîte ligneuſe, la route que l'on voit indiquée par la *fig.* 251 ?

Il faut remarquer que les pepins des poires ſont ſitués de façon que la pointe où eſt la plantule, eſt tournée du côté de la queue; en ſorte que le vaiſſeau umbilical, au ſortir du *placenta*, s'engage tout de ſuite entre les enveloppes, & va gagner l'extrêmité la plus renflée du pepin.

Dans les fruits à noyau, au contraire, la partie pointue des amandes eſt tournée du côté du ſtyle, & la partie renflée du côté de la queue; de ſorte qu'il m'a paru que le vaiſſeau qui paſſe par la rainure marquée ſur la *fig.* 251, entre dans la cavité du noyau, & s'inſinue dans les enve-

Fig. 255. loppes de l'amande, à l'endroit marqué *a* (*fig.* 255.) J'avoue naturellement que je n'ai pas bien exactement ſuivi la route de ce vaiſſeau ſous ces enveloppes. Mais il eſt probable qu'il va, comme dans le pepin, gagner le gros bout vers

Fig. 255. *b* (*fig.* 255.) Je reviens à la comparaiſon de la boîte ligneuſe avec la capſule pierreuſe de la poire.

L'intérieur des noyaux eſt formé d'une couche de bois aſſez mince, & d'un tiſſu fin & ſerré : elle eſt polie, brillante;

elle

Pl. IX.

elle contient immédiatement l'amande, fans contracter avec
elle aucune adhérence : toutes ces circonftances m'engagent
à la comparer au parchemin des loges où font renfermés les
pepins des poires, avec cette différence que cette membrane
a acquis plus de confiftance dans les fruits à noyau que dans
ceux à pepin. Sur le parchemin des poires on découvre ce que
j'ai nommé le *plexus* réticulaire (*Fig.* 242.): on remarque un pareil *plexus* dans l'intérieur des amandes à coquilles tendres
(*fig.* 253.); & l'on voit fenfiblement, quoique ce rézeau foit

Fig. 253.

converti en bois, qu'il jette des rameaux, foit vers le feuillet ligneux & poli dont je viens de parler, foit dans la partie ligneufe que je crois avoir été en premier lieu glanduleufe dans les jeunes fruits.

Ce qui me fait penfer que le corps du noyau a été originairement glanduleux, c'eft qu'ayant fait macérer dans de
l'eau des fruits à noyau de toutes fortes d'âges, j'en ai vu
quelques-uns dont le noyau fe divifoit totalement par grains
femblables à-peu-près à ceux des pierres des poires. Cette obfervation m'a encore fait remarquer qu'il fe trouve des efpeces
de prunes, dont le noyau eft affez tendre pour être aifément
divifé par grains fans avoir été mis en macération. Au refte,
j'avoue que dans les noyaux durs on ne peut appercevoir ni le
plexus réticulaire, ni les grains dont je viens de parler : cependant, comme tous les noyaux font probablement organifés
les uns comme les autres, je n'ai pas cru devoir omettre
les conjectures dont je viens de parler, ne fût-ce que pour
engager les Phyficiens à confidérer ces organes fous le même
point de vue qui m'a frappé.

Dans les fruits à noyau, ainfi que dans les fruits à pepin,
la partie charnue ne fait un progrès confidérable qu'après
que l'amande eft formée; & fi l'on veut acquérir une idée
jufte de la diftribution des vaiffeaux qui forment cette chair,
il faut attendre que les fruits foient parvenus à une parfaite
maturité, & qu'ils foient en quelque façon cuits fur l'arbre;
c'eft alors qu'ils font affez fenfibles dans certains abricots;
& l'on fera bien encore d'en examiner quelques efpeces qui
ne quittent pas le noyau. Avec ces attentions, & après
avoir pelé au couteau des abricots pour enlever les tégu-

Pl. IX. ments & l'entrelacement des vaisseaux qui sont à la circonférence du fruit, & qu'on découvre sensiblement dans les ce-Fig. 254. rises qu'on a dépouillées de leur peau, comme dans la *fig.* 254; j'ai mis les abricots que je voulois disséquer tremper dans l'eau; & après avoir employé les mêmes précautions qui m'avoient siFig. 252. bien réussi pour la dissection des poires, j'ai apperçu (*fig.* 252.) les gros vaisseaux qui partent de la queue, & qui vont se répandre dans la chair : j'en ai vu entre autres un gros qui étoit engagé dans la rainure du noyau, & qui fournissoit beaucoup de branches à la partie charnue. Ces faisceaux ou troncs principaux se divisent en une infinité de rameaux qui sont garnis d'un duvet extrêmement fin. Dans les abricots qui ne quittent point le noyau, quantité de vaisseaux, ainsi qu'une partie du duvet dont je viens de parler, semblent partir de tous les points de la boîte ligneuse : & dans les abricots qui quittent le noyau, il semble que ces vaisseaux aient été coupés par le noyau même qui a pris une consistance très-dure, & que la chair, ayant continué à prendre de l'étendue depuis que le noyau avoit cessé de croître, se soit éloignée de cette boîte ligneuse. Dans les pêches, on apperçoit fréquemment de gros vaisseaux qui sortent des sillons du noyau. Certaines especes de pêches d'automne sont très-propres à faire voir cette distribution de vaisseaux qui se montrent très-clairement sur la superficie de la coupe d'un quartier de pêche. Ainsi donc, pour avoir une idée claire de la distribution des vaisseaux dans une pêche, il faut concevoir : 1°, Que la queue de ce fruit, qui est fort courte, est formée de l'assemblage de quantité de vaisseaux, dont quelques faisceaux vont, en contournant le noyau, se rendre au bout du fruit opposé à la queue, à l'endroit où dans le temps de la fleur le style étoit placé : 2°, Qu'un grand nombre de ces vaisseaux vont tout de suite s'épanouir dans le bois du noyau; & le premier usage de cette boîte ligneuse paroît destiné à la préparation des sucs nécessaires pour la formation de l'amande : 3°, Qu'il sort de la superficie de cette boîte ligneuse un nombre infini de vaisseaux : 4°, Que tous ces vaisseaux forment par leur épanouissement la substance charnue de la pêche, & qu'ainsi la plus grande partie des vaisseaux qui for-

Pl. IX.

mént cette chair, ne prennent pas immédiatement leur origine de la queue, mais du corps ligneux qui renferme l'amande, pendant que le corps ligneux reçoit immédiatement de la queue les vaiſſeaux qui lui ſont propres. Au moins, c'eſt ainſi que les choſes paroiſſent quand le noyau eſt endurci; car je penſe que quand le noyau eſt encore tendre, la diſtribution des vaiſſeaux de la pêche ne differe pas beaucoup de celle des vaiſſeaux qui répondent à la ſubſtance acidule & à l'enveloppe pierreuſe de la poire. J'aurois encore beaucoup de choſes à dire ſur la diſtribution de ces vaiſſeaux, mais comme je crains de m'être déja trop étendu ſur cette matiere, je paſſe à ce qui regarde la formation des amandes dans la boîte ligneuſe qui les renferme.

Art. VIII. *De la formation des Amandes.*

Nous avons dit que les noyaux étoient preſque parvenus à leur groſſeur avant que la chair fût ſenſiblement formée; il en eſt de même des noyaux qui ont atteint preſque toute leur croiſſance, long-temps avant que les fruits ſoient parvenus à leur groſſeur naturelle; & il n'eſt pas rare de trouver des pêches dont la chair eſt à peine formée, & dont le noyau, qui eſt déja fort gros, renferme une amande bien conditionnée. Si l'on ouvre un noyau parvenu à ſa groſſeur, mais dans un fruit qui ſoit encore verd, on le trouve rempli d'une ſubſtance glaireuſe (*fig.* 256.), que je crois organiſée & entrecoupée de pluſieurs membranes *. Dans les jeunes fruits l'écorce des amandes eſt blanche; dans ces fruits devenus plus gros l'intérieur de la membrane qui recouvre immédiatement l'amande, eſt encore blanche; l'extérieur de cette membrane eſt couleur de marron dans les pepins des poires parvenues à leur maturité, & jaune dans les amandes proprement dites : cette écorce jaune eſt en quelque façon grenue & aſſez épaiſſe. Lorſque les amandes ſont parvenues à leur maturité, cette écorce devient plus mince, & elle brunit; & ſi l'on met tremper pendant quelques jours dans de l'eau des amandes ſe-

Fig. 256.

---

* M. Grew qui a fait de grandes recherches ſur les ſemences, dit qu'après avoir fait bouillir des feves remplies d'humeur glaireuſe, cette humeur s'étoit épaiſſie.

Pl. IX.
Fig. 255. ches, on apperçoit que cette enveloppe brune eſt traverſée de pluſieurs vaiſſeaux (*fig.* 255.) Je reviens à l'amande ver-te remplie d'humeur viſqueuſe.

On commence à appercevoir à la pointe de cette amande un petit point blanc : quelque temps après ce point devient Fig. 257. plus ſenſible (*fig.* 257.), & on voit qu'il eſt enchaſſé par le bas dans une petite veſſie tranſparente, très-diſtincte du reſte de l'humeur glaireuſe, avec laquelle elle ne communique que Fig. 259. par un filet *a* (*fig.* 259.). Le corps blanc, qui eſt l'amande, groſſit ; & proportionnellement à l'augmentation de groſſeur de Fig. 258. l'amande, la veſſie prend auſſi de l'étendue (*fig.* 258.) : l'a-mande continue à augmenter de volume, de même que la veſſie, qui s'approprie peu-à-peu toute la ſubſtance glaireuſe qui rempliſſoit la coquille, de ſorte qu'il ne reſte plus que les membranes : alors l'amande groſſit aux dépens de la veſſie dont elle conſomme toute la ſubſtance, & elle remplit tou-te la capacité de la coquille.

Ce qui m'a toujours fort ſurpris, c'eſt que je n'ai point apperçu de communication bien ſenſible de l'amande avec cet-te veſſie ; j'ai ſeulement vu quelquefois une eſpece de vaiſſeau qui, paſſant entre les deux lobes de l'amande, me ſembloit aller juſqu'au germe ; mais ſoit que ce fût réellement un vaiſſeau, ou que l'amande ſe nourriſſe par la racine ſéminale dont nous par-lerons dans la ſuite, laquelle feroit l'office d'une racine ordi-naire, il reſte pour conſtant que l'amande ſe nourrit aux dépens de la véſicule, de même que la véſicule ſe nourrit aux dépens de l'humeur viſqueuſe. Il eſt important de ne point oublier ces obſervations ; car nous en ferons uſage dans le Livre ſuivant, où nous parlerons de l'amande lorſqu'elle eſt parvenue à ſon état de perfection. La *figure* 259. repréſente l'amande *b* ; la veſ-ficule *c* ; la ſubſtance glaireuſe *d* ; le vaiſſeau de communication *e*.

ART. IX. *Des Fruits capſulaires.*

ON A VU que la poire qui ſe forme du calyce même de la fleur, renferme, outre les organes qui appartiennent aux pétales & aux étamines, ceux encore qui ſervent immédiate-ment à la formation & à la nourriture des ſemences & de la chair. Dans les pêches, les abricots, &c. dont les calyces

Pl. IX.

tombent quand les fruits font noués ; les fruits qui font ifolés dans leurs calyces ne contiennent que les organes qui appartiennent immédiatement à la femence, & ceux qui fervent à la formation de la chair. Il y a des fruits encore plus fimples, tels font les *capfulaires* ; car les étamines & les pétales étant nourris par le calyce, les fruits qui font peu ou qui ne font point charnus, n'ont que les feuls organes néceffaires à la nourriture des femences. Je choifis pour exemple les filiques (*fig.* 260.) qui font de vrais fruits capfulaires. On voit (*fig.* 261.) que les étamines prennent leur origine du calyce à la bafe du piftil qui eft formé (*fig.* 262.) d'un ou deux ftigmates, d'un ftyle qui fe courbe au fortir de l'embryon qui eft allongé ; qu'aux approches de l'embryon, le ftyle fe divife en deux faifceaux, dont l'un, qui eft plus confidérable que l'autre, borde la filique du côté de *a* (*fig.* 260.), & l'autre du côté de *b*. Le faifceau le plus confidérable fournit quelques rameaux à un peu de chair qui couvre les gouffes vertes ; & cette diftribution de vaiffeaux forme un *plexus* réticulaire, qui reffemble affez à celui dont nous avons parlé à l'occafion des poires & des amandes. L'intérieur des gouffes eft formé par un parchemin compofé de fibres dont la direction eft oblique (*fig.* 261.) ; mais la groffe nervure reçoit les vaiffeaux umbilicaux qui fourniffent la nourriture aux femences qui ne font point adhérentes aux capfules. La *fig.* 265 eft particuliérement deftinée à faire voir ce vaiffeau umbilical : on voit (*fig.* 264.) une femence verte dépouillée de fon écorce *a* ; qui eft épaiffe dans les fruits encore verds ; elle devient mince de plus en plus, à mefure que les femences mûriffent : les lobes *b* font dans l'intérieur.

Fig. 260.
Fig. 261.
Fig. 262.

Fig. 265.
Fig. 264.

Il ne m'eft pas poffible de parcourir, même très-fuccinctement, les différentes organifations qu'on obferve dans les fruits capfulaires ; je me bornerai à dire que les femences qui y font renfermées, font attachées par un vaiffeau umbilical, quelquefois à un placenta placé dans l'axe de la capfule (*fig.* 267.) ; d'autres fois ce placenta fe divife en deux ou en un plus grand nombre de portions, comme dans la *fig.* 266 ; ou bien il forme des arrêtes à la partie intérieure des fruits, comme dans la *fig.* 268.

Fig. 267.

Fig. 266.
Fig. 268.

CHAPITRE III.

DE L'USAGE DES PARTIES DES FLEURS & DES FRUITS.

On vient de voir dans le Chapitre précédent que les fleurs & les fruits font formés d'un grand appareil d'organes; & tous les Phyficiens font perfuadés que ces organes font deftinés à la formation des femences qui fervent à la multiplication des efpeces : cette deftination générale ne fouffre donc aucune difficulté ; mais les fentiments ont été bien partagés fur les différentes fonctions qu'on devoit attribuer à chacun des organes dont nous venons de donner une légere idée.

Les fleurs complettes font, comme nous l'avons déja dit, formées du calyce, des pétales, des étamines & d'un ou de plufieurs piftils. Nous avons encore dit qu'on ne pouvoit pas regarder les calyces comme indifpenfablement néceffaires à la fructification, puifque plufieurs fleurs fourniffent de bonnes femences, quoiqu'elles n'aient point de calyce. On voit bien que dans certaines fleurs le calyce qui fupporte les pétales & les étamines, eft pourvu d'organes qui font fans doute néceffaires à ces parties; mais lorfque les calyces leur manquent, la nature y a apparemment fuppléé en les douant d'autres organes équivalents.

Quoi qu'il en foit, les Phyficiens s'accordent affez à penfer que les calyces qui, lorfque les organes de la fructification étoient très-tendres, fervoient à les défendre des injures de l'air, fourniffent enfuite la nourriture aux parties qui y font attachées.

Les pétales ne peuvent pas non plus être regardés comme des organes abfolument néceffaires à la fructification : j'en ai rapporté les raifons, & j'ai dit qu'ils pouvoient protéger les étamines & les piftils, faire l'office de feuilles pour ranimer le mouvement des liqueurs dans les organes de la fructification, & peut-être aussi donner à ces liqueurs certaines préparations importantes, sur-tout dans le cas où les étamines partent des pétales ; car alors elles ont vraisemblablement une disposition organique qui convient à ces parties des fleurs.

Les organes indispensablement nécessaires à la fructification se réduisent donc aux étamines & aux pistils : on ne peut jetter sur cela aucun doute, puisque toutes les observations s'accordent à établir : 1°, Qu'il n'y a aucune plante capable de donner de bonnes semences qui ne soit pourvue de pistils & d'étamines réunis dans une même fleur, ou séparés : 2°, Que lorsque par une monstruosité qui arrive aux fleurs doubles, toutes les étamines se trouvent converties en pétales, alors ces fleurs ne donnent point de semences parfaites : 3°, Que quelques fleurs, dont le pistil s'épanouit en petites feuilles, ne donnent point non plus de semences : 4°, Que si l'on retranche à dessein les étamines avant que leurs sommets soient ouverts, les fruits avortent, ou ne donnent point de semences fécondes : 5°, Que les embryons avortent pareillement quand, aussi-tôt que les fleurs sont épanouies, on retranche le style & le stigmate.

Tous ces faits que personne ne révoque en doute, prouvent uniquement que les étamines & les pistils sont nécessaires pour la formation des semences ; mais ils ne mettent point en état de décider la principale question qui partage les Naturalistes sur l'usage de ces parties. Voici à quoi elle se réduit, car il seroit inutile de discuter des sentiments qui sont maintenant généralement abandonnés.

Les uns, & Tournefort est de ce nombre, ont regardé les étamines & les pistils comme des organes excrétoires, dont la fonction se réduisoit à débarrasser les plantes d'un excrément, de la même maniere à-peu-près que les reins des animaux séparent l'urine de la masse de leur sang. D'autres, comme Pontedera, ont prétendu que ces visceres étoient formés d'un nombre d'utricules dans lesquels la seve recevoit une préparation qui la rendoit propre à nourrir les jeunes fruits. M. Alston regarde, ainsi que M. Tournefort, la poussiere des étamines comme un excrément ; & en com-

parant les embryons des fleurs aux boutons & aux cayeux,
il n'hésite pas de dire que de même que ces parties des végétaux font des productions fans le fecours des pouffieres,
les embryons peuvent auffi, fans ce fecours, devenir des
fruits bien conditionnés. Comme M. Alfton eft un des derniers Auteurs qui ait écrit fur cette matiere, il a oppofé au
fentiment que je vais rapporter, plufieurs objections dont
on ne peut fentir la force qu'après que nous aurons expofé
le fentiment qui eft maintenant affez généralement fuivi par
tous les Botaniftes & les Phyficiens : le voici.

Il y a à certains égards tant de conformité entre les végétaux & les animaux, qu'on a été engagé par cette analogie
à admettre la différence des fexes dans les plantes. Il ne faut
pas croire que nous entendions ici parler d'un mauvais ufage
qui a établi une diftinction de plantes mâles & femelles ; cette
diftinction n'eft fondée fur aucune difpofition organique relative aux fexes, & elle fe borne à regarder comme plantes femelles celles qui font plus délicates & de plus petite taille, &
comme plantes mâles, celles qui ont un port plus robufte :
c'eft cette diftinction abufive qui a fait que l'on a divifé les
Ormes, les Cyprès, les Chênes en mâles & en femelles.
Il ne s'agit point dans le fentiment que nous expofons, de
défigner différents individus, mais plutôt les organes pris, fi
l'on veut, dans un même individu, dont les uns fervent à
produire la femence, & à la nourrir jufqu'à fon état de perfection, & les autres à rendre cette femence féconde.

Quoique Théophrafte ait diftingué les Palmiers en mâles
& femelles, parce que les uns portent des fruits, & que
d'autres font ftériles, & ne paroiffent deftinés qu'à la fécondation des embryons que portent les premiers, & quoiqu'il
dife expreffément que les fruits du Palmier coulent, fi l'on
n'a pas l'attention de fecouer fur les embryons les pouffieres
des étamines, ajoutant qu'il y a dans cette occafion *quafi
coïtus* ; néanmoins cet Auteur retombe dans la diftinction
abufive dout nous venons de parler, & appelle mâles ou
femelles des arbres qui font inconteftablement hermaphrodites, & dans les claffes où il y a des individus qui ne portent que des fleurs mâles, & des individus qui ne portent

que

que des fleurs femelles : sans avoir aucun égard aux organes
du sexe, il établit cette distinction sur la vigueur, la grandeur & la force des arbres. Quelques Sectateurs de Théophraste
ont poussé la chose jusqu'à nommer *femelles* les arbres qui
donnent les plus beaux fruits ; & cette dénomination s'est
étendue à des objets qui n'en sont nullement susceptibles :
c'est en conséquence de cet abus que l'on nomme dans les
boutiques l'*encens-mâle*, le *mastic-mâle*, &c.

Dioscoride & Galien distinguent à la vérité la plupart des
plantes en mâles & femelles, mais sans un rapport assez
marqué entre cette dénomination & les parties sexuelles.
Pline dit expressément que toutes les plantes ont les deux
sexes. Il fait même, & Jonston après lui, valoir l'exemple
du Palmier fourni par Théophraste [1].

Néanmoins ces Auteurs retombent dans les distinctions
abusives dont je viens de parler. Cette confusion a subsisté
jusqu'à Cesalpin, qui a parlé plus positivement sur la fécondation des fruits par la poussière des étamines : il nomme
femelles les arbres qui donnent des fruits ; & il appelle *mâles* les arbres de même genre qui sont stériles ; & il ajoute
que les fruits réussissent mieux quand les arbres qui les portent sont dans le voisinage des mâles [2].

Grew dans son *Anatomie des Plantes* fixe encore plus les
idées sur cette matiere, en disant positivement que quand
les capsules des sommets s'ouvrent, les poussieres qu'elles
contiennent tombent sur les embryons & sur les pistils, &
qu'elles fécondent les fruits, non en s'introduisant dans les
semences, mais par la communication d'une exhalaison sub-
tile & vivifiante. Ray a adopté ce sentiment dans la Préface de son *Histoire des Plantes*. Camerarius, Professeur de
Botanique à Tubinge, a fait un discours pour prouver que
la génération des plantes est semblable à celle des animaux,
& il remarque expressément, que toutes les fois que les sommets des étamines, ou les pistils manquent au bled de Tur-

---

[1] *Veneris intellectum, maresque afflatu quodam & pulvere etiam fœminas maritare.*
Jonston dit aussi : *Maritare quasdam necesse est ; hinc maris & fœminæ confusa in illis
principia sunt.*
[2] *Quasi halitus quidam è mare effluens, debilem fœminæ calorem expleat ad fruc-
tificationem.*

M m

quie, les femences coulent, & ne produifent point de grains
capables de germer. Il fe fait néanmoins fur cela des objections dont nous parlerons dans la fuite. Morlant, dans
les *Tranfactions philofophiques*, convient bien que les embryons
font fécondés par les pouffieres des étamines; mais il ne
veut pas accorder que ce foit par une vapeur, comme le
dit Grew; il prétend qu'il y a dans les pouffieres un amas
de plantes féminales qui s'introduifent dans l'embryon par
les piftils. Heifter eft fi fortement attaché au fentiment de
Camerarius, qu'il prétend que cet Auteur a prefque épuifé
la matiere.

Geoffroy qui adopte l'exiftence des deux fexes dans les
plantes, dit dans fa *Differtation fur l'ufage des principales parties des Fleurs :* 1°, Qu'on n'apperçoit le germe dans les femences qu'après que les fommets ont répandu leur pouffiere : 2°, Que quand on coupe les étamines avant la projec-
tion des pouffieres, les femences avortent ou reftent ftériles.
Il en apporte pour exemple le Maïs déja cité par Camerarius, & la Mercurielle. Cependant ce même Camerarius avoue
que quelques femences arrivent à leur maturité; mais il attribue ce fait à quelques pouffieres apportées de loin par le vent.

Vaillant foutient de toutes fes forces le fexe des plantes
dans fon *Difcours fur la ftructure des Fleurs*, mais il remarque :
1°, Que dans la Pariétaire les étamines ont fouvent répandu leur pouffiere avant que les piftils foient ouverts : 2°,
Que la pouffiere ne peut pas parvenir jufqu'à l'embryon par
le piftil, lequel fouvent n'eft pas creux : 3°, Que quand les
piftils font creux, on n'apperçoit point d'ouverture par laquelle la pouffiere puiffe s'infinuer dans les plantes : 4°, Enfin, qu'un efprit volatil & fubtil peut être communiqué du
piftil aux vaiffeaux umbilicaux, & par cette voie arriver à la
femence. On voit que Vaillant combat ici le fentiment de
Morlant & de Geoffroy, & qu'il adopte celui de Grew.
M. Linnæus a fait une differtation particuliere, où il établit
la néceffité du concours des deux fexes, pour avoir des femences capables de produire leurs femblables. Enfin j'ai
adopté l'exiftence des deux fexes dans les plantes, en parlant du Chanvre, dans mon ouvrage fur·les *Manœuvres des*

Vaiffeaux, dans les recherches que j'ai faites fur la caufe des nouvelles efpeces de fruits [1], & fur l'anatomie de la poire [2]. Maintenant, pour fixer les idées fur un objet auffi curieux, je vais rapporter fuccinctement ce qu'on a penfé fur la génération des animaux; & je rapporterai enfuite dans un plus grand détail les obfervations qui ont été faites fur les végétaux : je prendrai le plus fouvent pour exemple la poire, dont j'ai examiné avec plus de foin les parties organiques relatives au fexe.

Les Anciens ont admis deux fortes de génération : l'une qui étoit le réfultat de la corruption, en conféquence de laquelle ils croyoient que la plupart des infectes lui devoient leur origine; l'autre, comme dépendante d'un germe qui réfultoit du concours des deux fexes : ce concours étoit trop fenfible dans les gros animaux, pour le révoquer en doute.

La fagacité des Naturaliftes les a conduit à des obfervations qui ne permettent plus d'admettre d'autre caufe de la génération que celle des germes. L'invention des lentilles de verre & des microfcopes nous a mis à portée d'être témoins de la reproduction de quantité d'infectes, qu'on foupçonnoit tirer leur origine de la corruption. Il eft vrai que ces inftruments, qui nous font entrevoir des corps dont on ne foupçonnoit pas même l'exiftence, ne font point encore venus à un point de perfection qui puiffe nous mettre en état d'obferver leur reproduction. Mais depuis qu'on a été témoin de l'accouplement d'infectes fort petits; depuis qu'on a découvert par quelle induftrie certains infectes dépofent leurs œufs dans des chairs qui fourniffent après leur corruption un aliment convenable aux vers qui en doivent naître; depuis qu'on a vu d'autres infectes pénétrer dans le corps même des animaux pour y faire leur ponte; comment quelques-uns percent le cuir des bœufs, l'écorce des arbres, le bois même, & toujours pour placer les vers qui doivent fortir de leurs œufs dans un lieu où ils puiffent trouver une nourriture convenable; de même, par un examen affidu & avec le fecours des microfcopes, on a découvert des femences dans plufieurs plantes qu'on en croyoit privées.

[1] Mém. de l'Académie des Sciences 1730. === [2] Ibid, 1730, & 1731.

Mm ij

Depuis toutes ces découvertes, dont on est redevable à MM. Rédi, Réaumur, Micheli, Linnæus, &c. n'est-on pas engagé à croire que l'uniformité de la nature n'est jamais dérangée, même dans les êtres que nous pouvons à peine entrevoir : il paroît du moins qu'il est sage de s'abstenir de prononcer sur ces origines, jusqu'à ce que de nouvelles découvertes nous aient mis à portée de les mieux examiner. Si dans quelques circonstances l'observation est en défaut, si l'on est embarrassé à prouver quelle est l'origine de certains insectes, de certaines mousses, les lumieres que l'observation a portées sur tant d'êtres du même genre, & dont l'origine nous étoit inconnue, doit nous porter à penser que rien ne s'écarte de la regle générale ; qu'aucun être ne doit sa formation au hasard, que tous sont produits par une semblable génération, laquelle dépend du concours des deux sexes ; le plus petit Moucheron comme le Rhinocéros, la plus petite Mousse comme le Chêne le plus élevé.

Après ces observations, il faudroit s'abandonner à des imaginations peu réfléchies pour admettre les générations équivoques ; & assurément celui qui se fait une loi de soumettre ses idées à l'expérience, celui qui exige de lui-même que ses raisonnements quadrent avec l'observation, celui-là, dis-je, se gardera d'avancer qu'un corps qu'il voit organisé avec tant d'art, tant de précision & de dessein, soit le résultat du hasard, d'un mouvement confus, d'un arrangement fortuit des parties de la matiere. Si quelqu'un entreprenoit de renouveller ces anciennes idées, je lui demanderois comment il les pourroit faire quadrer avec la perpétuité & l'uniformité que les Observateurs remarquent entre toutes les productions de la nature. Les especes à la vérité sont infiniment variées, puisque la vie d'un Naturaliste laborieux suffit à peine pour en connoître une partie ; mais ces Observateurs savent que chaque espece se multiplie à l'infini, sans souffrir de changement notable. Depuis les temps les plus reculés, les Eléphants ont toujours produit des Eléphants ; les Moustiques des Moustiques ; les Chênes des Chênes ; les Mousses des Mousses.

La nature suit ordinairement les loix générales qui lui ont

été impofées par fon divin Auteur ; & cette réflexion engage à conclure par analogie, que puifqu'un nombre d'êtres
vivants proviennent d'œufs, les plantes, qui font des êtres
vivants, doivent avoir une origine à-peu-près femblable. Je
ne dis pas que les plantes ne peuvent pas être multipliées
autrement, puifqu'elles fe multiplient prefque toutes par les
boutures, les marcottes & les drageons enracinés ; mais en
remontant à l'origine de ces marcottes & de ces boutures,
on voit qu'elles ont été produites par un arbre qui a été en
premier lieu formé par une femence, ou fi l'on veut, par
un œuf. En comparant les femences des plantes aux œufs
des animaux, je ne prétends pas établir que la difpofition
organique de l'un & de l'autre foit femblable ; mais j'emploie ce terme, parce que l'un & l'autre font produits pour
la même fin : je pourrois même dire qu'il y a plus de reffemblance entre un noyau & un œuf d'oifeau, qu'entre cet
œuf & celui d'un vivipare. Je ne fuivrai pas plus loin cette
comparaifon, parce que j'aurai occafion de le faire dans la
fuite.

Une poule peut pondre fans avoir été fécondée par un
coq, mais fon œuf fera incapable de produire un poulet ;
& comme on obferve conftamment qu'une femelle feule ne
peut produire qu'un germe infécond, on eft fondé à regarder comme une loi générale, que le concours des deux fexes
eft néceffaire pour la multiplication des efpeces. On verra
dans la fuite que cette loi peut s'étendre aux végétaux ; & ;
après l'exemple des œufs des oifeaux, on n'aura pas lieu d'être
furpris fi l'on voit un fruit, & même une femence non fécondée,
parvenir à fa groffeur naturelle, fans qu'il fe foit opéré de fécondation. Il faut maintenant examiner fi ces femences font
capables de germer & de produire leur femblable.

On fait que la fécondation s'opere différemment dans différentes efpeces d'animaux : & quoiqu'on connoiffe la différence des fexes dans les poiffons, & que perfonne ne révoque en doute que leurs œufs foient fécondés, on n'eft pas
encore affez inftruit de quelle façon s'opere cette fécondation ; il ne doit donc pas paroître fingulier que la fécondation des plantes s'opere autrement que celle des ani-

maux. D'ailleurs, si l'on est encore incertain comment s'opere la fécondation de quelques plantes, est-on plus assuré de la maniere dont la substance fécondante agit sur les œufs des animaux? On a fait sur cela quantité de raisonnemens; on a imaginé beaucoup de systêmes; mais comme cette action intérieure n'étoit point susceptible d'expériences ni d'observations, l'obscurité a toujours subsisté : ainsi le fait est certain, mais le moyen reste inconnu.

Aux fermentations & aux précipitations des Anciens ont succédées, entre autres, deux hypotheses qui ont paru mériter plus d'attention que les autres. Harvey pensoit que la cicatricule renfermoit l'embryon, ou les rudiments de l'animal entier, qui attendoit du mâle l'impression des premiers mouvemens, ou la vie. Les Sectateurs de ce célebre Auteur ne pouvant concevoir qu'une machine aussi admirable qu'est le corps d'un animal, pût être formée par un autre, ont soutenu que tous les germes avoient été formés dès la premiere création. On démontre géométriquement que la matiere est divisible à l'infini; mais on ne peut se prêter à concevoir que les germes de toutes les successions d'une espece d'animal aient été contenus dans l'ovaire de celui qui est sorti le premier des mains du Créateur.

Lewenhoeck ayant apperçu à l'aide du microscope, des corps qui se mouvoient dans la liqueur séminale, en a conclu que chacun de ces corps, qu'il regardoit comme des especes particulieres de vers, se logeoit dans la cicatricule de l'œuf; qu'il y prenoit de l'accroissement; qu'il s'y métamorphosoit à la maniere des insectes, & qu'il devenoit enfin un animal semblable à celui qui l'avoit produit. Ce sentiment a emporté presque tous les suffrages; & le germe que Malpighi a observé dans les œufs qui ont été couvés, & qu'il regardoit comme le premier rudiment du fœtus, a paru peu différent du ver séminal de Lewenhoeck. Ce sentiment, quoique fort ingénieux, souffre néanmoins de grandes difficultés.

1°. Si, suivant Lewenhoeck, les vers séminaux se métamorphosent dans les œufs, les jeunes animaux devroient, au moment de la naissance, être enveloppés par les membranes du fœtus, semblables au *Corion* & à l'*Amnios* ; mais on observe qu'un poulet, par exemple, est contenu dans les enveloppes de l'œuf, & qu'il n'en a point qui lui soient propres : on devroit donc du moins trouver les dépouilles de l'animal qui s'y est métamorphosé.

2°. Comme ces vers émanent d'un pere, les enfants devroient donc lui ressembler toujours ; cependant il est d'expérience qu'ils tiennent du pere & de la mere. Un lévrier & une barbette font des metifs qui tiennent de l'un & de l'autre.

3°. Quelle est l'origine de ces prétendus vers ? Dira-t-on qu'ils sont produits par d'autres vers, ceux-ci encore par d'autres, & ainsi à l'infini ? C'est une supposition difficile à admettre, & qui ne fait que transporter sur les vers la difficulté qui se présentoit pour les animaux.

Enfin quelques-uns prétendent que les petits corps que Lewenhoeck a observés, ne sont point de véritables animaux vivants, mais seulement des parties organiques, qui par leur aggrégation peuvent former des corps organisés. Ce nouveau sentiment, loin de nous éclaircir sur cette matiere, nous plonge encore dans des ténebres plus épaisses que les premieres. J'épargne au Lecteur mille rêveries auxquelles cette question a donné lieu. Le peu que je viens de rapporter suffit pour faire connoître dans quels égarements se porte l'esprit humain, quand il veut s'élever à des objets inaccessibles, & faire marcher dans des routes où il ne peut être conduit ni par l'observation ni par l'expérience. On ne sera donc point surpris, si dans ce que je me propose de dire sur les végétaux, je m'arrête au point où l'expérience & l'observation se refuseront à me servir de guide. Ceci une fois dit, je reviens à mon sujet.

Les semences des plantes sont de vrais œufs : comme telles, elles ont besoin d'être fécondées pour devenir capables de produire une plante semblable à celles qui les ont formées. Les plantes ont donc nécessairement les organes des deux sexes : mais quels sont ces organes, & où résident-ils ?

Il est clair qu'il faut chercher les organes de la génération des plantes dans les parties où les semences sont formées, où elles reçoivent la fécondation, & où elles prennent leur accroiffement : ces parties font les fleurs & les fruits. Ainfi les fleurs doivent être définies, comme l'a dit Linnæus : *Les organes de la génération des plantes qui fervent à la fécondation des femences* : & les fruits : *les organes de la génération des plantes qui fervent à la nourriture du fœtus.* Or toutes les plantes qui portent des femences, ont des étamines & des piftils : les étamines font les parties mâles, & les piftils font les parties femelles. Si donc, comme dans le Poirier, le Pêcher, l'Abricotier, les étamines & les piftils fe trouvent raffemblés dans les mêmes fleurs, ces fleurs, que nous avons nommées *complettes*, font hermaphrodites, ou androgynes. Si, comme on l'obferve dans le Pin, il y a des fleurs qui ne contiennent feulement que des étamines, ce font des *fleurs mâles* : & celles qui ne contiennent que des piftils, s'appellent des *fleurs femelles.* On peut fe rappeller que nous avons dit que quantité d'arbres, tels que le Poirier, le Pommier, le Pêcher, &c. portoient des fleurs pourvues d'étamines & de piftils, ou hermaphrodites ; que d'autres, tels que le Noyer, portoient fur le même arbre, mais féparément, des fleurs à étamines ou mâles, & des fleurs à piftils ou femelles ; enfin, qu'il y en a qui portent ces deux efpeces de fleurs fur différents individus ; de forte que les uns ne portent que des fleurs mâles, & les autres que des fleurs femelles : les Palmiers, les Thérébinthes font de ce genre. Cette féparation & cette réunion des organes qui appartiennent aux deux fexes, n'offre rien de contraire à ce qui s'obferve dans les animaux ; car quoique la plupart ne poffedent qu'un fexe, il y en a quelques-uns, comme le ver de terre & le limaçon, qui ont les organes des deux fexes réunis dans le même individu. Pénétrons maintenant dans l'intérieur des fruits, & examinons féparément les organes qui appartiennent à chacun des fexes. Je commence par les mâles.

Les dix gros vaiffeaux *a a a* (*fig.* 236. Pl. VIII.) portent la feve aux glandes de la roche *b* qui lui donne une préparation avant de paffer par les pédicules des étamines *d*, & delà aux fommets *e*, qui font en même temps la fonction des organes qui fervent immédiatement à la fecrétion & à la préparation de la matiere fécondante, & de réfervoir pour contenir

cette

cette matiere. Les fommets des étamines s'ouvrent ; la pouffiere qui y eft contenue , eft lancée de tous côtés , & elle porte ainfi la fécondation.

Je ne prétends pas dire que ce foit cette pouffiere qui féconde les femences ; car comme nous avons vu qu'elle eft formée de petites veffies qui crevent d'elles-mêmes, & qui répandent une liqueur chargée de petits grains d'une fineffe qui les rend prefque imperceptibles, ce font peut-être, ou ces grains, ou la liqueur elle-même, qui operent la féconda-tion ; ou ce fera , fi l'on veut, l'*halitus* de Grew ; car nous voilà parvenus à des objets fi déliés , qu'ils échappent à nos recherches.

Les organes femelles font en bien plus grand nombre ; voyez les *Fig.* 239, 240, 241, 242, 243, 244. Les capfu-les des pepins qu'on peut comparer à la matrice des ani-maux , s'implantent fur une efpece de *placenta*, auquel vien-nent aboutir les divifions des piftils , d'où partent les vaiffeaux umbilicaux qui appartiennent à chaque femence, ainfi que le *plexus* réticulaire, & plufieurs autres gros vaiffeaux. Ces capfules font environnées par la fubftance acidule & la capfule pier-reufe, ou plutôt glanduleufe. Tous ces organes qui font ren-fermés dans le fruit , & auxquels je n'ofe affigner des ufages particuliers, ne font affurément point indifférents à la for-mation des femences. Les ftyles excedent les fruits , & ils font terminés par leur ftigmate, qui eft probablement la par-tie au moyen de laquelle s'opere la fécondation , fans que nous puiffions dire comment elle s'opere.

Maintenant fi l'on fe rappelle ce qui a été dit plus haut ; on concevra que toutes les parties des fleurs, fans en excep-ter les pepins, fe forment fecrétement dans les boutons pen-dant l'automne & l'hiver. Au printemps toutes ces parties prennent de l'étendue ; elles forcent les boutons de s'ouvrir, & les fleurs s'épanouiffent. Alors les ftigmates s'ouvrent, de même que les fommets des étamines ; leur pouffiere rejaillit de tous côtés, & les femences font fécondées. Les femen-ces font donc fécondées dans l'intérieur des poires ? Nous allons voir que c'eft dans ce même endroit qu'elles acque-rent leur accroiffement ; mais pour fuivre ma penfée, il faut

N n

rapporter ici ce qui arrive aux œufs, tant des ovipares que des vivipares.

Le fentiment le plus ordinaire eft que dans les animaux vivipares, l'œuf eft fécondé dans l'*ovaire*; que de-là il paffe par les trompes à l'*uterus*, avec lequel il contracte une union intime par le *placenta*, & l'on juge qu'il s'établit dès-lors une circulation du fœtus au *placenta*, & du *placenta* au fœtus; mais outre cette circulation, le fœtus reçoit continuellement des fecours de fa mere par le *placenta* qui fert d'entrepôt; (ce feul point nous fuffit) : ainfi dans les vivipares le fœtus reçoit continuellement des fecours de fa mere pendant qu'il fe forme. Mais dans les ovipares, la chofe fe paffe bien différemment : l'œuf des oifeaux qui a été formé & fécondé dans l'ovaire, augmente de volume dans le temps qu'il emploie à parcourir un long canal, qu'on nomme l'*Ovi-ductus*; & il en fort, pourvu d'une fuffifante quantité d'aliments pour nourrir le fœtus, jufqu'à ce qu'étant formé, il brife fa prifon. Ainfi l'incubation de cet œuf ne commence qu'après que l'œuf a été pondu; & le fœtus fe forme fans recevoir aucun aliment de fa mere; il n'a befoin alors que du fecours d'une chaleur convenable.

A l'égard du pepin de la poire, il tient en quelque maniere le milieu entre les vivipares & les ovipares; car il s'incube dans le lieu où il a été formé; c'eft-à-dire, dans l'intérieur de la poire. Il y a néanmoins lieu de croire que fon amande fe forme fans prefque tirer aucun fecours de la poire, fi ce n'eft par les liqueurs qui étoient contenues dans le pepin, avant que l'amande commençât à fe former; car lorfque l'amande commence à paroître, les fecrétions femblent interceptées par l'endurciffement des glandes. De même, dans les fruits à noyau, l'amande ne fe forme que quand la boîte ligneufe eft confidérablement endurcie; & dans ces fortes de fruits le vaiffeau umbilical eft alors prefque defféché.

J'ajouterai, que fi les pepins recevoient, quand l'amande fe forme, de grands fecours de leur fruit, il leur feroit inutile de contenir une provifion d'aliments pareille à celle qu'on remarque dans les œufs des ovipares, & que tout le monde connoît fous le nom de *jaune* & de *blanc* d'œuf. J'ai fouvent cueilli quantité de noix lorsque le cerneau ne faisoit que commencer à se former : dans cet état les enveloppes ne contenoient presque que l'humeur glaireuse; mais les ayant fait mettre en tas à la cave, le cerneau s'est presque aussi bien formé que s'il eût resté sur l'arbre. J'ai observé que si on les tenoit dans un lieu sec, les cerneaux restoient beaucoup plus petits qu'ils ne doivent être; sans doute à cause qu'une partie des liqueurs qui les doivent nourrir, se dissipoit par la transpiration.

On doit maintenant avoir une idée de la *formation* des semences selon l'hypothese du concours des deux sexes. Nous ne dissimulerons cependant pas que cette hypothese a été combattue par plusieurs objections assez fortes que nous allons rapporter, afin de mettre les Lecteurs en état de juger si elles sont capables de faire abandonner un sentiment qui paroît établi sur de fortes preuves, & qui d'ailleurs est très-conforme aux loix générales de la nature.

Les Palmiers sont du nombre de ces arbres qui portent des fleurs mâles & des fleurs femelles sur des individus différents. Or, dès le temps d'Alexandre, les habitants de la campagne qui cultivoient des Palmiers, s'étoient apperçu qu'il étoit important à la fructification, que ces deux individus se trouvassent rapprochés les uns des autres. Hérodote rapporte que dans l'Orient, où l'on fait un grand usage du fruit du Palmier, les Paysans attachent des branches de Palmiers mâles aux branches de ceux qui portent le fruit. Ce fait se trouve confirmé par les observations de Tournefort, quoique ce célebre Botaniste n'admette cependant point l'existence des deux sexes dans les végétaux.

Prosper-Alpin dit que l'abondance des récoltes des Dattes que produisent les déserts de l'Arabie, ne dépend d'aucune culture particuliere; mais qu'elle est occasionnée par les poussieres des étamines que le vent transporte des fleurs mâles du Dattier sur les fleurs femelles.

Enfin Théophraste, Pline, Prosper-Alpin, Tournefort, Kempfer, pensent tous que sans le secours des fleurs mâles les dattes seroient d'un mauvais goût, & leurs noyaux hors d'état de germer. Le P. Labat rapporte cependant dans son voyage de l'Amérique qu'il a vu dans un couvent de son Ordre à la Martinique, un Palmier isolé & très-éloigné de tous ceux de son espece, qui donnoit néanmoins du fruit. Ce fait n'a rien de contraire au sentiment des Auteurs ci-devant cités, puisqu'il ajoute que les noyaux de cet arbre ne levoient point, & que les fruits n'en étoient pas si bons que ceux du Levant. Il en est sans doute de même de ce que J. Bauhin rapporte, qu'il a vu à Montpellier un Palmier fort vieux, qui n'avoit commencé à donner du fruit qu'à l'âge de 50 ou 60 ans, puisque cet Auteur ne dit point si les noyaux étoient capables de germer, ni si ces fruits étoient bien conditionnés.

Les expériences réitérées faites par les Paysans, qui n'étoient prévenus en faveur d'aucun systême, ont sans doute attiré l'attention des Physiciens, & leur ont fait appercevoir l'existence des deux sexes dans les végétaux. D'autres observations ont confirmé celles dont je viens de parler.

Geoffroy rapporte dans sa Matiere médicale, qu'en Sicile on attache les fleurs des Pistachiers mâles sur les Pistachiers femelles pour en féconder les fruits.

M. Peyssonnel, Consul à Smyrne, & M. Cousineri, Chancelier à Chio, m'ont écrit que dans le Levant on distingue les Thérébinthes & les Lentisques en mâles & femelles ; que ceux-ci seulement portent du fruit, & que l'on y pense que les autres servent à les féconder. M. Cousineri ajoute cependant qu'il a trouvé une espece de Lentisque qui portoit sur le même individu des fleurs mâles & des fleurs femelles. Je ne peux pas révoquer en doute ce fait, puisqu'il m'a envoyé des branches de cette espece de Lentisque, qui étoient en effet chargées de fleurs mâles & de fleurs femelles.

J'ajouterai ici une expérience que nous avons exécutée avec beaucoup d'attention. Il y avoit dans le jardin de M. de la Serre, rue S. Jacques à Paris, un Thérébinthe femelle qui fleurissoit tous les ans, sans fournir aucun fruit capable de germer, ce qui mortifioit M. de la Serre qui desiroit multiplier cet arbre. Nous jugeames, M. Bernard de Jussieu & moi, qu'on pourroit lui procurer cet avantage en faisant apporter un Pistachier mâle. Nous lui en envoyames effectivement un qui étoit fort chargé de fleurs, & qu'on pouvoit transporter aisément parce qu'il étoit en caisse. Ce Pistachier fut placé dans le jardin de M. de la Serre tout auprès du Pistachier femelle qui étoit en espalier : dans la même année M. de la Serre y recueillit quantité de fruits bien conditionnés, & qui germerent à merveille. Le Pistachier mâle fut ensuite renvoyé ; mais les années suivantes, le Pistachier de M. de la Serre ne donna aucun fruit capable de germer.

J'ai un pied de Vigne qui fleurit tous les ans, mais qui ne donne jamais de fruit, parce que ses fleurs n'ont point de pistils. J'ai au contraire des Fraisiers qui sont stériles, parce qu'ils sont dépourvus d'étamines.

On peut joindre à ces observations & à l'expérience du Pistachier dont je viens de parler, quantité d'autres qui ont été exécutées par nombre de Physiciens : 1°, On a remarqué qu'un pied isolé de Chanvre, d'Epinars, de Mercurielle, &c. ne donne que fort peu de semence capable de germer. Ceux qui n'admettent point la distinction des sexes disent que cette petite quantité de semences suffit pour prouver que le concours des deux sexes n'est pas absolument nécessaire ; mais si un seul pied de Chanvre femelle, qui se trouve entourré de pieds mâles, donne beaucoup de semences, & si un pareil pied femelle qui reste privé de ce secours, n'en donne que quelques-unes, ne doit-on pas conclure que les émanations des pieds mâles influent sur les femelles ? Et ne peut-on pas dire que les fleurs femelles auront été fécondées par les poussieres des étamines que le vent aura portées de fort loin, ou qu'elles auront été fécondées par quelque plante analogue qui se sera trouvée à portée d'elles ? Car il seroit possible que nous prissions pour des plantes de différent genre, d'autres plantes qui n'en different seulement que par le port. Le lévrier est un chien ainsi que le barbet ; néanmoins la forme extérieure de ces deux animaux est très-différente : mais ce qui tranche toute difficulté, c'est qu'il n'est pas rare de trouver quelques fleurs mâles sur des pieds femelles, ou le contraire. Le Lentisque de M. Cousineri nous en fournit un exemple : j'ai fait la même observation sur le *Gleditsia*, &c. Quelques Auteurs assurent qu'ils ont retranché les panicules du bled de Turquie, ou les étamines à des tulipes & à d'autres plantes, auſſi-tôt que les fleurs étoient aſſez épanouies pour permettre cette opération, & que toutes les ſemences avoient coulé. D'autres Auteurs diſent que malgré ces opérations, ils ont obtenu quelques ſemences. Au reſte, on pourroit ſoupçonner que le retranchement des étamines auroit été fait trop tard, & qu'il auroit pu s'échap-per quelques pouſſieres, & répondre à cette objection, en ſe ſervant des autres raiſons qui ont été rapportées dans l'Ar-ticle précédent : en effet, puiſque l'on n'a pu avoir que quel-ques bonnes ſemences, on en doit conclure que les étami-nes ſont au moins d'une grande utilité pour la fructification. Ceux qui n'admettent point la diſtinction ſexuelle en convien-nent, mais ils ne veulent pas que cela s'opere par la fécon-dation ; ils prétendent qu'en faiſant les retranchements dont nous avons parlé plus haut, on ſupprime les organes ſecré-toires, ou les organes propres à donner à la ſeve les pré-parations néceſſaires aux ſemences. Pour détruire ces idées, il ſuffit de faire remarquer que les ſemences coulent pareil-lement quand elles ſont privées du ſecours des étamines pro-duites par d'autres individus : dans ce cas les préparations ou les ſecrétions faites par un arbre, doivent être très-indifférentes aux fruits produits par un autre arbre.

J'ajouterai à ce que je viens de dire, qu'on ne peut point former d'objection ſolide de certains cas extraordinaires, & qui arrivent bien rarement. Pourquoi, par exemple, voit-on quelquefois les panicules du Maïs, qui ne contiennent or-dinairement que des fleurs mâles, produire quelques fruits ? C'eſt ſans doute parce que, contre l'ordre de la nature, il ſe ſera développé à ces endroits quelques piſtils.

On a fortifié le ſyſtême de la fécondation par des raiſons de convenance qu'il n'eſt pas hors de propos de rapporter : 1°, On remarque que la pouſſiere des étamines ſe répand lorſque le ſtigmate des piſtils paroît diſpoſé à recevoir les in-fluences de cette pouſſiere fécondante : 2°, Auſſi-tôt après le terme où l'on penſe que la fécondation s'opere, les étami-nes & les piſtils ſe deſſechent : 3°, La diſpoſition des piſtils, relativement aux étamines, paroît favorable pour recevoir la pouſſiere ; il eſt vrai que quand même cela ne ſeroit pas ainſi,

Pl. X.

la pouſſiere ſe répandant avec tant d'abondance qu'elle forme une eſpece de brouillard qui flotte dans l'air, quelques grains de cette pouſſiere peuvent aiſément ſe placer dans les points convenables pour opérer la fécondation : 4°, Les pluies abondantes qui ſurviennent dans le temps de la fleur, font couler les fruits, & particuliérement les raiſins ; ce qui paroît provenir de ce que l'humidité intercepte ces pouſſieres, & les met hors d'état de ſe porter où il convient : 5°, La plupart des plantes aquatiques ſortent à la ſurface de l'eau pour fleurir, & quelques-unes s'y replongent auſſi-tôt que leurs fruits ſont noués : 6°, Comme les pouſſieres des mêmes eſpeces de plantes ſont de figure ſemblable, au lieu que la figure des pouſſieres eſt fort différente dans les plantes de différent genre, & que toutes ſont autant de capſules organiſées, il ſemble qu'on en peut conclure avec quelque vraiſemblance, que la pouſſiere des étamines n'eſt pas un ſimple excrément : 7°, S'il ſe trouve quelques plantes qui donnent du fruit, mais dont on ne connoiſſe pas bien encore les organes qui caractériſent leurs ſexes, on n'en doit pas conclure que ces organes leur manquent : & puiſque les Naturaliſtes obſervateurs en découvrent tous les jours, il faut eſpérer que dans la ſuite les parties ſexuelles des autres parviendront à nous être connues. Je vais donner quelques obſervations que j'ai faites ſur les plantes dont les fleurs & les fruits ne ſont pas encore aſſez connus.

Article I. *Obſervations ſur des Plantes dont les parties mâles & femelles ne ſont pas encore bien connues.*

Fig. 269.
Fig. 270.

Les testes de l'*Equiſetum* * (*Pl. X. fig.* 269.) ſont formées d'un corps conique creux (*fig.* 270.), dont le milieu, à la partie inférieure, renferme une éminence *a* qui eſt également conique. On apperçoit ſur la ſuperficie du cône (*fig.* 269.) pluſieurs anneaux à quelque diſtance les uns des autres, ſurtout vers la baſe du cône ; car vers le ſommet ils ſont quelquefois tellement preſſés, qu'ils ſe touchent. Ces anneaux ne paroiſſent à la vue ſimple qu'une eſpece de croûte ; mais

* Cette plante ſe nomme en François *Prêle* ou *Queue de cheval* : elle ſe trouve dans les lieux aquatiques.

Pl. X.
Fig. 271.
quand on les examine à la loupe, on voit qu'ils font compofés de petits corps, tels que dans la *fig.* 271, qu'on peut
comparer à des champignons; ils font formés d'un pédicule
Fig. 272.
creux (*fig.* 272.), d'un chapeau plat de figure affez irréguliere en deffous & en deffus (*fig.* 273, 274,), au bord duquel font affemblés cinq à fix panneaux creufés en cuilleron,
Fig. 275.
& membraneux (*fig.* 275.) : ces panneaux, lorfqu'ils font encore verds, fe réuniffent par en bas aux pédicules communs,
mais ils s'en écartent à mefure que les capfules mûriffent
(*fig.* 274.); alors il en fort une pouffiere très-fine qui eft
contenue entre ces panneaux, comme on le peut voir dans
la figure déja citée. J'ai examiné cette pouffiere avec de bons
microfcopes; elle m'a paru formée de grains femblables à
des grains de millet, aigrettée ou couronnée de quatre filets
élaftiques, comme dans la *fig.* 276 & 277. Cette obfervation
préfente un fpectacle affez agréable; car comme ces grains font
placés pêle-mêle, auffi-tôt que leurs aigrettes fe trouvent en
liberté, elles cherchent par leur reffort à fe redreffer; & cela
s'exécute par plufieurs reffauts femblables au mouvement que
feroient plufieurs vers vivants & amoncelés qui chercheroient
à fe divifer.

On trouve fréquemment des grains de pouffiere qui n'ont
qu'un, ou deux, ou trois filets, à caufe de leur peu d'adhérence aux grains; cette même raifon fait qu'on trouve affez fouvent 3 ou 4 filets qui ne font point pourvus de grains.

J'ai examiné avec un bon microfcope quelques-uns de ces
grains encore verds; il m'a femblé voir que les filets étoient
Fig. 277.
terminés par de petites capfules, comme en *b* (*fig.* 277.)
Oferoit-on foupçonner que ce font des fommets d'étamines?
Il eft vrai, qu'outre les grains elliptiques dont je parle, j'en
ai apperçu d'autres beaucoup plus petits *c*, *d*, qu'on pourroit regarder comme la pouffiere des étamines; mais cette
pouffiere pourroit-elle être contenue dans les capfules *b*? J'a-
voue que cela ne paroît pas probable : quoi qu'il en foit,
après avoir examiné un des grains elliptiques avec une forte
lentille, j'ai apperçu des points plus obfcurs & d'autres plus
brillants *d*. C'eft là où fe font bornées mes obfervations fur
l'Equifetum.

On

On trouve fous les feuilles du Polypode (*fig.* 278.) de pe- Pl.X.fig. 278.
tites houpes jaunes qui, à la fimple vue, paroiffent être un
amas de petits points d'une figure affez irréguliere : quand
on les obferve avec une loupe de verre, on voit que ces
points font autant de petits globules (*fig.* 279.) qu'on peut Fig. 279.
comparer à des œufs d'écreviffes, à cela près qu'ils font de
couleur jaune. Le microfcope les fait voir comme un tas de
petits citrons (*fig.* 281.), foit pour leur couleur, foit pour Fig. 281.
leur figure. J'ai détaché une de ces houpes pour l'expofer en
entier & dans une fituation renverfée, au foyer d'un microfcope. J'ai apperçu, comme on le peut voir (*fig.* 280.), un Fig. 280.
grand nombre de filets qui partoient d'un centre commun ;
chacun de ces filets étoit terminé par un petit corps de la
forme d'un citron : un de ces corps expofé au foyer d'une
forte lentille, m'a paru (*fig.* 282.) extérieurement divifé par Fig. 282.
lobes, à-peu-près comme une noix de Cyprès encore ver-
te. Les filets ou les pédicules qui les portent, m'ont paru
diaphanes & tranfparents, à la réferve d'un feul point obfcur que l'on voyoit vers le milieu.

J'ai entamé un de ces corps au foyer du microfcope, en
y faifant une fente longitudinale qui s'étendoit du pédicule
à la pointe : il ne s'eft alors rien paffé de remarquable; mais
lorfque j'ai voulu faire cette incifion tranfverfalement, ces petits corps ont achevé de fe rompre d'eux-mêmes, comme
les fruits du *Moncordica*, & avec affez de force pour jetter
au loin des fragments de la capfule, & en même temps des
petits grains de pouffiere femblables à des grains de millet,
voyez *fig.* 283. Ces grains examinés en particulier avec une Fig. 283.
forte lentille, m'ont paru parfemés de petits points éminents,
comme on en voit fur la fraife (Pl. XI. *fig.* 284.) Lorfqu'on Pl. XI. fig. 284.
a enlevé ces houpes, il refte fur les feuilles un petit enfon-
cement ovale (*fig.* 284.), qui eft l'endroit où étoit attaché
le pédicule commun.

La Langue-de-cerf à feuilles étroites *, a fur le revers de
fes feuilles de petites éminences longuettes (*fig.* 285.) On Fig. 285.
peut commencer à voir avec la loupe que ces éminences font
de vraies capfules (*fig.* 286.); quand on les obferve avec le Fig. 286.

* *Lingua cervina angufti folia lucida folio ferrato.*

Pl. XI. microscope, on reconnoît qu'elles sont formées par une membrane qui recouvre de petits grains de poussiere. Lorsque ces capsules approchent de leur maturité, elles s'ouvrent par le milieu : & si alors on ploie la feuille qui les porte dans le sens de la longueur d'une capsule, comme pour l'ouvrir en deux, Fig. 287. on apperçoit qu'elle est composée de deux capsules (*fig.* 287.), & la membrane qui les recouvre, semble être une continuation de l'épiderme de la feuille : il sort de ces capsules une prodigieuse quantité de petits grains, lesquels étant examinés avec une forte lentille, paroissent être eux-mêmes autant de petites capsules ovales, garnies par un de leurs bouts, & à un de leurs côtés d'un cordon en chapelet qui paroît faire saillie ; & au bout, où le cordon manque, on apperçoit un pédicule très-Fig. 289. court (*fig.* 289.) Lorsque ces capsules ovales sont parvenues à leur point de maturité, si on les expose alors au soleil au foyer d'un microscope, on les voit s'ouvrir par une secousse Fig. 290. & prendre la forme représentée par la *fig.* 290 : elles se resferrent ensuite, & prennent la forme que l'on voit repréfen-Fig. 288. tée dans la *fig.* 288. Ces secousses qui se répetent 3 ou 4 fois, font jaillir de petits grains ovales & des fragments de la capsule.

Les capsules de la Fougere dentelée * sont formées par Fig. 291. une membrane qui se détache par les bords (*fig.* 291.) ; el-Fig. 292. le se roule comme le représente la *fig.* 292 ; ces capsules s'ou-Fig. 293. vrent & se brisent (*fig.* 293.) de la même maniere que celles de la Langue-de-cerf, & il en sort des grains de pous-Fig. 294. siere (*a, fig.* 294.) Comme dans l'examen de toutes ces plantes capillaires j'ai apperçu, outre les parties que je viens de décrire, d'autres corps dont il n'est guere possible de donner une idée juste, on pourroit soupçonner que ces capsules contiendroient, ainsi que les figues, les organes des deux sexes, & que la fécondation se feroit clandestinement. Une observation de M. Marchand pourroit faire penser que les grains dont nous avons parlé, sont de véritables semences ; car cet Académicien ayant rapporté de la campagne différentes especes de Fougere, il les déposa sur une fenêtre d'un appartement au rez-de-chaussée de sa maison : elles y furent ou-

---

* *Filix non ramosa dentata.*

Pl. XI.

bliées ; mais l'année fuivante, le bas de cette fenêtre fe trouva abondamment fourni de Fougere qui avoit levé entre les
pavés. Quoi qu'il en foit, comme je ne me propofe pas d'é-
tendre ici mes recherches fur toutes les plantes dont on ne
connoît pas bien encore les organes de la fructification, mais
feulement de donner une légere idée des obfervations que
l'on peut faire fur cet objet, en faveur de ceux qui féjour-
nant dans leurs terres, ne dédaignent pas de s'occuper de
pareilles recherches phyfiques, fans cependant fe livrer à une
étude fuivie de la Botanique ; je terminerai cette digreffion
en difant un mot des têtes de la Mouffe capillaire à feuilles
un peu larges *.

Cette efpece de Mouffe eft repréfentée en entier dans la
fig. 295, & à-peu-près dans fa grandeur naturelle : lorfqu'on Fig. 295.
expofe la tête au microfcope, elle paroît être une capfule
ovoïde formée de l'affemblage de plufieurs fufeaux, & ter-
minée par un capuchon (*fig.* 296.) : la *fig.* 297 repréfente Fig. 296 &
297.
cette tête, dont le capuchon eft féparé ; & l'on apperçoit
dans l'intérieur de la capfule une efpece de noyau pareillement capfulaire, & terminé par un couvercle. Si l'on fend
cette tête fuivant fa longueur, on découvre (*fig.* 298.) au Fig. 298.
centre le noyau qui eft verd, & qui eft environné d'une fubftance blanchâtre, & tirant plus ou moins fur le jaune, fuivant le dégré de maturité de ce fruit ; le tout eft recouvert
de la capfule qui eft d'un beau verd : on découvre au-deffus
de cette capfule un opercule ou capuchon, auquel eft attachée une petite partie de cette fubftance blanchâtre, le fur-
plus étant renfermé dans le fruit : le noyau (Pl. XII. *fig.* 299.) Pl. XII. fig.
299.
eft formé de la réunion de plufieurs fufeaux affemblés fur un
culot commun qui s'en détache quelquefois. La *fig.* 300 re- Fig. 300.
préfente ce même noyau coupé fuivant fa longueur, & le culot en entier. Au refte, dans le temps que les capfules font
vertes, on en voit fortir une liqueur fort claire, dans laquelle
je crois avoir apperçu des grains blancs. La fubftance blanchâtre dont j'ai parlé ci-deffus, paroît être une efpece de pâte ou
de cire remplie de quantité de grains fort apparents.

Voilà bien des organes qui paroiffent deftinés à la forma-

---

* *Mufcus capillaceus, foliolis latiufculis congeftis, capitulis oblongis, reflexis.*

tion des femences; mais ils font fi fins, que j'avoue que je n'ai pu que les entrevoir, & même d'une façon trop confufe pour ofer hafarder aucune conjecture fur leurs ufages: ces incertitudes ne peuvent néanmoins fournir d'objections folides fur le fyftême général de la fécondation; elles doivent feulement engager les Phyficiens à faire de nouveaux efforts pour acquérir de nouvelles connoiffances fur un point auffi intéreffant. M. Micheli en a déja frayé la route : quoiqu'il n'ait pas, à beaucoup près, épuifé cette matiere, on doit lui favoir gré d'avoir publié une grande quantité d'obfervations très-curieufes. Comme les recherches que j'ai faites fur les caufes qui produifent de nouvelles efpeces dans les fruits, pourront jetter quelque lumiere fur la queftion du fexe des plantes, je vais les rapporter dans l'Article fuivant.

ART. II. *Des caufes qui produifent de nouvelles efpeces, ou des variétés dans les Plantes d'un même genre.*

COMME j'ai indiqué dans la Préface de ce volume ce qui doit nous décider fur les dénominations d'*efpeces* & de *variétés*, je n'héfite point à confondre ici avec le vulgaire ces deux termes; & pour fixer les idées, voici à quoi je réduis l'état de la queftion.

Je vois que dans les anciens catalogues de fruits il en manque beaucoup de ceux que nous connoiffons aujourd'hui : je vois que de temps en temps il fort de nos pépinieres plufieurs fruits d'efpeces nouvelles : je me propofe donc d'examiner ce qui peut occafionner ces nouvelles efpeces ou ces variétés. Je vais commencer par rapporter la pratique que l'on emploie le plus ordinairement dans le jardinage, quand on veut fe procurer de nouvelles efpeces de fruits; je difcuterai enfuite chaque point de cette pratique, pour parvenir à connoître ce qui peut influer le plus fur les changements dont il eft ici queftion.

Pour avoir des fruits d'efpeces nouvelles, il faut ramaffer avec foin des pepins ou des noyaux des meilleures efpeces:

ce fera, fi l'on veut, pour les poires, des pepins de bon-chrétien ou de virgouleufe, de bergamote-crezanne, de faint-
germain, &c. il faut les conferver dans un lieu frais & fec,
pour les femer à l'entrée de l'hiver, ou au commencement
du printemps, par rayons, dans une planche de bonne terre
bien ameublie par plufieurs labours. Ces pepins doivent ref-
ter dans cette planche deux ans, ou tout au plus trois années, pendant lefquelles il faut avoir grand foin de farcler
les mauvaifes herbes; il faut arrofer de temps à autre les jeunes arbres, & les garantir des fortes gelées, en les couvrant
avec des paillaffons lorfque les hivers font fort rudes. A la
feconde ou à la troifieme année, on les tire du femis pour
les mettre en pépiniere dans une bonne terre.

Au moyen des fréquents labours qu'on leur donnera dès
la feconde ou la troifieme année, les fauvageons qui auront
quelque heureufe difpofition, commenceront à fe diftinguer
des autres par la force de leurs pouffes, par la grandeur de
leurs feuilles, & principalement parce qu'ils ne porteront
point, ou très-peu d'épines.

C'eft fur ceux-ci qu'on doit principalement fonder fes efpérances; car il eft bien rare qu'on obtienne de bons fruits
de fujets qui n'ont pouffé que de petites branches tortues,
menues, chargées de longues épines, & dont les feuilles font
petites. Ce n'eft pas que ces arbres, qui reffemblent à ceux
qui croiffent naturellement dans les forêts, ne puiffent donner quelquefois des fruits agréables au goût : l'Ambrette eft
une preuve du contraire; mais l'ambrette eft un fort petit fruit,
& d'ailleurs ces fuccès font fi rares, qu'il eft plus fûr de greffer fur ces fortes d'arbres de bonnes efpeces connues. Je dois
avertir que les arbres mêmes qui montrent les plus belles apparences, font également fujets à ne donner quelquefois que
des fruits médiocres. Le ratteau, la poire de livre, font des
fruits d'un affez mauvais goût, quoique ces arbres offrent par
la vigueur de leur pouffe, & par l'étendue de leurs feuilles,
de quoi fonder les plus belles efpérances. Quoi qu'il en foit,
on ne peut décider avec fûreté du mérite d'un arbre, que
lorfqu'il a commencé à porter du fruit; & pour cela il convient de chercher le moyen de s'en procurer le plus promp-

tement qu'il eft poffible. Pour y parvenir, la méthode la plus
fûre eft de greffer des branches de ces jeunes arbres d'efpérance fur de gros Poiriers. Ces greffes poufferont avec force,
& elles ne tarderont pas à donner du fruit : c'eft alors que l'œil,
& principalement le goût pourront décider des efpeces qui
pourroient être perfectionnées par la greffe & par la culture.

Voici en quoi confifte cette culture méthodique, que je
me propofe d'examiner dans toutes fes circonftances : je prie
mes Lecteurs de ne la pas regarder comme une hypothefe,
mais d'y faire attention, comme étant une pratique utile
qu'il eft très-avantageux de connoître.

Les circonftances effentielles de cette culture font : 1°, De
bien choifir la femence : 2°, De procurer à cette femence
un prompt accroiffement par le moyen d'une bonne culture : 3°, De placer chaque arbre dans la terre qui lui convient
le mieux : 4°, De perfectionner les bonnes efpeces par la
culture & par la greffe. Il femble, à ce détail, qu'il n'y a rien
en tout cela qui puiffe occafionner le changement des efpeces, car : 1°, Si l'on choifit les pepins d'un bel & bon fruit,
c'eft dans l'efpérance que l'arbre qui en proviendra, partici-
pera des bonnes qualités de celui qui l'a produit ; d'autant
plus que l'expérience a fait connoître que l'Amadotte & le
Befideri, qu'on affure avoir été trouvés par hafard dans les
forêts, ne font pas des fruits comparables à la marquife, au
colmar & à la paftorale, qui ont pris leur origine dans les
pepinieres. Ce n'eft pas qu'on ne puiffe trouver quelquefois
de beaux fruits qui fe feroient élevés naturellement même
dans les bois ; le pepin d'un fruit cultivé peut s'y être élevé.
On en peut donner pour exemple cette belle efpece de ber-
gamotte que l'on cultive à Montigny près Montereau, terre
de M. Trudaine, dont la premiere greffe a été prife par le
grand-pere du Jardinier qui y eft actuellement, fur un arbre
qui s'étoit élevé de lui-même dans les bois de Montigny.

2°, On ne peut efpérer du choix d'une bonne terre, & de la
meilleure culture poffible, que d'obtenir des fruits un peu
plus gros, dont la chair fera plus délicate, & d'un meilleur
goût que les autres : ces variétés donneront à la vérité du
mérite aux fruits, mais elles font accidentelles ; puifqu'il eft

d'expérience qu'un même arbre, qui aura fourni quantité de beau fruit tant qu'il aura été bien cultivé, ne produira plus que de petits fruits, dès qu'on l'aura abandonné à lui-même, & fans y faire aucune culture. Il en eft de cela comme des expofitions plus ou moins favorables, & de la bonne ou mauvaife qualité du terrein. On fait qu'un arbre de Bon-chrétien, planté au nord ou au midi dans une terre humide, ou dans un terrein fec, continuera à fe charger de fruits que les moins éclairés reconnoîtront pour être bon-chrétien : cependant, felon ces différentes fituations, ou la différence des expofitions, ces poires auront la peau verte & épaiffe, ou mince & colorée de jaune & de rouge; la chair fpongieufe & fans goût, ou fucrée, caffante & agréable.

3°, Quant à la greffe, il eft d'expérience que la même efpece de poire greffée fur Poirier fauvage, n'eft pas ordinairement auffi parfaite que celle que l'on greffe fur Coignaffier: il eft même probable, qu'à force de multiplier un fruit par la greffe, il en devient plus doux & plus favoureux. Je prouverai dans l'Article où je traiterai expreffément de cette opération du jardinage, qu'elle ne change point les efpeces ; & que quand même on grefferoit cent fois un même fruit fur les différents fujets avec lefquels il fe peut joindre, il aura tellement confervé fon caractere, qu'il fera toujours aifé à reconnoître pour être la même efpece de fruit que le premier arbre avoit produit.

La nature du terrein, l'expofition, la culture, la greffe ne peuvent donc point opérer ces changements fubits & conftants dont nous cherchons la caufe. J'ai cru pouvoir les expliquer par ces changements analogues que l'on remarque dans les animaux ; & de même que de l'accouplement de deux efpeces de chiens, il en provient des individus qui tiennent de l'une & de l'autre efpece, & que l'on nomme par cette raifon *Métifs*, je crois que toutes les fois que le vent aura porté la pouffiere des étamines de quelque efpece de poires fur le piftil d'une autre efpece, il en réfultera une femence dont le germe tiendra de l'un & de l'autre. En effet, on fait que la plupart des fruits que les Jardiniers appellent *nouveaux*, ne paroiffent être que des compofés de fruits plus

anciens. Le Colmar, par exemple, qui paſſe chez les Jardiniers pour être venu d'un pepin de bon-chrétien, paroît effectivement être compoſé du bon-chrétien & de la berga-
motte d'automne.

Je ſuis perſuadé que ſi l'on goûtoit avec une grande attention les fruits d'eſpeces nouvelles, on trouveroit pluſieurs
exemples de pareils métifs : j'avoue néanmoins qu'il ſe trouve
des fruits d'un goût & d'une forme tellement extraordinaire,
qu'il ſeroit difficile d'en aſſigner l'origine ; mais ces exemples
rares ne ſont pas capables de détruire ma conjecture, puiſque ces biſarreries peuvent être occaſionnées par un mélange
des deux ſeves ; d'autant plus que dans les animaux, entre les
chiens par exemple, la même incertitude arrive fréquemment.

Le contraire de cette obſervation ſe préſente dans certains
fruits, où les eſpeces ſont aſſez diſtinctes pour qu'on puiſſe
manger un quartier d'un fruit ſéparément de celui avec lequel
il eſt joint lors de la fécondation. Tel eſt, par exemple, dans
les oranges, l'eſpece que l'on nomme improprement l'*herma-
phrodite*, ou le *monſtre*, qui ſur le même arbre produit des bigarades, des citrons, & des balotins ſéparés, ou même raſſemblés par quartiers dans le même fruit : telle eſt auſſi cette eſpece
de raiſin qui produit ſur un même cep des grappes rouges & des
grappes blanches, & ſur une même grappe des grains rouges
& des grains blancs ; ou d'autres, dont les grains ſont par moitié, ou même par quartiers rouges & blancs. Je crois pouvoir
attribuer ces variétés au mélange des pouſſieres des étamines. Il arrive très-fréquemment que dans la même portée,
une chienne met bas des petits dont les uns tiennent entiérement de leur mere, les autres du pere, & d'autres tiennent de tous les deux ; ou tellement confondues, qu'aucune de
leurs parties ne reſſemble exactement aux mêmes parties ni du
pere ni de la mere, ni d'une façon aſſez diſtincte pour qu'une
partie de leur corps reſſemble au pere, & l'autre à la mere :
ce que je puis aſſurer, c'eſt que j'ai tenté ſans ſuccès tous
les moyens que les Auteurs propoſent comme propres à opérer ces biſarreries de la nature.

Je penſe donc qu'on peut avoir recours à la même conjecture, pour rendre raiſon des variétés infinies que fourniſſent
certains

certains genres de plantes ; puisqu'elles font d'autant plus fré-
quentes, que les différentes especes d'un même genre se
trouvent rassemblées en plus grand nombre : au lieu que les
plantes d'un même genre qui croissent à la campagne, étant
en quelque façon isolées, ne donnent aucune variété. Je vais
en rapporter des exemples.

Personne n'ignore que tous les Coquelicots qui croissent
naturellement dans les campagnes, portent des fleurs rouges ;
que les Prime-veres des prés ont des fleurs couleur de citron ;
& que ces mêmes plantes transplantées dans nos jardins nous
fournissent une quantité prodigieuse de variétés. D'où peut
venir cette différence ? Je l'attribue à cette fécondation d'une
plante par une autre ; & je vais rapporter une expérience
qui pourra convaincre que cette cause existe réellement dans
la nature.

Je suppose qu'on leve dans un pré une talle de ces Prime-
veres, qui ne portent constamment que des fleurs couleur de
citron ; qu'on divise cette talle en deux, qu'une moitié soit
plantée dans un lieu éloigné de toute autre espece de Prime-
veres, & l'autre dans un jardin, au milieu d'une plate-bande
où l'on aura élevé une grande suite de Primeveres de toutes
couleurs : il est certain que ces deux talles produiront,
comme dans les prés, des fleurs couleur de citron ; mais si
l'on ramasse ensuite les graines que fourniront ces deux talles,
& qu'on les seme séparément ; on remarquera 1°. Que les
pieds qui viendront des semences qui auront été produites par
le pied qui étoit resté isolé, ne donneront que des fleurs jaunes
pareilles à celles des prés, parce que ces graines n'auront pû
être fécondées que par elles-mêmes ; au lieu que les pieds qui
viendront de la talle qu'on aura élevée dans la plate-bande,
produiront quelques variétés ; par la raison que quelques semences auront pu être fécondées par d'autres pieds voisins.
Je dis qu'on n'aura que quelques variétés, parce que la plûpart
des embryons auront été fécondés par les étamines de la plante
même ; & que d'ailleurs plusieurs qui auront été fécondés par
les pieds voisins, conserveront néanmoins une disposition à
tenir de la nature du pied qui les aura produits.

Je crois qu'on peut attribuer à une pareille cause, le succès

P p

qu'ont eu quelques Fleuriftes qui fe font procuré par le moyen
des femences de belles variétés ; puifque rien n'eft plus propre à
les occafionner que le foin particulier que prennent certains
curieux de mêler les efpeces dans leurs planches de Tulippes,
d'Oreilles d'ours, de Semi-doubles, &c. Leur intention eft,
à la vérité, de frapper la vûe par une diverfité & un émail qui
eft toujours plus agréable qu'une uniformité dans les couleurs ;
mais ils fe procurent, fans le favoir, un avantage qu'ils ont
fouvent attribué à différentes infufions dans lefquelles ils avoient
mis tremper leurs graines, à quelques couleurs qu'ils mêloient
dans la terre de leur jardin, à des objets différemment colorés
qu'ils préfentoient à leurs plantes, ou enfin, à une faveur finguliere du hazard qu'ils fe croyoient perfonnelle. J'ai effayé fans
fuccès ces infufions & ces mêlanges de couleurs, & j'ai cru
qu'il n'étoit pas befoin d'expériences pour détruire les deux
autres moyens.

Les Obfervateurs attentifs peuvent trouver dans les potagers
beaucoup d'exemples des variétés dont nous venons de parler,
& ceffer d'attribuer à la nature de leur terrein, ces changements qu'ils expriment en difant, que leurs plantes dégénerent.
J'en vais rapporter un exemple qui eft fans doute bien frappant.

Nous cultivons dans nos potagers, la Rave-corail, qui eft
cette rave rouge qu'on éleve aux environs de Paris : nous cultivons auffi une rave blanche & moins délicate, qu'on nomme
Raifort à Orléans ; enfin, des Radix blancs & des Radix gris.
Quand nous femons des graines de ces plantes que nous tirons
des pays où elles font communément cultivées, nous recueillons ces racines très-parfaites chacune dans leur efpece ; mais
comme nous avons fouvent remarqué que les femences que nous
recueillons dans nos potagers nous donnoient des métifs qui tenoient plus ou moins de ces différentes racines, nous avons
pris le parti de planter fort éloignés les uns des autres, les pieds
que nous deftinons à nous fournir de la graine ; au moyen de
quoi nos efpeces fe confervent plus conftamment les mêmes :
cette obfervation que nous avons pareillement faite fur les Carottes pâles, jaunes & rouges, confirme bien fortement ce que
nous avons dit qui peut réfulter du mêlange des poufferes;
de même que ce que nous avons avancé dans l'Article précédent
fur le fexe des plantes.

'Après cela, il eſt très-facile de concevoir quelle prodigieuſe multitude de variétés doit naître de ces différents mélanges : en effet lorſque la pouſſiere des étamines d'une Oreille-d'ours rouge aura fécondé une Oreille-d'ours blanche, la graine qui en viendra doit néceſſairement produire des pieds dont les pétales feront non-ſeulement rouges ou blancs, ou panachés de rouge & de blanc, mais encore dont les embryons & les pouſſieres des étamines participeront de l'un & de l'autre pied ; enſorte qu'une de ces plantes n'a plus beſoin, pour être pana-chée, d'être dans la ſuite fécondée par une autre, puiſqu'elle ſe trouvera poſſéder non-ſeulement la diſpoſition des parties propres à produire le rouge & le blanc, mais encore celle d'o-pérer différents mélanges de ces deux couleurs, leſquelles com-binées enſemble pourront faire différentes coupes de nuances fort agréables à la vûe.

Je pourrois faire l'application de ce que je viens de dire au jaune, au bleu, au rouge & au verd ; mais je crois en avoir aſſez dit pour faire entendre que la multitude des variétés eſt auſſi étendue que peuvent l'être les combinaiſons qui réſultent de ces différents mélanges ; & rien n'eſt plus conforme à ce que l'on peut obſerver dans la multiplication des animaux. J'ai eu chez moi des paons bleus, qui, à chaque couvée, donnoient des paons blancs & des paons bleus, parce que cette race avoit été produite par un paon blanc & une paone bleue. J'ai vû chez M. le Marquis de Gouvernet, un paon d'une beauté admi-rable, dont le plumage étoit en partie blanc, & en partie bleu. Enfin, comme je l'ai déja dit, deux chiens de différente eſpe-ce produiront des métifs : ces métifs en produiront d'autres ; & ces divers mélanges occaſionneront par la ſuite une prodi-gieuſe quantité de variétés.

En ſuivant toujours le ſyſtême du mélange des ſexes, on conçoit aiſément que la différente diſpoſition organique des parties doit empêcher les genres de ſe confondre ; & que ſi cela arrive quelquefois, il n'en peut naître qu'un monſtre, qui ne peut en aucune façon produire ſon ſemblable. On conçoit pareillement que la diſproportion de grandeur & de groſſeur dans les plantes d'un même genre, doit être un obſtacle au mélange d'eſpeces, ainſi que la différence des ſaiſons dans leſ-

Pl. XIII. quelles elles fleuriffent. Le Safran automnal ne peut être fécondé par le Safran printanier. C'eft à quelqu'une de ces caufes que l'on peut attribuer l'uniformité conftante que l'on remarque dans certains genres, & c'eft par la même raifon que le bled, l'orge & le feigle qu'on cultive dans le même champ, ne produifent point d'efpeces mitoyennes : & fi l'on remarque que deux plantes qui femblent avoir beaucoup de reffemblance entr'elles, fe trouvent confufément dans un même champ fans fe mêler, pendant que d'autres qui ont un port affez diffemblable, s'allient & donnent des variétés ; c'eft par une même caufe que celle qui opere dans les animaux. Il y a, ce me femble, beaucoup plus d'analogie entre la Poule-d'inde & le Paon, qu'entre la Poule domeftique & le Faifan ; plufieurs perfonnes m'ont néanmoins affuré que la Poule prend le Faifan pour fon coq ; & j'ai l'expérience qu'une Poule-d'inde ne veut point recevoir le Paon.

Je crois cependant qu'il ne faut pas confondre avec ces variétés, certaines monftruofités, ou, fi l'on veut, certaines maladies que plufieurs Auteurs ont, mal-à-propos, regardé comme des efpeces nouvelles : telles font les plantes à tige plate, celles à feuilles panachées, celles à fleurs doubles, &c. Je vais en parler dans l'article fuivant.

ART. III. *Des Monftruofités des parties des Plantes.*

L'EXAMEN des fleurs & des fruits m'a conduit à traiter des monftruofités ; & ces monftruofités m'engagent à dire quelque chofe de certaines maladies qui occafionnent des difformités. De ce genre font les galles qui fe forment fur les feuilles des plantes, fur leurs tiges, fur les chatons, &c. On fait, par exemple, que les feuilles des ormeaux qui font ordinairement minces, forment quelquefois des veffies de la Fig. 301,302. groffeur d'une noix (*fig.* 301 & 302), dans lefquelles on trouve des infectes & un fuc épaiffi, auquel on attribue quelque vertu falutaire pour les plaies *. Je n'aurois jamais fini, fi j'entre-

* On peut confulter, fur ces fortes de veffies, Malpighi & Geoffroy, Hift. de l'Acad. année 1724.

Pl. XII.

prenois de faire l'énumération de toutes les galles, grosses ou petites, qui se forment sur les feuilles de presque tous les arbres ; c'est pourquoi je me bornerai à donner pour exemple celle qui croît sur les feuilles du Chêne, & que l'on connoît sous le nom de *Noix de galle*. Les étamines du Chêne sont quelquefois chargées de galles molles & colorées (*fig.* 303) : on les prendroit pour des fruits [1]. Tournefort [2], en parlant des galles qui se forment sur la sauge dans le Levant, dit qu'elles sont bonnes à manger, & qu'on les expose en vente dans les marchés.

Fig. 303.

Les étamines du Térébinthe forment aussi quelquefois des vessies en forme de deux cornes, & dans lesquelles on trouve des insectes & de la térébenthine très-claire. Les pommes de ronces ou ces concrétions singulieres que l'on trouve sur l'Eglantier (*fig.* 304) nous fournissent un exemple des galles qui se forment sur les branches. Comme on a publié quelques Ouvrages assez considérables qui traitent expressément de ces sortes de galles, il me suffit de dire en général qu'elles sont toutes formées par la piquure de quelques insectes, & qu'elles servent de dépôt à leurs œufs, qui venant ensuite à éclore, occasionnent en ces endroits des tumeurs accidentelles qu'il est bon de connoître, pour ne les pas confondre avec les productions naturelles des plantes. Il est à propos aussi d'être prévenu que l'on trouve sur certaines plantes d'autres productions qui ne leur appartiennent point : ce qu'on appelle la graine d'écarlatte est de ce genre ; elle se trouve sur les petits Chênesverts ; on la nomme *Kermès*. M. de Réaumur a très-bien prouvé que cette prétendue graine [3] n'est autre chose qu'une tumeur occasionnée par des insectes à peu près de la nature de la punaise d'oranger ; que ces insectes se fixent sur les branches du petit Ilex [4] se nourrissent de sa substance, grossissent aux endroits où ils se sont attachés, & ne changent point de place tant qu'ils subsistent : ces circonstances ont engagé M. de Réaumur à nommer ces animaux *Galle-insectes*.

Fig. 304.

[1] M. Marchand les a fait graver dans les anciens Mémoires de l'Acad.
[2] Voyage du Levant, de cet Auteur.
[3] *Coccus infectoria.*
[4] *Ilex aculeata cocci glandifera.* C. B. Pin.

Pl. XII.   Il y a une autre espece de monstruosité qui provient d'un développement contre nature de quelques parties des plantes. Il
n'est pas rare, comme nous l'avons dit ailleurs, de voir les
étamines de quelques fleurs s'étendre en forme de pétales.
Quantité de fleurs doubles sont formées de cette façon. Lorsque toutes les étamines se convertissent en pétales, les fleurs
sont alors très-doubles, mais aussi elles ne donnent point de
fruit : cela arrive presque toujours aux Giroflées ; & dans les
autres plantes, comme les Renoncules & les semi-doubles, la
fécondité est d'autant plus diminuée, qu'il se trouve une plus
grande quantité d'étamines qui se convertissent en pétales.

Fig. 305.   Il n'est pas rare de trouver dans ces sortes de fleurs doubles
des étamines qui ne sont qu'à demi-changées en pétales (*fig.*
305.) : j'ai une espece de Merisier & un Cerisier dont les fleurs
sont très-doubles, toutes les étamines y manquent, & ces
fleurs ne donnent jamais de fruit : j'ai un Cerisier dont les fleurs
ne sont que semi-doubles ; comme il conserve des étamines en suffisante quantité pour féconder ses fruits, il en fournit quelquefois assez abondamment. La plûpart des roses sont
de ce genre, de même que beaucoup d'autres plantes à fleurs
très-doubles, auxquelles néanmoins il reste des étamines. Mais
on doit remarquer que la fructification est toujours moins abondante dans les plantes semi-doubles que dans les fleurs simples.

Les pistils sont aussi exposés à de pareilles monstruosités ;
mais ordinairement au lieu de former des pétales, comme font
les étamines, ils se changent en feuilles. J'ai une espece particuliere de Cerisier dont les pistils forment souvent deux petites feuilles pointues, & alors les fleurs sont steriles. On voit
aussi quelquefois des roses dont le pistil se métamorphose
en une branche chargée de feuilles, ou d'une seconde fleur
Fig. 306.   (*fig.* 306.). Comme ce même accident arrive à plusieurs autres
plantes, cela leur a fait donner le nom de *proliféres.* Les œillets
sont assez sujets à cette monstruosité : en voici un exem-
Fig. 307.   ple dans la figure 307, où la queue est marquée *a*; *b* le calyce
déchiré, & qui n'a rien de singulier ; *c* quelques-uns des pétales situés comme ils le sont ordinairement : on n'en a dessiné
qu'une partie pour éviter la confusion ; *d* les étamines, lesquelles, ainsi que le pistil, prennent leur origine d'un corps

Pl. XII.

charnu, fur lequel eft ordinairement implantée la capfule des femences, mais qui dans l'exemple préfent eft remplacé par un autre œillet *e*, qui a un calyce, des pétales, des étamines, un piftil, & qui donne des femences. J'ai vu dans le jardin des Chartreux de Paris, un jeune Poirier qui étoit chargé de fruits : on voyoit fortir de l'œil de prefque toutes les poires une branche ou une fleur, & quelques-unes de ces fleurs qui avoient noué leur fruit produifoient une poire double, dont l'une fortoit de l'extrêmité de l'autre (*fig.* 308). Il arrive affez fréquemment quelque chofe de femblable à une efpece de Citronier, fi ce n'eft que le fruit furnumeraire eft renfermé, foit en partie, foit même quelquefois en entier dans le vrai fruit.

Fig. 308.

    Les infectes qui attaquent les fruits par un de leurs côtés, les coups de grêle ou d'autres accidents rendent les fruits difformes par défaut de quelques parties ; mais il y en a qu'on peut regarder comme rachitiques parce que leur difformité vient de leur intérieur. Il peut fe faire que quelques-uns des principaux vaiffeaux qui fervent à la formation de la chair, ayant fouffert quelque altération, l'accroiffement du fruit fe fait irréguliérement, & que cela occafionne le contour irrégulier qu'on apperçoit à des fruits ainfi affectés.

    Je n'ai jamais vu de difformité plus finguliere, occafionnée par ce principe, que celle qui eft arrivée aux fruits d'un Prunier de mirabel : prefque tous les fruits de cet arbre avoient des formes fi bizarres, que je me déterminai à en deffiner plufieurs : on les peut voir dans les figures 309, 310, 311, 312. Les uns (*fig.* 309.) étoient percés dans leur milieu *a*, creux en dedans, & n'avoient qu'un petit veftige de noyau vers l'extrêmité fupérieure *b*, (*fig.* 310.) : d'autres moins difformes à l'extérieur n'étoient, comme dans les figures 311 & 312, qu'une fimple veffie vuide, au bout de laquelle, vers *c*, on voyoit l'apparence d'un noyau fort petit : d'autres enfin étoient de formes encore plus bizarres : on en pourra prendre une idée par les figures 313 & 314, où ces fruits qui ont été deffinés d'après nature, font marqués par les lettres *d*, *e*, *f*, *g*, *h*. *Pl. XIII.*

Fig. 309.

Fig. 310.

Fig. 311,312.

Pl. XIII.
Fig. 313,314.

    Je n'ai pû favoir fi ces accidents avoient été occafionnés par la piquure de quelqu'infecte, ou par une furabondance de feve, cette année ayant été fort pluvieufe. On voit dans les

Pl. XIII. Mémoires de l'Académie Royale des Sciences, que M. de Réaumur allant de Saumur à Thouars, remarqua que tous les Pruneliers qu'il voyoit dans sa route, portoient des fruits affectés d'une pareille monstruosité ; que les fruits des autres arbres étoient dans leur état naturel, & que cette maladie particuliere aux Pruneliers ne s'étendoit le long du chemin que durant l'espace d'environ cinq quarts de lieue : il remarqua encore que sur ces mêmes Pruneliers qui portoient tant de fruits monstrueux, il y en avoit quelques autres qui ne l'étoient pas.

Beaucoup de fruits deviennent monstrueux par surabondance de parties. Quelquefois la nourriture se portant trop abondamment d'un côté, il s'y fait un développement monstrueux : cela s'observe principalement sur quelques especes de coloquintes, de bigarades & de citrons ; d'autres fois aussi ces additions de parties dépendent des greffes qui se font dans le bouton même. Cet accident particulier qui produit les fruits qu'on nomme *gémeaux*, arrive communément aux fruits qui sont rassemblés plusieurs à la fois dans un même bouton. Les fleurs pressées les unes contre les autres, se joignent ensemble, elles se greffent elles-mêmes ; & s'il arrive que deux embryons se trouvent ainsi collés l'un à l'autre, il en résulte un fruit double ; & lorsque l'union de ces deux fruits se fait dans une plus grande ou une plus petite étendue, les fruits ainsi réunis prennent relativement l'un à l'autre plus ou moins d'étendue, d'où il résulte quelquefois des formes très-bizarres.

Fig. 315.
Fig. 316.
Fig. 317. La figure 315 représente deux prunes attachées à une queue commune, large & plate, comme on la voit figure 316 : elles ont chacune un noyau bien formé *bb*, (*fig.* 317.), & elles sont l'une & l'autre d'une égale grosseur. Il arrive assez souvent que l'un des deux fruits est fort gros, pendant que l'autre reste très-petit : on en verra ci-après un exemple.

Quoiqu'une pareille réunion de plusieurs fruits soit plus ordinaire dans les especes où plusieurs fruits sont renfermés dans un même bouton, on ne laisse pas d'en observer quelquefois de semblables dans les fruits solitaires. J'en donnerai pour exemFig. 318, 319.
Pl. XIV. Fig.
320, 321.
Fig. 322, 323.ple un haricot, tel qu'on le voit représenté dans les figures 318 & 319 ; un melon (*fig.* 320 & 321. *Pl. XIV.*), & les concombres (*fig.* 322 & 323.) Dans la figure 322 le petit concombre *a*, part
immédiatement

immédiatement du plus gros *b* ; & il a une queue particuliere Pl. XIV.
qui est soudée au corps du gros concombre. Dans la figure
323, le petit concombre *a*, ne tient au gros *b*, que par une
simple membrane. La figure 324 fait voir une feuille qui s'é-
toit greffée par son pédicule sur un gros concombre. Il y a
lieu de croire que dans les deux concombres 322 & 323, il
s'étoit trouvé deux pistils dans une même fleur ; car on apperçoit le reste des pistils au bout des petits concombres, comme au bout des gros. On voit (*figure 325*) deux pommes Fig. 325.
réunies très-intimement ; & ce qu'elles ont de singulier, c'est
que la plus petite qui paroissoit avortée, contenoit des pepins bien conditionnés, comme la coupe de ces pommes le
fait voir (*figure 326*). Fig. 326.

De semblables greffes s'opérent, je crois, quelquefois dans
les boutons à bois ; car je soupçonne que ce sont elles qui produisent ces branches plates & larges qu'on trouve quelquefois
sur les Frênes, sur les Saules, &c. Si on suppose, suivant
cette idée, que plusieurs branches se seront greffées à côté les
unes des autres, il pourra bien arriver qu'elles ne croissent
pas également, & qu'alors celle qui croîtra davantage forcera
l'autre de se replier & de ne former ensemble qu'une seule
branche terminée par une espece de volute, ou comme une
crosse : en effet, quantité de ces branches plates prennent une
semblable forme.

M. Bonnet a rapporté plusieurs exemples de feuilles qui se
sont greffées les unes avec les autres dans les boutons.

On voit par ce que nous venons de dire, qu'il y a des monstruosités qui dépendent, 1°: d'une surabondance de substance,
soit qu'elle ait été occasionnée par un insecte, soit qu'elle dé-
pende de l'organisation intérieure : on peut comparer ces
monstruosités aux loupes, aux tumeurs, aux exostoses : il arrive aussi que dans les animaux, certaines parties prennent une
étendue extraordinaire & hors du naturel, 2°: D'autres monstruosités dépendent d'un defaut de nourriture qui aura restraint
certaines parties à un accroissement médiocre, pendant que
d'autres auront pris beaucoup plus d'étendue : ces sortes de
monstruosités peuvent être comparées au rachitisme, qui rend
beaucoup d'animaux très-difformes.

I. Partie. Q q

3°. Il y a une autre cause de monstruosité qui est commune au regne végetal & au regne animal ; c'est la réunion de deux embryons en tout ou en partie.

Je n'apperçois cependant rien dans les animaux qui puisse être comparé à ces monstruosités qui produisent des fleurs doubles & des *Proliferes.* On voit que ces monstruosités particulieres aux végétaux, dépendent de la disposition intérieure de leurs organes ; car, comme nous l'avons remarqué dans l'Article des étamines, ces organes mâles sont en grande partie formés des mêmes substances que les pétales. Un effort de la seve peut suffire pour produire un épanouissement des capsules qui forment les sommets, & alors ces parties deviennent de vrais pétales.

A l'égard des productions monstrueuses des pistils, comme nous avons fait remarquer que les vaisseaux des branches se prolongent dans les queues, & même dans l'axe de certains fruits jusqu'au pistil, il est moins surprenant de voir cette partie devenir une feuille ou même une branche. J'avoue cependant que tout ceci ne doit être regardé que comme de pures conjectures qui ont besoin de bonnes preuves, ou qui peuvent être détruites par les observations des Physiciens qui voudront bien examiner avec attention & par de nouveaux procédés ces productions monstrueuses.

Je ne dois pas négliger de faire remarquer qu'il arrive quelquefois que les productions monstrueuses se perpétuent dans la postérité d'une même espece ; car, par exemple, la graine d'une giroflée qui a quelques pétales surnuméraires, est plus sujette à donner des giroflées à fleurs-doubles, que les semences qu'on auroit ramassées sur des pieds dont toutes les fleurs seroient très-simples ; & c'est avec raison que les Fleuristes recueillent les semences des Renoncules dites *Semi-doubles,* sur les plantes qui sont *les plus doubles.* Il en est de ceci comme des animaux, parmi lesquels on voit des familles entieres qui ont un même vice de conformation, soit intérieur, soit extérieur.

Fin du troisieme Livre.

Fig. 163.

Fig. 164.

Fig. 165.

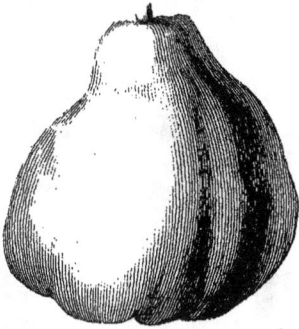

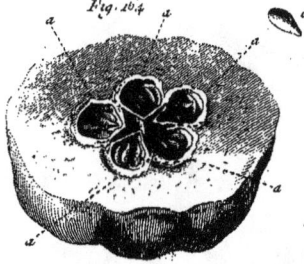

Fig. 171.

Fig. 172.

Fig. 169.

Fig. 170.

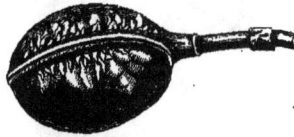

Fig. 168.

Fig. 176.

Fig. 174.

Fig. 173.

Fig. 175.

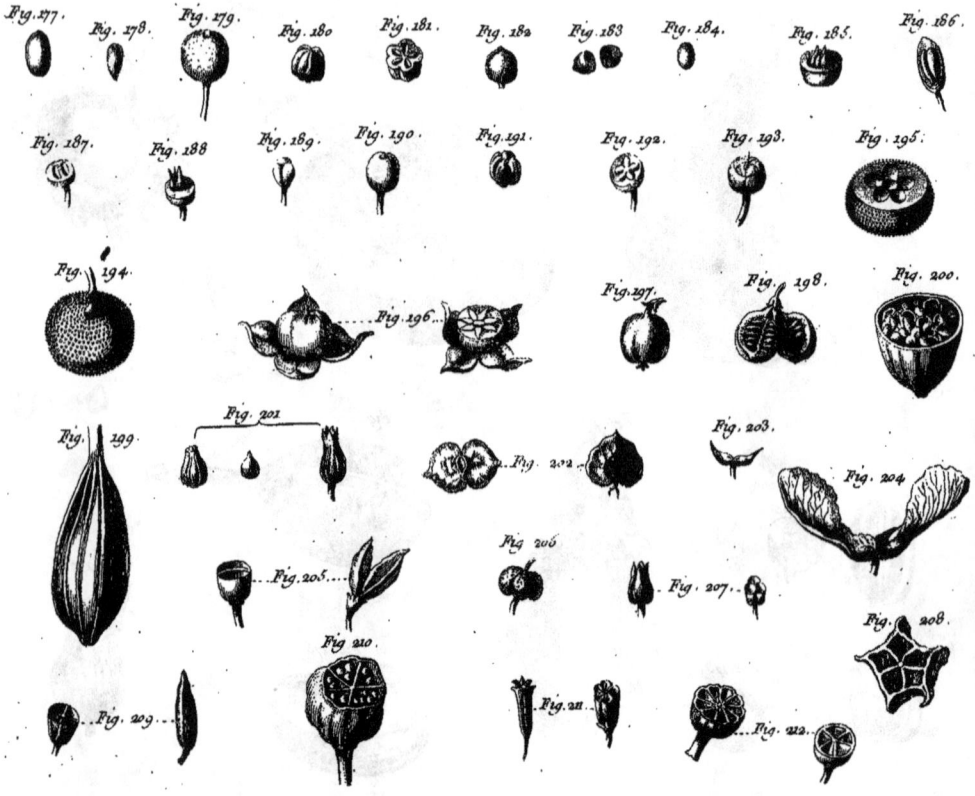

Fig. 177. Fig. 178. Fig. 179. Fig. 180. Fig. 181. Fig. 182. Fig. 183. Fig. 184. Fig. 185. Fig. 186.

Fig. 187. Fig. 188. Fig. 189. Fig. 190. Fig. 191. Fig. 192. Fig. 193. Fig. 195.

Fig. 194. Fig. 196. Fig. 197. Fig. 198. Fig. 200.

Fig. 199. Fig. 201. Fig. 202. Fig. 203. Fig. 204.

Fig. 205. Fig. 206. Fig. 207. Fig. 208.

Fig. 209. Fig. 210. Fig. 211. Fig. 212.

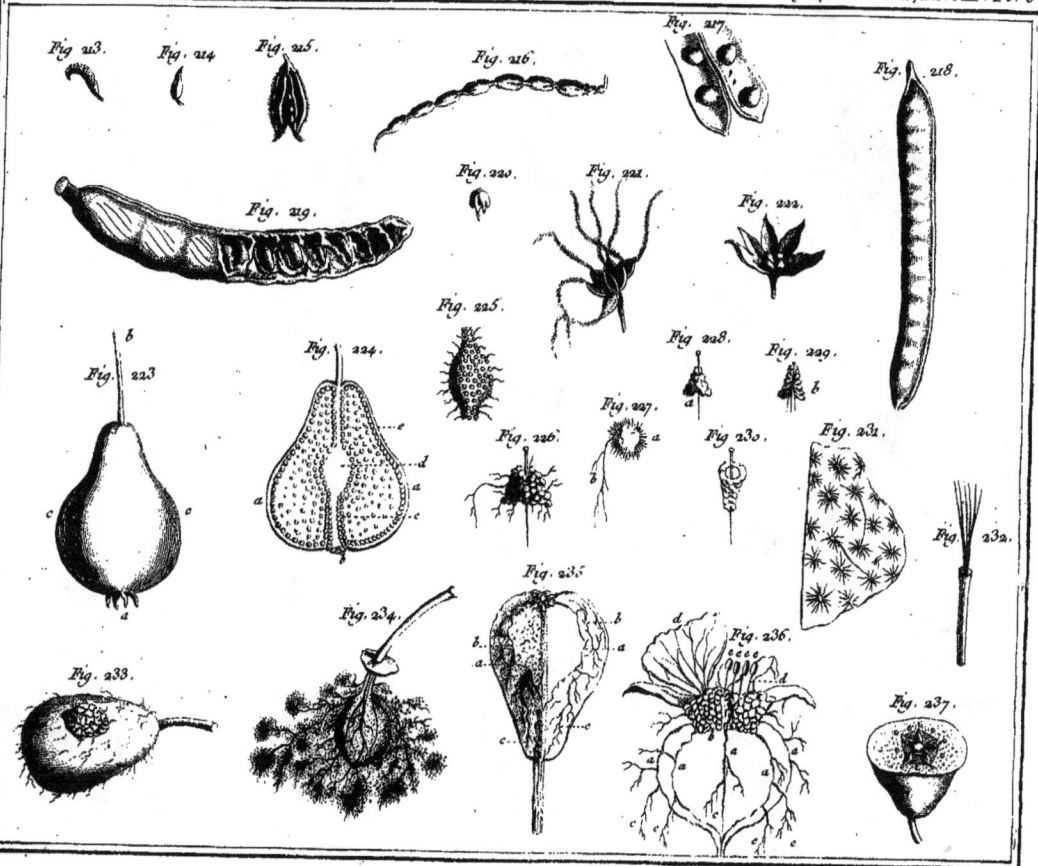

Fig. 213. Fig. 214. Fig. 215. Fig. 216. Fig. 217. Fig. 218. Fig. 219. Fig. 220. Fig. 221. Fig. 222. Fig. 223. Fig. 224. Fig. 225. Fig. 226. Fig. 227. Fig. 228. Fig. 229. Fig. 230. Fig. 231. Fig. 232. Fig. 233. Fig. 234. Fig. 235. Fig. 236. Fig. 237.

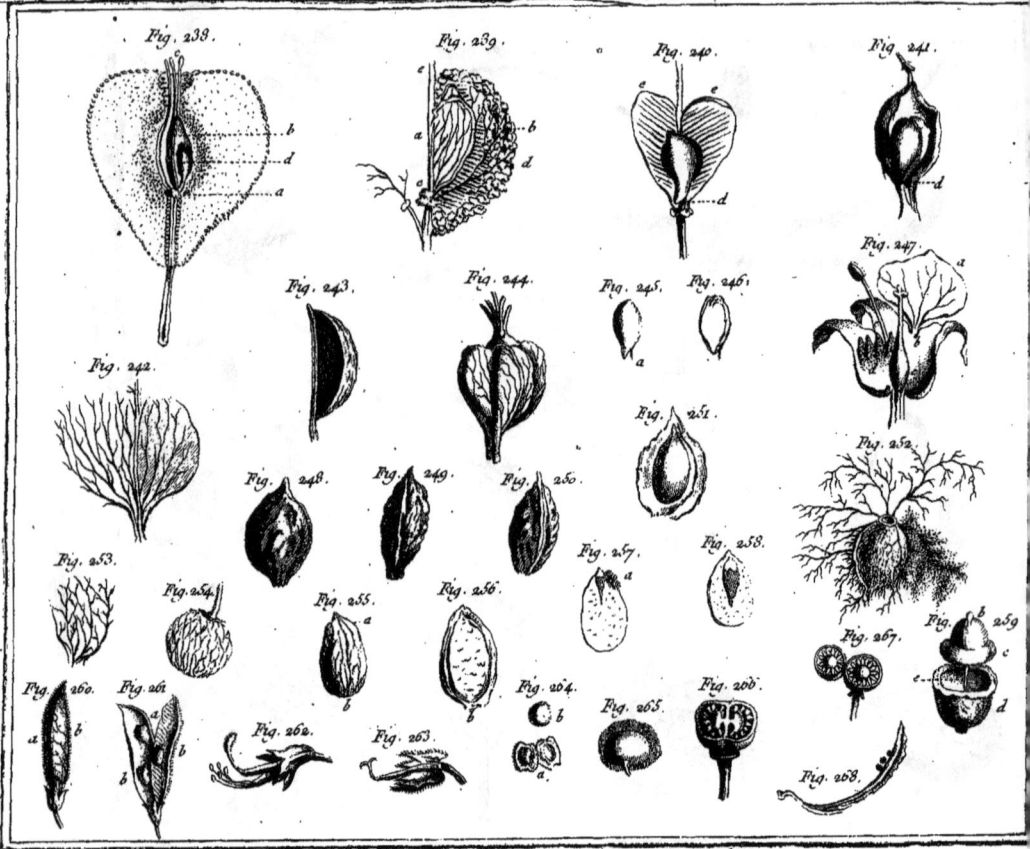

Fig. 238. Fig. 239. Fig. 240. Fig. 241.

Fig. 242. Fig. 243. Fig. 244. Fig. 245. Fig. 246. Fig. 247.

Fig. 251. Fig. 252.

Fig. 248. Fig. 249. Fig. 250. Fig. 257. Fig. 258.

Fig. 253. Fig. 254. Fig. 255. Fig. 256. Fig. 267. Fig. 259.

Fig. 260. Fig. 261. Fig. 262. Fig. 263. Fig. 264. Fig. 265. Fig. 266. Fig. 268.

Fig. 269.

Fig. 270.

a

Fig. 271.

Fig. 272.

Fig. 273.

Fig. 276.

Fig. 277.

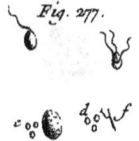

Fig. 274.

Fig. 275.

Fig. 280.

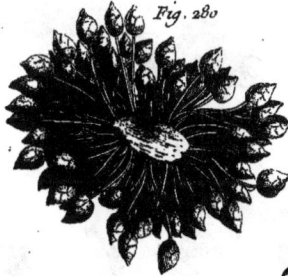

Fig. 281.

Fig. 278.

Fig. 279.

Fig. 283.

Fig. 282.

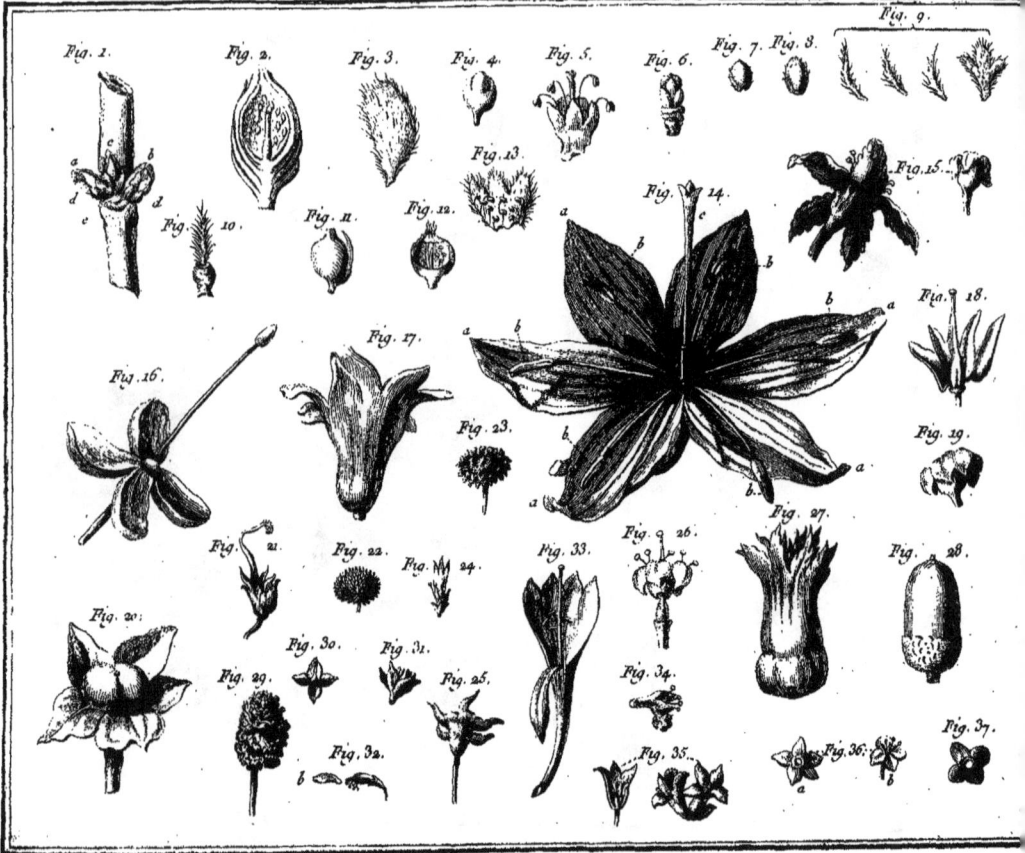

Fig. 1. *Fig. 2.* *Fig. 3.* *Fig. 4.* *Fig. 5.* *Fig. 6.* *Fig. 7.* *Fig. 8.* *Fig. 9.*
Fig. 13. *Fig. 14.* *Fig. 15.*
Fig. 10. *Fig. 11.* *Fig. 12.*
Fig. 16. *Fig. 17.* *Fig. 18.*
Fig. 23. *Fig. 19.*
Fig. 21. *Fig. 22.* *Fig. 24.* *Fig. 33.* *Fig. 26.* *Fig. 27.* *Fig. 28.*
Fig. 20. *Fig. 30.* *Fig. 31.* *Fig. 25.* *Fig. 34.* *Fig. 36.* *Fig. 37.*
Fig. 29. *Fig. 32.* *Fig. 35.*

Fig. 38. Fig. 39. Fig. 40. Fig. 41. Fig. 42. Fig. 43. Fig. 44.
Fig. 45. Fig. 46. Fig. 47. Fig. 48. Fig. 49. Fig. 50. Fig. 51. Fig. 52.
Fig. 53. Fig. 54. Fig. 55. Fig. 56. Fig. 57. Fig. 58. Fig. 59.
Fig. 60. Fig. 61. Fig. 62. Fig. 63. Fig. 64. Fig. 65.
Fig. 66. Fig. 67. Fig. 68. Fig. 69. Fig. 78. Fig. 79.
Fig. 72. Fig. 73. Fig. 74. Fig. 75. Fig. 77. Fig. 76.

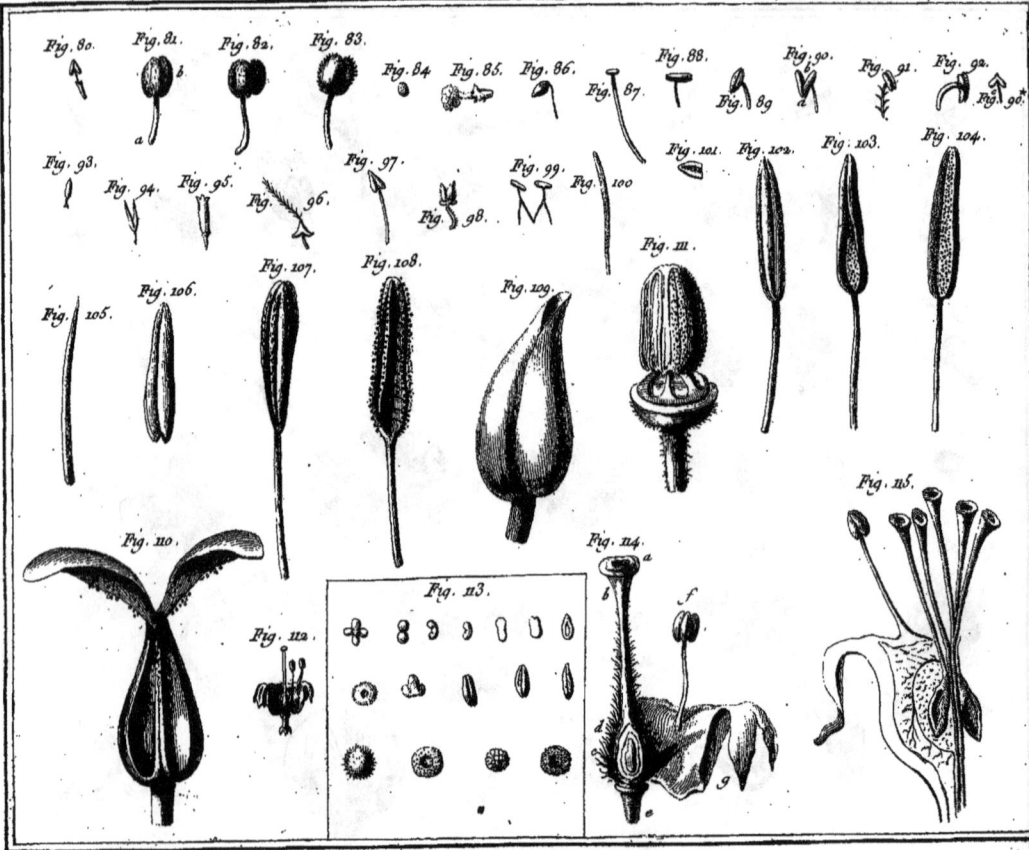

Fig. 80. Fig. 81. Fig. 82. Fig. 83. Fig. 84. Fig. 85. Fig. 86. Fig. 88. Fig. 90. Fig. 91. Fig. 92.
Fig. 87. Fig. 89. Fig. 96.

Fig. 93. Fig. 97. Fig. 99. Fig. 101. Fig. 102. Fig. 103. Fig. 104.
Fig. 94. Fig. 95. Fig. 96. Fig. 98. Fig. 100.

Fig. 105. Fig. 106. Fig. 107. Fig. 108. Fig. 109. Fig. 111.

Fig. 110. Fig. 115.

Fig. 112. Fig. 113. Fig. 114.

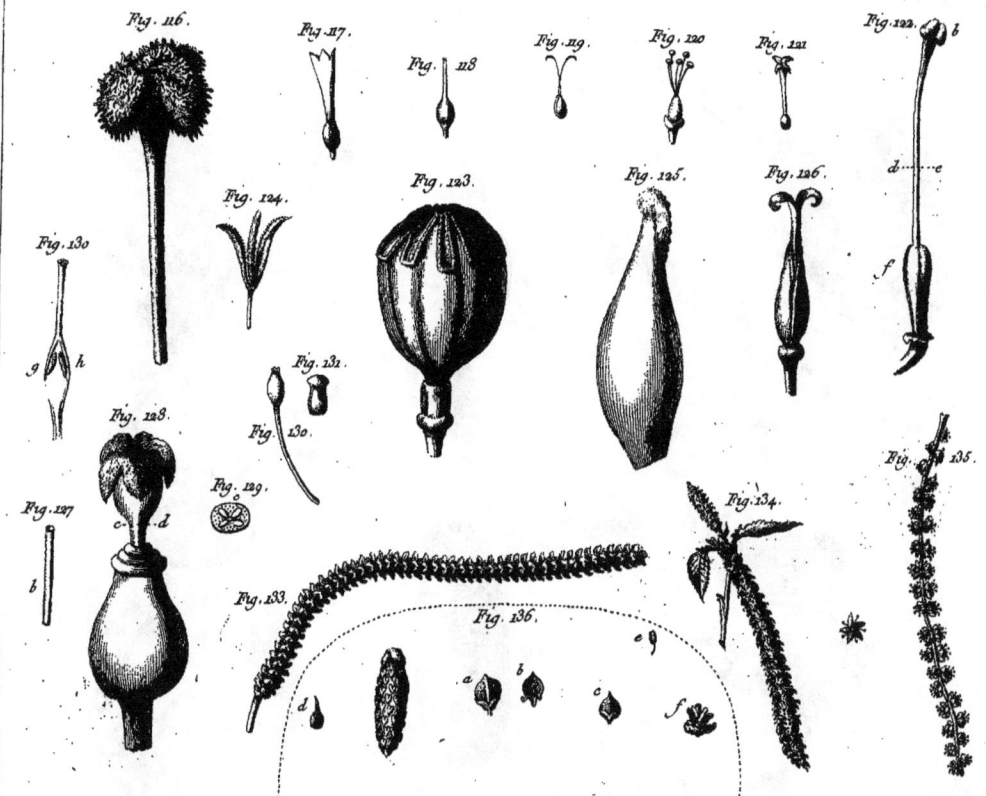

Fig. 116. Fig. 117. Fig. 118 Fig. 119. Fig. 120. Fig. 121. Fig. 122. *b*

Fig. 124. Fig. 123. Fig. 125. Fig. 126. *d*······*e*

Fig. 130. *f*

g *h* Fig. 131.

Fig. 128. Fig. 130.

Fig. 129. Fig. 134. Fig. 135.

Fig. 127. *c*···*d*

b Fig. 133. Fig. 136.

d *a* *b* *c* *e* *g* *f*

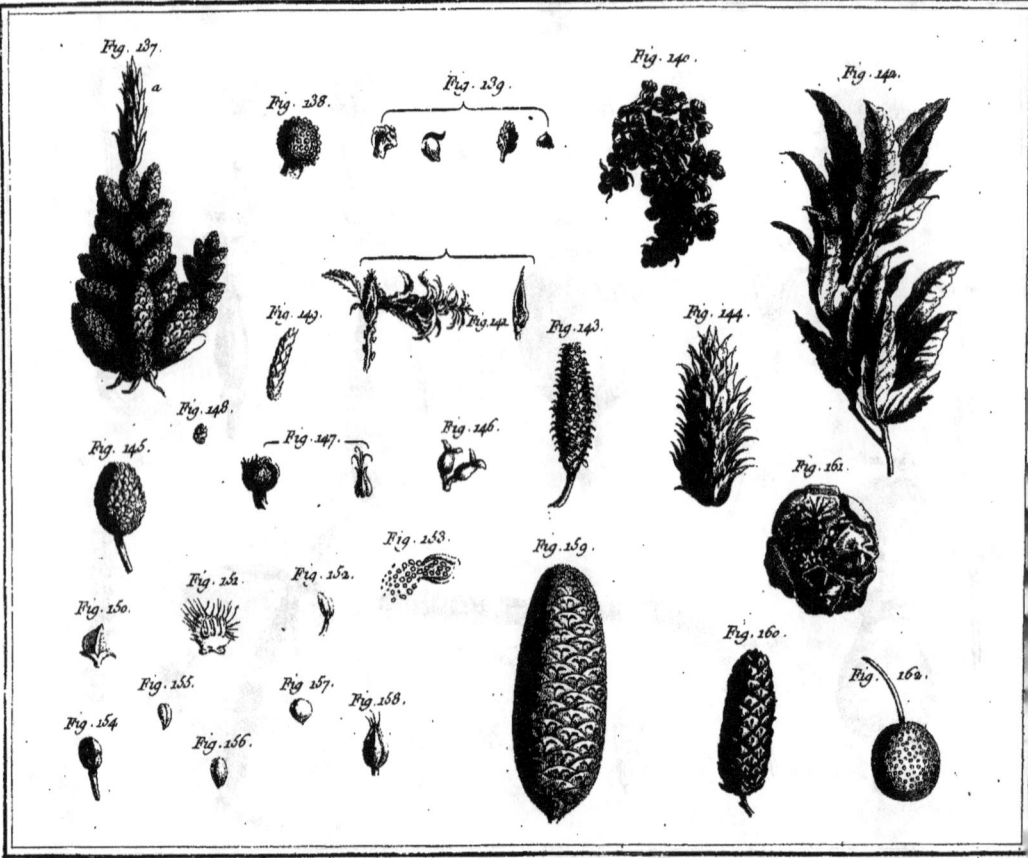

Fig. 137.
Fig. 138.
Fig. 139.
Fig. 140.
Fig. 141.
Fig. 142.
Fig. 143.
Fig. 144.
Fig. 145.
Fig. 146.
Fig. 147.
Fig. 148.
Fig. 149.
Fig. 150.
Fig. 151.
Fig. 152.
Fig. 153.
Fig. 154.
Fig. 155.
Fig. 156.
Fig. 157.
Fig. 158.
Fig. 159.
Fig. 160.
Fig. 161.
Fig. 162.

Fig. 284.

Fig. 284. ★

Fig. 285.

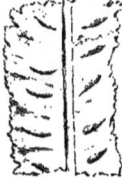

Fig. 286.

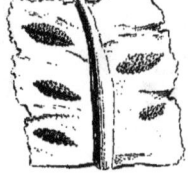

Fig. 289.

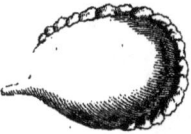

Fig. 287.

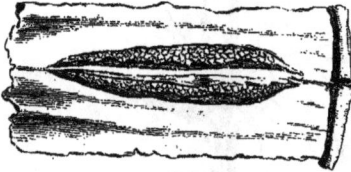

Fig. 288.

Fig. 290.

Fig. 291.

Fig. 292.

Fig. 293.

Fig. 294.

Fig. 294. ★

Fig. 295.

Fig. 296.

Fig. 297.

Fig. 298.

Fig. 299.

Fig. 300

Fig. 301.

Fig. 302

Fig. 303.

Fig. 304

Fig. 305

 *Fig. 306.*

Fig. 307.

 *Fig. 308*

Fig. 309.

Fig. 311

Fig. 310.

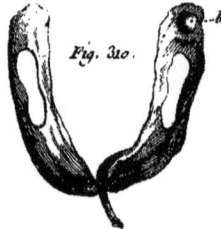

Fig. 312.

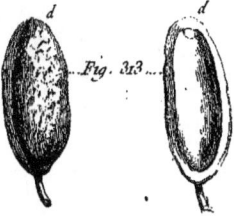

Fig. 313.

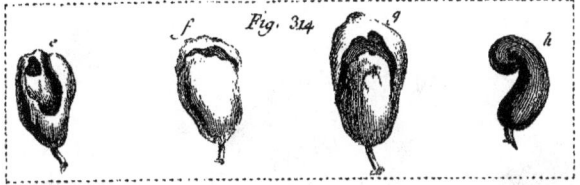

Fig. 314.

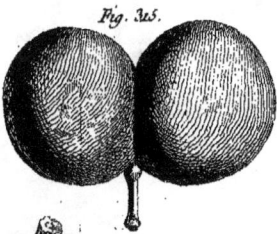

Fig. 315.

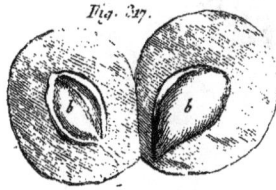

Fig. 317.

Fig. 316.

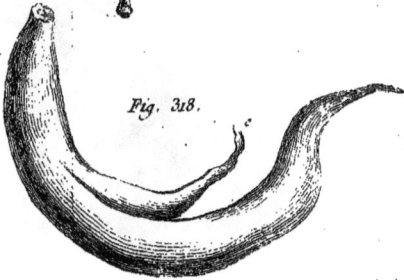

Fig. 318.

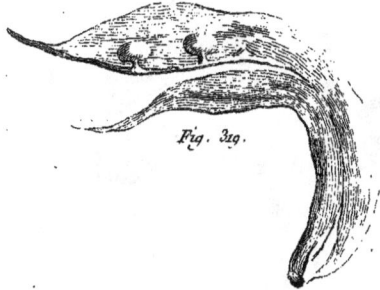

Fig. 319.

Fig. 320.

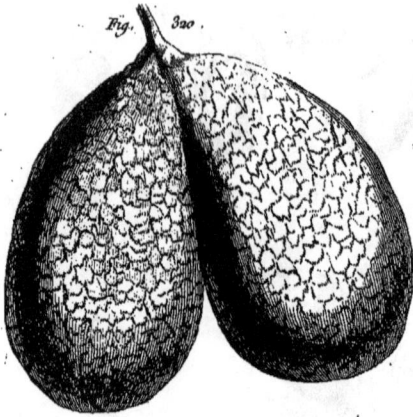

Fig. 321.

Fig. 322.

Fig. 326.

Fig. 323.

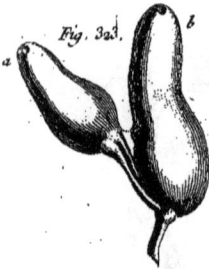

Fig. 324.

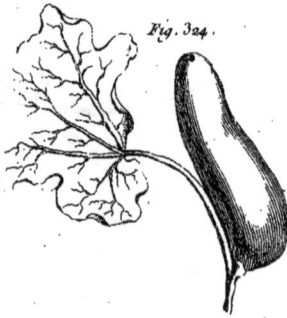

Fig. 325.

www.ingramcontent.com/pod-product-compliance
Lightning Source LLC
Chambersburg PA
CBHW061006220326
41599CB00023B/3848